中国石油天然气集团有限公司统编培训教材

工程建设业务分册

油气藏储气库工艺设计指南

《油气藏储气库工艺设计指南》编委会　编

石油工业出版社

内 容 提 要

本书系统地介绍了油气藏储气库地面工程工艺设计的相关专业知识，内容主要包括概述、油气藏储气库设计基础、油气藏储气库总体布局及站址选择、油气藏储气库地面集输工艺、油气藏储气库采出气处理工艺、油气藏储气库注气工艺、油气藏储气库采出液处理工艺、辅助配套系统等，是一本指导油气藏储气库地面工艺设计的参考书。

本书主要是从事油气藏储气库地面工艺设计、施工、生产运营及管理相关人员的专用教材，也可供油气藏储气库建造领域的工程技术人员、设计与科研人员及有关高等院校学生阅读参考。

图书在版编目（CIP）数据

油气藏储气库工艺设计指南/《油气藏储气库工艺设计指南》编委会编. —北京：石油工业出版社，2019. 7

中国石油天然气集团有限公司统编培训教材

ISBN 978－7－5183－3293－9

Ⅰ. ①油…　Ⅱ. ①油…　Ⅲ. ①油气藏-地下储气库-设计-技术培训-教材　Ⅳ. ①TE972

中国版本图书馆 CIP 数据核字（2019）第 060440 号

出版发行：石油工业出版社

（北京安定门外安华里 2 区 1 号楼　100011）

网　址：www. petropub. com

编辑部：（010）64256770

图书营销中心：（010）64523633

经　　销：全国新华书店

印　　刷：北京中石油彩色印刷有限责任公司

2019 年 7 月第 1 版　2019 年 7 月第 1 次印刷

710×1000 毫米　　开本：1/16　　印张：24. 25

字数：440 千字

定价：85. 00 元

（如出现印装质量问题，我社图书营销中心负责调换）

《工程建设业务分册》
编审委员会

《油气藏储气库工艺设计指南》
编 委 会

主　　编：郭慧军

副主编：张卫兵　刘　欣

编写人员：杜廷召　王新华　逯国英　田　鑫

王旭峰　张亚庆　杨天宇　王培森

苏　杭　王　建

审定人员：刘科慧　卫　晓

序

企业发展靠人才，人才发展靠培训。当前，集团公司正处在加快转变增长方式，调整产业结构，全面建设综合性国际能源公司的关键时期。做好“发展”“转变”“和谐”三件大事，更深更广参与全球竞争，实现全面协调可持续，特别是海外油气作业产量“半壁江山”的目标，人才是根本。培训工作作为影响集团公司人才发展水平和实力的重要因素，肩负着艰巨而繁重的战略任务和历史使命，面临着前所未有的发展机遇。健全和完善员工培训教材体系，是加强培训基础建设，推进培训战略性和国际化转型升级的重要举措，是提升公司人力资源开发整体能力的一项重要基础工作。

集团公司始终高度重视培训教材开发等人力资源开发基础建设工作，明确提出要“由专家制定大纲、按大纲选编教材、按教材开展培训”的目标和要求。2009 年以来，由人事部牵头，各部门和专业分公司参与，在分析优化公司现有部分专业培训教材、职业资格培训教材和培训课件的基础上，经反复研究论证，形成了比较系统、科学的教材编审目录、方案和编写计划，全面启动了《中国石油天然气集团有限公司统编培训教材》（以下简称“统编培训教材”）的开发和编审工作。“统编培训教材”以国内外知名专家学者、集团公司两级专家、现场管理技术骨干等力量为主体，充分发挥地区公司、研究院所、培训机构的作用，瞄准世界前沿及集团公司技术发展的最新进展，突出现场应用和实际操作，精心组织编写，由集团公司“统编培训教材”编审委员会审定，集团公司统一出版和发行。

根据集团公司员工队伍专业构成及业务布局，“统编培训教材”按“综合管理类、专业技术类、操作技能类、国际业务类”四类组织编写。综合管理类侧重中高级综合管理岗位员工的培训，具有石油石化管理特色的教材，以自编方式为主，行业适用或社会通用教材，可从社会选购，作为指定培训教材；专业技术类侧重中高级专业技术岗位员工的培训，是教材编审的主体，按照《专业培训教材开发目录及编审规划》逐套编审，循序推进，计划编审300余门；操作技能类以国家制定的操作工种技能鉴定培训教材为基础，侧重主体专业（主要工种）骨干岗位的培训；国际业务类侧重海外项目中外员工的培训。

“统编培训教材”具有以下特点：

一是前瞻性。教材充分吸收各业务领域当前及今后一个时期世界前沿理论、先进技术和领先标准，以及集团公司技术发展的最新进展，并将其转化为员工培训的知识和技能要求，具有较强的前瞻性。

二是系统性。教材由“统编培训教材”编审委员会统一编制开发规划，统一确定专业目录，统一组织编写与审定，避免内容交叉重叠，具有较强的系统性、规范性和科学性。

三是实用性。教材内容侧重现场应用和实际操作，既有应用理论，又有实际案例和操作规程要求，具有较高的实用价值。

四是权威性。由集团公司总部组织各个领域的技术和管理权威，集中编写教材，体现了教材的权威性。

五是专业性。不仅教材的组织按照业务领域，根据专业目录进行开发，且教材的内容更加注重专业特色，强调各业务领域自身发展的特色技术、特色经验和做法，也是对公司各业务领域知识和经验的一次集中梳理，符合知识管理的要求和方向。

经过多方共同努力，集团公司“统编培训教材”已按计划陆续编审出版，与各企事业单位和广大员工见面了，将成为集团公司统一组织开发和编审的中高级管理、技术、技能骨干人员培训的基本教材。“统编培训教材”的出版发行，对于完善建立起与综合性国际能源公司形象和任务相适应的系列培训教材，推进集团公司培训的标准化、国际化建设，具有划时代意义。希望各企事业单位和广大石油员工用好、用活本套教材，为持续推进人才培训工程，激发员工创新活力和创造智慧，加快建设综合性国际能源公司发挥更大作用。

《中国石油天然气集团有限公司统编培训教材》

编审委员会

前言

地下储气库是用于储存天然气的地质构造和配套设施，主要功能是用气调峰、安全供气、战略储备，通过提高管线利用系数节省投资、降低输气成本等。城市燃气市场需求随季节和昼夜波动较大，仅依靠输气管网系统均衡输气对流量小范围调节，难以解决用气大幅度波动的矛盾。采用地下储气库将用气低峰时输气系统中富余的气量储存起来，在用气高峰时采出以补充管道供气量不足，解决用气调峰问题。当出现气源中断、输气系统停输时，可用地下储气库作为气源保证连续供气，起到调峰和安全供气双重作用。

目前，我国是世界第三大天然气消费国，2017 年对外依存度达 39.5%以上，遇到国外天然气断供、天然气管网出现问题时，地下储气库就能及时保障我国的能源安全。历经近二十年的发展，中国地下储气库的建设刷新了地层压力低、地层温度高、注采井深、工作压力高等 4 项世界纪录，解决了“注得进、存得住、采得出”等重大难题，建库成套技术达到了世界先进水平。虽然取得巨大进步，但是根据国际经验，地下储气库工作气量一般不能低于天然气总消费量 10%的红线，而目前我国只有 4%左右，储气能力存在巨大缺口，远不足以应对调峰保供的严峻挑战。未来，我国将加大、加快地下储气库建设，以应对日渐扩大的天然气消费整体需求，保障天然气长期稳定的供应。

中国石油天然气集团有限公司陆续建设了金坛储气库、刘庄储气库（群）、苏桥储气库（群）、大港储气库、大张坨储气库、板南储气库、相国寺储气库、呼图壁储气库、双 6 储气库、陕 224 储气库等，在地下储气库设计中取得大量技术突破，提高了我国地下储气库建造水平，并在优化管网运行、促进能源供应稳定等方面具有重要战略意义，也为中国石油跻身于地下储气库先进行列奠定了基础，为保障国家能源安全和拓展海外资源市场做好了技术储备。

本教材适用于油气藏储气库地面工程工艺设计。本教材的编写结合工艺设计过程以总体到局部、主体到辅助、设计到投产的思路编写，主要内容包括：概述、设计基础、总体布局、站址选择、地面集输工艺、采出气处理工艺、注气工艺、采出液处理工艺、辅助配套系统、试运投产、实践经验和建议等。

本教材第一章、第三章主要由逯国英、王旭锋编写；第二章、第九章、第十章主要由刘欣、王新华编写；第四章、第六章主要由田鑫编写；第五章、第七章主要由杜廷召编写；第八章主要由王旭峰、张亚庆、杨天宇编写；最后由王新华、杜廷召负责全书的统稿和修改工作。

本教材可作为中国石油天然气集团有限公司所属从事油气藏储气库地面工艺设计、施工、生产运营及管理相关人员的专用教材。本教材的培训对象可以是技术、质量、安全等管理和操作人员。

此教材编写过程中，得到了中国石油工程建设有限公司华北分公司技术质量部的指导和大力支持，在此致以衷心的感谢！同时我们还要特别感谢以刘科慧为组长的专家评审组对教材审阅所提出的宝贵意见和建议。

由于编者知识水平有限，难免有错误和不足之处，恳请读者批评指正。

说明

本教材可作为中国石油天然气集团有限公司所属各建设、设计、预制、施工、监理、检测、生产等相关单位油气藏储气库地面工程培训的专用教材。本教材主要是针对从事油气藏储气库地面工程、设及管理的中高级技术人员和管理人员编写的，也适用于操作人员的技术培训。教材的内容来源于实际工程设计，实践性和专业性很强，涉及内容广。为便于正确使用本教材，在此对培训对象进行了划分，并规定了各类人员应该掌握或了解的主要内容。

培训对象主要划分为以下几类：

（1）生产管理人员，包括项目经理、生产单位管理人员等。

（2）专业技术人员，包括建设单位监督员、监理工程师、设计人员、施工单位技术人员等。

（3）现场作业人员，包括目部工人、生产单位维修及操作工人等。

各类人员应该掌握或了解的主要内容：

（1）生产管理人员，要求了解第一章、第二章、第三章、第四章、第五章、第六章、第七章的内容。

（2）工艺设计人员，要求掌握第一章、第二章、第三章、第四章、第五章、第六章、第七章、第八章的内容。

（3）其他专业技术人员，要求了解第一章、第四章、第五章、第六章、第七章、第八章的内容。

（4）集输系统现场作业人员，要求了解第一章、第三章、第四章内容。

（5）站场现场作业人员，要求了解第一章、第五章、第六章、第七章、第八章的内容。

各单位在教学中要密切联系生产实际，在课堂教学为主的基础上，还应增加现场的实习、实践环节。建议根据教材内容，进一步收集和整理相关照片或视频，以进行辅助教学，从而提高教学效果。

目录

第一章　概述

第一节　地下储气库的分类

天然气地下储气库是利用地下的某种密闭空间储存天然气的地质构造。目前世界上天然气地下储气库按照地质条件分为枯竭油气藏型、含水层型、盐穴型及废弃矿坑型 4 种；按照用途分为基地型、调峰型、储气型 3 种。

（1）枯竭油气藏型储气库就是利用枯竭油藏、气藏或者油气藏改建成的储气库。

（2）含水层型储气库就是利用含水层中的含水孔隙构造，通过高压将气体注到充满水的含水构造中来储存天然气。

（3）盐穴型储气库就是利用地下盐层或盐丘，采用人工方式在盐层或盐丘中制造洞穴来储存天然气。

（4）废气矿坑型储气库是利用废弃的煤矿或其他矿藏的封闭性构造建设的储气库。

不同类型储气库的性能对比见表 1-1。

表 1-1　不同类型储气库性能对比

类型	储存介质	储存方法	工作原理	优点	缺点
油气藏	原始饱和油气水的孔隙性渗透地层	由注入气体把原始液体加压并驱离	气体压缩膨胀及液体的可压缩性结合流动特点注入采出	储气量大，可利用油气田原有设施	地面处理要求高，垫气量大，部分垫气无法回收
含水层	原始饱和水的孔隙性渗透地层	由注入气体把原始液体加压并驱离	气体压缩膨胀及液体的可压缩性结合流动特点注入采出	储气量大	有勘探风险，垫气不能完全回收

续表

类型	储存介质	储存方法	工作原理	优点	缺点
盐穴	利用水溶离形成的洞穴	气体压缩挤出卤水	气体压缩与膨胀	工作气量比例高，可完全回收垫气	卤水处理排放困难，有可能出现漏气
废气矿坑	采矿后形成的洞穴	冲水后用气体压缩挤出水体	气体压缩与膨胀	工作气量比例高，可完全回收垫气	易发生漏气现象，容量小

第二节　国内外油气藏储气库的发展现状及趋势

一、国外油气藏储气库的发展现状

地下储气库的历史，可以追溯到20世纪初。1915年加拿大首次在安大略省的Welland气田进行储气实验；1916年美国在纽约布法罗附近的枯竭气田Zoar利用气层建设储气库，1954年在Calg的纽约城气田首次利用油田建成储气库，1958年在肯塔基首次建成含水层储气库，1963年在克罗拉多Denver附近首次建成废弃矿坑储气库；法国在1956年开始地下战略储气库的建设；1959年苏联建成第一个盐层地下储气库。

据国际天然气联盟（IGU）最新资料统计，目前世界上共有689座地下储气库，总工作气量达$4165.3\times10^8m^3$，约占全球天然气总消费量（$35429\times10^8m^3$）的11.8%，与2015年$3933\times10^8m^3$相比，增加了$232\times10^8m^3$工作气量。

全球地下储气库总工作气量中，北美地区占39%（$1627\times10^8m^3$），独联体占28%（$1168\times10^8m^3$），欧盟占26%（$1088\times10^8m^3$）（表1-2），在这三个地区，地下储气库年工作气量占年消费量比例平均为14%，其中美国地下储气库数量及工作气量居全球首位，共拥有393座，工作气量达到$1360.8\times10^8m^3$，占年消费量的比例为17.48%，俄罗斯为18.38%，其次是乌克兰和加拿大（表1-3）。

表 1-2　全球七大地区地下储气库类型及工作气量一览表

地区	类型	数量，座	工作气量，10^8m^3
亚洲	气藏型	18	99
	油藏型	1	2
	盐穴型	3	5
	小计	22	105
亚太	气藏型	10	64
独联体	气藏型	30	954
	含水层型	13	192
	油藏型	2	35
	盐穴型	3	5
	小计	48	1186
欧盟	气藏型	71	710
	油藏型	4	11
	盐穴型	47	198
	含水层型	21	168
	岩洞型	2	1
	废弃矿坑	1	0
	小计	146	1088
拉丁美洲	气藏型	1	2
中东	气藏型	3	93
北美	气藏型	330	1162
	油藏型	34	207
	盐穴型	48	147
	含水层型	46	111
	岩洞型	1	0
	小计	459	1627
合计		689	4165

表 1–3　世界地下储气库工作气量一览表

国家	消费量 10^8m^3	地下储气库数量，座	工作气量，10^8m^3	高峰采气速度，$10^6m^3/d$	工作气量占比，%
美国	7785	393	1360. 8	3406. 58	17. 48
俄罗斯	3909	23	718. 5	798. 44	18. 38
乌克兰	290	13	321. 8	264. 38	110. 97
加拿大	999	66	265. 8	266. 34	26. 61
德国	805	49	238. 3	690. 41	29. 60
意大利	645	12	173. 6	243. 72	26. 91
荷兰	336	5	123. 8	277. 82	36. 85
法国	426	16	129. 8	224. 23	30. 47
奥地利	87	8	81. 2	92. 71	93. 33
伊朗	2008	2	60	28. 68	2. 99
匈牙利	89	5	61	75. 77	68. 54
乌兹别克斯坦	514	2	40	47. 42	7. 78
英国	767	8	15. 3	111. 9	1. 99
中国	2103	22	105. 4	145. 85	5. 01
哈萨克斯坦	134	3	46. 5	34. 37	34. 70
阿塞拜疆	104	3	47	14. 5	45. 19
捷克	78	9	35. 4	75. 63	45. 38
西班牙	280	4	33. 7	31. 49	12. 04
斯洛伐克	44	3	35. 8	44. 18	81. 36
阿联酋	766	1	33	4. 4	4. 31
罗马尼亚	106	7	31. 3	32. 4	29. 53
澳大利亚	411	7	60. 3	10. 74	14. 67
波兰	173	9	32. 2	51. 54	18. 61
土耳其	421	2	38. 6	57. 54	9. 17
拉脱维亚	—	1	23	30	—
日本	1112	2	1. 3	1. 54	0. 12
白俄罗斯	170	3	10. 8	30. 98	6. 35
丹麦	32	2	10. 2	25. 2	31. 88
比利时	154	1	7	15	4. 55

续表

国家	消费量 10^8m^3	地下储气库数量,座	工作气量,10^8m^3	高峰采气速度,$10^6m^3/d$	工作气量占比,%
克罗地亚	—	1	5.6	5.76	—
保加利亚	30	1	5.5	4.2	18.33
塞尔维亚	—	1	4.5	5.04	—
新西兰	47	1	2.7	1.2	5.74
葡萄牙	52	1	2.4	7.2	4.62
阿根廷	496	1	1.5	1.92	0.30
亚美尼亚	—	1	1.6	6	—
瑞典	9	1	0.1	0.96	1.11
合计	25383	689	4165.3	7166.4	16.41

除目前正在运营的地下储气库外，未来几年全球还有近 50 座地下储气库的扩建和 100 座地下储气库的新建计划，主要位于欧洲、北美、亚洲和独联体国家。国际天然气联盟（IGU）预计，到 2030 年，全球地下储气库的工作气量将增至 $5430\times10^8m^3$。

欧洲、北美和独联体国家仍是未来地下储气库需求和建设最集中的地区。一方面是因为这些地区的天然气市场成熟，地质条件较好，且以传统管道气为主，管网系统发达；另一方面它们也是传统管道气贸易最活跃的地区，需要大量的天然气集输与储存设施。

相比之下，虽然亚洲、中东等地区未来也有地下储气库的新建和扩建计划，但这些地区的地质条件、天然气市场的成熟度和消费结构决定了其地下储气库需求有限。以亚洲地区为例，尽管已宣布的新建地下储气库数量仅次于上述 3 个主要地区，但受天然气管网系统和建库地质条件限制，以及主要天然气消费市场以液化天然气（LNG）为主，导致该地区地下储气库增幅不会太大。国际天然气联盟预计，未来亚洲地区地下储气库的工作气量占全球总量的比例不会超过 1%。

1. 美国——类型多样调峰为主

美国是目前全球地下储气库发展和应用最成功的国家，无论数量还是工作气量都居全球首位，其地下储气库类型较全，且地理分布与天然气生产和消费区相呼应，地下储气库对天然气消费的调峰作用也很明显。目前，美国在运营的地下储气库共 393 座，工作气量约 $1360.8\times10^8m^3$，分别占全球的 57%和 33%。

美国地下储气库类型较多，以枯竭油气田型储气库为主，共 339 座，其中306座是枯竭气田型，9座为枯竭油田型，24座为枯竭油气田型。这些地下储气库的工作气量为$904\times10^8m^3$，占美国地下储气库工作气总量的76%；含水层型地下储气库48座，工作气量为$120\times10^8m^3$，占其总量的10%；盐穴型储气库28座，工作气量为$119\times10^8m^3$，占比接近10%；另外还有4座岩洞型地下储气库，工作气量约为$1\times10^8m^3$。

在地理分布上，美国地下储气库与国内的天然气资源、管网设施和生产消费特点高度吻合，形成了三大地下储气库密集区，即东北部五大湖沿岸、中北部和墨西哥湾地区。东北部地区的天然气资源相对较少，但人口较多，属于传统工业区，天然气消费量较大，同时又属于温带季风气候，调峰需求量较大；中北部地区则是美国燃气电厂较集中的地区，同时聚集了大量工业设施，但自身天然气资源有限，为保障地区供气稳定需要地下储气库；墨西哥湾地区地下储气库较多的原因除工业和人口外，还由于有大量盐岩层，适合建盐穴型地下储气库。

除承担部分战略储备功能外，目前美国地下储气库的主要用途包括：用气调峰、紧急状态应急供气、存贷气和作为液化天然气（LNG）储存设施。近年来，地下储气库在美国用气调峰中的作用日益突出，每年用于季节性调峰的气量约占年用气量的20%。

2. 欧盟——消费导向型为主

欧盟28个成员国中有21个拥有地下储气库，总数为146座，工作气总量为$1088\times10^8m^3$，仅次于美国，是地下储气库工作气量第二大地区。

欧盟的地下储气库有明显的需求消费导向特征，作为欧盟地区传统天然气消费大户的西欧国家，其地下储气库数量和工作气量明显多于东欧国家，纬度较高、用气调峰需求较大的北部地区储气库数量和工作气量高于南部地区。

在欧盟有地下储气库的21个国家中，排名前7位的国家分别是德国、意大利、荷兰、法国、奥地利、匈牙利和英国，工作气总量为$857\times10^8m^3$，约占欧盟地下储气库工作气量的79%。导致南北部差异的主要因素是需求结构，欧洲北部的天然气消费以管道气为主，俄罗斯是主要气源，而南部地区毗邻黑海、地中海和大西洋，海岸线长且有大量深水良港，是欧洲液化天然气（LNG）贸易最集中的地区，天然气消费以西亚和北非地区的LNG为主，储气库主要是低温地上和半地上液态储气库，而非地下气态储气库。

3. 俄罗斯与乌克兰——出口导向型为主

独联体国家中的地下储气库主要分布在俄罗斯和乌克兰，表现出明显的出口导向。目前俄罗斯有地下储气库23座，工作气总量为718.5×10^8m^3。

乌克兰境内共13座地下储气库，工作气总量为321.8×10^8m^3。从分布上看，除克里米亚地区的1座地下储气库外，乌克兰的地下储气库呈明显的两极分化特征，即分别集中在该国东部和西部。东部的地下储气库位于俄罗斯通往乌克兰的输气管道附近，西部的地下储气库位于乌克兰通往欧洲的输气管道周边，通过乌克兰国内的输气管道系统连通。

4. 国外典型的储气库地面工程

1）美国Washington10气藏储气库

Washington10气藏储气库属于美国东部储气库群，储层为侏罗纪生物礁灰岩，储层埋藏深度为975m。该储气库设计最高运行压力10MPa，库容量为14.33×10^8m^3，工作气量为11.89×10^8m^3，储气库共钻水平井14口，注采设计井深1066m左右，水平井段390m，日采气能力1274×10^4m^3，平均单井能力91×10^4m^3/d，单井最大采气能力为283×10^4m^3/d，最大注气能力为351×10^4m^3/d。

2）加拿大艾特肯溪谷储气库

艾特肯溪谷（Aitken Creek）储气库是加拿大不列颠哥伦比亚省最大的储气库，位于洪恩河与蒙特内页岩气藏之间，不列颠哥伦比亚省的东北部，距离圣约翰堡的西北部120km，距离温哥华约1100km，目前库容量为24.36×10^8m^3，工作气量为21.8×10^8m^3，其设计最高运行压力为16.8MPa。

3）荷兰Norg储气库

该储气库总库容为280×10^8m^3，工作气量为30×10^8m^3，注气规模为(1200~2400)×10^4m^3/d，采气规模为5000×10^4m^3/d，平均注气量为1500×10^4m^3/d，平均采气量为2500×10^4m^3/d。注气压缩机采用2台38MW离心式压缩机，不设备用。采出气处理采用2套规模为2500×10^4m^3/d的改性硅胶装置脱水、不脱烃。井口注采合一（注气管道和采气管道合一设置），采用质量流量计双向不分离计量，井口无放空。

4）德国Rehden储气库

该储气库总库容为80×10^8m^3，工作气量为42×10^8m^3，注采压力区间11~28MPa，注气规模为3360×10^4m^3/d，采气规模为5760×10^4m^3/d，平均注气量为2100×10^4m^3/d，平均采气量为3500×10^4m^3/d。注气压缩机采用7台88MW燃驱离心式压缩机，两段增压。采出气处理采用三甘醇脱水，设有4套脱水装置，并掺氮气进行热值调整。注气区、采气区各设一套火炬系统放空。

5）法国TIGF储气库

该储气库总库容为56×10^8m^3，工作气量为35×10^8m^3，注采压力区间

4.5~7.5MPa。采出气处理采用三甘醇脱水工艺。井口注采合一，采用文丘里流量计双向不分离计量。

6）比利时 Loenhout 储气库

该储气库总库容为 $14\times10^8m^3$，工作气量为 $7\times10^8m^3$，注采压力区间 6~12MPa，注气规模为 $840\times10^4m^3/d$，采气规模为 $1500\times10^4m^3/d$，平均注气量为 $350\times10^4m^3/d$，平均采气量为 $580\times10^4m^3/d$。注气压缩机采用 2 台 2MW 往复式压缩机和 1 台 4MW 离心式压缩机。采出气处理工艺采用活性炭脱硫化氢、三甘醇脱水，设 4 套脱水装置。该库集注站不设集中放空，分区就地放空。井口无放空。

7）比利时 Wuustwezel 储气库

比利时 Wuustwezel 储气库是含水层型储气库。该库包括 6 个井场和 1 座集注站，建设期为 1975—1986 年，建库期为 1985—2000 年，设计总库容为 $10\times10^8m^3$，设计工作气库容为 $7\times10^8m^3$，注气规模为 $720\times10^4m^3/d$，采气规模为 $1200\times10^4m^3/d$。

8）西班牙 Yela 储气库

西班牙 Yela 储气库是枯竭油气田型地下储气库，这类储气库是实现季节性调峰最有效和最经济的方式，世界上已有的大部分地下储气库都属于这种类型。通过油气田原有的生产井和建库时增加的气井向枯竭油气层中注入天然气或从中采出天然气。由于枯竭油气层以前就是油和（或）气的聚集区，故其孔隙度和渗透率一般能满足储气库的要求。

该储气库共有 10 口生产水平井，设计总库容为 $19.5\times10^8m^3$，设计工作气库容为 $10.5\times10^8m^3$，注气规模为 $7\times10^6m^3/h$，采气规模为 $15\times10^6m^3/h$。2012 年开始注气，通过 5 台电驱往复式压缩机实现注气。

9）土耳其 Kuzey Marmara Degirmenkoy 储气库

该储气库是枯竭油气田型地下储气库，共有 20 口生产井，注气规模为 $11.8\times10^6m^3/d$，采气规模为 $15\times10^6m^3/d$。

10）西班牙 Castor 储气库

该储气库是枯竭油气田型地下储气库，建设期为 1972—1988 年，于 2012 年 3 月完成 12 口井的钻井开发。设计总库容为 $19\times10^8m^3$，设计工作库容为 $13\times10^8m^3$，注气规模为 $800\times10^4m^3/d$，采气规模为 $2500\times10^4m^3/d$。

二、国内油气藏储气库的发展现状

我国的地下储气库起步较晚，20 世纪 70 年代我国在大庆曾利用枯竭气藏建造过两座地下储气库：萨尔图 1 号地下储气库和喇嘛甸地下储气库。

萨尔图1号地下储气库于1969年由萨零组北块气藏转建而成，最大容量为 $38\times10^6m^3$，年注气量不到库容的1/2，主要用于萨尔图市区民用气的季节性调峰。在运行10多年后，因储气库与市区扩大后的安全距离问题而被拆除；喇嘛甸地下储气库于1975年建成，该地下储气库是大庆合成氨的原料工程之一，建在喇嘛甸油田气顶部，地面设施的设计注采能力为 $40\times10^4m^3$。1995年的注气量为 $20.6\times10^4m^3$，不足库容的0.5%，通过两次扩建，大庆喇嘛甸地下储气库的日注气能力达到 $100\times10^4m^3$，年注气能力达到 $1.5\times10^8m^3$，总库容已经达到 $25.0\times10^8m^3$。到目前为止已经安全运行30年，累计采气 $10\times10^8m^3$。

我国真正开始研究地下储气库是在20世纪90年代初，随着陕甘宁大气田的发现和陕京天然气输气管线的建设，才开始研究建设地下储气库以确保北京、天津两大城市的安全供气。

1. 大港储气库群

大港储气库位于天津大港地区，距北京约200km，是我国第一座枯竭油气藏地下储气库群，是陕京管线输储配气系统的重要组成部分，主要有三大作用：季节性调峰、应急供气和气量平衡。大港储气库群是中国石油天然气管网系统的季节性调峰储气库群，成为应对用气峰谷差的“调节阀”，是确保首都及整个华北地区天然气稳定供应不可或缺的重要气源。

大港地下储气库全部为凝析油枯竭气藏储气库，位于地下2200~2300m处，四周边缘为水，较好的地层密封性避免了天然气流失。

大港储气库自2000年开始建设，到2010年已建成大张坨、板876、板中北、板中南、板808、板828共6座储气库，是目前国内最大的地下储气库。2010年大港储气库设计库容达 $69.57\times10^8m^3$。目前还处于缓慢扩容阶段，截至2011年大港储气库群的实际库容能力为 $18\times10^8m^3$ 左右。预计到2025年才能实现设计库容目标。

大张坨储气库包括3个库区，库区与北京市天然气管网间连接，管道外径为711mm、为单管连接，冬季为采气期，从储气库采气供给用气城市。采气时，有部分凝析油被带出，需进行分离处理；其余时间为注气期，将来自陕京二线管道富余的天然气加压后注入地下储气库。设计压力为30.0MPa，配置有4台燃气压缩机，压缩机出口压力为30.0MPa，设计流量为 $80\times10^4m^3/d$，压缩机自身天然气消耗量为每台 $2.0\times10^4m^3/d$。2001年夏季达到规模注气能力，日注气量 $320\times10^4m^3$；2001年冬季达到规模供气能力，最大供气量达到 $550\times10^4m^3/d$。截至2003年3月，大张坨地下储气库累计注气 $8.25\times10^8m^3$，累计采气 $8.03\times10^8m^3$。

板 876 地下储气库于 2002 年建成投产，年有效工作采气量 $1\times10^8m^3$，最大日调峰能力 $300\times10^4m^3$。

板中北高点地下储气库是继大张坨地下储气库和板 876 储气库后，分别于 2003 年及 2004 年分两期建成了第三个调峰储气库，该储气库由集注站，A、B 两个井场共 15 口采注井组成。

大港储气库的建立填补了国内在这一技术领域的空白，达到了国内领先水平。

2. 刘庄储气库

刘庄储气库位于江苏淮安金湖县陈桥镇北，是与西气东输冀宁线配套建设的地下储气库，主要为冀宁线用户季节调峰服务。

刘庄储气库设计库容为 $4.55\times10^8m^3$，设计压力 5~12MPa，设计注采井 9 口，观察井 1 口。其工程建设主要包括北井场及集注站、南 1 井场、南 2 井场、值班宿舍、1#阀室、2#阀室及淮安分输站扩建工程。管道起自淮安分输站途径淮安市清浦区、洪泽县、金湖县至陈桥镇刘庄储气库，全长 48km。其中线路工程于 2010 年 10 月 31 日正式开工，刘庄储气库地面工程于 2010 年 12 月初正式开工。2011 年 11 月，西气东输冀宁线苏北段淮安分输站通过输气线路，开始置换投产并成功投产。投产后，刘庄储气库将和已部分投产的苏南金坛储备库，使西气东输一线储备气体规模在当年达到 $3\times10^8m^3$ 左右。

3. 京 58 储气库群

京 58 储气库群地处河北省永清县境内，主要功能是用来保障陕京二线输气管道的正常运行和京津地区工业及民用天然气的季节调峰。自 2009 年 2 月 11 日破土动工至 2010 年 9 月正式投产运行，共历时 19 个月。该储气库群由京 58、永 22 和京 51 共 3 个储气库组成，其设计库容 $16.77\times10^8m^3$，工作气 $7.53\times10^8m^3$。

京 58 储气库群建成后平均调峰供气能力可达每日 $6000\times10^4m^3$。其中，永 22 断块库容达 $6\times10^8m^3$，工作气量 $3\times10^8m^3$；京 51 断块库容达 $1.2\times10^8m^3$，工作气量 $0.6\times10^8m^3$；最大的京 58 断块库容达 $11.5\times10^8m^3$，工作气量 $3.9\times10^8m^3$。

4. 苏桥储气库群

苏桥储气库群是华北油区投入建设的第二个储气库群，与之前投入运用的京 58 储气库群都是陕京输气管线系统的配套地下储气库，其功能主要用来保障陕京二线、三线输气管道的正常运行和京、津、冀地区工业及民用天然气的季节调峰和事故应急供气。

苏桥储气库群位于河北省廊坊市、霸州市、永清县，由已进入开发后期的苏4、苏49、顾新庄和苏1/20等4座凝析油气藏改建而成。包括苏1、苏20、苏4、顾辛庄、苏49等5个储气库，设计总库容量为$67.38\times10^8m^3$，工作气量为$23.32\times10^8m^3$，垫底气量$44.06\times10^8m^3$。建成后，日均注气量为$1166\times10^4m^3$，日均采气量为$1943\times10^4m^3$。

新钻18口注采井，9口预留注采井，利用11口老井作为采气井，1口新建井作为注水井，1口新建井作为预留注水井，同时设置11口观察井井口数据传输系统。

集注站在华北油田原苏桥气处理站的基础上进行改扩建，负责库群采出气的处理和各储气库的注气，采用12台电驱往复压缩机，总注气规模为$1300\times10^4m^3/d$。通过一条天然气双向输送管线与陕京二线、三线系统38#阀室连通，从陕京二线、三线系统取气作为注气气源。四库采出气统一处理，设3套$700\times10^4m^3/d$烃水露点控制装置，装置采用注乙二醇防冻+J-T阀节流制冷。

苏桥储气库群注气系统于2014年投产，采气系统于2015年投产。

5. 相国寺储气库

相国寺地下储气库项目位于重庆北碚，是国家天然气环形管网宁夏中卫—贵阳联络线的重点配套工程，是国家规划的4座地下储气库之一，是西南地区首座天然气地下储气库，承担云、贵、川、渝、桂5省市的天然气调峰任务，具有天然气季节调峰、事故应急等功能。储气库设计库容为$42.6\times10^8m^3$，年调峰规模超过$22.8\times10^8m^3$；最大注气量为$13.8\times10^6m^3/d$，季节调峰最大采气量为$28.55\times10^6m^3/d$。2010年2月，西南油气田全面启动了储气库建设，2013年6月第一阶段成功试注投运，2014年全部建成投用。

6. 呼图壁储气库

呼图壁地下储气库位于新疆维吾尔自治区昌吉市高新技术产业开发区，该储气库作为国家重点建设项目，是西气东输管网首个大型配套系统，也是西气东输二线首座大型储气库，总库容为$107\times10^8m^3$，生产库容为$45.1\times10^8m^3$，是中国石油目前规模最大、建设难度最大的储气库建设项目。呼图壁储气库具备季节调峰和应急储备双重功能，季节调峰工作气量为$20.0\times10^8m^3/a$，规模达$1900\times10^4m^3/d$，应急储备工作气量为$25.1\times10^8m^3/a$，规模达$2789\times10^4m^3/d$。呼图壁储气库将有效缓解北疆冬季用气趋紧的局面，对保障西气东输稳定供气、北疆天然气平稳供应发挥重要作用，对带动天山北坡经济带的发展和促进新疆繁荣稳定具有重要

意义。

呼图壁储气库建注采井 30 口，监测井 5 口、污水回注井 2 口、集配站 3 座，集注站 1 座；注气能力 $1550\times10^4m^3/d$，天然气处理能力 $2800\times10^4m^3/d$，凝析油处理能力 150t/d，外输增压能力 $2800\times10^4m^3/d$，双向输气管道输气能力 $4600\times10^4m^3/d$。2011 年 7 月，新疆油田全面启动储气库建设，2013 年建成投产。

三、我国天然气地下储气库发展趋势

（1）有序推进储气库建设，工作气量逐步达到年消费量的 10%以上。

地下储气库调峰应急储备是天然气供应链中的重要组成部分，也是世界天然气利用发达国家的普遍选择。美国和俄罗斯两个天然气消费生产大国的地下储气库总工作气量分别占其年消费量的 17.4%和 17.0%（不包括战略储备气量）。部分发达国家和地区的调峰应急储备达到年消费量的 17%～27%，而我国储气库建设规模与国外相比，存在较大差距。

截至 2014 年年底，全国建成的地下储气库调峰能力仅占天然气年消费量的 1.7%，调峰工作气量的增长与消费量增长不匹配，远远不能满足冬季用气高峰的调峰需求。据中国石油规划总院预测，到 2020 年我国的天然气调峰需求约占年消费量的 11%左右，而储气库作为最主要的调峰方式，储气调峰规模至少应达到 10%以上，才能基本满足调峰及保供需求。

能源发展“十三五”规划提出加大储气库建设力度等储气调峰措施，已建项目扩容的有：大港库群、华北库群、金坛盐穴、中原文 96、相国寺等。同时新建华北兴 9、华北文 23、中原文 23、江汉黄常、河南平顶山、江苏金坛、江苏淮安等储气库。

（2）全国整体规划，合理安排储气库建设布局。

根据建库资源的分布情况，从国家层面协调企业、地方统筹布局全国地下储气库规划，按照保重点及需求程度，分步实施储气库建设。

从建库类型看，我国从南到北已在 24 个省、市、自治区和海域发现了可利用的石油和天然气，这些含油气构造为改建地下储气库提供了一定的地质基础。因此，我国地下储气库建设应以最为经济的油气藏类型为主，而在缺少油气藏构造的地区，选择适合建库的含水层构造及盐层，建设含水层及盐穴储气库。

从地域上看，我国气层气储量主要分布在西北、中西部和西南地区，气顶气和油田伴生气主要分布在东北松辽、环渤海盆地以及中南地区。因此，我国西北、中西部和西南地区储气库应以气藏型储气库为主，东北地区、环渤海地区、中南地区则应以油气藏类型为主。而长江三角洲及东南沿海地区缺少适合建库的油气藏构造，因此，在这两个地区应把寻找盐穴或含水层构造作为储气库的重点研究方向。

从作用上看，上游主要气区，如西北、西南、中西部和东北地区以大中型气藏型或油气藏型储气库为主，从而可以解决淡季天然气存储、冬季调峰和应急储备等需求问题；东南部消费市场地区则以建设中小型油气藏型、盐穴型储气库群为主，解决本地区调峰问题。

此外，还应在渤海湾盆地、松辽盆地以及南方盆地积极开展含水层建库目标的研究与勘探，寻找含水层建库有利目标，建设多元化类型地下储气库，满足不同调峰需求。

针对我国建库地质资源的不均衡性，地下储气库建设要逐渐摆脱单纯为某个干线配备储气库的模式，而应通过各干线之间的联络线将调峰能力较强的地区剩余工作气调配到调峰能力较弱的地区。特别是联络线附近的储气库，可根据不同地区的调峰需求，在各干线之间进行调配，进而确保重点地区、重点城市的调峰需求。

在没有建设大型储气库的地质条件下，应考虑将多个距离较近的小型气库组成储气库群，统一规划，统一建设，统一调配，这样既可以扩大调峰规模，降低投资成本，又能更加灵活有效地发挥储气库的应急调节作用。

（3）建立数字化储气库，实现储层—井筒—地面全生命周期一体化运行管理。

地下储气库是强注强采、交变载荷、多周期的注采过程，全生命周期使用达50年以上，与气藏开发相比，其注采气速度是气藏开发的20~30倍。储气库构造断层圈闭的密封性，在多周期交变载荷工况条件下，受储层非均质性、气体高速流等影响极大。同时活跃的边底水使储气库运行特征更加复杂，这些特点决定了地下储气库在地质风险评估、注采气井钻采工艺及地面集输工艺等方面有着与气田开发显著的差异。

我国储气库建设受地质条件复杂性等因素影响，在储气库设计、建设、运行管理等方面与发达国家存在差距。因此，在学习和借鉴国外储气库先进技术和经验的同时，加强符合我国地质特点储气库核心技术攻关，建立以储层渗流为核心、井筒—地面为约束条件等，集地下地面于一体的三维仿真数值模拟技术，建立数字化储气库，实现储气库地下—井筒—地面一体化设计、运行管理，提高储气库运行效率，科学指导储气库扩容达产，防范并预警地下储气库建设运行过程中面临的安全风险。

（4）建立国家产供销逐级责任制，实现分级储备调峰管理运行机制。

2014 年国家发展改革委员会印发了《关于加快推进储气设施建设的指导意见》，要求加快在建项目施工进度，鼓励各种所有制经济参与储气设施投资建设和运营，同时将在融资、用地、核准和价格等方面给予支持。天然气销售企业和城镇天然气经营企业，可单独或共同建设储气设施，储备天然气。国家承担天然气战略储备；天然气销售企业承担季节调峰和干线管道事故应急储备；城镇天然气经营企业和大用户承担日和小时高峰期调峰储备。实现分级储备调峰管理运行机制，将是未来破解高峰期“气荒”难题的发展趋势。

2018 年国家能源局印发了《关于印发 2018 年能源工作指导意见的通知》(国能发规划〔2018〕22 号)，提出要加大储气调峰设施建设力度，建立多层次天然气储备体系。

（5）储气库建设水平逐步提高，种类日趋丰富。

国内储气库建造和运行已有将近 20 年的历程，经历了跨越式快速发展阶段，取得了可喜的成绩，但储气库在生产运行过程中也暴露出了一些涉及效率、可操作性等方面的问题，以及由于技术更新、标准升级、法规替代所导致的安全、环保等方面的问题，对比国外储气库技术发展的现状，我国储气库的建设水平和工艺技术还不够成熟、可靠，与国外储气库存在较大差距。

随着建设经验的积累与总结，对国外先进技术、理念的学习，我国储气库工艺技术发展方向主要有以下 6 点：

（1）储气库类型日趋丰富。从油气藏、盐穴向水层、废弃矿坑等类型发展；华北油田在水层储气库方面进行了前期评价工作，中国石油大学与管道公司在岩洞储气库方面进行前期研究工作。

（2）储气库规模两极化。随着天然气行业的快速发展，储气库的功能多样化需求凸显，例如长输管道的季节调峰功能、应急调峰功能以及战略储备功能等需要特大规模的储气库，而小型储气库可灵活地满足城市调峰、商业租赁等需求。

（3）采气装置大型化。荷兰 Norg、奥地利 Haidch 等储气库采气装置采用三塔硅胶脱水工艺，处理能力达到 $2500\times10^4 m^3/d$。

（4）注气压缩机离心化、大型化。国外新建储气库多采用离心压缩机，必要时离心与往复配合使用；已有大排量离心式压缩机的成功案例，单机排量达 $1250\times10^4 m^3/d$，不设置备用。

（5）自控水平升级。国外可实现无人值守，自动化高的站定员在 10 人以下，而国内则 40 人以上。

（6）往复压缩机国产化。在苏桥储气库，由中国石油工程技术研究院牵头，华北油田与成都压缩机厂配合，开展了6000kW压缩机开发研制与现场试验工作。

第三节　油气藏储气库的组成

一个油气藏储气库通常包括以下几个组成部分：地下气藏、注气井、采气井、注采井、监测井、集注站及联络线。

一、地下油气藏

利用枯竭油气藏建库需要根据油气藏的不同类型和不同开采方式，采取不同的建库方式。枯竭油气藏又包括三种类型，即气藏、油藏和凝析气藏。

地下气藏分为两大类：定容气藏和水驱气藏。定容气藏的四周均被非渗透层封隔，就像一个具有一定压力的容器，气藏的容积和形状一直保持不变。水驱气藏的顶部和四周是非渗透层，而在底部被水体所封闭。这类气藏可以想象成一个倒扣在水中的桶，向桶中注入气体，随气体增加，水被排出，桶中气泡的体积增加。对气藏来说，定容气藏最适于作地下储气库。注气和采气可根据气库的容量、注气及采气的原始压力和最终压力进行，而且可以在气藏开发的不同阶段建库，最适合的阶段是气藏中还存一些剩余气储量；对于具有活动边水、底水的气藏，气藏在开采过程中可能部分或全部水淹，致使剩余储量被侵入地层的水封存在气藏中，建库时，如果滞留气的剩余储量较大，则应计算出残余气饱和度，并考虑可利用的部分储量。

对油藏来说，用衰竭方式开采的油气藏，低地层压力下仍有较高的剩余油气储量，可运用前缘驱动理论建立气库的近似数学模型，并指导建库；采用注水方式开采的油气藏，在含水率高达90%时作为气库最为合适。对溶解气驱动方式开采的油藏，建库后可回收较多的残余油；对弹性水驱开采的油藏，活跃的边水、底水对气库的建设和设计不太有利，为达到既储气又进行二次采油的目的，建库时应在地层高部位注气，当地层压力上升时，地层流体（油和水）在气顶的驱动下向边翼部油井移动。

对于凝析气藏来讲，用衰竭方式开采的凝析气藏，气库运行前，凝析油由于反凝析而产生部分的损耗，在气库运行中可以反蒸发进入气相，提高采收率。一般根据凝析油反蒸发和渗流机理以及凝析油的总开采量建立地下储气库的数学模型；可以较准确地描述建库的注采动态过程；注气压力和最终压力较高，气库采气时将附带采出部分凝析油；对带油环的凝析气藏建设气库，还可附带采出部分原油剩余储量。

二、注气井

注气井是用于地下储气库注气的井。由于气藏本身的特征，有时不需要或不能在某一部位注气或采气，比如需要控制水侵或是控制气泡形状等原因。在这种情况下，有一部分井只用于注气。

三、采气井

采气井是用于地下储气库采气的井。由于气藏本身的特征，有时不需要或不能在某一部位注气或采气，比如需要控制水侵或是控制气泡形状等原因。在这种情况下，有一部分井只用于采气。

四、注采井

注采井是用于注气又用于采气的同一口井。最常用也最经济的井就是注采合一、既能注气又能采气的井。储气库的注采井通常都是大井眼，井筒直径比一般的生产井大许多，大井径增加了注采井的注入和采出能力。

五、监测井

监测井是用于监测地下储气库运行状况的井。在地质构造中有时存在鞍部也就是最低点，当天然气到达该处时就会泄漏出去。在构造低点设一口观察井，可以用来监测该点的气水活动情况。干井或是报废的注气井可以用作观察井。有时需要钻 1 口或多口观察井，这取决于地下储气库的构造形状。观察井的井眼比较小，主要是用于监测气水界面的高度，这些井应该部署在关键部位，以便检测天然气是否会从储气库中泄漏。

六、集注站

集注站是指既可对地下储气库采出的天然气进行收集、调压、分离、计量、净化处理，又可对外部管道来气进行压缩回注地下储气库的站场，是注气站与集气站合建站场的简称。

七、双向输送管道

连接长输管道输气干线及地下储气库集注站的管线。

采气期，集注站内处理后的干气经双向输送管道进入输气干线；注气期，输气干线内的干气经双向输送管道进入集注站，注入地下。双向输送管道作为集注站与输气干线之间的联络管道，其长度一般从几公里到几十公里不等。双向输送管道的设计压力一般与输气干线相同，其管径大小取决于储气库的注采气量、节点压力及管道长度。

八、联络分输站

实现储气库集注站与长输管道输气干线交接计量功能的站场，一般情况下具备条件时，均与长输管道站场合建。

第四节　油气藏储气库设计与常规油气田开发设计的区别

利用枯竭油气藏建设储气库不同于常规油气田的开发，油气田开发是油气藏趋于降压开采的一次性过程，而储气库既是储气场所，又是方便的供气气源，到注气期结束时，注入的气量将充满气藏，完成一次升压过程。在用气量增加的时候，就得从储气库中采出气体，到采气期结束时，气藏压力又下降到储气库运行下限压力附近，完成一次降压过程。这样的一次升降压注采气过程，称为储气库运行周期，储气库每年要进行一个周期或多个周期的运行。

一、功能定位区别

储气库的功能定位主要为季节调峰、应急调峰、战略储备，属于长输管道的配套工程，用于生产、生活用气的安全保障设施。油气田一般以逐渐衰减的产能持续不断地提供油气产品，是能源供应的源头。

二、建库与开采条件的差异

气藏开发需要把各种复杂条件下的天然气通过各种方式开采出来，地下储气库则需要利用条件最好的气藏建设而成。

三、开采方式的差异

气藏开发需要最大限度地提高采收率，开采周期长达（或超过）10 年；地下储气库则需要在很短的时间（一般是 1 个注采周期，即 3~4 月）内把气库中的有效工作气全部开采出来，并且还需要在 1 个注采周期内将地下储气库注满达到满库容。

四、运行过程的差异

气藏开发一般产量递减；地下储气库的产量随着建设进程的进行逐年递增。

五、工程要求的差异

气藏开发采气井寿命为 10~20 年，且开车过程单向从高压到低压；地下储气库井寿命要求为 30~50 年，且井筒内压力频繁变化。

六、对储层改造的差异

气藏开发可通过大规模压力酸化来提高单井产能；而地下储气库生产寿命长，如果储层改造不具备相当长的有效期（8~10 年或更长），则一般不进行储层改造，气库储层改造的目的主要是改善井底污染。

七、监测差异

气藏开发时一般不单独钻监测井；地下储气库建设运行过程中有时会大量部署监测井，以控制监测库区及周边的各种异常情况。

八、地面工艺的差异

（1）储气库气量变化范围大。为满足用户调峰气量需求，对于采气装置，既要能够适应只开一口采气井时进气装置流量的处理要求，又要满足采气装置满负荷流量处理的要求，适应范围要求宽。这种运行模式，需要解决的技术难点较多。而储气库运行模式下，由于调峰气量的变化，采气期开关井频繁，温度场无法正常建立，这就为低温环境井口开启造成了难度，需要解决开井冻堵问题。例如装置设备选型问题，需要能够满足不同流量的生产、分离、脱水、脱烃等工艺需求和调节、控制要求，设备选型难度大。

（2）压力变化范围大。在注气期，管道来气源源不断地通过注气压缩机注入地下，井口压力不断升高，从几兆帕升高到十几兆帕，对注气压缩机的适应性提出了要求。在采气期，井口压力从采气初期的几十兆帕一直降低到采气末期的几兆帕，对采气装置的节流、防冻、制冷等工艺设计提出了苛刻的要求。

（3）注气压缩机选型要求高。应用于地下储气库的注气压缩机，需要满足如下要求：

① 满足压缩机入口压力和流量的波动，适应输气管道的参数变化要求；

② 满足压缩机出口压力的不断升高要求；

③ 保证注入地下的气质，不能受压缩机润滑油的污染，以免伤害地层；

④ 多台压缩机独立运行，需保证各自独立而又相互协调；

⑤ 降低多台、高压、大功率天然气压缩机组的脉冲、震动问题。

（4）计量难度大。由于操作压力和流量的不断变化，对流量计的选型提出了较高的要求。

（5）安全可靠性要求高、使用寿命长。地下储气库除了调峰功能，还要满足输气管道事故状态下的安全供气功能。也就是说，地下储气库要保证随时能够投入生产运行，这就对地面设施的运行安全性提出了较高的要求。储气库使用寿命长，这对储气库的设计及设备选型产生了深刻影响。另外，天然气本身属于易燃易爆介质，安全生产要求高。

第五节　油气藏储气库设计程序

油气藏储气库可行性研究阶段的设计程序如图 1-1 所示。

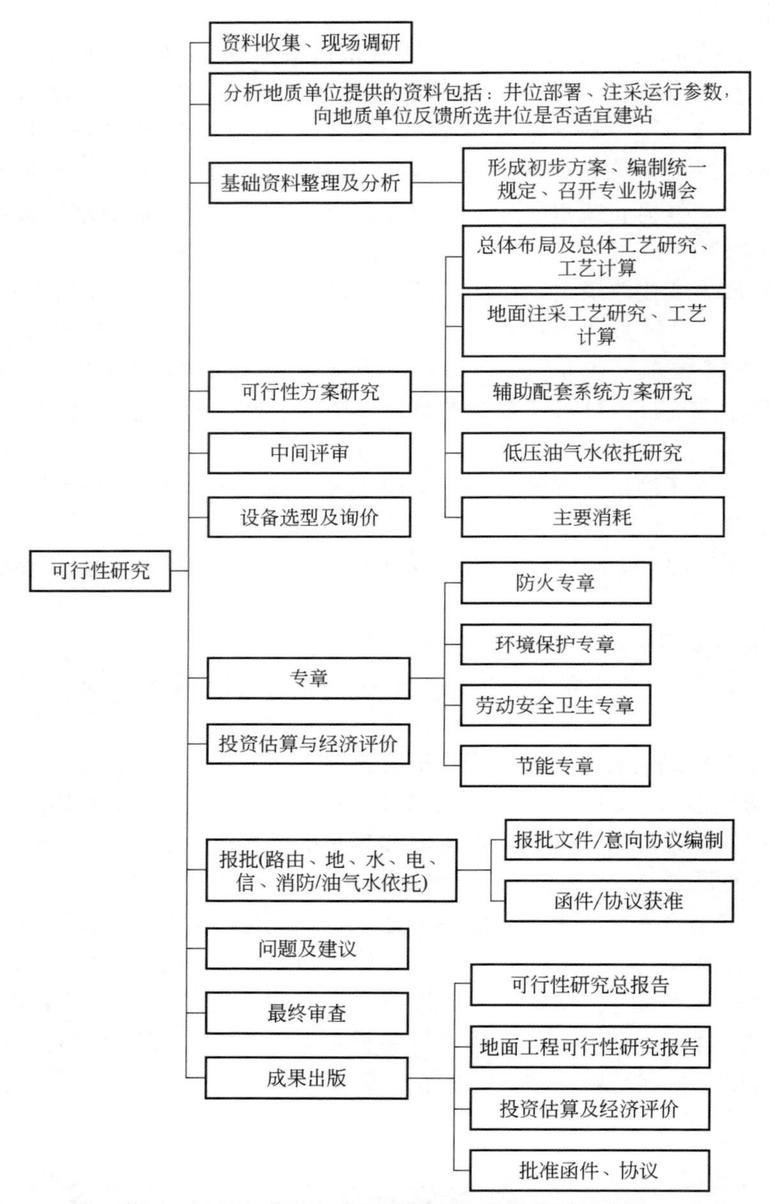

图 1-1　油气藏储气库可行性研究阶段设计程序图

油气藏储气库初步设计阶段的设计程序如图 1-2 所示。

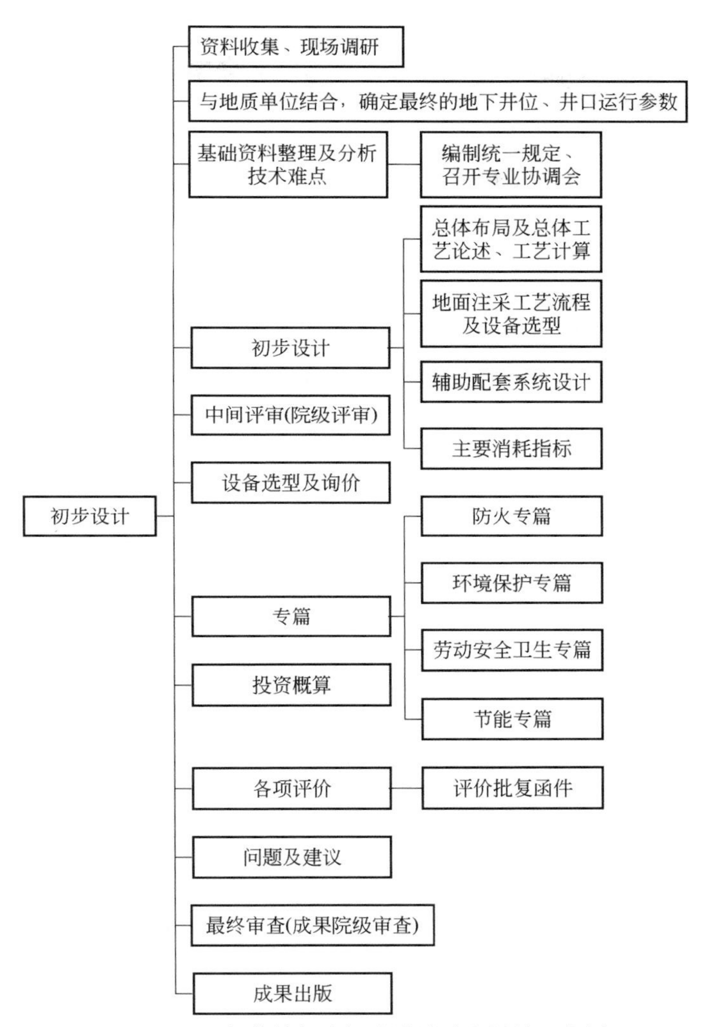

图 1-2　油气藏储气库初步设计阶段设计程序图

第二章　油气藏储气库设计基础

第一节　油气藏储气库设计所需基础数据及用途

一、地质资料

地质及油气藏工程通过重点研究储气库储层密封性、整个储层的大小，向地面设计单位提供目标储气库的库容、工作气量、垫底气量、储气库运行周期、采出井流物的物性等参数，各项参数具体用途如下。

1. 库容

库容是指储气库总的储气能力，主要由两部分组成：注采工作气和垫底气。

其中注采工作气是储气库在采气期能采出天然气的总量（或注气期需要）。需要根据居民用气负荷、采暖制冷发电负荷及其他商业、工业用气负荷等进行预测。垫底气是为了确保储气库最低压力而留在储气库中不能采出的那部分气体，它主要的作用是采气时能够提供足够的输送速度。垫气可能是气藏中没有被采出的原生气，也可能是从管道注入储气库的。

2. 运行周期

常规油气藏储气库通常用于季节调峰，采用均采均注模式。储气库运行周期指的是在储气库的一个注采循环周期，它一般分为三个阶段，以某储气库为例具体划分如下：

（1）采气期：11 月 15 日—3 月 14 日，共 120 天；

（2）注气期：3 月 26 日—10 月 31 日，共 220 天；

（3）平衡期：3 月 15 日—3 月 25 日，11 月 1 日—11 月 14 日，共 25 天。

各阶段时间区间根据地区的不同会有所变化，但其划分的根本依据是建库区域用气高峰期和用气低谷期。

根据地下储气库功能定位（如季节调峰、应急调峰、战略储备）及天然气供需平衡分析结论，结合地质部门提供的地下储气库总注气能力和总采气能力以及储气库的运行周期，即可确定注气装置设计规模和采气装置设计规模。

3. 井流物物性

井流物物性包括采出气的组分、采出凝析油物性和采出水的特性，这是做工艺模拟的基础资料。各项参数具体示例见表2-1至表2-3。

表2-1　×××储气库采出气组分表　　单位：%

时间	C_1	C_2	C_3	iC_4	nC_4	iC_5	nC_5	C_{6+}	CO_2	N_2
周期一	85.78	8.08	2.72	0.38	0.68	0.17	0.31	0.18	0.78	0.91
周期二	87.95	6.70	2.10	0.33	0.53	0.15	0.27	0.15	0.97	0.86
周期三	88.69	6.24	1.89	0.31	0.48	0.13	0.25	0.13	1.04	0.84
周期四	89.54	5.73	1.66	0.28	0.42	0.12	0.22	0.11	1.11	0.82
周期五	90.21	5.33	1.47	0.25	0.36	0.10	0.20	0.10	1.17	0.80
周期六	90.72	5.03	1.32	0.23	0.32	0.09	0.18	0.09	1.21	0.79
周期七	91.13	4.80	1.21	0.22	0.29	0.08	0.16	0.08	1.25	0.78
周期八	91.44	4.62	1.12	0.20	0.26	0.08	0.14	0.08	1.27	0.78
周期九	91.69	4.49	1.06	0.19	0.24	0.07	0.13	0.07	1.29	0.77
周期十	91.88	4.39	1.00	0.18	0.22	0.06	0.12	0.07	1.31	0.77

注：采出气中水饱和。

表2-2　×××储气库采出凝析油物性参数表

密度（20℃），g/m^3	黏度（50℃）mPa·s	含蜡 %	含硫 %	胶质沥青 %	凝点 ℃
0.7571	0.47	2.28	0.04	0.42	-30~27

表2-3　×××储气库采出水物性参数表

氯根，mg/L	总矿化度，mg/L	水型
4059.1	7896.7	$NaHCO_3$

4. 采出油、水产量预测

对于油气藏型储气库，在采气过程中还会携带出地层中残留的凝析油和

地层水。随着注采周期的运行，采出气中携带的凝析油会逐渐减少。为防止水侵，采气过程要控制出水量，采出水量随着会逐渐趋于稳定。采出油、水产量预测值主要用于确定储气库配套油水处理系统的规模。

二、钻采资料

1. 单井参数

单井参数主要包括：井数、井位坐标、单井类型（水平井、直井）及功能（注采井、监测井、注水井等），其中井数配合工作气量可以确定单井集输规模，井位坐标是储气库集输管网设计的基础。

2. 储气库运行参数

储气库运行参数主要指的是注采井口的参数，主要包括：井口温度、井口压力、井口产气流量和井口产水量。根据储气库的运行特点，随着采气或注气过程的不断持续，注采井口的压力、温度、流量等参数均会发生变化。

井口压力取决于地下储气库的原始地层压力，地下储气库类型不同，地质条件不同、储层深度不同，地层原始压力也不一致。根据地质评价，地下储气库存在一个压力运行区间，此运行压力区间与储气库容量相关联，需进行综合评价以确定储气库最优运行方案。地下储气库运行压力区间的确定以保证实现储气库的工作气量为最终目的。对于油气藏型储气库应结合油气藏的原始地层压力、开发末期地层压力、油气藏类型、储量规模、埋藏深度整体分析。

对于储气库上限压力以不破坏储气库的地层岩石结构，保证封闭性，同时兼顾工作气量与气井产量为原则。要保证各气层地质条件能满足烃类流体的储存，不会从断层或溢出点漏至气库外。

储气库下限压力主要保证气井在低压时有较高产能，满足调峰需求；同时对有边水侵入的油气藏，应避免边水对储气库运行的影响，还要满足采出气进站处理和外输的压力要求，并维持单井最低生产能力。

采气初期，井口温度最低、压力最高、采气量小；随着采气过程的持续，采气中期井口温度逐渐升高、井口压力逐步降低，对应井口采气量流量会到达一个峰值。采气末期井口温度最高、压力降至最低，对应采气量减少。整个采气过程，单井产油和产水均在中后期出现且液量逐渐增多。注气期相对来说井口参数变化比较单一，随着注气过程的持续，井口温度基本保持不变、井口流量逐步减少，井口压力逐渐增大。

三、地面资料

储气库设计所需地面资料主要以调研为主，各项数据必须尽量取得有关部门的证明文件，此时所有数据才能作为设计的依据。

1. 储气库配套管道相关参数——节点压力

1）采气系统

通常地下储气库与长输天然气管道配套建设，用气淡季将天然气管道中的富余的天然气注入地下储存，用气高峰期将存储的天然气采出，用于旺季用气的补充。根据地下储气库库容、输气管网输气能力以及用户用气量的不同，一条管道可以配套多个地下储气库，一座地下储气库也可以配套多个长输管道。储气库的主要作用是满足燃气用户调峰用气需求，由于天然气的消费具有不均衡性，而输气管网的供气量随时间的变化而变化，因此地下储气库的调峰气量也存在不均衡性。

用户用气量的不稳定导致整个输气管道压力不稳定，当用户气量大时，储气库采出气量也随之增大，对应管道运行压力也随之提高，对应的储气库外输压力增高。当用户用气量达到峰值时，管道输量达到最大，此时对应的储气库干气外输压力也达到最大值。

采气井压力以及输气干线接点压力直接影响储气库采气系统的处理工艺，当采气井压力较高，可以满足输气干线接点压力时，处理后的干气可以直接外输；当采气井压力较低，不足以满足输气干线节点压力时，处理后的干气需经压缩机增压后才能外输。采气系统压力的确定因采气处理工艺的不同而不同，采气系统压力的确定主要分以下两种工况：

（1）地下储气库采气井压力高于干气外输压力。对于地层压力较高的储气库，采气井口压力也较高，通常此类储气库一般采用“J-T阀节流制冷+丙烷辅助制冷”，对外出天然气的烃露点和水露点进行控制。采气初期有充足的压力能可以利用，采用J-T阀节流制冷；采气末期，地层压力降低，无足够压力能利用时，采用丙烷辅助制冷以确保外输压力，满足外输要求。对于此种采气工艺，采气系统压力一般较高，但不宜过高（过高的运行压力将增加设备投资）以满足干气外输为宜。

（2）地下储气库采气井压力低于干气外输压力。有时为了提高储气库的工作气量，储气库采气井末期压力会低于干线接点压力，不能满足干气直接外输的需求，一般要设干气外输压缩机。根据工程具体工况，干气外输压缩机可以考虑与注气压缩机共用。为降低干气外输压缩机的压比及能耗，一般

在满足井口压力需求的前提下，采气系统操作压力越高越好。

2）注气系统

注气系统压力确定的依据是输气管网的输气压力和地下储气库的地层压力。当输气管网压力较高而地下储气库压力较低时，利用两者间压力差即可将天然气直接注入地下，实现管压直接注气。对大多数储气库而言，特别是油气藏型储气库，输气管网的运行压力一般较低而地层出气压力较高，输气管网的压力不能满足注气要求。因此需要设置注气压缩机，增压后才能注入地下。注气压缩机前的系统压力一般与输气管网的设计压力一致，注气压缩机后的系统压力与注气井口的设计压力一致。为保证注气压缩机的平稳运行，一般在压缩机入口设置压力控制阀，维持压缩机入口压力在一定范围内波动。

2. 建库区域配套设施

一般油气藏储气库都是利用各油气田已经采空或进入开发后期的区块，各区域均由相对完善的油、气（低压气）、水的处理系统。储气库设计时要充分调研、落实建库区域已有设施的规模、处理工艺、设备服役情况、目前运行参数等数据。储气库集注站设置尽量考虑利用油气田原有站场设施，作为后续储气库采出油、水的处理系统。如原系统无法满足储气库需求，尽量考虑对原系统进行改造，以降低工程投资。已建站场需要参数见表2-4。

表2-4　已建站场需要参数表

站场名称				
与库区相对位置示意				
设计参数（压力温度规模）				
站内工艺描述				
投产日期/运行年限				
站内主要设备一览表				
设备名称	规格型号	数量	投产日期	备注

3. 集输管线设计资料

储气库主要管线有注气管线、采气管线、双向输送管线和低压油气水管线四大类，是储气库工程重要的构成部分。根据管道所经过地区的地形、地貌、交通、人文、经济等条件，按线路的走向确定时要注意以下问题：

（1）严格执行国家和行业的相关设计规范和标准，以及国家和地方的法律、法规，贯彻安全第一的原则，确保管道长期安全可靠运行。

（2）线路走向应尽量与已有公路、土路等道路伴行，以利于管线的安全运行和巡线管理。

（3）管道应尽量避绕城市规划区、村镇及工矿企业，减少拆迁工程量。必须通过时，应考虑所经城镇和工矿企业的规划和发展；并与所经地区的农田、水利、交通等工程规划协调一致。

（4）线路走向应尽量避免通过人口稠密、人类活动频繁地区，在确保管道安全的同时，确保管道周边地区的安全。

所有管线设计所需基础资料见表2-5。

表2-5 管线设计所需基础资料

设计需要资料		获取资料方式
自然状况资料	（1）管道沿线行政区划及地方志，沿线城市、乡镇发展规划； （2）管道沿线地形、地貌及植被分布情况； （3）沿线主要气象资料、人文资料； （4）沿线工程地质及水文地质资料； （5）沿线水利设施及其规划； （6）沿线已建管道、光缆及其他建构筑物的情况	进行全线调研，并做工作日志记录
沿线依托条件	（1）现有设施情况，包括管道沿线可依托的油气田设施、站场； （2）交通现状，包括管道主要依托的高速公路、高等级公路、县道以及乡镇主要交通道路； （3）沿线铁路、航运情况	通过现场查看，结合网络地图、购买地形图的方式，获取沿线依托条件
沿线敏感点	（1）沿线规划敏感目标，包括规划区、拟建高速公路、拟建铁路、拟建机场、城镇远期规划、拟建输油输气管道、拟建水管道、拟建通信及电力设施、沿线重点项目； （2）环境敏感点，包括自然保护区、水资源保护区、生态公园、种质资源保护区，同时调研管道通过保护区的等级； （3）文物古迹，包括已有文物保护单位、文物遗址等； （4）矿区，包括井田区域、探矿区域、采矿区域，取得调研矿权人及矿权单位的联系方式； （5）管线通过的林地，避让公益林； （6）河道疏浚及规划清淤情况	与当地环保部门、规划部门、文物部门、国土部门等结合
沿线地区等级划分	根据《油气输送管道完整性管理规范第2部分：管道高后果区识别规程》（GB 32167—2015），对沿线高后果区进行踏勘调研，提供数据统计，结合影像图、地形图划分沿线高后果区	现场查看结合电子地图，划分地区等级

续表

设计需要资料		获取资料方式
线路困难地段	(1) 地形地貌困难段，包括山区丘陵地段、沙漠段、水网地区等，横坡敷设段、顺河沟敷设段； (2) 地质灾害段，包括高水位地区、滑坡、崩塌、泥石流、冲沟地段等； (3) 拆迁困难段，包括民房、厂房、池塘、大棚、通信杆、电杆、经济作物等； (4) 管道并行交叉段，包括已建和拟建输油输气管道、已建和拟建水管道、已建和拟建通信电力设施； (5) 石方爆破段，包括全岩石段、半土半岩段；	通过现场查看获得线路困难地段资料
线路优化比选段	调研比选方案，并与地方政府部门初步衔接，收集相关资料，完善数据统计： (1) 拆迁段优化比选方案； (2) 穿越段优化比选方案； (3) 困难段优化比选方案； (4) 地质灾害段优化比选方案； (5) 环境敏感点段优化比选方案； (6) 规划区段优化比选方案； (7) 矿区段优化比选方案	通过现场查看，并与地方部门结合
河流大中型穿越	(1) 选择穿越位置，并对穿越位置区域的位置及区域地形进行调研，采集坐标、现场照片； (2) 穿越处水利设施及规划； (3) 选择穿越方式，根据穿越区域位置及区域地形情况初步确定穿越方式； (4) 落实河道主管部门，就穿越位置及穿越方式进行结合	现场查看，并与当地国土、规划部门结合
高等级公路、铁路穿越	(1) 选择穿越位置，并对穿越位置区域的位置及区域地形进行调研，采集穿越位置处公路、铁路里程、穿越位置坐标、现场照片； (2) 选择穿越方式，根据穿越位置处地形地质初步确定穿越方式； (3) 落实公路、铁路主管部门，就穿越位置及穿越方式进行初步结合； (4) 初设阶段对可研阶段穿越位置及穿越方式进行复核，并与当地所属管理部门结合	
选择阀室位置	在管道合理位置选择设置阀室，采集点坐标，和总图及勘察测量专业结合，确定最终位置；与国土、规划部门结合站场、阀室选址是否占用基本农田及是否跨行政村；结合沿线市场需要考虑分输阀室的设置；根据工程实际确定是否需要设置	

4. 外部依托条件

1）维抢修

储气库的大型维抢修一般均依托与其相连的长输管道的最近维抢修中心（长输管道维抢修中心的服务半径为350km），维修可依托就近的维修队。根据业主意愿和实际情况，可考虑建设维修班。设计前需落实维抢修队相关资料见表2-6。

表2-6　维抢修队相关资料

维修队概况			
拟依托维修队			
地址			
距储气库距离			
规划（如果有）			
维抢修能力			
是否可作为本工程维抢修依托			
车辆、维修设备及机具配置			
序号	设备名称	数量	备注
1	随车吊		吊装（　）t
2	客车		（　）座以下
3	值班用车		（　）座
4	工程车		载客（　）人，载重（　）t
5	电动叉车		
6	移动式剪叉升降车		起升高度（　）m

2）给排水及消防

油气藏储气库给排水及消防设计主要需落实的资料有：站址周边有无市政给排水管网、河流、沟渠，确定站内的取水方式及污水外排方式等，具体落实资料详见表2-7。

3）供电系统

油气藏储气库注气压缩机是大功率用电设备，因此在储气库设计时对建库区域已有供电系统的调研就至关重要，必须了解以下内容：

（1）有可能向本工程供电的电源点名称、方位及距离，建设地的用电价格（包括计算方法，奖惩规定、地区电价等）；

（2）电价收费的文件、有关政策（包括限制性政策和本工程有无优惠政

策等)、特殊收费项目等；

(3) 当地电力部门对大型用电设备负荷启动和运行方式的要求；

(4) 当地送配电线路架设方式、线路的单位造价，是否必须由当地电力部门设计施工，当地变电站和各电压等级电力线路的单位投资。

具体需落实的内容见表 2-8。

表 2-7　给排水及消防部分调研通用表格

<table>
<tr><td rowspan="14">供水情况</td><td colspan="2">站址附近有无可利用给水系统（管线）</td><td></td></tr>
<tr><td colspan="2">供水系统（管线）所属单位</td><td></td></tr>
<tr><td colspan="2">供水形式（连续/间断）</td><td></td></tr>
<tr><td colspan="2">供水压力</td><td></td></tr>
<tr><td colspan="2">供水能力（水量）</td><td></td></tr>
<tr><td colspan="2">方位及距站址距离</td><td></td></tr>
<tr><td colspan="2">水质（能否达到饮用水标准）</td><td></td></tr>
<tr><td colspan="2">能否开孔及开孔费用</td><td></td></tr>
<tr><td colspan="2">是否允许自打水源井及费用</td><td></td></tr>
<tr><td colspan="2">地下水水位深度</td><td></td></tr>
<tr><td colspan="2">地下水水质</td><td></td></tr>
<tr><td colspan="2">当地政府规定打井最低深度</td><td></td></tr>
<tr><td colspan="2">当地政府规定打井层位</td><td></td></tr>
<tr><td colspan="2">出水能力</td><td></td></tr>
<tr><td>备注</td><td colspan="3"></td></tr>
<tr><td rowspan="11">排水情况</td><td rowspan="8">污水</td><td>站址附近有无可利用排水系统（管线）</td><td></td></tr>
<tr><td>有无可接受污水的水体</td><td></td></tr>
<tr><td>站内污水去处</td><td>沟渠（　）/城镇管网（　）</td></tr>
<tr><td>能否接纳本工程污水量</td><td></td></tr>
<tr><td>能否达到所要求的污水处理指标</td><td></td></tr>
<tr><td>排污系统/管线方位</td><td></td></tr>
<tr><td>距站址距离</td><td></td></tr>
<tr><td>利用站内外高差是否可以直接外排</td><td></td></tr>
<tr><td rowspan="3">雨水</td><td>站址附近有无可利用雨水系统</td><td>沟渠（　）/城镇管网（　）</td></tr>
<tr><td>利用站内外高差是否可以直接外排</td><td></td></tr>
<tr><td>站场附近自然状况（种植、养殖等）</td><td></td></tr>
<tr><td>备注</td><td colspan="3"></td></tr>
</table>

续表

临近消防站情况	消防站所属单位	
	距站址距离或行车时间	
	泡沫车数量及规格	
	干粉车数量及规格	
	水罐车数量及规格	
	照明车	
	指挥通信车	
	是否可作为消防依托	
	站址是否有消防给水系统	
备注		
站址内消防情况	冷却水系统供给方式	稳高压（　）/临时高压（　）/固定（　）/半固定（　）
	泡沫灭火系统供给方式	固定（　）/半固定（　）/烟雾（　）
	供水能力（水量）	
	冷却水泵运行台数、备用台数、参数及运行情况等	
	泡沫水泵运行台数、备用台数、参数及运行情况等	
	稳压水泵运行台数、备用台数、参数及运行情况等	
	供水管线距站址距离	
	管网可靠性	环网（　）/独立管网（　）/城镇管网（　）
	泵组是否两条吸水管及出水干管	
备注		

表 2-8　供电系统具体落实内容

站场名称		联系人		电话	
地址					
所属供电局					
变电站名称		规模	/　/　kV	MV·A	
主变型号规格					
上级电源					

续表

<table>
<tr><td>建站时间</td><td colspan="6"></td></tr>
<tr><td>运行情况</td><td colspan="6"></td></tr>
<tr><td>所带负荷情况</td><td colspan="6"></td></tr>
<tr><td>出线回路数</td><td>10kV</td><td></td><td>35kV</td><td></td><td>110kV</td><td></td></tr>
<tr><td>空余间隔</td><td>10kV</td><td></td><td>35kV</td><td></td><td>110kV</td><td></td></tr>
<tr><td>间隔费</td><td>10kV</td><td></td><td>35kV</td><td></td><td>110kV</td><td></td></tr>
<tr><td rowspan="3">供电距离</td><td>110kV</td><td></td><td rowspan="3" colspan="2">线路单位投资
（万元/km）</td><td colspan="2">110kV</td></tr>
<tr><td>35kV</td><td></td><td colspan="2">35kV</td></tr>
<tr><td>10kV</td><td></td><td colspan="2">10kV</td></tr>
<tr><td rowspan="3">电费
基本容量费</td><td colspan="6"></td></tr>
<tr><td colspan="6"></td></tr>
<tr><td colspan="6"></td></tr>
<tr><td>计量要求</td><td colspan="6"></td></tr>
<tr><td>调度要求</td><td colspan="6"></td></tr>
<tr><td>大电动机启动影响</td><td colspan="6"></td></tr>
<tr><td>当地雷电水平</td><td colspan="6"></td></tr>
<tr><td>其他</td><td colspan="6"></td></tr>
</table>

4）通信系统

储气库通信方式主要有 4 种：

（1）新建通信光缆，与管道同沟敷设光缆或单独敷设光缆。

（2）VSTA 卫星通信，组建管道卫星通信网。

（3）租用公网电路，租用当地公网 DDN 或数据电缆及语音电话通信。

（4）GPRS 无线通信，租用移动或联通 GPRS 无线通道。

上述 4 种通信方式不论选择哪一种通信方式为主通道，都要考虑选用其他通信方式为备用通信。例如：新建管道选择光缆为主通道，则将选择租用公网为备用通信。那么就要对租用公网 DDN 或数据电路进行调研。

各种通信方式的调研内容如下：

（1）VSTA 卫星通信。

① 了解卫星通信组网情况；

② 卫星主站设在何处；

③ 租用卫星的名称和转发器的编号；

④ 租用卫星带宽；

⑤ 已建卫星端站数量、具体位置；

⑥ 已建卫星端站天线尺寸；

⑦ 卫星设备厂商名称。

（2）租用公网电路。

租用公网电路分DDN数字数据电缆或数据电路，根据站场或阀室地理位置，与当地电信部门联系租用电路事宜，并明确以下内容：

① 明确租用DDN数字数据电缆或数据电路的传输速率（例如9.6kbit/s、64kbit/s等）；

② 当地电信部门提供线路是光缆，还是电缆；

③ 进站第一级终端设备是当地电信部门提供，还是自己负责；

④ 一般站场语音备用通信均接入公网，主要了解站场周围能否接入公网电话；

⑤ 当地电信部门工程初期建设各项费用。

（3）GPRS无线通信。

① 了解移动和联通GPRS无线通信情况；

② 在站场或阀室周围，通过手机判断移动和联通信号辐射强弱，观察站场或阀室周围是否有通信铁塔；

③ 已建站场通信接口、通信方式、安全防范系统、语音通信依托（是否为当地的通信运营商，联通或移动）。

四、产品指标

1. 产品标准及要求

《输气管道工程设计规范》（GB 50251—2015）中第3.1.2条规定：进入输气管道的气体水露点应比输送条件下最低环境温度低5℃，烃露点应低于最低环境温度；气体中硫化氢含量不应大于20mg/m^3。

《稳定轻烃》（GB 9053—2013）中第5条规定：2号稳定轻烃饱和蒸气压小于等于88kPa（冬季储存）；附录A2.4中规定：储存本产品，常压容器内产品储存温度不应超过37.8℃。

2. 库群产品指标

（1）采出气气质指标。集注站外输天然气执行《输气管道工程设计规范》（GB 50251—2015）。根据其中第3.1.2条规定：进入输气管道的气体水露点应比输送条件下最低环境温度低5℃，烃露点应低于最低环境温度；气体中硫化氢含量不应大于20mg/m^3。《天然气》（GB 17820—2012）中第3.3条规定：在天然气交接点的温度和压力条件下，天然气的水露点应比最低环境低5℃。一般集输管线是按将管顶埋设至最大冻土深度以下，即管道埋深处的最低地温大于等于0℃，极端情况可以按照0℃考虑。

（2）稳定凝析油指标。处理后的凝析油在37.8℃时饱和蒸气压小于88kPa（冬季储存）。

（3）轻烃处理指标。轻烃作为一种中间产品，只考虑满足储存及运输要求。

（4）污水处理指标。根据环境评价相关要求，满足不同地区外排和回注的要求。

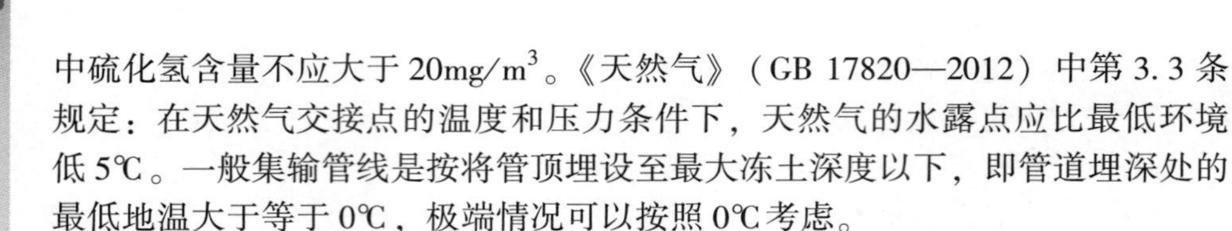

第二节　工艺设计遵循的主要法规、标准、规范和技术规定

一、国家法规

工艺设计遵循的主要国家法规见表2-9。

表2-9　工艺设计遵循的主要国家法规

序号	标准规范名称	标准号
1	中华人民共和国安全生产法	主席令第13号（2014）
2	中华人民共和国环境保护法	主席令第9号（2015）
3	中华人民共和国防洪法	主席令第48号（2016）
4	中华人民共和国节约能源法	主席令第77号（2008）
5	中华人民共和国水土保持法	主席令第39号（2011）
6	建设项目环境保护管理条例	国务院令第253号（2016）
7	中华人民共和国水污染防治法	主席令第87号（2008）
8	中华人民共和国大气污染防治法	主席令第32号（2016）

二、标准、规范

工艺设计遵循的主要标准、规范见表2-10。

表2-10 工艺设计遵循的主要标准、规范

序号	标准规范名称	标准号
1	石油天然气工程设计防火规范	GB 50183—2015
2	输气管道工程设计规范	GB 50251—2015
3	工业金属管道设计规范	GB 50316—2008
4	气田集输设计规范	GB 50349—2015
5	油气集输设计规范	GB 50350—2015
6	油气输送管道穿越工程设计规范	GB 50423—2013
7	油气输送管道线路工程抗震技术规范	GB 50470—2017
8	输送流体用无缝钢管	GB/T 8163—2018
9	流体输送用不锈钢无缝钢管	GB/T 14976—2012
10	天然气净化厂设计规范	GB/T 51248—2017
11	天然气	GB 17280—2018
12	石油天然气工业 管线输送系统用钢管	GB/T 9711—2017
13	低压流体输送用焊接钢管	GB/T 3091—2015
14	管线阀门 技术条件	GB/T 19672—2005
15	石油天然气工业 管道输送系统 管道阀门	GB/T 20173—2013
16	钢制阀门 一般要求	GB/T 12224—2015
17	地下储气库设计规范	SY/T 6848—2012
18	天然气脱水设计规范	SY/T 0076—2008
19	天然气凝液回收设计规范	SY/T 0077—2008
20	高含硫化氢气田地面集输系统设计规范	SY/T 0612—2014
21	天然气长输管道和地下储气库工程设计节能技术规范	SY/T 6638—2012

第三章　油气藏储气库总体布局及站址选择

第一节　油气藏储气库总体布局

一、库址筛选

地下储气库库址的选取应主要遵循以下基本原则：

（1）气库规模适用性原则：应用的气库研究与设计技术和气库建设工艺技术能够实现建库要求，气库的库容量、工作气量、日调峰气量可以达到建库期望值。

（2）气库环境适应性原则：气库建设符合安全环保的建库要求，气库的建设与使用具有安全性，交通便利、气候适宜、施工方便，地理位置接近主要用户或主输气管网。

（3）气库地质适用性原则：库址的地质条件符合建库要求，构造形态落实、盖层及断层封闭性强、储层分布稳定连通性好、单井注采能力大、流体中不含 H_2S 等有害气体。

（4）气库经济最优化原则：气库建设的投资与效益回报符合经济指标的建库要求。利用已有的信息、设施、技术、管理、人员等减少投入，气库副产品可增加产值等，气库自身的投入比天然气生产、集输、销售全系统的投入产出比最优。

尽管在不同的地区或不同的历史时期四项基本原则的优先次序可能不同，但通常采用经济性原则作为确定库址的最终原则。在四项基本原则的指导下结合建设单位的一些具体要求，选择的地下储气库库址是基本可行的。地下储气库库址的选取在四项基本原则的指导下，可细化为以下选址条件：

（1）储气库尽量靠近天然气用户和输气干线，占地面积小。

（2）选用背斜构造，具有一定的构造幅度和圈闭面积，断层少密闭性好，埋深不易过深。

（3）储气层位厚度要尽可能大，储层物性条件好，储层上部盖层不应存在构造断层。

（4）储气库层位稳定，气井储层不能有出砂、大量出水、出油等妨碍储气库正常生产的问题，储气库能够承担90%～115%原始地层的注气压力。

（5）注采气井具有足够的产能，能够满足储气库注采的需求。

二、库址类型

储气库址应尽量选择气藏型改建，其次选择油藏型。气藏型库址在建库前已经是气藏，与气库具有相近的流体渗流特性和气库封闭特性，因此改建气库的成功率高，可作为优选目标。

三、库址构造圈闭条件

1. 构造形态

储气库址应尽量选择构造形态完整的背斜构造或单斜构造型，构造范围大、构造形态陡适于改建储气库。地层型圈闭具备高陡特征时可以进行选址评价。

2. 构造幅度

如果选择用气藏、油藏来改建储气库，由于已是油气构造成藏，通常在原始油气范围内可以作为气库库容，因此这类储气库对于构造幅度要求并不严格。

3. 圈闭体积

改建气库的最小圈闭体积数值难以统一划定，主要是受地质条件、流体类型、建库投资、需求规模等多方面因素影响。满足建库规模既可以由1个较大圈闭实现也可以由相邻的多个较小圈闭群联合实现。

4. 库址封闭条件

储气库址应具备较强的封闭性，对气体的封闭方式包括盖层与底层的纵向封堵、致密岩性与断层的侧向封堵、油水流体的底部封堵等。

（1）盖层与底板隔层封闭性。盖层与底板隔层岩性应选择属于具有强封闭性质的纯泥岩、膏岩或其他致密性岩性，渗透率为107～104mD。盖层在横向上应为连续分布全覆盖储层，平面最薄处厚度应大于10m。对于气藏型或

油藏型改建的气库，盖层封闭性能够承受注气后的原始地层压力水平。底板隔层致密岩层厚度最少达到5m，平面上保持连续分布。

（2）断层封闭性。地下储气库选址应尽量选择断层少的地质构造，这是因为小断层发育在储层内部，通常不破坏气库封闭性，但却容易影响储层连通程度和连通范围，对流体渗流影响较大。大断层穿越气库盖层和底板，则存在着断层封闭强度弱的隐患，应尽量避免。

（3）致密岩性封闭在陆相沉积的地层中，致密岩性如泥岩等与非致密岩性如砂岩的分布十分普遍，当作为气库地层时，致密岩性对非致密岩性具有较强的侧向封堵作用。

（4）流体边界封闭，气库低部位水体封堵的现象十分普遍，通常呈现底水或边水分布状态。而水体封堵强度越弱对气顶形成越好。当用气藏或油藏改建储气库时，若边部水体弱则边水内侵强度弱，地下储气库易实现大库容和纯气体生产。因此，储气库库址的选择通常以定容气藏、油藏为好。

5. 库址储层条件

储气库址的储层一般应为砂岩、碳酸盐岩、火成岩等具有孔、洞、缝储集空间的地层。储气库储层的物性选择比较严格。若选择由砂岩型气藏改建储气库，则要求物性为孔隙度大于10%，空气渗透率大于10mD；若由砂岩型油藏改建储气库，则要求物性为孔隙度大于15%，空气渗透率大于50mD；若由砂岩型水藏改建储气库，则要求物性为孔隙度大于20%，空气渗透率大于200mD；对于碳酸盐岩、火成岩等具有孔、洞、缝储集空间的地层，尽管基岩孔隙度与渗透率较低，但裂缝和孔洞的存在会极大提高孔隙空间和渗流能力，因此某些特殊岩性储层也可选为库址。

6. 库址流体条件

储气库址选择对流体性质的要求并不单一，原油、天然气、地层水3大类流体都可以改建为天然气储气库，按重力分异原理形成的顶气中油低水型油气藏改建为气库的实例在国内外普遍存在。储气库址选择时应实现库内流体中不含有高浓度的有毒有害物质，如H_2S，CO_2等。

7. 库址埋藏深度

库址储层埋藏深度与地层压力、地层温度正相关，进而与气库所有关键指标和钻采工艺、地面设施、建设投资相关。地层压力的高低与单井产能、气库容量、工作气量正相关，通常要求地层压力高即储层埋藏深为好，还可以实现产能高井数少。

8. 老井封堵条件

由于大多数气库库址选择在油气田开发老区，则库址范围内老井的数量很多，因为年代久远、井况差，在储气库的强注强采、周期交替过程中可能会使老井发生泄漏，为了保证地面安全，必须对每一口钻达储层的老井进行封堵。

9. 地理条件

储气库址应尽量靠近天然气用户，一般以距离 150km 以内为佳或距离主输气管道较近，以便于市场调节和管网连接。

10. 地面条件

储气库址地面应远离人口稠密区、重要工商业区，避免气库泄漏隐患造成地面的安全隐患。储气库址地面应避开恶劣的自然环境以及人文环境不适宜地区，保证气库建设和运行管理人员的生活环境质量。

四、总体布局

油气藏储气库运行模式有以下特点：

（1）安全可靠性要求高、使用寿命长。储气库本身即为一种供气的安全保障措施，因而对其安全可靠性要求更高；另外，储气库使用寿命长，这对储气库的设计及设备选型产生了深刻影响。

（2）注气、采气周期性循环，注采气装置间歇运行。

（3）一个注采周期内，工艺参数不断变化：注气、采气初期，压差大，注采气量也大；注气、采气后期，压差小，注采气量随之减少。

（4）储气库库容形成需要一定的周期，随注采周期的延续，库容也会随之增大。

（5）单井产气量较小、井口温度高；井流物组分逐渐变贫，趋向于注入气组分；油、水产量随周期递减。

（6）平衡上游管网压力、下游用户季节调峰均通过储气库群来实现。

对储气库布局有以下要求：

（1）储气库建设布局应满足管网系统总体调配要求，距离主要用户较近以便于发挥调峰作用并减少管线投资。

（2）储气库应作为天然气大型集输系统的主要组成部分，与管网整体考虑，同步设计与实施。

（3）站场选址考虑充分利用已建站场和已有设施，降低工程投资。

（4）站场选址尽量远离乡镇村庄，减少危险性及噪声污染。

（5）站场选址有利于集输管线和天然气双向输送管线敷设同时，充分考虑高压注气管线的危险性，尽量减少高压注气管线的长度。

五、规模确定

1. 库容、垫气和工作气

（1）库容，指至地下储气库所能储存的标准状态下的天然气体积。随气库温度和压力大小及库容量改变。

（2）极限库容量，指当气库压力达到地层破裂压力时的库容量，反映气库达到了破坏极限。

（3）原始库容量，指当气库压力等于原始地层压力时的库容量，反映气库达到了原始状态，通常用此指标表示气库的储气规模。

（4）最大库容量，指地下储气库运行压力等于最高地层压力时的库容量，反映气库达到了最大运行状态时的储气量。

（5）基础垫气量，指长期留存在地下储气库中无法采出的气量。

（6）附加垫气量，指为达到地下储气库最低运行压力，在基础垫气量之外所需的垫气量。

（7）总垫气量，指为保证地下储气库运行所需的最低储气量，是基础垫气量与附加垫气量之和。一般占库容的15%~70%。

（8）工作气量：地下储气库一个注采周期的可注、可采气量，反映气库的有效储气能力。一般占库容的30%~85%。

（9）储气库的有效工作气量=季节调峰气量或事故应急用气量；储气库的总库容量=储气库有效工作气量+储气库的总垫气量。

2. 地下储气库的规模

地下储气库规模的大小要根据不同地区的调峰供气需求及所建库址的地质条件而定。

较大的地下构造，改建储气库需要相当大的气垫气，一次性投资大，建设周期也长（一般可分期建设），但储气量大、调峰能力强、使用年限长、总体经济效益好。小型储气库建设投资少、见效快、灵活性好。美国70%以上的储气库库容在（0.028~2.83）$\times10^8m^3$。从经济上考虑，可以使用惰性气体作为垫气。在气库中，工作气量占50%，垫气量占20%，30%为混合带（如为气藏储气就不存在混合带）。国外建库经验表明，建设大型地下储气库要比建设小型地下储气库总体上更加经济。在没有较大规模的储气库情况下，可考虑建设储气库群，几个储气构造分块建设，地面统一管网、统一监控，统一调配，也较为经济。

储气库地面注采设施规模的确定，应基于以下 4 个方面的考虑：

（1）地质建库的研究成果，推荐的建库方案数据。

（2）调峰需求分析。调峰气量由季节调峰和应急调峰两个部分组成，测算经济合理的季节及应急用气量对储气库规模的确定是非常必要的。确定的依据是：市场用气的需求量、管道输气能力、不同季节用气的不均衡状况及应急供气天数。

（3）在用储气库的实际运行经验。

（4）适度的预留扩建。

第二节　地面站址选择及平面布置基本原则

一、井场

1. 主要功能

根据井场内的单井数量、井的功能、井场与集注站距离等，注采井场的主要功能包括单井高压输送、井场采气计量、井场检修放空、注气流量分配、单井加热、清管、注醇等。

2. 主要工艺设施与流程

井场内的工艺设施主要包括采气树、注采阀组、计量分离器、放空立管、注醇、加热设施等一种或多种设施。

井场主要工艺流程如图 3-1、图 3-2 所示。

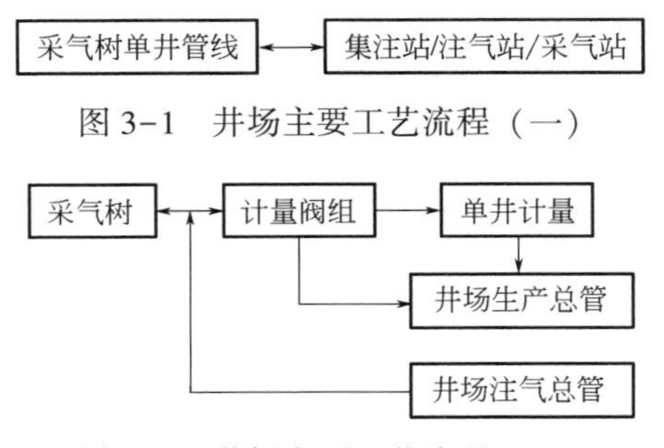

图 3-1　井场主要工艺流程（一）

图 3-2　井场主要工艺流程（二）

3. 站址选择与平面布置

储气库的井位由地质及钻采部门根据地质条件确定，井场则根据井位情况进行布置。

井场平面布置包括注采井间距、井场面积的确定以及井场设施的布局等。注采井间距由钻采部分根据气库特点、供气要求、安全施工规定等限制条件进行设计，在满足工期要求、保证安全施工、降低施工风险的前提下，尽量减少井间距。确定井场面积时，既要满足建库施工作业时的要求，又要考虑后期修井施工队井场的要求。一般按临时性征地和永久性征地进行井场面积的确定，以节省投资、减少对土地的占用。

井场主要分为两种：一种是井口只有采气树、无工艺装置区的井场；另一种是设置工艺装置区、井口加热炉、放空区、辅助生产设施及辅助用房等井场。

井场平面设计主要考虑以下 5 点：

（1）采气树与采气树的间距。采气树间距通过地质单位测定的井口坐标确定。

（2）采气树与周边建构筑物的间距。井场在进行平面布置时，需要与钻采单位进行进一步的结合与协商，以保证井场的平面布置满足采气树修井维护作业要求。一般来说，与本排采气树相平行的一侧保证在 15m 以上，相对侧保证在 30m 以上，与本排采气树相垂直的两侧保证在 15m 以上即可满足修井维护作业要求。

（3）工艺注采阀组区的大小。在有注采阀组的井场，平面布置需考虑注采阀组占地。一般来说，一套注采阀组宽 3. 5m、长 20m 左右；每增加一套阀组，需要增加 3. 5m 左右的宽度。

（4）井场安全间距。在《石油天然气工程设计防火规范》（GB 50183—2015）中，井场划分为五级站场，其区域及站内设施安全间距需符合该规范及其他规范的相关要求。井场安全间距见表 3-1。天然气放空管排放口距离明火或散发火花的点的防火间距不应小于 25m，与非防爆厂房之间的防火间距不应小于 12m。

表 3-1　井场安全间距表

名称	油气井	露天油气密闭设备或阀组	水套炉	10kV 以下变压器、配电间
露天油气密闭设备或阀组	5m			
水套炉	9m	5m		
10kV 以下变压器、配电间	15m	10m	满足建规	
计量仪表间	9m	5m	10m	满足建规

（5）井场用地。各类典型井场平面布置见图 3-3，典型井场用地见表 3-2。

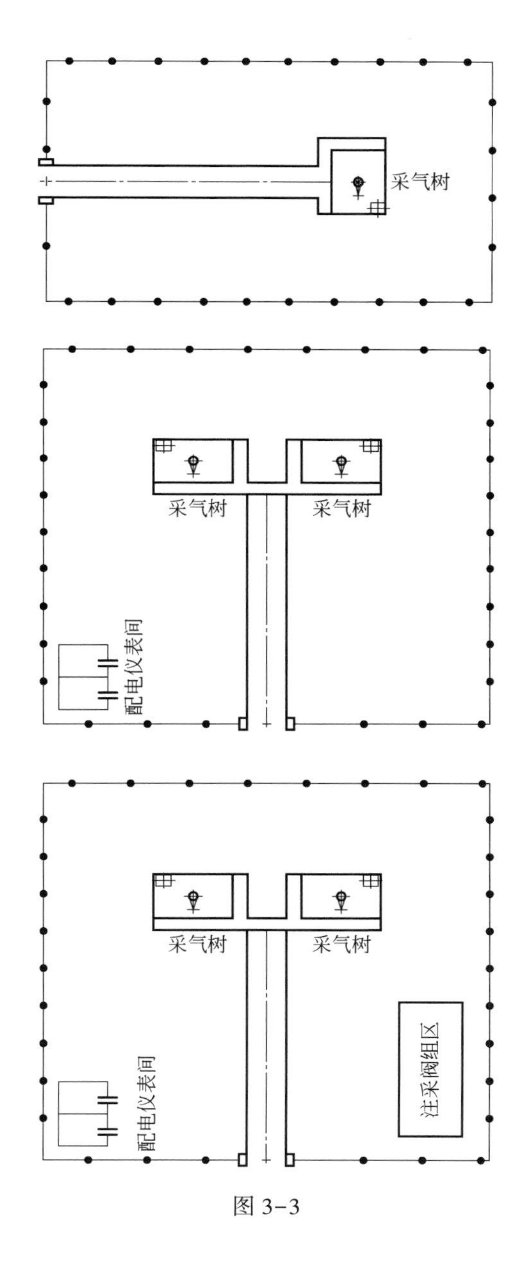

图 3-3

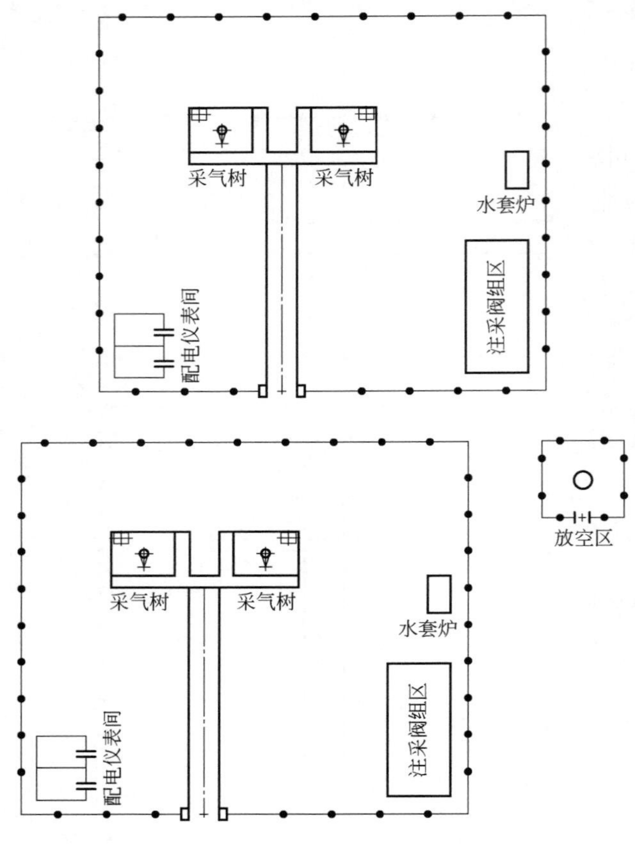

图 3-3　典型井场平面布置图

表 3-2　典型井场用地

规模	用地面积		采气树数量每增加 1 口的用地增值	
	m^2	亩	m^2	亩
1 口采气树无阀组	1500	2. 25	750	1. 125
2 口采气树带阀组	2500	3. 75	750	1. 125
2 口采气树带阀组、水套炉	3000	4. 50	750	1. 125
2 口采气树带阀组、水套炉、放空区	3100	4. 65	750	1. 125

二、集注站

集注站既可对地下储气库采出的天然气进行收集、调压、分离、计量、净化处理，又可将长输管道干线来气进行压缩回注至地下储气库。

1. 主要功能

（1）旋风/过滤、增压外输、清管器收发功能。

（2）采出气烃水露点控制（J—T 阀节流制冷工艺法、J—T 阀节流制冷工艺+丙烷辅助制冷工艺法），合格产品外输（直接外输、增压外输）。

（3）凝析油稳定、凝析油储存、凝析油外销。

（4）轻烃储存、轻烃外销。

（5）污水回注或外输。

（6）放空、排污、仪表风、乙二醇再生、甲醇注入等配套系统。

2. 主要工艺流程

集注站主要工艺设施有过滤器、注气压缩机、生产分离器、点控制装置、脱硫装置、注水装置、凝析油稳定装置、凝析油及轻烃存储装置、装车系统、甲醇注入系统、排污系统、放空系统、压缩空气系统、污水回注系统等多种设施。

3. 主要工艺流程

（1）注气期主要工艺流程如图 3-4 所示。

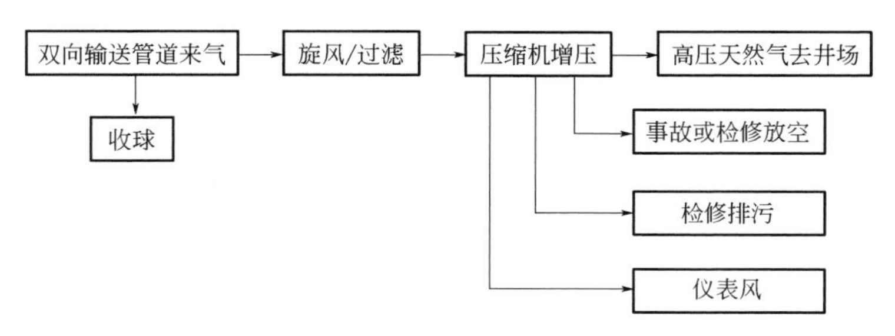

图 3-4 集注站主要工艺流程（注气期）

（2）采气期主要工艺流程如图 3-5 所示。

4. 站址选择

集注站的选址尽量靠近井场，在区域条件运行的情况下优先考虑集注站

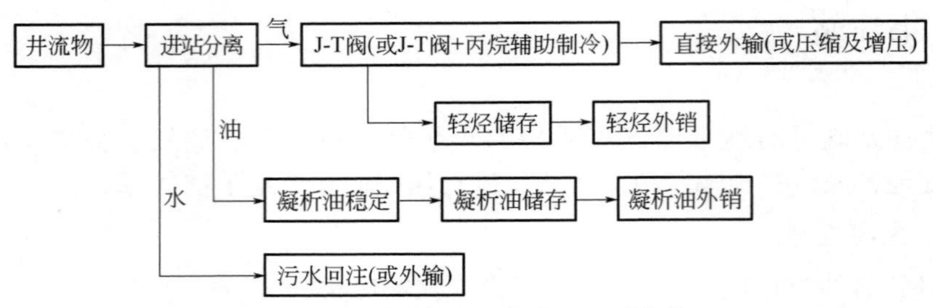

图 3-5　集注站主要工艺流程（采气期）

与井场毗邻建设，另外集注站的选址应根据地下储气库的总体发展规划考虑集群建设。当采用燃气驱动压缩机时，集注站站址选择时应尽可能远离噪声敏感区域。

5. 平面布置

集注站平面布置宜按照功能分区建设，主要为辅助生产区、注气装置区、采气装置区、低压油水处理区、罐区、变电站区、消防及给水区、装车区、放空区。

集注站的站场等级及相关安全间距要求，应根据《石油天然气工程设计防火规范》GB 50183—2015 中有关要求确定。

三、联络分输站

1. 主要功能

联络分输站的主要功能是交接计量、调压、清管发球。

2. 主要工艺流程

联络线站场主要工艺流程如图 3-6 所示。

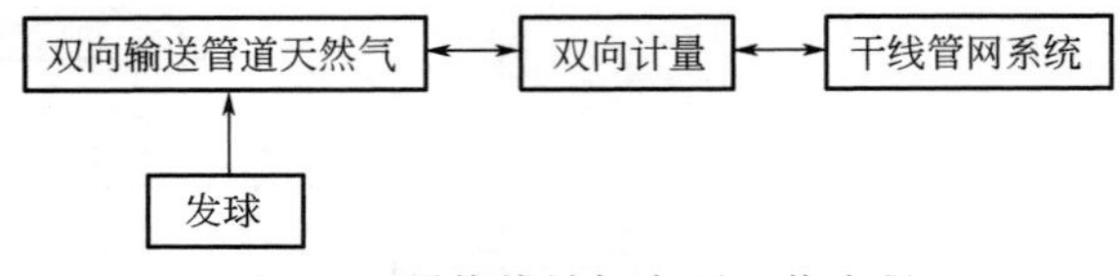

图 3-6　联络线站场主要工艺流程

3. 站址选择

交接计量站的选址应选择在靠近干线管网的区域，选址时应根据所在地的地理条件，兼顾厂、站间联络线的施工作业难度，尽可能缩短大口径联络线的长度，当条件具备时，应考虑与长输管道的干线站场合建，尽量避免新增征地。

4. 平面布置

联络分输站的功能及平面布置较为简单，主要包括双向输送收发球筒、交接计量装置及相应阀组。

第四章　油气藏储气库地面集输工艺

第一节　集输工艺方案

集输是指通过一定的工艺，把分散在储气库各采气井产出的天然气及伴生物，经管道输送至集注站，经过必要的处理，使之成为符合国家或行业质量标准的油品、天然气、轻烃等产品和符合地层回注水质量标准或外排水质量标准的含油污水。

井口集输工艺应由站场工艺、集输管线、井流物性质等综合因素确定。集输工艺分为混输工艺和分输工艺。

一、混输工艺

气液两相混合输送的集气工艺是井场的天然气不经分离，含液天然气直接进入采气管线或注采管线送至集注站。

该工艺大大简化了集输系统流程，井场流程简单，井场主要工艺设施为井楼节流阀及相关截断阀，无分离设备，不仅阀门数量少，而且减少了自控仪表及无须液体储运设施。对于储气库来说，站场数量相对采用气液分输集气工艺的站场少，操作简便、管理方便、投资省。气液混输工艺的井场流程如图 4-1 所示。

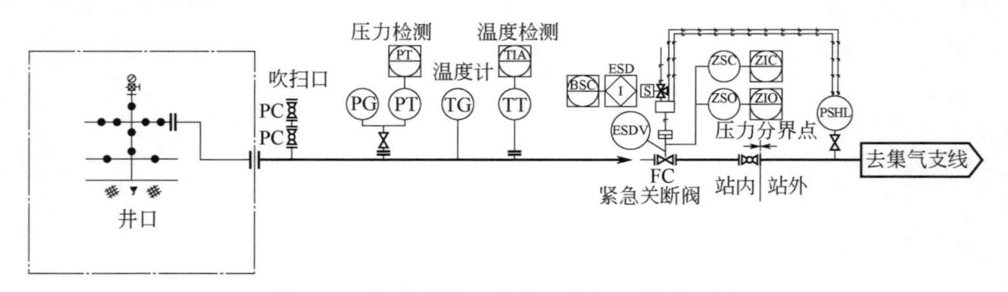

图 4-1　气液混输工艺典型井场工艺流程图

对于气液混输两相管路，流型变化多，具有流动不稳定性。若管路起伏较大，不仅剧烈地影响两相管路中的流型，而且使液相大量聚积在低洼处和上坡管路中，造成较大摩阻损失和滑脱损失。低洼处管道持液率高，清管器上坡运动过程中，清管器下游的液柱产生的压力高，在清管器上游需要较高的压力推动清管器，需要提高集气系统的设计压力，同时清管产生段塞流体积大。

段塞流是多相管流最常遇到的一种流型，在许多操作条件下（正常操作、启动、输量变化）混输管道中常出现段塞流。其特点是气体和液体交替流动，充满整个管道流通面积的液塞被气团分割，气团下方沿管底部流动的是分层液膜。管道内多相流体呈段塞流时，管道压力、管道出口气液瞬时流量有很大波动，并伴随有强烈的振动，对管道及与管道相连的设备有很大的破坏，导致下游工艺设备稳定问题和分离器的分离效率下降，在集气管道末端需建大型段塞流捕集器。因此一般地形起伏大的地区不适宜气液混输。特别是地形起伏大的含硫化氢的集气系统不适宜气液混输集气工艺，一方面硫化氢含量高，会提高水合物形成温度，低洼处管道集液使气体通过管道横截面减小，气体通过此处产生节流温降效应，降低气体温度，增加水合物形成的可能性；另一方面硫化氢溶解于水中形成电解液，增强硫化氢电化学腐蚀，加剧硫化氢对管道的应力开裂腐蚀，腐蚀产物聚集在低洼处，再次减小低洼处的气体有效流通面积，此处气体流速增加，气体对管道冲蚀作用加剧，增加了集气管道的不安全因素。

二、分输工艺

从注采井中采出的碳氢化合物流体，常带有一部分液体和固体杂质，如凝析油、游离水或地层水、岩屑粉尘等。这些机械杂质具有很强的危害性，不仅腐蚀设备、仪表、管道，而且还可以阻塞阀门和管线，影响正常生产。因此，从注采井来的流体，首先在站场进行气液分离，气相和液相分别用不同管路进行输送进入下游管网。

气液分输集气系统设置站场数量多，使用大量的分离器，分离后对气、液分别计量，井场或集注站流程较复杂，给运行管理带来不便。一般分输流程适用于气井距集注站较远、气体中含有固体杂质和游离水且产液量较多的气井。

气液分输工艺典型井场工艺流程如图 4-2 所示。

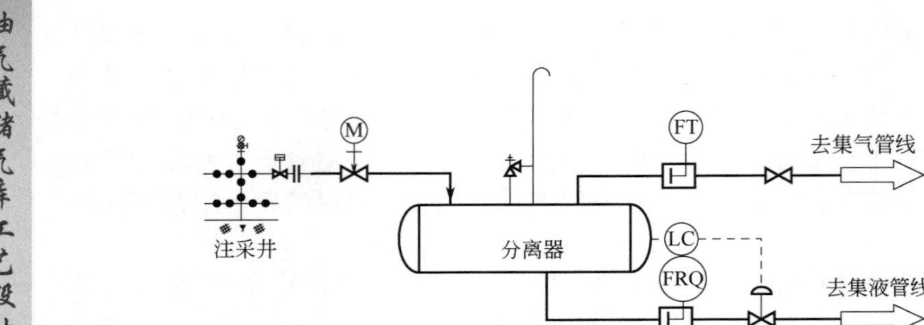

图 4-2 气液分输工艺典型井场工艺流程图

三、防冻工艺

油气藏型地下储气库的特点是井口压力高，井流物需节流降压后输至采气装置进行处理并外输。受地层含水的影响，油气藏储气库采出井流物中含有游离水及饱和水，井流物在低温下易形成水合物从而冻堵管线。地下储气库运行工况复杂，需频繁开停井。低温条件下开井时，由于地层温度场的形成需要一定时间，在开井初期井口温度较低，单井管线存在冻堵现象，因此井口需采取防冻措施，防止管线冻堵。

1. 水合物生成原理

在一定的温度和压力条件下，天然气中某些气体组分能和液体水形成水合物。天然气水合物是一种白色结晶固体，外观类似松散的冰或密致的雪，是一种笼形晶格包络物，密度为 0.88~0.90g/cm^3。

水合物形成大致有以下 3 个条件：

(1) 气体处于水汽的过饱和状态或者有液体水存在。

(2) 有足够高的压力和足够低的温度。

(3) 在具有上述条件时，水化物有时还不能形成，还必须要求一些辅助条件，如压力的波动、气体因气流的突变产生的搅动、晶种的存在等。

2. 天然气水合物的危害

天然气水合物的存在会导致输气管线或处理设备堵塞，给天然气的集输、处理和加工造成很大困难。

3. 天然气水合物形成预测

目前，工程上预测有液态水存在时天然气水合物是否形成的方法主要有图解法和电算法。其中，图解法是指在已知天然气相对密度的情况下，根据

图 4-3 查出天然气在一定温度下形成水合物的最低压力，或查出天然气在一定压力下形成水合物的最高温度。这是一种比较粗略的经验方法，有人曾将此法与用 SRK 状态方程预测的结果进行比较，发现对于甲烷及天然气相对密度不大于 0.7 时，二者十分接近；当天然气相对密度在 0.9～1.0 时，二着差别较大。电算法是指采用 ASPEN HYSYS 等相关软件来预测在当前条件是否形成水合物，这种方法相对说来准确度要高。

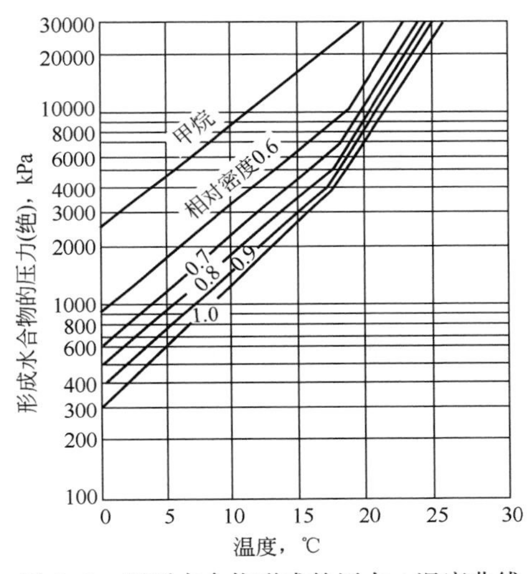

图 4-3　预测水合物形成的压力—温度曲线

4. 防止水合物形成的方法

在天然气集输系统，若井口压力较高，首先将天然气在井口节流降压至所要求的压力，再通过集气管道输至集注站。由于井口节流产生的温降及环境温度过低造成输送过程中的温降过大可能会形成水合物。防止水合物形成的措施大致有 3 种：提高天然气流动温度；向气流中加入水合物抑制剂；脱除天然气中的水分。

通常，在天然气压力和水含量一定的条件下，将含水的天然气加热，使其加热后的水含量处于不饱和状态。

当设备或管道必须在低于水合物形成温度以下运行时，就应采用其他两种方法：一种是利用吸收法或吸附法脱水，使天然气露点降低到设备或管道运行温度以下；另一种则是向气流中加入化学剂。目前常用的化学剂是热力学抑制剂，但自 20 世纪 90 年代以来研制开发的动力学抑制剂和防聚剂也日益受到人们的重视与应用。

对井口天然气和采气、集气管道内天然气的防冻，一般不考虑脱水防冻措施，储气库中常用的方法为加热防冻工艺和注抑制剂防冻工艺。

1）井口加热工艺

天然气加热是目前湿气输送过程中防止井下和地面集输管线与设备发生水合物堵塞的最主要的方案之一。天然气加热就是通过加热使气体流动温度在天然气集输压力条件下的水合物形成平衡温度以上，从而防止水合物形成或使得生成的固体水合物分解。目前，采用的加热方式主要有蒸气加热、水套炉加热、电热带加热等方法。

储气库常采用水套炉加热的加热方式。该方式是对炉中水加热，再由水传给进入水套炉盘管的天然气，使天然气温度达到工艺要求的温度。水套炉可以根据热量的大小选择一台或多台；水套炉加热的控制方式较为简单，可以实现无人值守；水套炉的布置灵活多变，不会影响站场的管线布置；水套炉加热安全性能高，且加热效果稳定，热效率可达85%，经济性较强。

常压水套炉不属于压力容器，其燃烧方式可采用负压燃烧方式，燃烧所需的空气为自然进风，传热介质采用水或“水+乙二醇”的水溶液。火筒与烟管采用U形或类似结构，优点是结构简单、适应性强、密封效果好、热效率高。一般设自动点火、火焰检测与熄火保护装置及负荷调节等措施保证燃烧安全，进而实现水套炉加热的温度自动控制，从而实现安全运行。

加热节流典型井场工艺流程如图4-4所示。

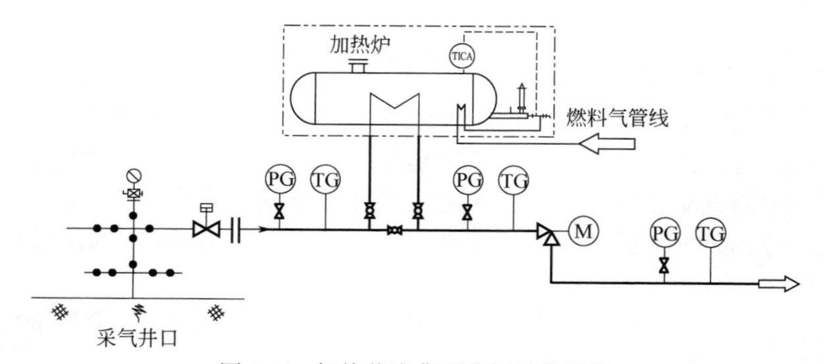

图4-4　加热节流典型井场工艺流程

（1）加热防冻法计算。

① 节流降压膨胀前的操作温度计算式为：

$$t_1 = t_1' + (3 \sim 5)\,℃ \tag{4-1}$$

式中　t_1——天然气膨胀前的操作温度，℃；

t_1'——膨胀后的压力条件下，不形成水合物的膨胀前温度，℃；

(3~5)℃——防止水合物生成的温度裕量范围值，可自行选择。

② 加热温度差计算式为：

$$\Delta t = t_1 - t \tag{4-2}$$

式中　Δt——天然气加热温度差，℃；

t_1——天然气膨胀前的操作温度，℃；

t——天然气从井口出来的温度，或从上一级节流阀出来的温度，℃。

③ 加热量计算式为：

$$Q_g = q_v \rho_g c_p \Delta t \tag{4-3}$$

式中　Q_g——天然气加热所需热量，kJ/h；

q_v——天然气流量（$p=101.325\text{kPa}$，$t=20℃$），m^3/h；

ρ_g——天然气密度，kg/m^3；

c_p——天然气比热容，kJ/(kg·℃)；

Δt——天然气加热温度差，℃。

④ 加热器热负荷计算式为：

$$Q_{热荷} = 1.1Q_g \tag{4-4}$$

式中　$Q_{热荷}$——加热器热负荷，kJ/h；

Q_g——天然气加热所需热量，kJ/h。

⑤ 燃料气耗量计算式为：

$$q_{燃料} = \frac{Q_{热荷}}{Q_{热值}\ \eta} \tag{4-5}$$

式中　$q_{燃料}$——加热炉消耗的天然气量（$p=101.325\text{kPa}$，$t=20℃$），m^3/h；

$Q_{热值}$——天然气的低热值，kJ/m^3；

η——加热炉的热效率。

2）注化学抑制剂工艺

加注化学抑制剂法是通过向系统中注入一定量的化学抑制剂，改变水合物形成的热力学条件、结晶速率或聚集形态，来达到防止水合物的形成和聚集，保持流体流动的目的。该法是目前国内外油气集输和加工处理工程中防止水合物形成最重要的方法之一。目前广泛采用的化学抑制剂仍以热力学抑制剂为主。

（1）使用条件及注意事项。

对热力学抑制剂的基本要求是：①尽可能地降低水合物的形成温度；②不和天然气中的组分发生化学反应；③不增加天然气及其燃烧产物的毒性；④完全溶于水，并易于再生；⑤来源充足，价格便宜；⑥凝点低。实际上，

完全满足这些条件的抑制剂是不存在的，目前常用的抑制剂只是在某些主要方面满足上述要求。

气流在降温过程中将会析出冷凝水。在气流中注入可与冷凝水混合互溶的甲醇或甘醇后，则可降低水合物的形成温度。甲醇和甘醇都可从水溶液相（通常称为含醇污水）中回收、再生和循环使用，其在使用和再生中损耗掉的那部分则应定期或连续予以补充。

在温度高于-25℃并连续注入的情况下，采用甘醇（一般为其水溶液）比采用甲醇更为经济。由于乙二醇成本低、黏度小且在液烃中的溶解度低，因而是最常用的甘醇类抑制剂。而在温度低于-25℃的低温条件下，则应优先使用甲醇，因为甲醇的黏度较大，故与液烃分离困难。为了保证抑制效果，必须在气流冷却至形成水合物温度前就注入抑制剂。例如，在低温法脱水中应将甘醇类抑制剂喷射到气体换热器内管板表面上，这样就可随气流在管子中流动。当气流析出冷凝水时，已经存在的抑制剂就和冷凝水混合以防止水合物的形成。应该注意的是，必须保证注入的抑制剂在低于气体水合物形成温度下运行的换热器内每根管子和管板处都有良好的分散性。几种化学抑制剂主要理化性质见表4-1。

表4-1　几种化学抑制剂主要理化性质

性质		甲醇	乙二醇	二甘醇	三甘醇
分子式		CH_3OH	$C_2H_6O_2$	$C_4H_{10}O_3$	$C_6H_{14}O_4$
相对分子质量		32.04	62.1	106.1	150.2
常压沸点,℃		64.5	197.3	244.8	285.5
蒸气压，Pa		12.3（20℃）	12.24（25℃）	0.27（25℃）	0.05（25℃）
相对密度	25℃	0.79	1011	1.113	1.119
	60℃		1.085	1.088	1.092
凝点,℃		-97.8	-13	-8	-7
黏度 mPa·s	25℃	0.52	16.5	28.2	37.3
	60℃		4.86	6.99	8.77
比热容（25℃），J/(g·K)		2.52	2.43	2.3	2.22
闪点（开口）,℃		12	116	124	177
理论分解温度,℃			165	164	207
与水溶解度（20℃）		互溶	互溶	互溶	互溶

续表

性质	甲醇	乙二醇	二甘醇	三甘醇
物理性质	无色、易挥发、易燃、有中等毒性	无色、无臭、无毒黏稠液体	同乙二醇	同乙二醇

一般来说甲醇适用于气量小、季节性间歇或临时设施采用的场合。如按水溶液中相同质量浓度抑制剂引起的水合物形成温降来比较，甲醇的抑制效果最好，其次为乙二醇，再次为二甘醇。

因为储气库开停井频繁，同时属于季节性间歇场合，一般选用甲醇为抑制剂用于防冻、解冻堵，在井口开井初期和采气初期小气量运行时间歇注入甲醇。储气库项目一般会在集注站设一套甲醇注入系统，负责集注站和井场甲醇注入。

注化学抑制剂法典型井场工艺流程如图 4-5 所示。

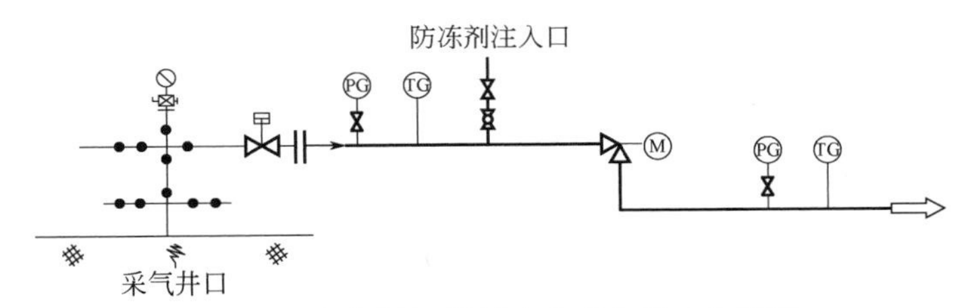

图 4-5 注化学抑制剂法典型井场工艺流程

(2) 各种抑制剂的使用特点。

甲醇可用于任何操作温度下的天然气管道和设备，但由于其沸点低，当操作温度较高时，气相损失过大，故多用于低温场合。进入管线和设备的甲醇，其因挥发而进入气相的部分不再回收，进入液相的部分可蒸馏后循环使用。另外，由于甲醇具有中等毒性，会通过呼吸道、食道侵入人体，因而使用甲醇作抑制剂时应采用必要的安全措施。通常，甲醇适用的情况是：

① 气量小，不宜采用脱水方法；

② 采用其他水合物抑制剂时用量多，投资大；

③ 水合物形成不严重，不常出现或季节性出现；

④ 只是在开工时将甲醇注入脱水系统中，以抑制水合物形成的地方；

⑤ 管道较长（如超过 1.5km）等。

如果注入甲醇的天然气输至陆上终端后还要采用三甘醇或分子筛脱水，由于天然气中含有甲醇，将会引起这样几个问题：

① 甲醇蒸气与水蒸气一起被三甘醇吸收，因而增加了甘醇富液再生时的热负荷，而且甲醇蒸气会和水蒸气一起由再生系统的精馏柱顶部排向大气，

是十分危险的；

② 甲醇水溶液可使再生系统精馏柱及重沸器气相空间的碳钢产生腐蚀；

③ 由于甲醇和水蒸气在固体干燥剂表面共吸附和水竞争吸附，因此也会降低固体干燥剂的脱水能力。

此外，当天然气在下游进行加工时，注入的甲醇就会聚集在丙烷馏分中，而残留在丙烷馏分中的甲醇将会使下游的某些化工装置催化剂失活。

甘醇类抑制剂无毒，且沸点比甲醇高得多，气相蒸发损失量小，一般可回收循环使用，适用于天然气量大而又不宜采用脱水方法的场合。当操作温度低于-10℃时，一般不再采用二甘醇和三甘醇，因为它们的黏度值太高，且与液烃分离困难，当操作温度高于-7℃时，可优先考虑二甘醇，因为它与乙二醇相比，气相损失较少。使用甘醇类抑制剂时应注意以下事项：

① 保证抑制效果，甘醇类必须以非常细小的液滴（例如呈雾状）注入气流中。如果注入的雾状甘醇液滴未与天然气充分混合，注入的甘醇还是不能防止水合物的形成。

② 甘醇类黏度较大，特别是当有液烃（或凝析油）存在时，操作温度过低会使甘醇水溶液与液烃分离困难，增加了甘醇类在液烃中的损失。

③ 如果管道或设备的操作温度低于0℃，注入甘醇类抑制剂时还必须根据图4-6来判断抑制剂水溶液在此浓度和操作温度下有无“凝固”的可能性。

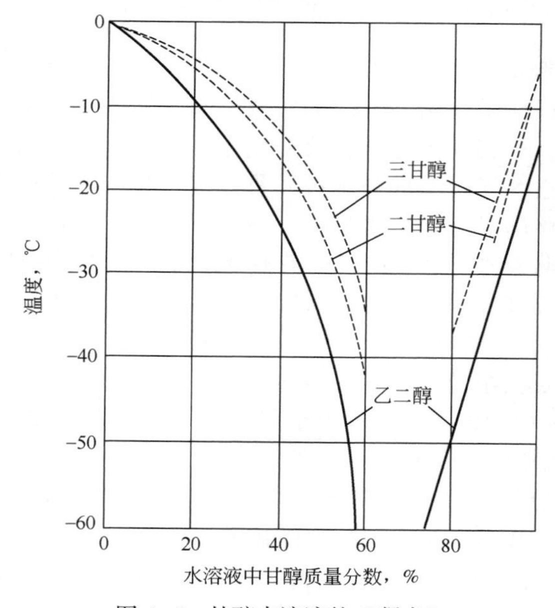

图4-6　甘醇水溶液的“凝点”

实际上，所谓甘醇类水溶液“凝固”，并不是真正冻结成固体，只不过是变成黏稠的糊状体而已，然而，它却严重影响了气液两相的流动与分离。因此，最好保持甘醇类抑制剂水溶液中的质量分数在60%~70%之间。

如果按水溶液中相同质量百分比浓度抑制剂引起的水合物形成温度降来进行比较，甲醇的抑制效果最好，其次为乙二醇，见表4-2。

表4-2 MeOH和EG对水合物形成温度降的影响*

质量分数,%		5	10	15	20	25	30	35
温度降℃	MeOH	2.1	4.5	7.2	10.1	13.5	17.4	21.8
	EG	1.0	2.2	3.5	4.9	6.6	8.5	10.6

注：*由Hammerschmidt公式计算得出。

（3）抑制剂注入量的计算。

注入管道或设备中的抑制剂，无论是甘醇类靠雾化还是甲醇靠蒸发均匀发散于气流中后，其中一部分抑制剂与气体中析出的液态水混合，将水从气体转移到液体抑制剂中，形成抑制剂水溶液，从而达到防止水合物形成的目的，而另一部分抑制剂则损失在气流中。消耗于前一部分的抑制剂称为抑制剂在液相的用量，用 q_l 表示；消耗在后一部分的抑制剂称为抑制剂的气相损失量，用 q_g 表示；还有极少部分抑制剂溶解在液烃中，用 q_h 表示。抑制剂的总用量 q_t 为三者之和：

$$q_t=q_l+q_g+q_h \tag{4-6}$$

注入抑制剂后天然气形成水合物的温度随之降低，所能达到的温度降主要取决于抑制剂的液相用量，损失于气相中的和溶解在液烃中的抑制剂量对水合物形成条件的影响较小。

为防止天然气形成水合物所需注入的抑制剂最低用量，可以采用以理想溶液冰点下降关系式为基础的Hammerschmidt半经验公式进行计算，也可以采用由分子热力学模型建立起来的软件通过计算机模拟计算。

①液相水溶液中最低抑制剂的浓度。

注入气流中的抑制剂与气体析出的液态水混合后形成抑制剂水溶液。当天然气水合物形成的温度降根据工艺要求给定时，抑制剂在液相水溶液中的浓度必须高于或等于一个最低值。水溶液中最低抑制剂浓度 C_m 可按Hammerschmidt半经验公式计算：

$$C_m=\frac{100\Delta t\cdot M}{K+M\cdot\Delta t} \tag{4-7}$$

$$\Delta t=t_1-t_2 \tag{4-8}$$

式中 C_m——为达到给定的天然气水合物形成温度降，抑制剂在液相水溶液中必须达到的最低浓度（质量分数），%；

Δt——根据工艺要求而确定的天然气水合物形成温度降，℃；

M——抑制剂相对分子量，甲醇为32，乙二醇为62，二甘醇为106；

K——常数，甲醇为1297（公制），2335（英制），乙二醇和二甘醇为2222（公制），4000（英制）；

t_1——未加抑制剂时，天然气在管道或设备中最高操作压力下形成水合物的温度，℃；

t_2——加入抑制剂后天然气不会形成水合物的最低温度，℃。

式(4-7)是Hammerschmidt根据典型的天然气及抑制剂浓度在5%~25%（重量分数）范围内的实验数据建立起来的，当浓度超过此范围时，该式则是通过外推而获得的。实验证明，当甲醇水溶液浓度约低于25%（重量分数），或甘醇类水溶液浓度高至50%~60%（重量分数）时，采用该式仍可得到满意的结果。对于高浓度的甲醇水溶液或温度低至−107℃时，Nielsen等推荐采用的计算公式为：

$$\Delta t = A\ln(1-C_m) \tag{4-9}$$

式中　A——常数，72（公制），129.6（英制）。

② 水合物抑制剂的液相用量。

通常，向管道或设备中注入的抑制剂往往是含水的，因此，注入含水抑制剂后也或多或少增加了气流中的水含量。当已知抑制剂在水溶液中的最低浓度C_m，并且考虑到随注入的抑制剂蒸发到气相后带入体系中的水量时，注入的含水抑制剂的液相用量q_l可根据物料平衡由下式计算：

$$q_l = \frac{C_m}{C_1 - C_m}\left[q_w + (100 - C_1)q_g\right] \tag{4-10}$$

式中　q_l——注入浓度为C_1的含水抑制剂在液相中的用量，kg/d；

q_g——注入浓度为C_1的含水抑制剂在气相中的损失量，kg/d；

C_1——注入的含水抑制剂中抑制剂的浓度，%（重量分数）；

q_w——单位时间内体系中产生的液态水量，kg/d。

单位时间内体系中产生的液态水量q_w包括了单位时间内气流中析出的液态水量和其他途径进入管道和设备的水量之和，但不包括随含水抑制剂注入体系的液态水量。由天然气析出的液态水量，可按前面介绍的方法确定。

③ 水合物抑制剂的气相损失量。

甲醇因易蒸发，故其在气相中的损失量必须予以考虑。根据甲醇在使用条件下的压力和温度，可由图4-7查出甲醇在最低温度t_2和相应压力下的天然气中的气相含量与甲醇在水溶液中浓度之比α，再按照下式计算出甲醇的气相损失量q_g：

$$q_g = \frac{\alpha C_m q_{NG}}{C_1} 10^{-6} \tag{4-11}$$

式中 q_g——向体系（管道或设备）中注入浓度为 C_1 的含水甲醇在气相中的损失量，kg/d；

q_{NG}——体系（管道或设备）中天然气的流量，m^3/d；

C_1——向体系（管道或设备）中注入的含水甲醇的浓度，%（重量分数）。

乙二醇的蒸发损失量可估计为 3.5L/10^6m^3Gas。

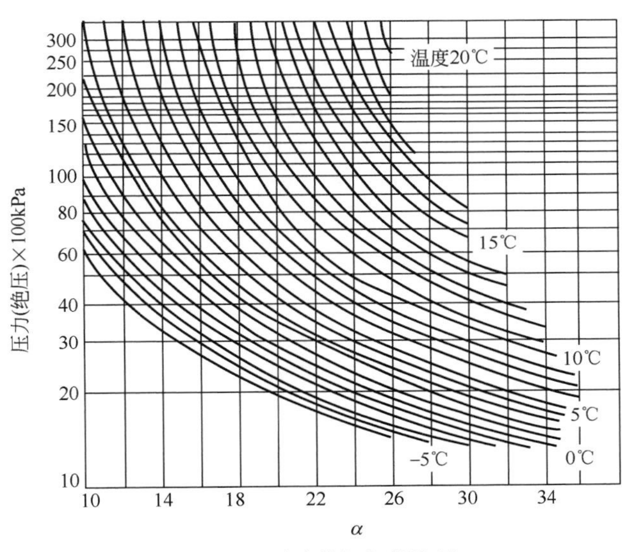

图 4-7 甲醇的气相损失量

④ 水合物抑制剂在液烃中的损失量。

甘醇类抑制剂的主要损失是再生损失、在液烃中的溶解损失以及因甘醇类与液烃乳化造成分离困难而引起的携带损失等。当分离温度为 15℃、甘醇浓度为 50%～70%（重量分数）时，甘醇类在液烃中的溶解损失一般为 0.01～0.07L/m^3（甘醇类/液烃）。在含硫液烃中甘醇类抑制剂的溶解损失约是不含硫液烃的 3 倍。携带损失则随设备和操作条件不同变化较大，但通常小于 30kg/10^6m^3（甘醇类/天然气），或约为 26L/10^6m^3（甘醇类/液烃）。

甲醇在液烃中的溶解度很小，但若管线段中含有大量的烃类液体，也会导致其损失量很大。建议采用溶解度为 0.4kg/m^3 液（0.15lb/bbl 液）参与计算，此溶解度是相对于石蜡族烃液体，而相对于芳香烃液体，其溶解度是以上溶解度的 4～5 倍或更高。

由于实际过程中存在一些未知因素，故甘醇类抑制剂实际用量取计算值的1.15~1.2倍，甲醇的实际用量取计算值的3倍。当气体携带的液态水含盐量较高，例如含量超过40~60g/L时，应考虑水中溶解盐产生的抑制效果，适当减少醇类的用量。

（4）乙二醇的再生。

由于乙二醇沸点高，蒸发损失小，一般可以重复使用，因此在采用其作为水合物抑制剂后，还要设置再生装置对富乙二醇溶液进行再生处理以便能够循环使用。

图4-8为某储气库乙二醇再生系统的工艺流程图。其设备主要包括闪蒸罐、重沸器、换热器、再生塔、注入泵等，具体流程是：乙二醇富液依次与乙二醇再生塔塔顶水蒸气和塔底换热罐的乙二醇贫液换热至70℃进乙二醇富液闪蒸罐，乙二醇富液闪蒸罐闪蒸出的气相去低压气和轻烃处理单元处理，乙二醇富液闪蒸罐闪蒸的富乙二醇水溶液进再生塔。再生塔塔底操作温度125℃，采用导热油供热。再生塔塔底乙二醇贫液经塔底换热罐冷却后，由乙二醇循环泵增压后输入烃水露点控制单元管壳式换热器乙二醇注入口，经乙二醇注入器雾化后循环使用。

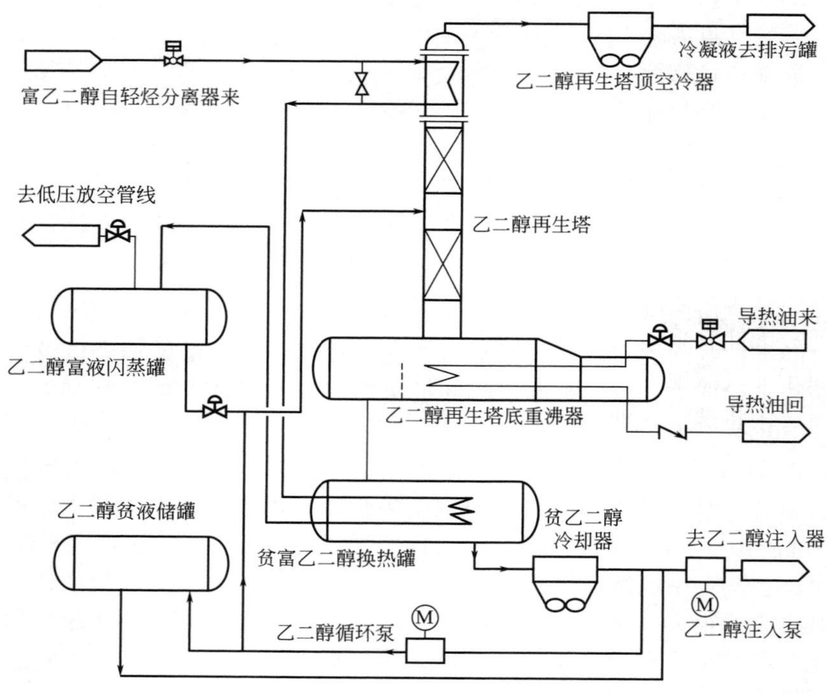

图4-8　某储气库乙二醇再生系统的工艺流程图

3）方案确定

一般分输流程适用于气井距集注站较远，气体中含有固体杂质和游离水且产液量较多的气井。

由于易产生段塞流，所以一般地形起伏大的地区不适宜气液混输。

加热节流工艺适用于井口压力较高、温度较低的气井，井口加热节流方式的优点是单井集输管线设计压力较低，管线投资费用较少。缺点是井口设施投资高，工艺流程复杂。

若对压力高而温度较低的注采井采取加热节流防冻工艺，为避免井口天然气进行一次或较少次节流而要求加热后天然气温度过高的情况，需采用多次加热、节流方式。同时还需根据气体中 CO_2 的含量和计算加热后天然气温度，若气体中 CO_2 的含量较高，而且加热后天然气温度超过 60℃，在 CO_2 最严重的温度腐蚀范围内，不适宜用加热节流措施防止水合物形成。

注化学抑制剂法适用于井口压力较高、温度较高的气井。优点是单井集输管线设计压力较低，管线投资费用较少，操作简便，投资省。缺点是防冻剂运行消耗量较大，增加了防冻剂的运输管理难度。由于储气库设置的目的是满足调峰气量需求，所以需频繁开停井，因此单井管线的冻堵存在间歇性，井口节流注水合物抑制剂工艺可在短时间内投入使用，且注抑制剂系统使用气量范围大，能满足地下储气库井流物间歇防冻降凝要求，在国内气藏型地下储气库地面建设中得到广泛应用。

对井口节流防冻，均可用注醇和加热方式，如何选择，需结合上游、下游条件及有关天然气处理工艺。如果既要防止上游井筒内水合物的形成，又要防止下游天然气输送过程中水合物的形成，其适宜采用注醇措施，此时井口节流防冻采用注醇方式较合理；单纯考虑井口节流防冻，注醇和加热均可的问题，因此宜采用加热方式来防冻。

对于油气藏地下储气库，由于地层中残存未开采完全的原油，采气期采出井流物中将携带原油，原油的凝固点一般较高，注醇只能解决水合物形成问题，而不能解决凝析油凝固。因此对于油气藏型储气库，井口一般采用加热节流与注水合物抑制剂相结合的工艺。

第二节 单井注采工艺

枯竭油气藏型地下储气库是占世界地下储气库比例最大的一类地下储气

库。此类地下储气库利用已有的枯竭或半枯竭油气藏建设而成。由于在油气藏的开采期间对油气藏已有了较全面的认识，并已建有完善的配套设施，包括采气井和地面设施，故可在一定程度上降低工程投资。油气藏型地下储气库采出气中含有重烃组分及地层水，采出气需脱除水、脱油后才能汇入输气干线。

一、单井注采工艺方案

地下储气库的一个重要作用是城市调峰供气，受气候、气用户等多重因素的影响，所需的调峰气量并不稳定，波动范围较大，需要频繁开停气井以调节气量。

油气藏地下储气库的特点是井口压力高，井流物需节流降压后输至采气装置进行处理并外输。受地层含水的影响，该类型储气库采出井流物中含有游离水及饱和水，井流物在低温下易形成水合物，冻堵管线。地下储气库运行工况复杂，需频繁开停井。低温条件下开井时，由于地层温度场的形成需要一定时间，在开井初期井口温度较低，单井管线存在冻堵现象，因此井口需采取防冻措施，防止管线冻堵。

油气藏地面工程建设中，单井集输工艺有以下 4 种方法：

（1）井口加热节流工艺，适用于井口压力高，温度低的气井。为保证井流物在井口及集输过程中不产生水合物，在井口设加热炉。当井口温度较高时，可采用先节流后加热的方式，以保证较低的炉管设计压力。进口加热节流方式的优点是单井集输管线设计压力较低，管线费用投资较少；缺点是井口设施投资高，工艺流程复杂。

（2）井口不加热高压集输工艺（油嘴搬家），适用于井口压力不太高而温度较高的气井。井流物不经加热高压集输至处理站，各单井井口物在处理站进行节流。高压集输流程的优点是充分利用了地层压力，但单井集输管线设计压力较高，管线投资费用较高。该方法适用于井口与处理站相距较近的场合。

（3）井口节流注水合物抑制剂不加热工艺。该工艺在单井井口管线设水合物抑制剂注入口，在开井初期井流物温度较低情况下向井流物中注入抑制剂，井流物与抑制剂混合物经角式节流阀节流后输至露点控制装置进行处理。该方法适用于正常生产情况下井口压力、温度均较高的气井，水合物抑制剂采用间歇注入方式。该方法单井集输管线设计压力较低、节省管线投资，操作方便。

（4）井下调压阀调压工艺。该方法在井下设置调压阀，采用井下调压进行调压，可充分利用底层的温度场作用在高温下节流，并利用底层温度加热采出气，从而节省井口加热设备。该方法虽在国外地下储气库有应用，但应用较少，国内应用则更少。

如前所述，为满足调峰气量需求，地下储气库需频繁开停井，因此单井管线的冻堵存在间歇性。采用井口不加热高压集输工艺（油嘴搬家）不能满足井流物防冻需求，因此不宜采用。井口节流注水合物抑制剂不加热工艺可在短时间内投入使用，且注抑制剂系统适用气量范围大，能满足地下储气库井流物间歇防冻降凝要求，因此在国内气藏型地下储气库地面建设中得到广泛应用。

对于油藏型地下储气库，由于地层中残存未开采完全的原油，采气期采出井流物中将携带原油。原油的凝点一般较高，井流物节流后温度降低，当节流后的温度低于原有的凝点时，井流物将凝结，堵塞管线。因此，对于油藏型储气库，井口一般采用加热节流与注水合物抑制剂相结合的工艺，在井口设置加热炉与注醇设施。当储气库仅开井初期需加热时，加热炉可多口井共用一台。油藏型地下储气库井口采气工艺流程如图 4-9 所示。

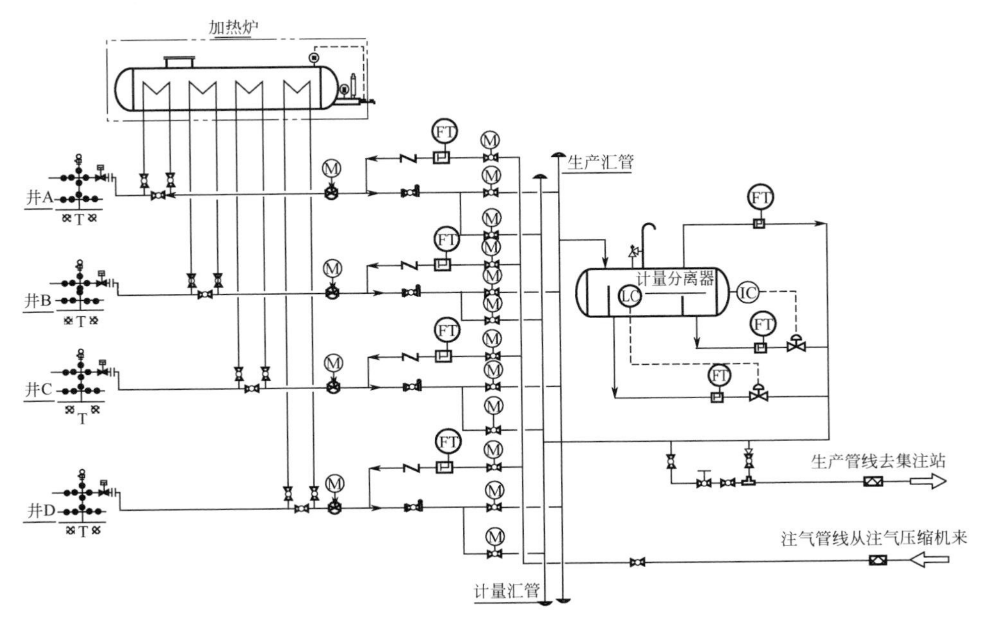

图 4-9　油藏型地下储气库井口采气工艺流程

油气藏型地下储气库常用井口采气工艺流程如图 4-10 所示。

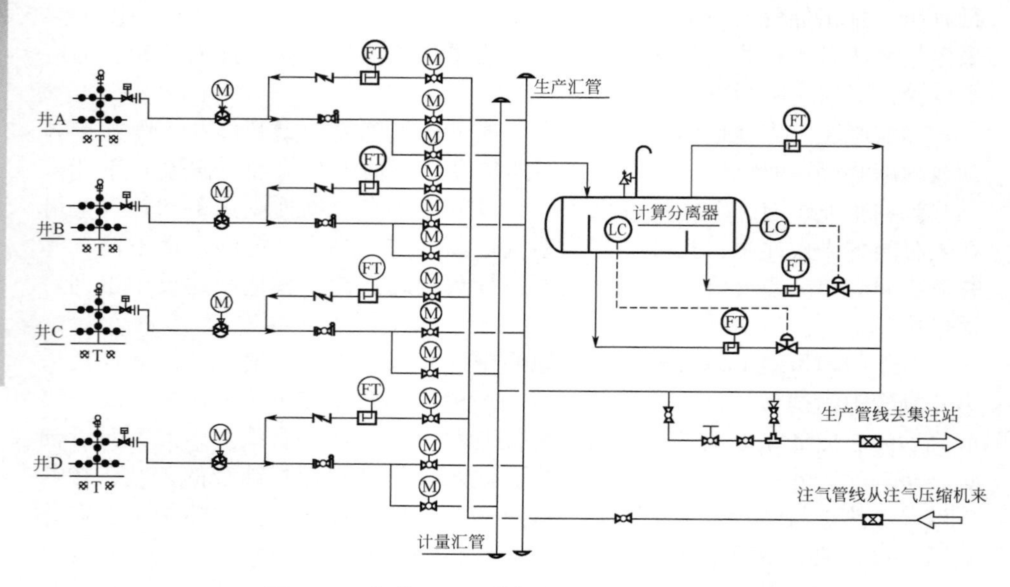

图 4-10　气藏型地下储气库井口采气工艺流程

二、单井采气工艺参数的确定

地下储气库单井采气工艺与储气库的基础参数、单井井口参数、单井与集注站的距离紧密相关。单井集输工艺需在气田地面产能工艺的基础上，结合储气库的运行特点来确定。

不同类型的地下储气库应根据其地层压力、井流物组成和物性以及储气库的功能，并针对储气库特有的调峰工况（单井开停频繁、建立温度场相对困难、操作弹性大、参数变化范围宽）来确定经济适用的单井采气工艺。单井采气规模的确定，取决于地层允许的采气能力，并受井身结构的限制。

三、单井采气系统压力

1. 气源压力

对下储气库采气井井口压力取决于该储气库的原始地层压力。储气库类型不同、地质条件不同、储气层深度不同，地层原始压力也不一致。根据地质评价，地下储气库存在一个运行压力区间。此运行压力区间与储气库库容量密切相关，需进行综合评价以确定气库最优运行方案。

对于凝析气藏地下储气库，应根据气库上下限压力确定原则，结合气藏的原始地层压力、开发末期地层压力、油气藏类型、储量规模、埋藏深度，将各气层作为一套层系进行气库压力分析。

1）储气库上限压力

储气库上限压力确定的主要原则是：不破坏储气库的地层岩石结构，保证封闭性，同时兼顾工作气量与气井产能。要保证各气层地质条件能够使储存的烃类流体不会由断层或逸出点外漏至气库外。

2）储气库下限压力

储气库下限压力确定的主要原则是：气井在低压时有较高产能，满足调峰的要求；对有边水侵入的油气藏，应避免边水对气库运行的影响；满足采出气进站处理和外输的压力要求；维持单井最低生产能力。

2. 干气外输压力

地下储气库采气装置的主要作用是满足燃气用户调峰用气需求。当长输管线供气不足时，将地下储存的天然气采出，经过一系列处理后汇入输气干线，用于输气干线的供气补充。由于天然气的消费具有不均衡性，而输气管网的供气量不随时间的变化而变化，因此需地下储气库采出的调峰气量也具有不均衡性。

地下储气库调峰气量的不稳定导致地下储气库干气外输压力的不稳定。当用户用气量大、地下储气库采出的调峰气量大时，所需的干气外输压力高。地下储气库的调峰气量达到峰值时，储气库的干气外输压力达到最大值，采气系统的运行压力也达到最大值。

气源压力及干气外输压力直接影响地下储气库采气系统压力。当气源压力较高，可以满足干气外输压力时，处理后的干气可直接外输；当气源有压力较低，不能满足干气直接外输压力时，处理后的干气需增压后才能外输。采气系统压力的确定因采出气处理工艺的不同而不同，主要分为以下两种工况。

（1）井口压力高于干气外输压力。

对于油气藏型地下储气库，地层压力一般较高，采气井口压力也较高。根据实际经验，该类型地下储气库一般采用J—T阀制冷与丙烷辅助制冷工艺对外输天然气的水露点与烃露点进行控制。采气初期有充分的地层压力能可利用时，采用J—T阀制冷；采气末期地层压力较低，无地层压力能可利用时，采用丙烷辅助制冷工艺，以节省压力能。

对于此种采气工艺，采气系统操作压力一般较高，但不宜过高（过高的运行压力势必会增加设备投资），以满足干气外输压力为宜。一般采气系统的操作压力高于最高干气外输压力 1.5~2.5MPa。

（2）地层压力低于干气外输压力。

对于地层压力较低的储气库，采出气满足不了干气外输压力需求，需设干气外输压缩机。根据工况具体情况，干气外输压缩机可以考虑与注气压缩机共用。

为降低干气外输压缩机的压比及能耗，在满足井口压力要求的前提下，采气系统操作压力一般越高越好。

3. 采气系统压力确定

已知采气期管线与输气干线的节点压力 p_1，返算集注站的出站压力 p_2，考虑站内系统的压降，就可以得到压力 p_3，根据采用的不同制冷方式（J-T 阀制冷、J-T 阀制冷+丙烷制冷相结合方式或丙烷制冷）及产品露点要求，确定 J-T 阀前压力 p_4，从而推断出节流阀后的压力 p_5。

图 4-11 为采气期压力系统图。

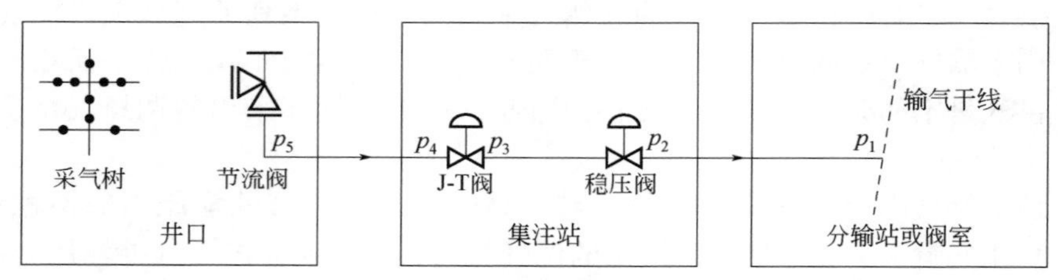

图 4-11　采气期系统压力图

第三节　实例分析

一、井口工艺方案实例分析

某储气库由于各井场注采阀组距离集注站位置较远（最远 17km），为了对每口井油气水含量实时监控，将计量分离器设置在井场计量阀组区，因此不再考虑注气管线与计量管线合并，采气期井口采用注入缓蚀剂的方式减缓井流物对单井管线和采气生产管线的腐蚀。

注气期，利用集注站至各井场的注气管线将高压天然气输至井场，注入地下。

正常采气期，井口采用不加热节流，间歇注甲醇工艺；开井初期，采用注甲醇工艺防止水化物形成，同时提高采气管线内介质压力，避免节流后超低温现象对钢管的影响。

井口集输工艺应由站场工艺、集输管线、井流物性质等综合因素确定。为充分利用采气井口的压力能，集注站内采用 J—T 节流制冷工艺，根据计算，外输干气进入外输管网系统能够完全利用 J—T 阀制冷时，储气库各井口节流后最低压力见表 4-3。

表 4-3 各单井节流后压力及温度

<table>
<tr><td colspan="2" rowspan="2"></td><td colspan="5">某储气库</td></tr>
<tr><td>A</td><td>B</td><td>C</td><td>D</td><td>E</td></tr>
<tr><td rowspan="3">采气初期</td><td>井口最低压力，MPa</td><td colspan="5">30. 26</td></tr>
<tr><td>节流后压力，MPa</td><td>10. 24</td><td>10. 14</td><td>10. 26</td><td>10. 4</td><td>10. 39</td></tr>
<tr><td>节流后温度,℃</td><td>87. 93</td><td>49. 36</td><td>51. 03</td><td>88. 2</td><td>66. 78</td></tr>
<tr><td rowspan="3">采气高峰期</td><td>井口最低压力，MPa</td><td colspan="5">19. 98</td></tr>
<tr><td>节流后压力，MPa</td><td>10. 4</td><td>10. 30</td><td>10. 21</td><td>10. 70</td><td>10. 72</td></tr>
<tr><td>节流后温度,℃</td><td>104. 3</td><td>74. 98</td><td>75. 97</td><td>104. 8</td><td>88. 27</td></tr>
<tr><td rowspan="3">采气中后期</td><td>井口最低压力，MPa</td><td colspan="5">11. 83</td></tr>
<tr><td>节流后压力，MPa</td><td>10. 29</td><td>10. 30</td><td>10. 21</td><td>10. 50</td><td>10. 64</td></tr>
<tr><td>节流后温度,℃</td><td>104. 7</td><td>87. 18</td><td>75. 97</td><td>104. 4</td><td>93. 51</td></tr>
<tr><td rowspan="3">采气末期</td><td>井口最低压力，MPa</td><td colspan="5">13. 29</td></tr>
<tr><td>节流后压力，MPa</td><td>10. 24</td><td>10. 15</td><td>10. 21</td><td>10. 35</td><td>10. 36</td></tr>
<tr><td>节流后温度,℃</td><td>106</td><td>67. 65</td><td>69. 25</td><td>106. 2</td><td>70. 46</td></tr>
</table>

根据表 4-3 可以看出，各井场单井最低井口压力均高于完全采用 J-T 阀节流制冷时井口节流阀后压力，因此，井口采用节流阀降压即可满足工艺要求。

油气藏型储气库，在建库初期，将会带出部分凝析油。采出气中含饱和水，由于井口压力高，节流降压后在较低的温度下可能形成水化物冻堵井口

节流阀。各井场采出气水化物形成温度、压力预测见表 4-4。

表 4-4　采出气水合物形成温度、压力预测表

压力，MPa	3.87	5.40	11.60	17.01	22.56
温度，℃	12.34	14.80	19.41	21.25	22.67

根据预测的井口温度，在采气期井口正常运行时，储气库各井口温度为 45~120℃，节流后的温度为 43.2~116℃，不会形成水化物。但根据已建地下储气库的运行经验，由于井口开停比较频繁，开井初期时，地层温度场的形成需要一定时间，由于井口温度达不到预测的温度，井流物节流后存在单井管线冻堵现象，因此井口需采取防冻措施。

由于集注站生产管线均选用 20 钢，要求进站温度不低于-19℃。开井初期，采气管线内介质压力为 5.0MPa，计算各单井节流阀后的温度和进站温度，见表 4-5。

表 4-5　开井初期温度预测表（5MPa）

井场	井口压力 MPa	阀后压力 MPa	井口初温 MPa	节流后温度 MPa	进站温度 ℃	开井气量 $10^4m^3/d$
A	34.24	5	5	-53.2	-42.3	30
B	34.24	5	5	-53.2	-30.7	30
C	34.24	5	5	-53.2	-28.2	30
D	34.24	5	5	-53.2	-11.1	30
E	34.24	5	5	-53.2	-20.0	30

由表 4-5 可知，开井初期气体节流后温度超过-50℃，经与厂家技术交流，部分厂家生产的调质无缝钢管低温性能可以达到-60℃，而有些厂家生产的调质钢管需要做低温冲击试验才能满足要求。若井口球阀选用的是抗硫阀门，经初步结合其耐低温为-29℃，无法满足要求，若必须适应该低温则需要更换阀体材质，极大地增加投资。同时，兼顾到站内设备及管线的耐温，对每个储气库，需要先开最远端的井口，待生产管线建立温度场后再开近端的井。

因此考虑将管线初始压力升高。由于储气库正常运行时进站压力达到 10.0MPa，所以管线初始压力定为 10.0MPa，仍取各井场最远端的井进行计

算，结果见表 4-6。

表 4-6 各井开井初期温度预测表（10MPa）

井场	井口压力 MPa	阀后压力 MPa	井口初温 MPa	节流后温度 MPa	进站温度 ℃	开井气量 $10^4m^3/d$
A	34.24	10	5	-25.8	-20.8	30
B	34.24	10	5	-25.8	-15.6	30
C	34.24	10	5	-25.8	-14.5	30
D	34.24	10	5	-25.8	-6.0	30
E	34.24	10	5	-25.8	-9.1	30

由上述计算可知，管线初始压力提高到 10.0MPa 后，节流后气体温度已经可以满足要求。但是，由于 A 井场距离集注站最近（只有 1.4km），虽然开井气量只有 $30\times10^4m^3/d$，进站温度略低于-19℃，开井时可以考虑小于 $30\times10^4m^3/d$ 气量开井，同时可以考虑先开 B 井场单井，再开 A 井场单井。其他井场，则无开井顺序的限制。

由于本工程凝析油的凝点在-11～-4℃，凝点较高，同时各采气井采气初期没有油、水产出。因此，开井初期不存在凝析油冻堵的可能，所以无须采用加热炉开井。综上所述，本工程采用不加热节流工艺。开井初期采用不加热节流和注甲醇防冻相结合的工艺。

第五章　油气藏储气库采出气处理工艺

由于油气藏储气库建库在枯竭油气藏，因此注气期注入的干气采出时会带出原有油气藏内的水、轻烃、凝析油、酸性气体等，这些杂质在输送条件下可能凝结成液相，因此需要对采出气进行处理满足外输产品指标后才可外输。

注入储气库的管输天然气为合格商品气，随着注采循环的进行，储气库内储存的水、轻烃、凝析油和酸性气体逐渐减少，储气库内介质组分逐渐趋近注入的商品气组分，因此油气藏储气库采出气中含有的水、轻烃、凝析油和酸性气体含量会随注采循环的进行逐渐降低。

储气库实际运行中为适应管网调峰需要多数为间歇运行，即用气高峰时采气，低峰时注气或不采不注，因此未开井时气井内温度梯度一般与低温梯度保持一致，开井初期采出气一般与地温保持一致比较低，随着开采的进行温度场逐渐形成，温度逐渐升高。

储气库不同于常规气田产能建设，采气初期地层压力较高，随着采气的进行地层压力逐渐降低，在一个采气周期内井口压力变化非常大。

储气库采出气处理工艺需适应其变化特征并尽量降低工程投资，提高储气库运营效益。

第一节　烃水露点控制系统设计

一、烃水露点控制工艺设计

1. 天然气的基本性质及相特性

1）天然气的水露点

天然气的水露点是指在一定压力下与天然气的饱和水汽量相对应的温度。天然气的水露点可以通过仪器测量到，也可以通过天然气的水含量图查到

（图 5-1）。

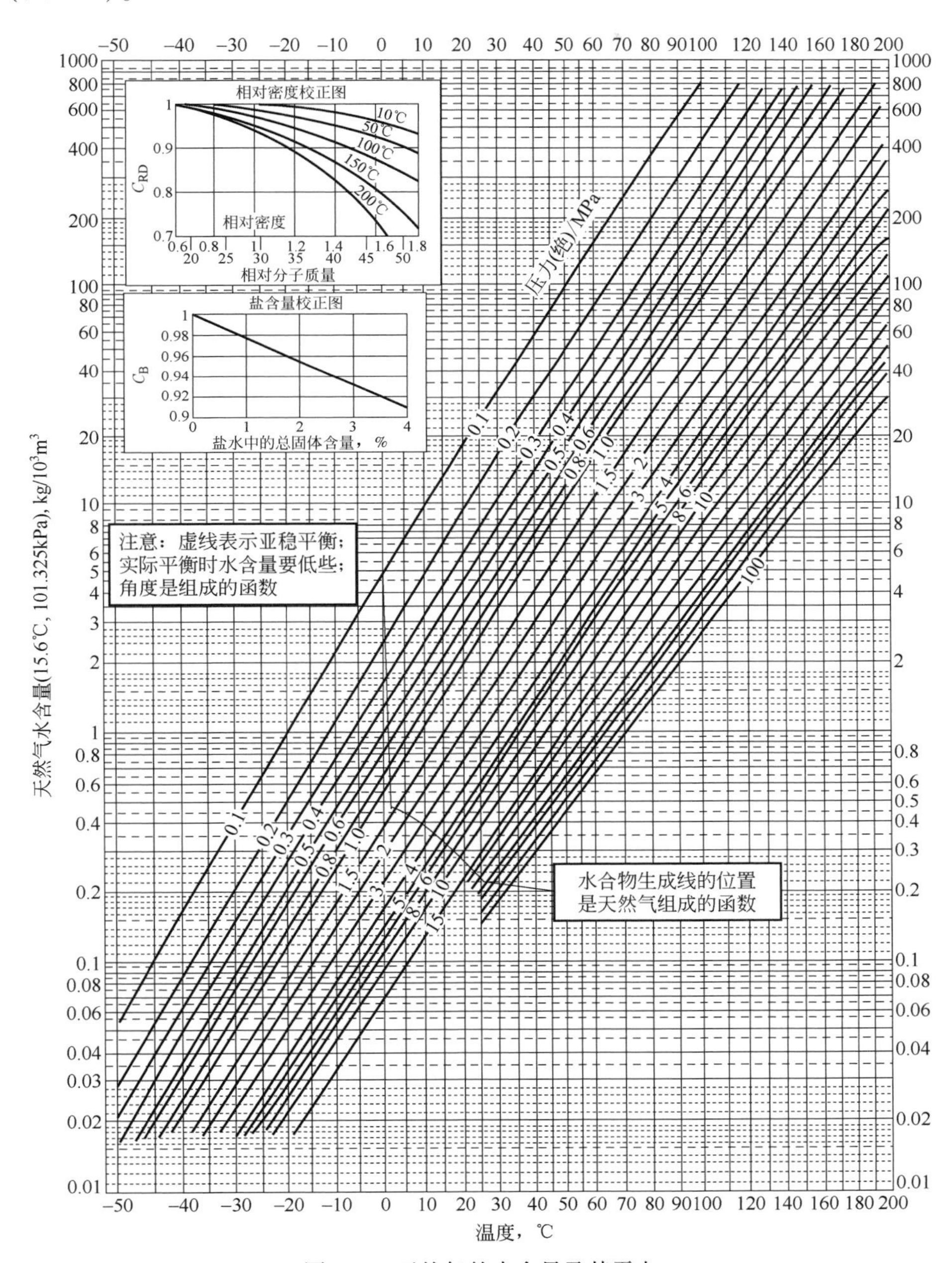

图 5-1　天然气的水含量及其露点

2）天然气的烃露点

天然气的烃露点是指在一定压力下，气相析出第一滴“微小”的烃类液体时的平衡温度。在气液平衡条件下，多种烃类混合物中，各组分在气相或液相中的摩尔分数之和都等于 1，满足相平衡条件，即：

$$\sum K_i = \frac{\sum y_i}{\sum x_i} = 1 \tag{5-1}$$

式中 K_i——组分 i 的相平衡常数；

x_i——组分 i 在液相中的摩尔分数；

y_i——组分 i 在气相中的摩尔分数。

天然气的烃露点可以通过仪器直接测量，也可以根据天然气的组成、压力和温度进行计算，即已知天然气中各组分的气相摩尔分数 y_i，利用试算的方法求出给定压力下的烃露点温度，具体计算步骤如下：

（1）假定给定压力下天然气的烃露点温度。

（2）根据给定压力 p 和假定的温度按 $K_i = \frac{p_i}{p}$ 计算相平衡常数 K_i 或查图 5-2 求得 K_i。

（3）计算出平衡状态下各组分的液相摩尔分数 $x_i = \frac{y_i}{K_i}$。

（4）当 $\sum x_i \neq 1$ 时，重新假定烃露点温度，直至 $\sum x_i = 1$ 为止。

天然气的烃露点主要取决于压力和组成，在一定压力下，天然气的组成中尤以较高碳数组分的含量对烃露点的影响最大，例如在某天然气中加入体积分数 φ 为 0.28×10^{-6} 的十六烷烃（C_{16}）时，烃露点即比原来上升了 40℃。

3）天然气的焓

（1）焓的定义。

焓是体系的状态参数，具有可加性和容量性质，其变化与过程无关，只取决于体系的初态和终态。焓的符号 H，定义式为：

$$H = U + pV \tag{5-2}$$

式中 U——体系的内能；

p——体系的压力；

V——体系的体积。

一个体系在只做膨胀功的定压可逆过程中，吸入的热量等于该体系热焓的增量 ΔH，即有：

$$\Delta H = H_2 - H_1 = Q_p \tag{5-3}$$

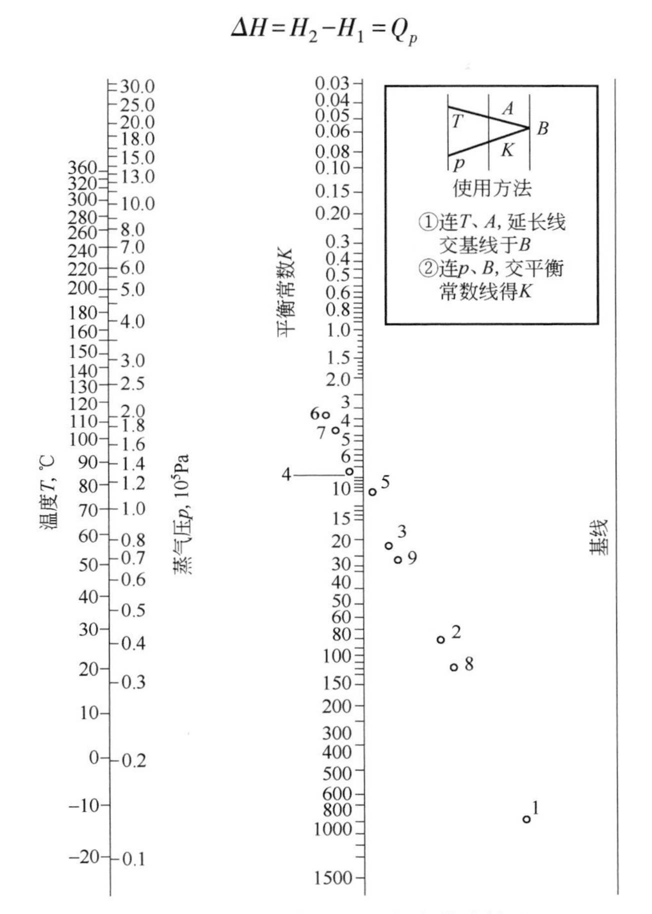

图 5-2　某些烃类的相平衡常数计算图

1—甲烷；2—乙烷；3—丙烷；4—正丁烷；5—异丁烷；6—正戊烷；7—异戊烷；8—乙烯；9—丙烯

c_p 是过程吸收的热量，所以：

$$\mathrm{d}H = c_p \mathrm{d}T \tag{5-4}$$

$$H_2 = H_1 + \int_{T_1}^{T_2} c_p \mathrm{d}T \tag{5-5}$$

$$\Delta H = c_p (T_2 - T_1) \tag{5-6}$$

式中：H_2、H_1——系统在最终和起始状态下的焓，kJ/kg 或 kJ/kmol；

T_1、T_2——系统的起始和最终温度，K；

c_p——系统的比定压热容，kJ/(kg·K) 或 kJ/(kmol·K)。

(2) 天然气焓值的计算。

① 组分计算法。

由于焓值具有可加性，当已知天然气和天然气凝液各组分的质量分数时，天然气焓值可按下式计算：

$$H = \sum \omega_i H_i \tag{5-7}$$

式中 H——天然气或天然气凝液的焓，kJ/kg；

H_i——天然气或天然气凝液中组分 i 的焓，kJ/kg；

ω_i——天然气或天然气凝液中组分 i 的质量分数。

当已知天然气和天然气凝液各组分的摩尔分数时，天然气焓值可按下式计算：

$$H' = \sum x_i H_i \tag{5-8}$$

式中 H'——天然气或天然气凝液的焓，kJ/kmol；

x_i——天然气或天然气凝液中组分 i 的摩尔分数。

② 查总焓图快速计算法。

对于装置设计和现场工作中，若已知天然气的组成、压力和温度时，可采用总焓图快速地校核热平衡计算。虽然查总焓图快速计算结果和组分计算结果有一定的偏差，但计算出的热交换器和该系统的热平衡，其结果是接近的。图 5-3(a) 到图 5-3(i) 是一组不同温度和压力下，不同分子质量的烷烃气体和烷烃液体的总焓图。这些图包括了天然气工业中从进口分离到液化天然气体系可能遇到的全部气体组成、温度及压力条件，其计算步骤如下：

(a) 计算天然气的视分子量 M；

(b) 根据视分子量、温度、压力和流体的相条件（液相还是气相），由图上查出焓值，单位为 kcal/kg，将其换算成 kJ/kg；

(c) 按式(5-6) 求得过程变化引起的焓值变化量。

(3) 气体的降压节流过程。

气体在管道中流动时往往采用节流的办法来达到降压的目的，当天然气通过节流阀时，流动截面突然收缩，流速加快，假定流动是绝热的，阀门前后两个截面间动能差和位能差忽略不计，又不对外做功，则节流前后焓值相等，即降压节流过程可近似视为等焓过程，$\Delta H=0$。根据这一特点，在已知天然气初始状态下的温度、压力和焓值时，可通过等焓原理求得天然气节流膨胀后的温度。

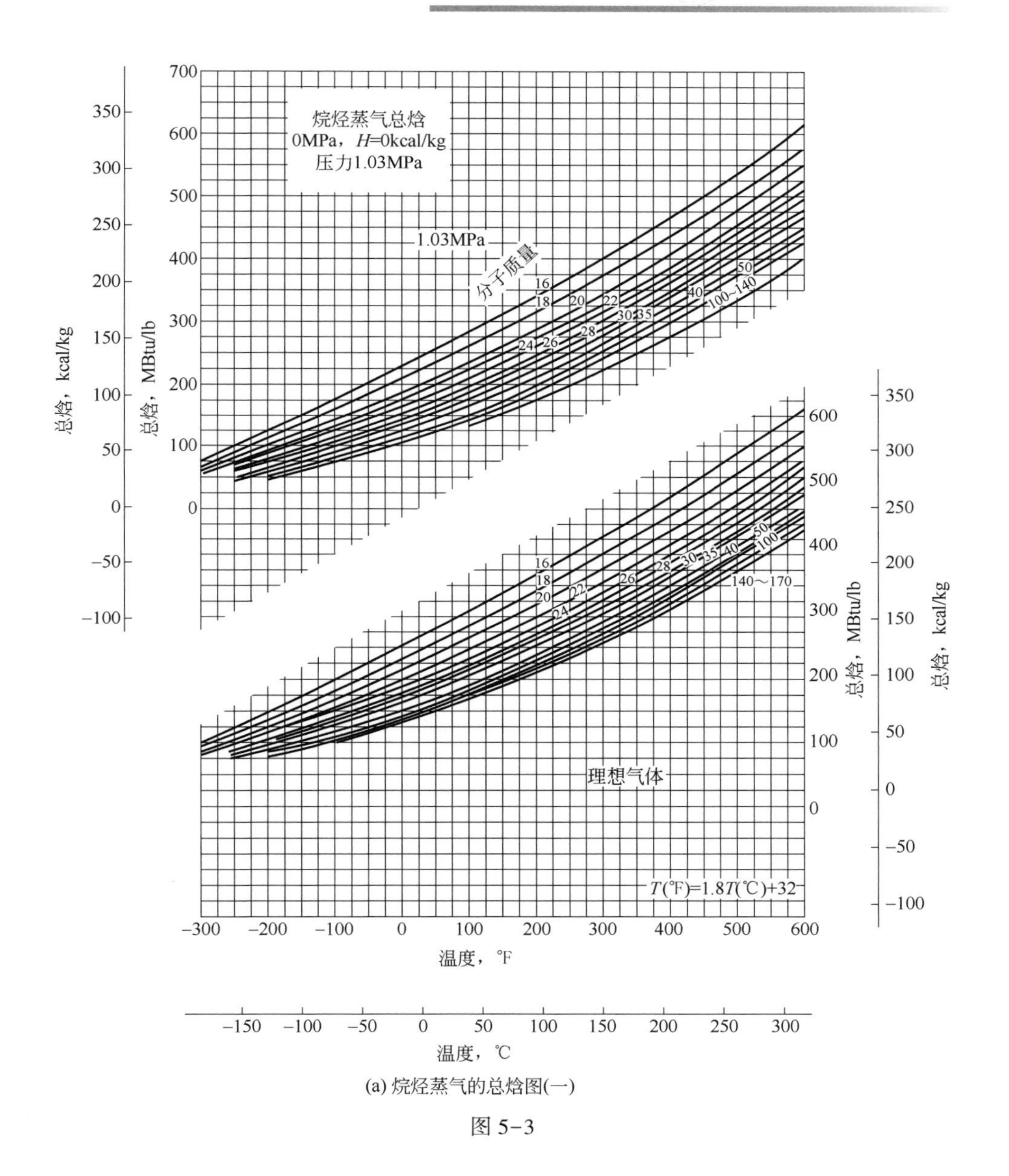

(a) 烷烃蒸气的总焓图(一)

图 5-3

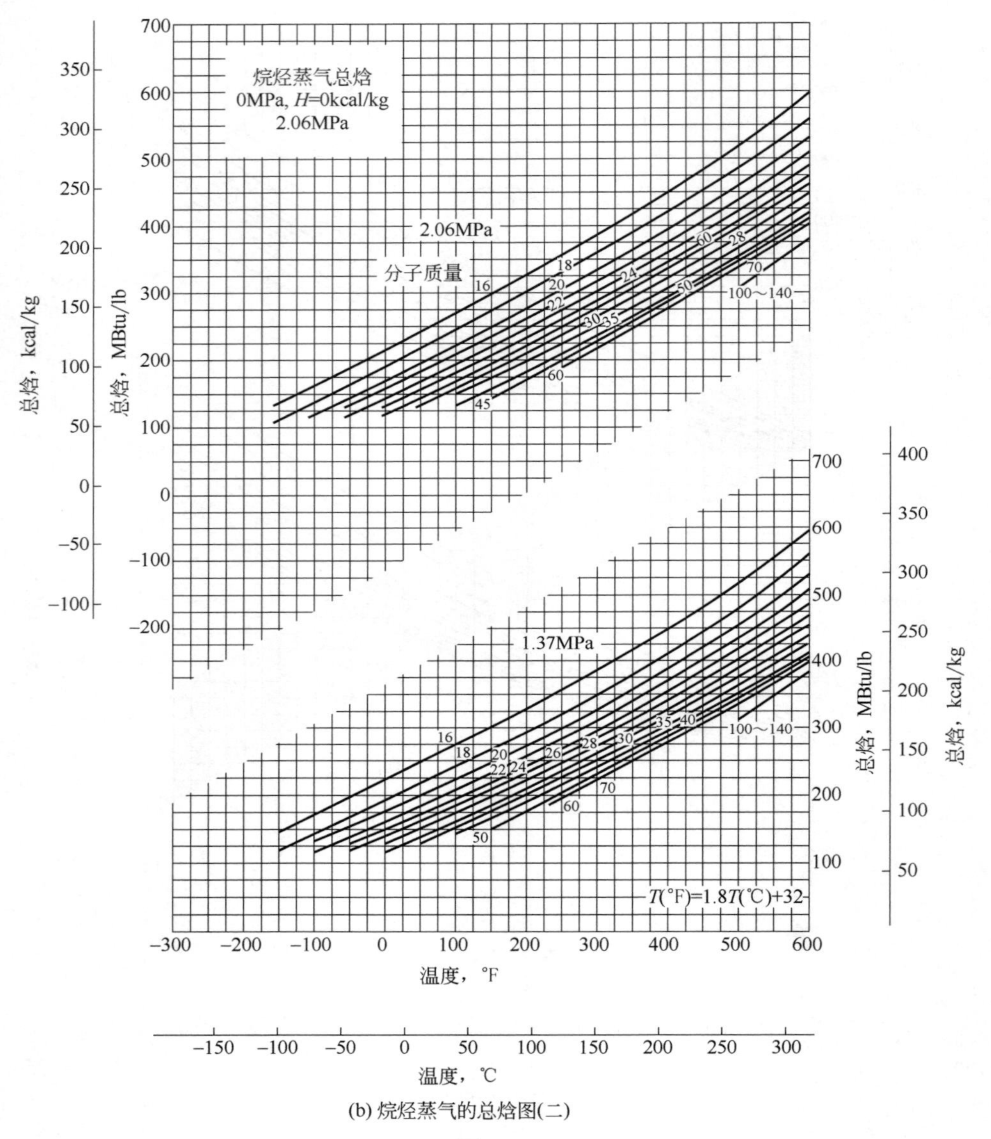

(b) 烷烃蒸气的总焓图(二)

图 5-3

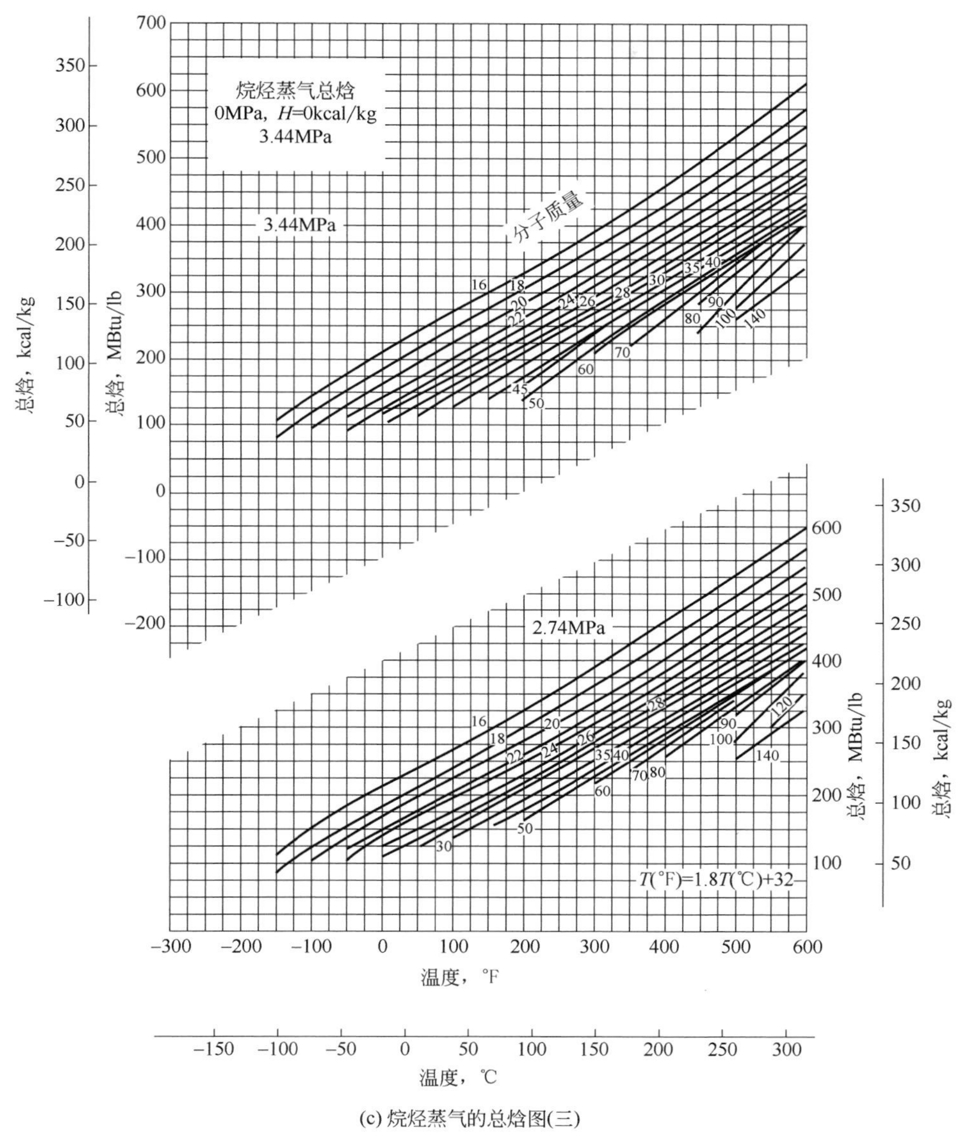

(c) 烷烃蒸气的总焓图(三)

图 5-3

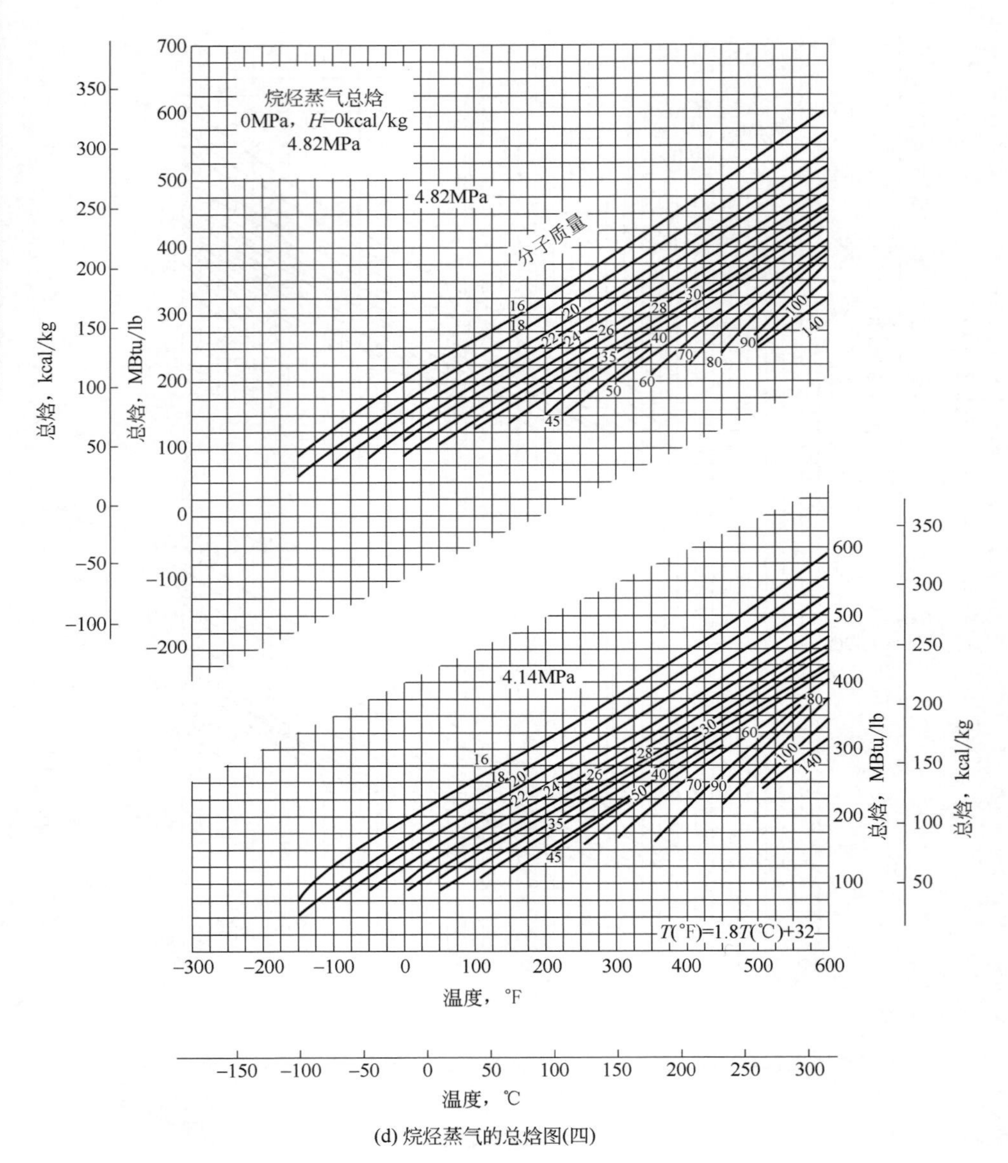

(d) 烷烃蒸气的总焓图(四)

图 5-3

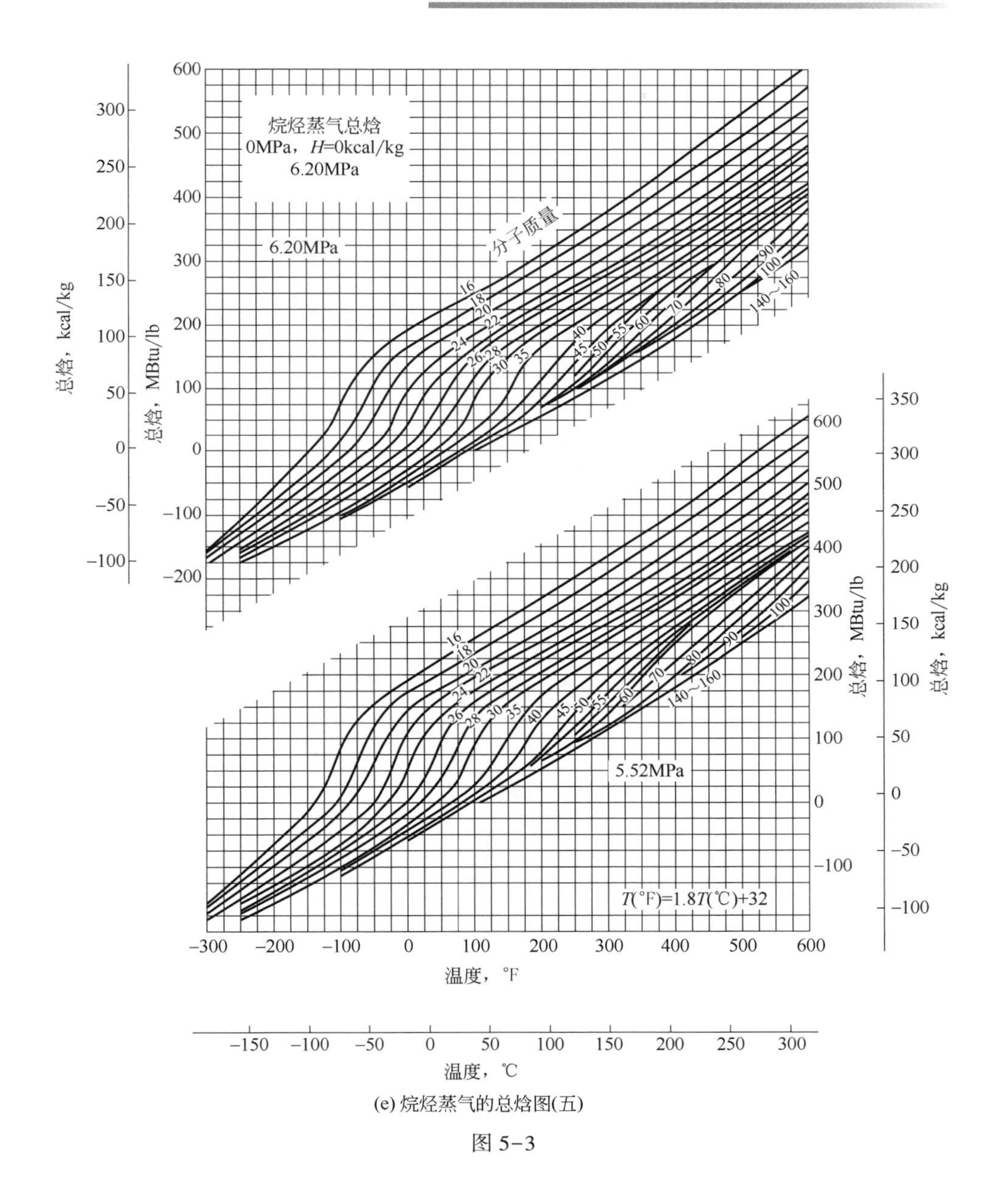

(e) 烷烃蒸气的总焓图(五)

图 5-3

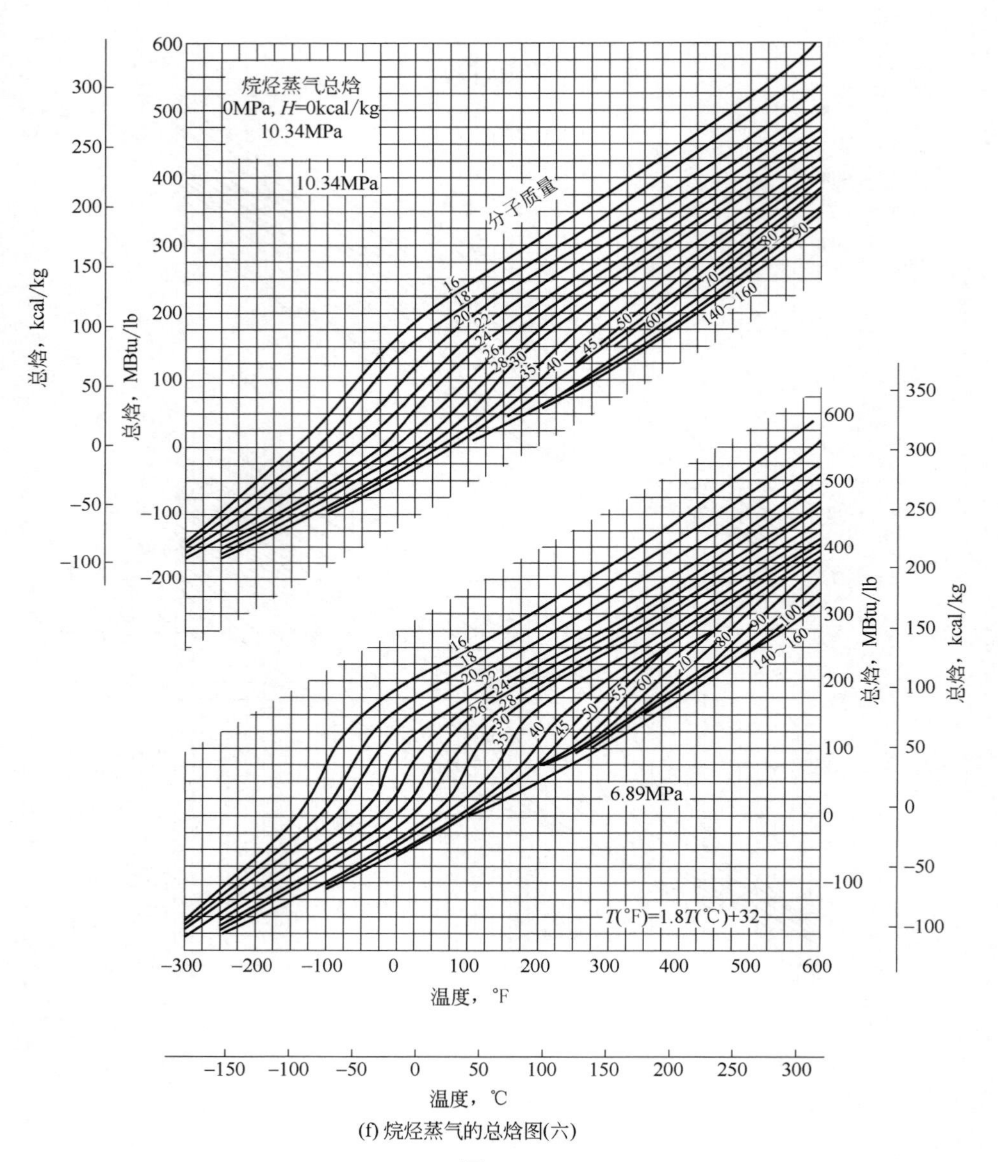

(f) 烷烃蒸气的总焓图(六)

图 5-3

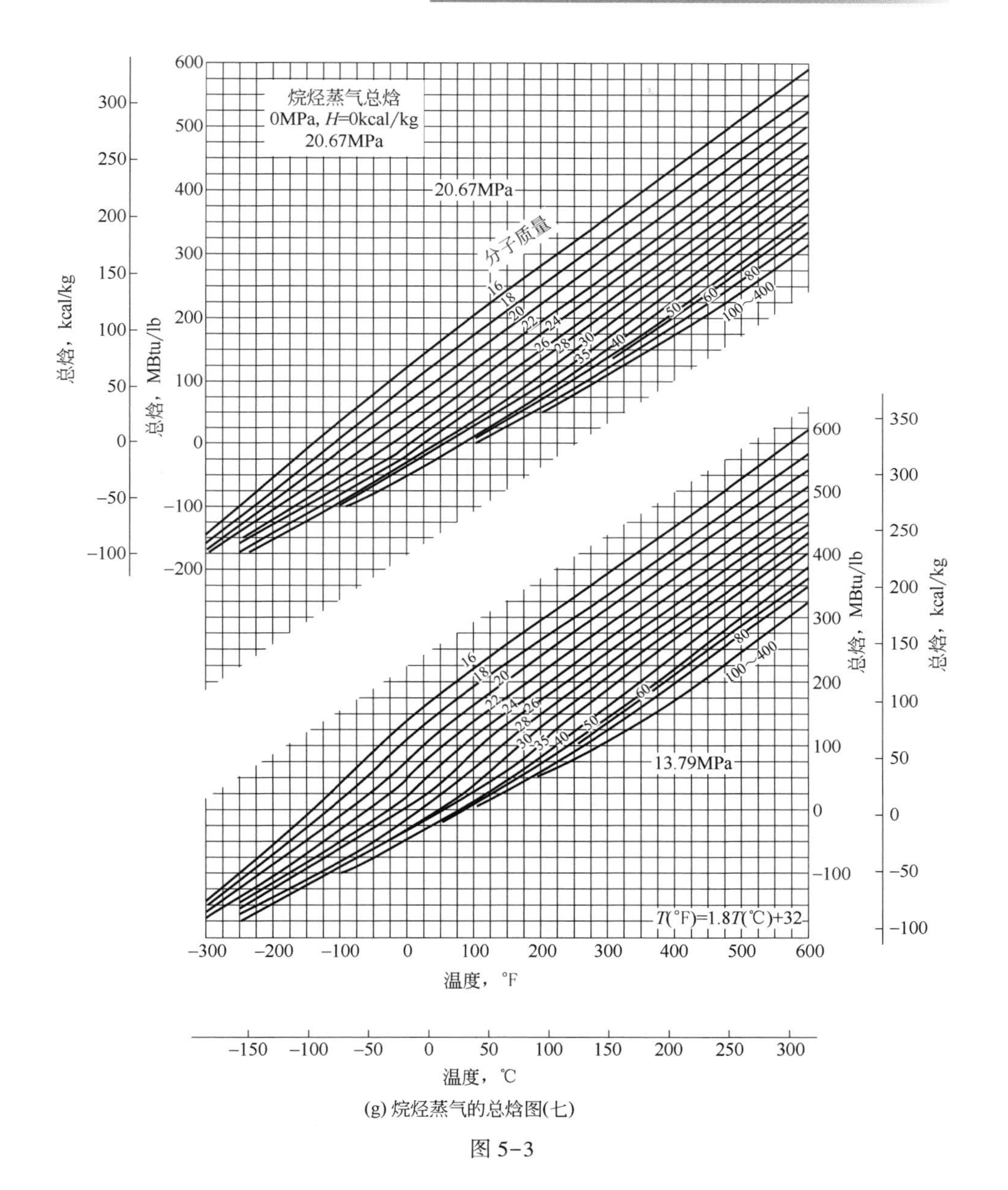

(g) 烷烃蒸气的总焓图(七)

图 5-3

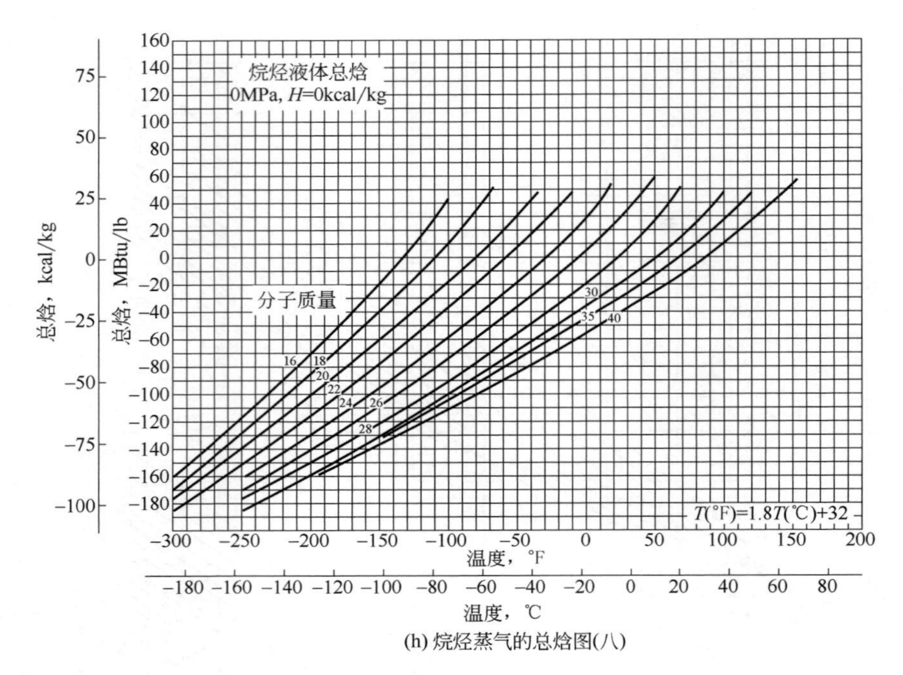

(h) 烷烃蒸气的总焓图(八)

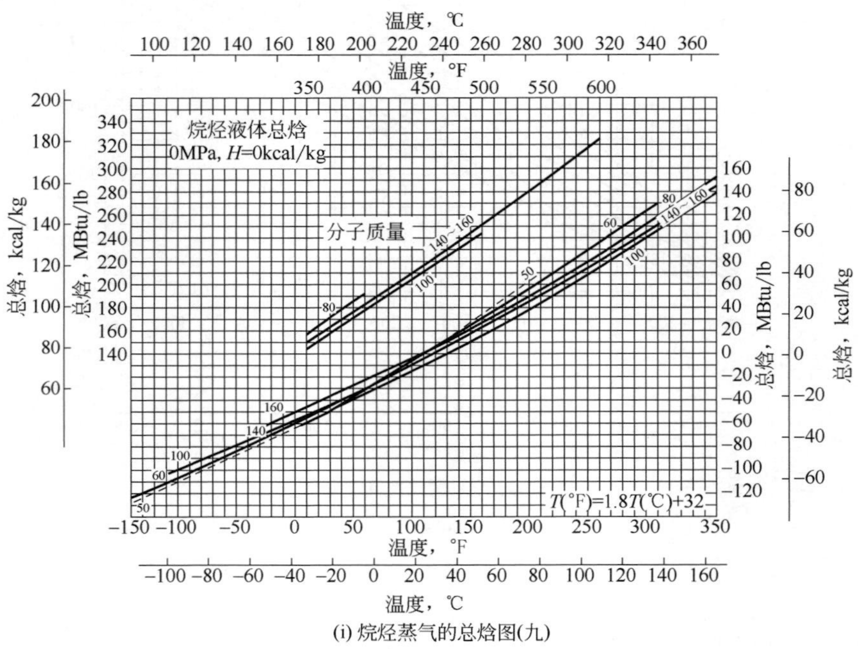

(i) 烷烃蒸气的总焓图(九)

图 5-3　不同分子质量的烷烃的总焓图

4）天然气的相特性

在天然气处理加工过程中，常常会涉及天然气压力、比热容（或体积）、温度（即p、v、T）之间关系的相特性。将体系在相平衡时压力、温度与组成之间的关系描绘成图，就是相图，对于组成已知的天然气来说，经常采用的是表示压力—比热容—温度之间关系，或表明在各种压力与温度组合下气、液含量的相图。下面就采用相图的形式具体描述天然气的相特性。

（1）纯组分体系的相特性。

纯组分体系是指由纯物质组成的体系，其相态可用图5-4来表示。图中DA是固—气平衡线，BA是固—液平衡线，AC是气—液平衡线（又称为蒸气压曲线）。其中，A点是纯组分唯一的三相共存点，AC也是泡点线和露点线，它从三相点A出发，到临界点C终止，临界点C的温度和压力称为临界温度T_c和临界压力p_c。假定某一加热过程是在等压p_1下进行的，从m到n体系均为固相，至o点完全变为液相，从o到b点体系一直为液相，在b点体系为饱和液体，至d点完全气化，体系变为饱和蒸气。

对于图5-4而言，在AC左上方（较高压力和较低温度下，如f点）的液体称为压缩液体或过冷液体；在AC右下方（较低压力和较高温度下，如q点）的蒸气称为过热蒸气，而当温度高于临界温度T_c（如h点）时称为气体，蒸气与气体的区别在于蒸气在恒温下通过压缩可以冷凝为液体，而气体则不能；在临界点右上方（较高压力和较高温度下，如g点）的流体称为超临界流体或密相流体，以区别于正常的蒸气和液体。

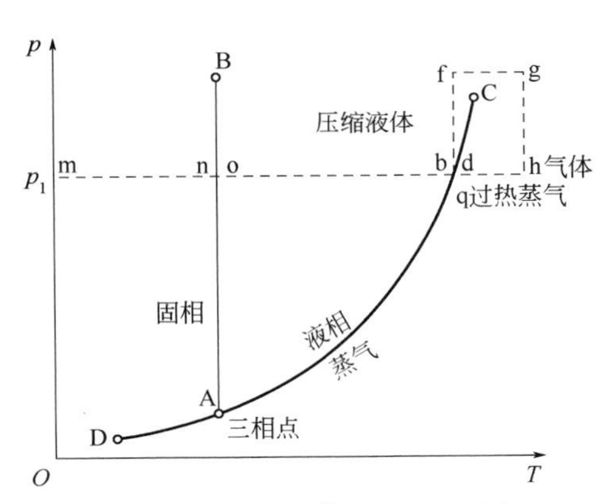

图5-4 纯组分体系的p—T图

（2）两组分体系的相特性。

对于两组分或多组分体系，就必须把另一变量加入相图中。当已知天然气的组成时，常使用的是表明其在气—液平衡时各种压力和温度下气、液含量的相图。

图5-5为两组分体系的p—T相图，图中由泡点线、露点线和临界点构成的相包络区位置取决于体系中各组分的蒸气压线和体系组成。图中给出了组分A和B的蒸气压线，低沸点组分A的蒸气压线在相包络区的左侧，高沸点组分B的蒸气压线在相包络区的右侧。此图与图5-4的区别在于：对于两组

分体系，露点线和泡点线并不重合但交汇于临界点 C，等压下的露点温度高于泡点温度。此外，两组分体系中还有表示不同气、液含量或气化百分数的等气化率线（如图 5-5 中的 90%等气化率线），这些等气化率线均交汇于临界点，其位置随体系的组分和组成而变。值得注意的是，当接近临界点时，这些等气化率线之间的距离减小，在近临界点区域内，压力和温度的微小变化都会引起大的相变。

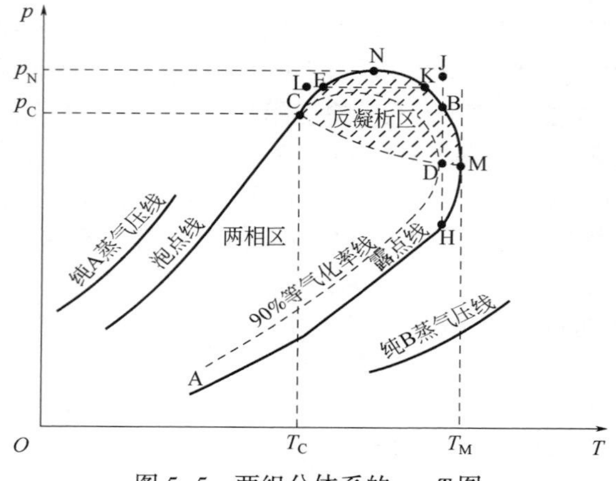

图 5-5　两组分体系的 p—T 图

两组分体系在高于临界温度 T_C 时仍可能有饱和液体存在，直至最高温度点 M 为止，T_M 是相包络区内气液能够平衡共存的最高温度，称为临界冷凝温度。同样，在高于临界压力 p_C 时，仍可能有饱和蒸气存在，直至最高压力点 N 为止，p_N 是相包络区内气液能够平衡共存的最高压力，称为临界冷凝压力。T_M、p_N 的大小和位置取决于体系中的组分和气液含量。

由于两组分体系的临界点 C、临界冷凝温度 T_M、临界冷凝压力 p_N 三点并不重合，因而在临界点附近引起了一种奇怪的反凝析现象（倒退冷凝、反常冷凝）。这种现象就是在临界点附近的相包络区内，等压升温时可以析出液体，而等温降压时则会使蒸气冷凝，对于纯组分来说，这是完全不可能的，图 5-5 中的 JH 和 LK 就说明了这一现象。位于 J 点的蒸气，其温度高于临界温度 T_C，在等温下降压至露点压力 p_B 时开始冷凝，进一步膨胀时将有更多液体析出，直至 D 点时达到最大值。但当压力继续下降时，析出的液体量反而减少，直至到达另一露点（H 点）压力时全部气化，这就是一种类型的反凝析现象，相图中的阴影部分，即降压导致凝析的区域，称之为反凝析区。要注意的是：仅有当气体温度介于临界温度 T_C 和临界冷凝温度 T_M 时，才有上述现象发生。从图中可以看出，在任意温度下，反凝析气都有两个露点压力，上面的露点有时称为反凝析露点，下面的露点对大多数凝析气来说没有实际意义。LK 表示的是另一种类型的反凝析现象：位于 L 点的蒸气，其压力高于临界压力 p_C，在等压下增温至露点温度 T_E 时开始冷凝，进一步增温将有更多液体析出；但当温度增加至某一点再继续增温时，析出的液体量反而减少，直至达到另一露点（K 点）温度时全部气化。这种反凝析现象在油藏开发中没有实际意义，但它指出了在流体集输中，升高高压富气的温度并不是避免凝析的好方法。

（3）多组分体系的相特性。

天然气属于多组分体系，其相特性与两组分体系基本相同。但是，对于大多数天然存在的烃类混合物（天然气、原油）来说，由于所有组分的沸点差别很大，因而它们的相包络区就比两组分体系更宽一些。图 5-6 为典型的多组分体系相图，在相包络区内得到任意压力—温度下气相和液相共存，液体与混合物的体积比用等质线表示。与图 5-5 相似的是：在临界点区域内，压力和温度的微小变化都会引起大的相变，图中的阴影部分即为反凝析区。

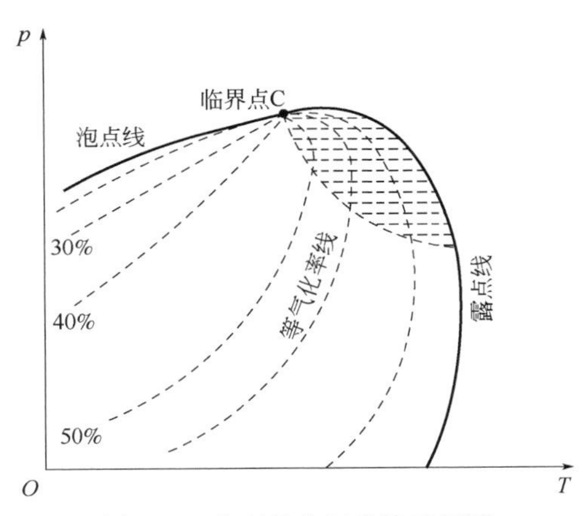

图 5-6　典型的多组分体系相图

用图 5-6 可以很方便地描述储层流体的类型：如果储层流体的温度高于流体的临界温度就是气藏，否则是油藏；如果储层流体的温度介于临界点温度和临界冷凝温度之间，当储层流体衰竭开采时会发生反凝析现象；如果储层流体温度高于临界冷凝温度，则不会形成液体；当储层流体温度接近临界冷凝温度时，流体的挥发性比低温下更大。

下面简单介绍 4 种典型的烃类相图，图中点 A 代表储层流体或油、气井

筒底部的原始条件（简称油或气藏），B 代表流体出井口后一级分离器的条件（简称分离器），AB 即代表开采过程中的压力和温度变化情况。

① 干气。干气主要由甲烷、乙烷及氮气、二氧化碳等非烃气组成，其典型相图如图 5-7 所示。从图中可以看出：由于组分较少，相包络区相对较窄，从油藏到分离器，气体始终保持单相，临界点位于相包络区的左侧。

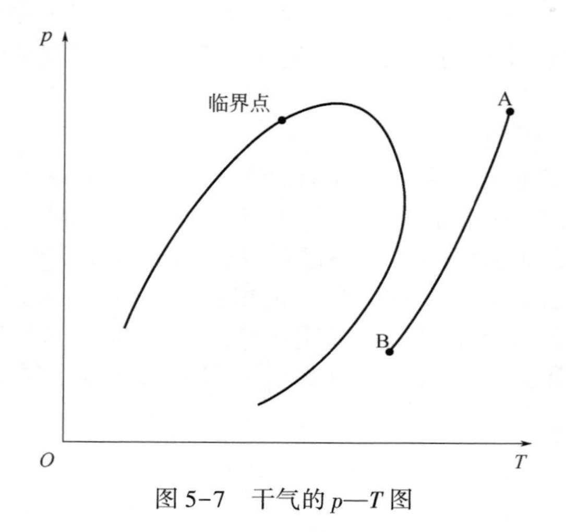

图 5-7　干气的 p—T 图

② 湿气。湿气主要由甲烷及其他轻组分组成，其典型相图如图 5-8 所示。从图中可以看出：整个相包络区位于储层温度以下，因此储层流体在压力衰减的过程中不会发生凝析，但分离器条件处于包络线区内，在地面条件下会形成一些凝析物。

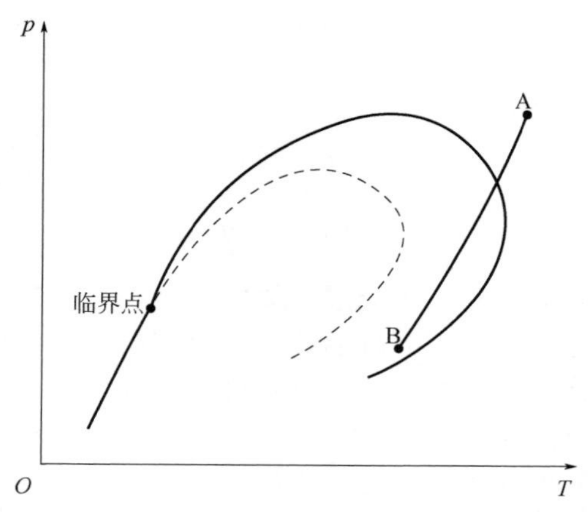

图 5-8　湿气的 p—T 图（图中虚线为等气化率/液化率曲线）

③ 凝析气。凝析气的相（图 5-9）与湿气相图相比，其包络区较宽，因此储层温度介于临界温度和临界冷凝温度之间。当储层压力降到露点压力以下时，气体在储层中将反凝析出液体，由于冷却作用，在分离器条件下产出的气体中将继续析出凝析物。

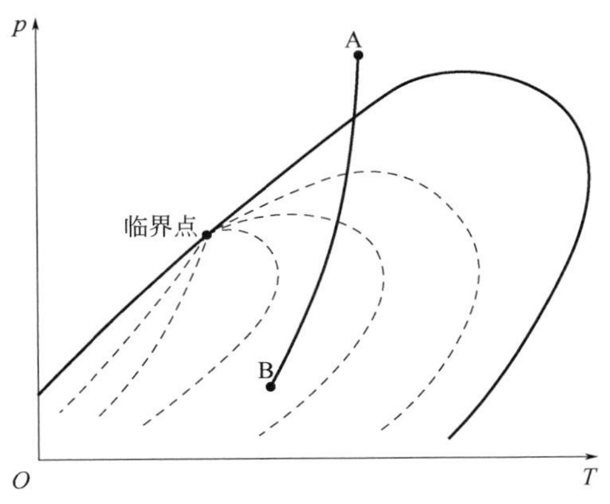

图 5-9　凝析气的 p—T 图（图中虚线为等气化率/液化率曲线）

④ 黑油。黑油也就是常规油，是最常见的储层流体类型，这一名称并不反映它的颜色，而是与挥发油加以区别。黑油一般含有 20%（摩尔分数）以上的 C_7 和重质组分。在所有的储层流体中，黑油的相包络图最宽，其临界温度在储层温度以上。图 5-10 为典型的黑油相图，在储层条件下等体积线覆盖面积宽。工程上在进行地面处理时，一般将分离器的生产条件定在相对较高的等液体体积分率线上。

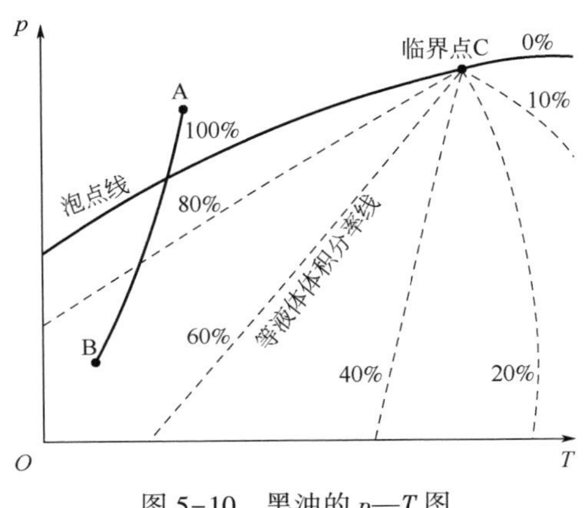

图 5-10　黑油的 p—T 图

（4）相图生成方法。

相图生成方法一般在进行工艺设计时所用的相图是通过状态方程用专业设计软件的计算结果得出的，常用的软件有 AspenTech 公司的 HYSYS 模拟平台。使用 HYSYS 的相图工具（Envelope Utility），可以查看模拟中任一物流的相图，操作步骤如下：

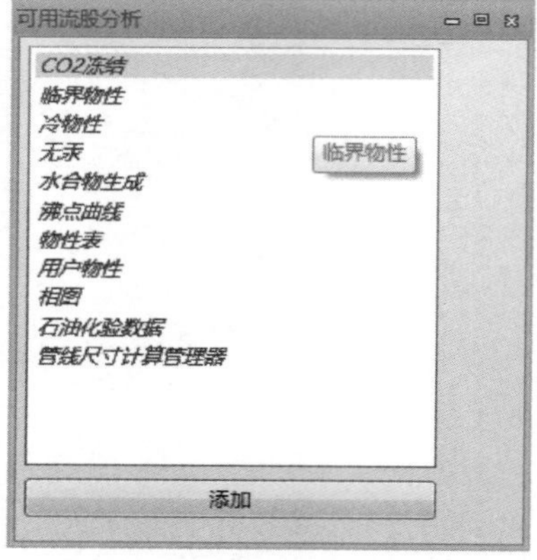

图 5-11　可用流股分析视图

① 在需要查看相图的物性视图上点击附件（Attachments）标签并选择分析工具（Utilities）页；

② 点击创建（Create）按钮，出现可用流股分析工具（Available Utilities）视图（图 5-11）；

③ 选择相图（Envelope），并点击添加（Add Utility）按钮；

HYSYS 构造并显示该物流的相线，默认的包线类型为 PT。通过 HYSYS 的相图工具（Envelope Utility）计算的某储气库处理后外输的采出气的相图如图 5-12 所示。

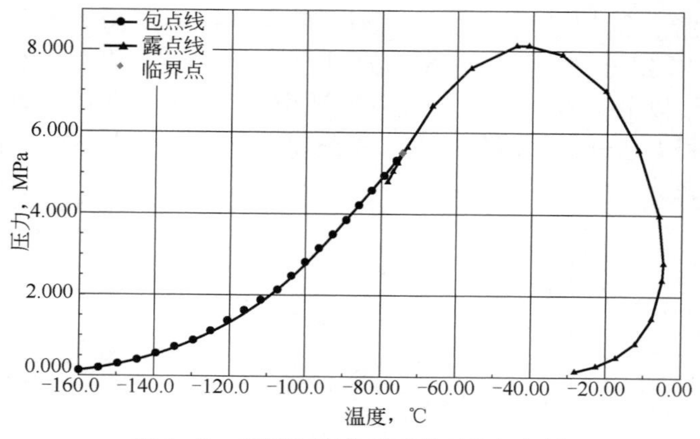

图 5-12　某储气库处理后的天然气相图

从该相图可以看出，脱水后的天然气相图与前面曾介绍过的烃类体系中干气的相图类似，图上有泡点线、露点线和临界点。从图可看出临界点温度为−73.4℃，临界点压力为 5477kPa，临界冷凝温度为−4.5℃，临界冷凝压力为 8160kPa。该采出气进入输气干线的入口压力为 6300kPa，入口温度为 23～55℃，管道沿线最冷月平均地温为 5℃，根据这些参数和相图可以初步判定，在天然气的输送过程中不会出现凝析现象。

5）烃-水体系的相特性

自储气库采出的天然气一般都含有饱和水蒸气，习惯上称为含饱和水或简称含水，故也常将天然气中含有的饱和水蒸气量称为饱和水含量或简称水含量，而将呈液相存在的水称为游离水或液态水。

水是天然气中有害无益的组分，这是因为：它降低了天然气的热值和输气管道的输送能力；当温度降低和压力升高时，冷凝析出的液态水在管道或设备中造成积液，不仅增加流动压降，还会加速天然气中酸性组分对管道或设备的腐蚀；液态水不仅在冰点时会结冰，而且在温度高于冰点时还会与天然气中一些气体组分形成固体水合物，严重时会堵塞管道或设备，影响输气管道的平稳供气和生产装置的正常运行。因此，了解与预测烃—水体系的两个十分重要的相特性，即天然气中的水含量和水合物形成条件是十分重要的。

（1）天然气饱和水含量的预测。

预测天然气水含量的方法有两种：图解法和状态方程法。图解法是指用图来查取天然气的水含量，其中一类图用于不含酸性组分的天然气，其值取决于天然气的温度、压力，另一类图用于含酸性组分的天然气，其值还取决于酸性组分含量。状态方程法是利用电算进行精确的相平衡计算求取水含量，比如目前普遍采用的 HYSYS 软件。

① 不含酸性组分的天然气（净气）。

不含酸性组分的天然气水含量可由天然气露点图 5-1 查得。图中，水合物形成线（虚线）以下是水合物形成区，纵坐标是气体相对密度为 0.6 且与纯水接触时的水含量。

当气体相对密度不是 0.6 时，可由图 5-1 中相对密度校正附图查出校正系数 C_{RD}，即：

$$C_{RD}=\frac{\text{相对密度为 }RD\text{ 的气体水含量}}{\text{相对密度为 0.6 的气体水含量}} \tag{5-9}$$

当气体与盐水接触时，可由图 5-1 中盐含量校正附图查出校正系数 C_B，即：

$$C_B=\frac{\text{与盐水接触时的气体水含量}}{\text{与纯水接触时的气体水含量}} \tag{5-10}$$

因此，当气体相对密度不是 0.6，且与盐水接触时的水含量 W 为：

$$W=0.985W_0C_{RD}C_B \tag{5-11}$$

式中 W_0——由图 5-1 查得的天然气水含量（15.6℃，101.325kPa）（未用附图校正），$kg/10^3m^3$（GPA）。

如已知天然气在常压下的露点，还可由图 5-1 查得在某压力下的露点，

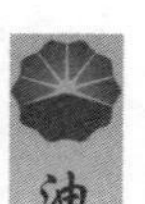

反之亦然。当天然气在常压下的露点较低（如：在 CNG 加气站中要求脱水后天然气的常压露点达到-40～-70℃甚至更低）时，则可由图 5-13 查得在某压力下的露点，反之亦然，图 5-13 为图 5-1 左下侧部分的延伸图。

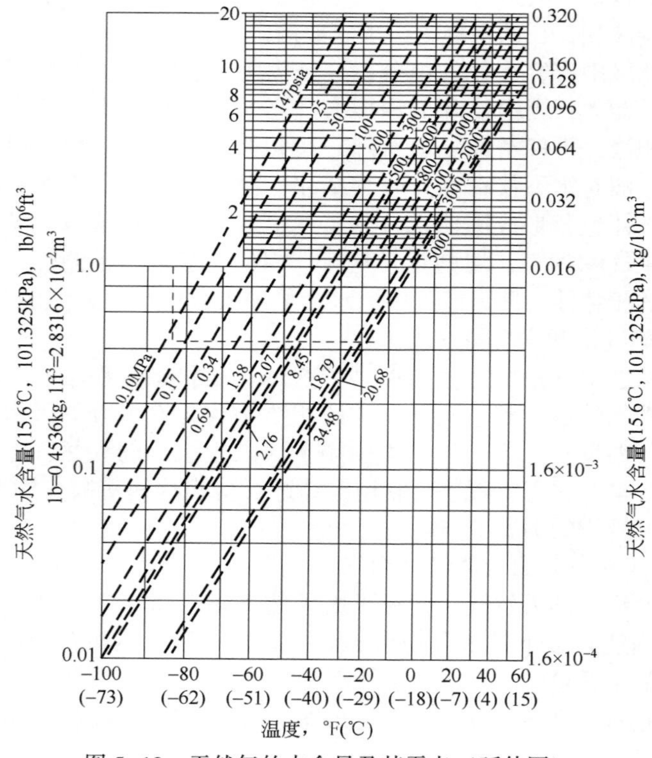

图 5-13　天然气的水含量及其露点（延伸图）

② 含酸性组分的天然气（酸气）。

当天然气中酸性组分含量大于 5%，特别是压力大于 4. 8MPa（绝对压力）时，采用图 5-1 就会出现较大误差，此时，可用坎贝尔（Campbell）提出的公式近似计算（酸性组分含量小于 40%），也可用 Wichert 等人提出的图解法确定其水含量。坎贝尔提出的公式为：

$$W_S = 0.985(y_{HC}W_{HC} + y_{CO_2}W_{CO_2} + y_{H_2S}W_{H_2S}) \qquad (5-12)$$

式中　W_S——酸性天然气（酸气）水含量，$g/10^3m^3$；

y_{HC}——酸性天然气中除 CO_2 和 H_2S 外所有组分的摩尔分数；

y_{CO_2}，y_{H_2S}——酸性天然气中 CO_2 和 H_2S 的摩尔分数；

W_{HC}——由图 5-1 查得的天然气水含量（已用附图校正），$g/10^3m^3$；

W_{CO_2}——纯 CO_2 气体的水含量，由图 5－14 查得，mg/m^3（GPA）或 $g/10^3m^3$（GPA）；

W_{H_2S}——纯 H_2S 气体的水含量，由图 5－15 查得，mg/m^3（GPA）或 $g/10^3m^3$（GPA）。

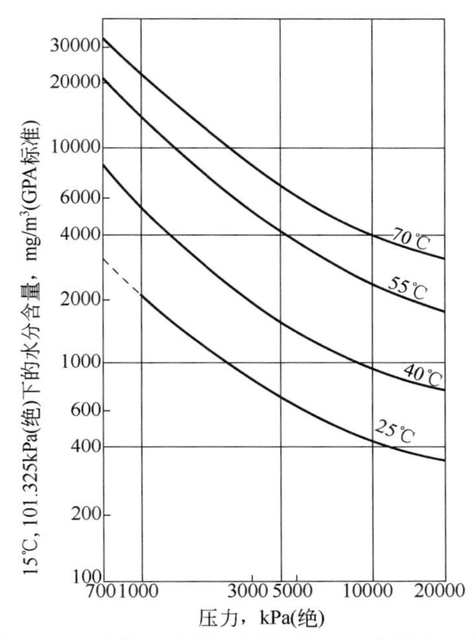

图 5-14　含饱和水的天然气中 CO_2 有效水含量

Wichert 法由一张不含酸性组分的天然气水含量图（图 5-1）和一张含酸性组分与不含酸性组分的天然气水含量比值图（图 5-16）组成，其中，水含量比值=酸气中的水含量/净气中的水含量其适用条件为压力≤70MPa，温度≤175℃，H_2S 含量（摩尔分数）≤55%。

（2）天然气水合物（又称水化物）。

天然气水合物是水与天然气中的小分子气体及其混合物在较高压力和温度条件下，形成的一种在外观上类似于松散的冰或致密的雪的固体水合物，其相对密度为 0. 88～0. 90，可浮在水面上和沉在液烃中。

① 天然气水合物的危害。

天然气水合物的存在会导致输气管线或处理设备堵塞，给天然气的集输、处理和加工造成很大困难。

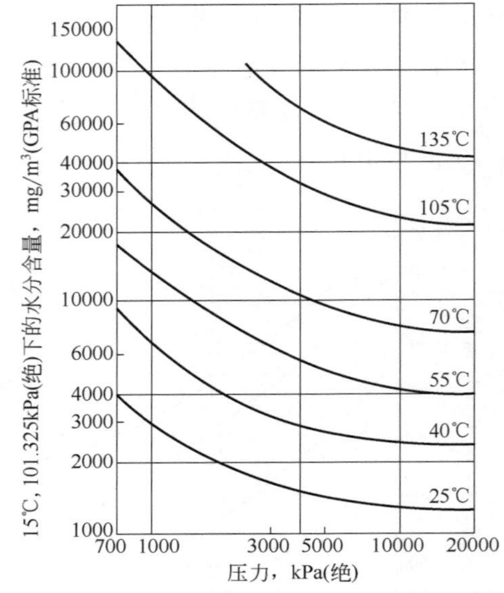

图 5-15　含饱和水的天然气中 H_2S 有效水含量

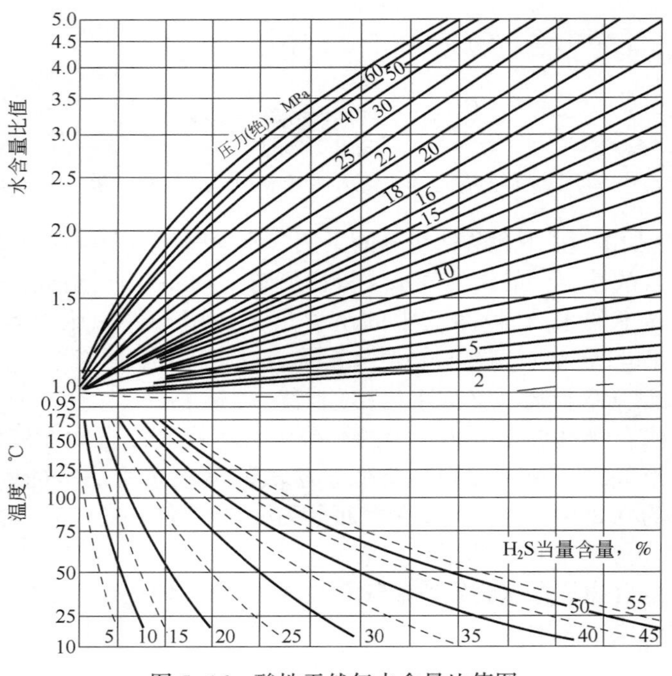

图 5-16　酸性天然气水含量比值图

② 天然气水合物形成预测。

目前，工程上预测有液态水存在时天然气水合物是否形成的方法主要有图解法和电算法。其中，图解法是指在已知天然气相对密度的情况下，根据图 5-17 查出天然气在一定温度下形成水合物的最低压力，或查出天然气在一定压力下形成水合物的最高温度。这是一种比较粗略的经验方法，有人曾将此法与用 SRK 状态方程预测的结果进行比较，发现对于甲烷及天然气相对密度不大于 0. 7 时，两者十分接近；当天然气相对密度在 0. 9～1. 0 时，两者差别较大。电算法是指采用 HYSYS 等相关软件来预测在当前条件是否形成水合物，这种方法相对说来准确度要高。

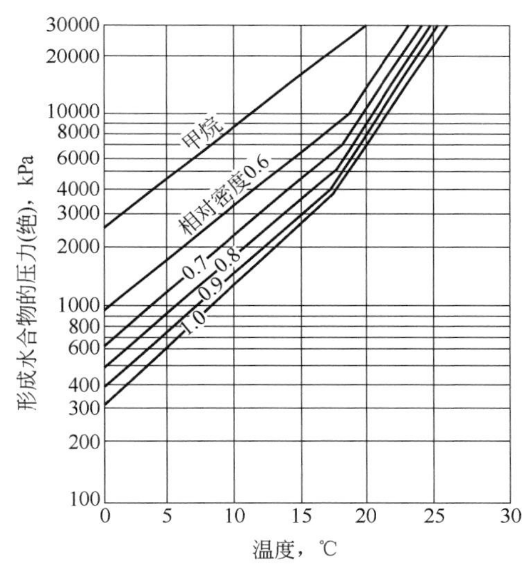

图 5-17　预测水合物形成的压力-温度曲线

(3) 防止天然气水合物生成的方法。

工业上防止天然气水合物生成的方法主要有：加热法、水合物抑制剂法和天然气脱水法，下面对这三种方法进行逐一介绍。

① 加热法。

这种方法是将含水的天然气加热，如果加热时天然气的压力和水含量不变，则加热后气体中的水含量就处于不饱和状态，即气体温度高于其露点，因而可防止水合物的生成。工程上一般采用在井口节流前设置电加热器的方法进行加热，但耗电量比较大。

② 水合物抑制剂法。

目前广泛采用的是水合物热力学抑制剂，即向天然气中加入水合物热力学抑制剂，改变水溶液或水合物相的化学位，从而使水合物形成条件移向较低温度或较高压力范围。常见的热力学抑制剂有电解质水溶液（氯化钠、氯化钙等无机盐的水溶液）、甲醇及甘醇类（乙二醇、二甘醇）等。目前多采用甲醇、乙二醇、二甘醇等有机化合物，它们的主要理化性质见表 5-1。

表 5-1　常见热力学有机抑制剂主要理化性质

性质		甲醇（MeOH）	乙二醇（EG）	二甘醇（DEG）	三甘醇（TEG）
分子式		CH_3OH	$C_2H_6O_2$	$C_4H_{10}O_3$	$C_6H_{14}O_4$
相对分子量		32.04	62.1	106.1	150.2
正常沸点，℃		64.7	197.3	244.8	288
蒸气压，kPa	20℃	12.3	—	—	—
	25℃	—	16.0	1.33	1.33
密度，g/cm^3	20℃	0.7928	—	—	—
	25℃	—	1.110	1.113	1.119
冰点		-97.8	-13	-8	-7
黏度，mPa·s	20℃	0.5945	—	—	—
	25℃	—	16.5	28.2	37.3
比热容，J/(g·K)	20℃	2.512	—	—	—
	25℃	—	2.428	2.303	2.219
闪点（开口），℃		15.6	116	138	160
汽化热，J/g		1101	846	540	406
与水溶解度（20℃）		互溶	互溶	互溶	互溶
性状		无色、易挥发、易燃液体、有中等毒性	无色、无臭、无毒、有甜味的黏稠液体	无色、无臭、无毒、有甜味的黏稠液体	无色、无臭、无毒、有甜味的黏稠液体

（a）各种抑制剂的使用特点。

甲醇可用于任何操作温度下的天然气管道和设备，但由于其沸点低，当操作温度较高时，气相损失过大，故多用于低温场合。进入管线和设备的甲醇，其因挥发而进入气相的部分不再回收，进入液相的部分可蒸馏后循环使用。另外，由于甲醇具有中等毒性，会通过呼吸道、食道侵入人体，因而使用甲醇作抑制剂时应采用必要的安全措施。通常，甲醇适用的情况是：

Ⅰ. 气量小，不宜采用脱水方法；

Ⅱ. 采用其他水合物抑制剂时用量多，投资大；

Ⅲ. 水合物形成不严重，不常出现或季节性出现；

Ⅳ. 只是在开工时将甲醇注入脱水系统中，以抑制水合物形成的地方；

Ⅴ. 管道较长（如超过1.5km）等。

如果注入甲醇的天然气输至陆上终端后还要采用三甘醇或分子筛脱水，由于天然气中含有甲醇，将会引起以下3个问题：

Ⅰ. 甲醇蒸气与水蒸气一起被三甘醇吸收，因而增加了甘醇富液再生时的热负荷，而且甲醇蒸气会和水蒸气一起由再生系统的精馏柱顶部排向大气，这是十分危险的；

Ⅱ. 甲醇水溶液可使再生系统精馏柱及重沸器气相空间的碳钢产生腐蚀；

Ⅲ. 由于甲醇和水蒸气在固体干燥剂表面共吸附和水竞争吸附，因此也会降低固体干燥剂的脱水能力。

此外，当天然气在下游进行加工时，注入的甲醇就会聚集在丙烷馏分中，而残留在丙烷馏分中的甲醇将会使下游的某些化工装置催化剂失活。

甘醇类抑制剂无毒，且沸点比甲醇高得多，气相蒸发损失量小，一般可回收循环使用，适用于天然气量大而又不宜采用脱水方法的场合。当操作温度低于-10℃时，一般不再采用二甘醇和三甘醇，因为它们的黏度值太高，且与液烃分离困难，当操作温度高于-7℃时，可优先考虑二甘醇，因为它与乙二醇相比，气相损失较少。使用甘醇类抑制剂时应注意以下事项：

Ⅰ. 保证抑制效果，甘醇类必须以非常细小的液滴（例如呈雾状）注入气流中。如果注入的雾状甘醇液滴未与天然气充分混合，注入的甘醇还是不能防止水合物的形成。

Ⅱ. 甘醇类黏度较大，特别是当有液烃（或凝析油）存在时，操作温度过低会使甘醇水溶液与液烃分离困难，增加了甘醇类在液烃中的损失。

Ⅲ. 如果管道或设备的操作温度低于0℃，注入甘醇类抑制剂时还必须根据图5-18来判断抑制剂水溶液在此浓度和操作温度下有无“凝固”的可能性。实际上，所谓甘醇类水溶液“凝固”，并不是真正冻结成固体，只不过是变成黏稠的糊状体而已，然而，它却严重影响了气液两相的流动与分离。因此，最好保持甘醇类抑制剂水溶液中的质量分数在

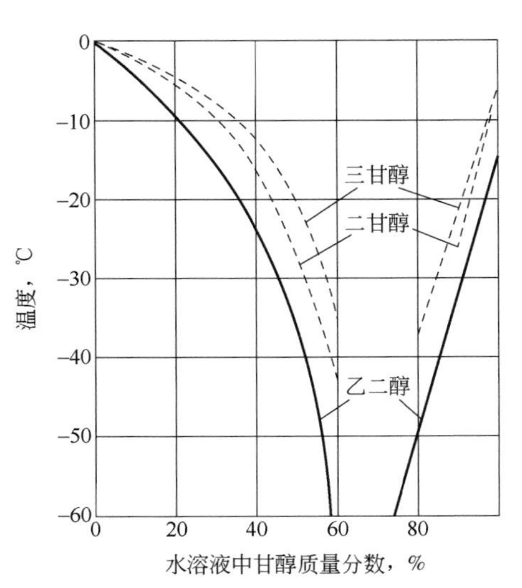

图5-18 甘醇水溶液的“凝点”

60%～70%。

如果按水溶液中相同质量百分比浓度抑制剂引起的水合物形成温度降来进行比较，甲醇的抑制效果最好，其次为乙二醇，再次为二甘醇，见表5-2。

表5-2　甲醇和乙二醇对水合物形成温度降的影响*

质量分数，%		5	10	15	20	25	30	35
温度降，℃	甲醇	2.1	4.5	7.2	10.1	13.5	17.4	21.8
	乙二醇	1.0	2.2	3.5	4.9	6.6	8.5	10.6

注：* 由Hammerschmidt公式计算得出。

（b）抑制剂注入量的计算。

注入管道或设备中的抑制剂，无论是甘醇类靠雾化还是甲醇靠蒸发均匀发散于气流中后，其中一部分抑制剂与气体中析出的液态水混合，将水从气体转移到液体抑制剂中，形成抑制剂水溶液，从而达到防止水合物形成的目的，而另一部分抑制剂则损失在气流中。消耗于前一部分的抑制剂称为抑制剂在液相的用量，用 q_l 表示；消耗在后一部分的抑制剂称为抑制剂的气相损失量，用 q_g 表示；还有极少部分抑制剂溶解在液烃中，用 q_h 表示。抑制剂的总用量 q_t 为三者之和：

$$q_t = q_l + q_g + q_h \tag{5-13}$$

注入抑制剂后天然气形成水合物的温度随之降低，所能达到的温度降主要取决于抑制剂的液相用量，损失于气相中的和溶解在液烃中的抑制剂量对水合物形成条件的影响较小。

为防止天然气形成水合物所需注入的抑制剂最低用量，可以采用以理想溶液冰点下降关系式为基础的Hammerschmidt半经验公式进行计算，也可以采用由分子热力学模型建立起来的软件通过计算机模拟计算。

Ⅰ. 液相水溶液中最低抑制剂的浓度。

注入气流中的抑制剂与气体析出的液态水混合后形成抑制剂水溶液。当天然气水合物形成的温度降根据工艺要求给定时，抑制剂在液相水溶液中的浓度必须高于或等于一个最低值。水溶液中最低抑制剂浓度 C_m 可按Hammerschmidt（1930）提出的半经验公式计算：

$$C_m = \frac{100M\Delta t}{K + M\Delta t} \tag{5-14}$$

$$\Delta t = t_1 - t_2 \tag{5-15}$$

式中　C_m——达到给定的天然气水合物形成温度降，抑制剂在液相水溶液中必须达到的最低浓度（质量分数），%；

Δt——根据工艺要求而确定的天然气水合物形成温度降，℃；

M——抑制剂相对分子质量，甲醇为32，乙二醇为62，二甘醇为106；

K——常数，甲醇为1297（公制），2335（英制），乙二醇和二甘醇为2222（公制），4000（英制）；

t_1——未加抑制剂时，天然气在管道或设备中最高操作压力下形成水合物的温度,℃；

t_2——加入抑制剂后天然气不会形成水合物的最低温度,℃。

式(5-14）是Hammerschmidt根据典型的天然气及抑制剂浓度在5%～25%（质量分数）范围内的实验数据建立起来的，当浓度超过此范围时，该式则是通过外推而获得的。实验证明，当甲醇水溶液浓度约低于25%（质量分数），或甘醇类水溶液浓度高至50%～60%（质量分数）时，采用该式仍可得到满意的结果。对于高浓度的甲醇水溶液或温度低至-107℃时，Nielsen等推荐采用的计算公式为：

$$\Delta t = A\ln(1-C_{\mathrm{m}}) \tag{5-16}$$

式中　A——常数，72(公制)，129.6(英制)。

Ⅱ.水合物抑制剂的液相用量。

通常，向管道或设备中注入的抑制剂往往是含水的，因此，注入含水抑制剂后也或多或少增加了气流中的水含量。当已知抑制剂在水溶液中的最低浓度C_{m}，并且考虑到随注入的抑制剂蒸发到气相后带入体系中的水量时，注入的含水抑制剂的液相用量q_1可根据物料平衡由下式计算：

$$q_1 = \frac{C_{\mathrm{m}}}{C_1 - C_{\mathrm{m}}}[q_{\mathrm{w}} + (100 - C_1) q_{\mathrm{g}}] \tag{5-17}$$

式中　q_1——注入浓度为C_1的含水抑制剂在液相中的用量，kg/d；

q_{g}——注入浓度为C_1的含水抑制剂在气相中的损失量，kg/d；

C_1——注入的含水抑制剂中抑制剂的浓度,%；

q_{w}——单位时间内体系中产生的液态水量，kg/d。

单位时间内体系中产生的液态水量q_{w}包括了单位时间内气流中析出的液态水量和其他途径进入管道和设备的水量之和，但不包括随含水抑制剂注入体系的液态水量。由天然气析出的液态水量，可按前面介绍的方法确定。

Ⅲ.水合物抑制剂的气相损失量。

甲醇因易蒸发，故其在气相中的损失量必须予以考虑。根据甲醇在使用条件下的压力和温度，可由图5-19查出甲醇在最低温度t_2和相应压力下的天然气中的气相含量与甲醇在水溶液中浓度之比α，再按照下式计算出甲醇的气相损失量q_{g}：

$$q_{\mathrm{g}} = \frac{\alpha C_{\mathrm{m}} q_{\mathrm{NG}}}{C_1} 10^{-6} \tag{5-18}$$

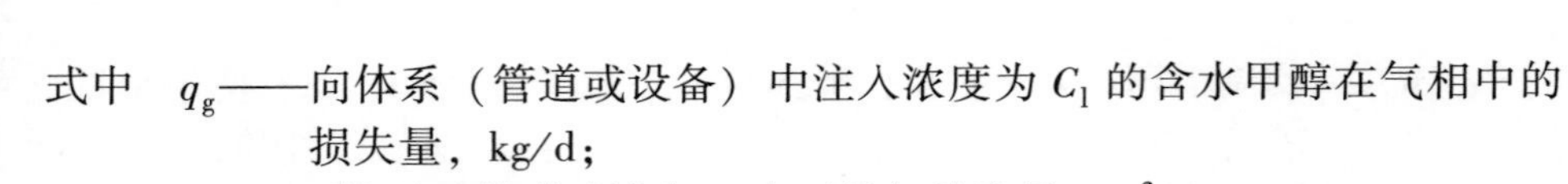

式中 q_g——向体系（管道或设备）中注入浓度为 C_1 的含水甲醇在气相中的损失量，kg/d；

q_{NG}——体系（管道或设备）中天然气的流量，m^3/d；

C_1——向体系（管道或设备）中注入的含水甲醇的浓度,%。

乙二醇的蒸发损失量可估计为 3. 5L/10^6m^3Gas。

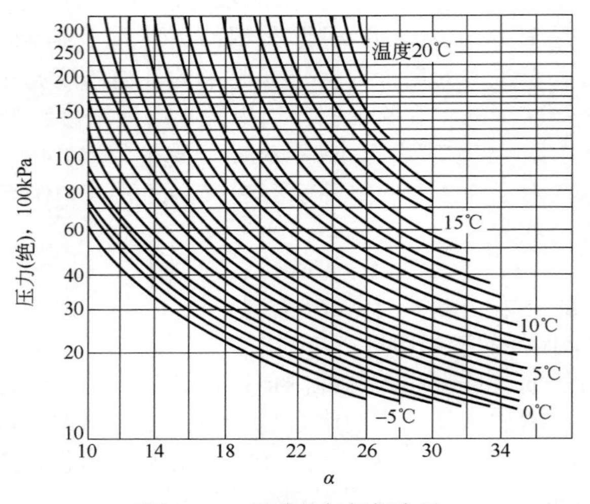

图 5-19　甲醇的气相损失量

Ⅳ. 水合物抑制剂在液烃中的损失量。

甘醇类抑制剂的主要损失是再生损失、在液烃中的溶解损失、以及因甘醇类与液烃乳化造成分离困难而引起的携带损失等。当分离温度为 15℃、甘醇浓度为 50%～70%（质量分数）时，甘醇类在液烃中的溶解损失一般为 0. 01～0. 07L/m^3（甘醇类/液烃）。在含硫液烃中甘醇类抑制剂的溶解损失约是不含硫液烃的 3 倍。携带损失则随设备和操作条件不同变化较大，但通常小于 30kg/10^6m^3（甘醇类/天然气），或约为 26L/10^6m^3（甘醇类/液烃）。

甲醇在液烃中的溶解度很小，但若管线段中含有大量的烃类液体，也会导致其损失量很大。建议采用溶解度为 0. 4kg/m^3 液（0. 15lb/bbl 液）参与计算，此溶解度是相对于石蜡族烃液体，而相对于芳香烃液体，其溶解度是以上溶解度的 4～5 倍或更高。

由于实际过程中存在一些未知因素，故甘醇类抑制剂实际用量取计算值的 1. 15～1. 2 倍，甲醇的实际用量取计算值的 3 倍。当气体携带的液态水含盐量较高，例如含量超过 40～60g/L 时，应考虑水中溶解盐产生的抑制效果，适当减少醇类的用量。

（c）乙二醇的再生。

由于乙二醇沸点高，蒸发损失小，一般可以重复使用，因此在采用其作为水合物抑制剂后，还要设置再生装置对富乙二醇溶液进行再生处理以便能够循环使用。

图 5-20 为某储气库乙二醇再生系统的工艺流程图。其设备主要包括闪蒸罐、重沸器、换热器、再生塔、注入泵等，具体流程是：乙二醇富液依次与乙二醇再生塔塔顶水蒸气和塔底换热罐的乙二醇贫液换热至 70℃ 进乙二醇富液闪蒸罐，乙二醇富液闪蒸罐闪蒸出的气相去低压气和轻烃处理单元处理，乙二醇富液闪蒸罐闪蒸的富乙二醇水溶液进再生塔；再生塔塔底操作温度为 125℃，采用导热油供热；再生塔塔底乙二醇贫液经塔底换热罐冷却后，由乙二醇循环泵增压后输入烃水露点控制单元管壳式换热器乙二醇注入口，经乙二醇注入器雾化后循环使用。

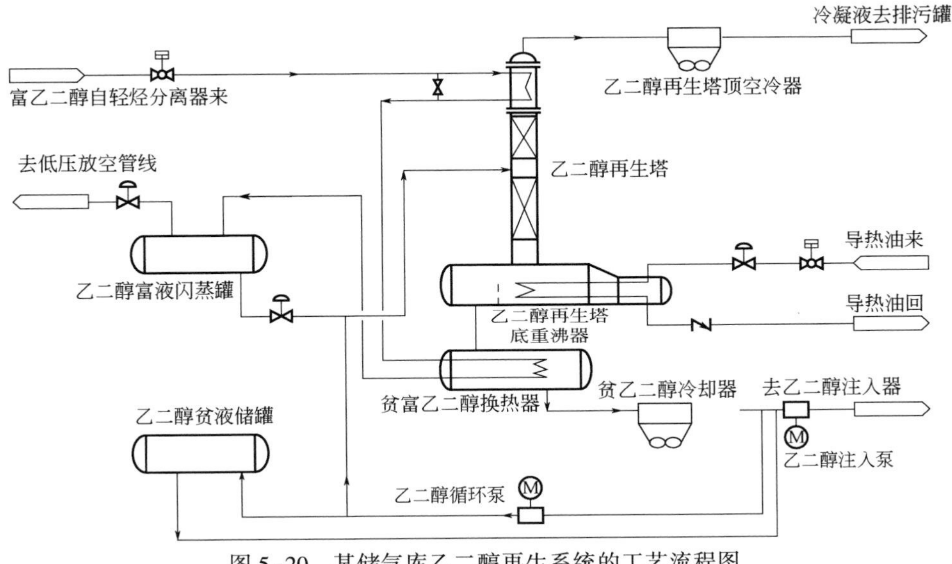

图 5-20　某储气库乙二醇再生系统的工艺流程图

2. 油藏型、凝析油气藏型储气库烃水露点控制工艺

1）常见露点控制工艺简介

天然气露点控制主要通过脱除天然气中的水蒸气及较重的烃组分（NGL），使其水露点和烃露点达到一定的要求，避免天然气在输送过程中出现游离水形成水合物并堵塞管道或加速天然气中酸性组分腐蚀等潜在问题。

天然气烃露点/水露点控制常用的工艺有：低温冷凝法、溶剂吸收法、固

体干燥剂吸附法。

（1）低温冷凝法。

低温冷凝是借助于天然气与水汽或较重的烃凝结为液体的温度差异，在一定的压力下降低天然气的温度，使其中的水汽与重烃冷凝为液体，再借助于液烃与水的相对密度差和互不溶解的特点进行重力分离，使水和析出的烃被脱出。因此该方法可以同时控制天然气的水露点和烃露点。

由于天然气中含有水和较重轻烃，因此在降温过程中可能有水合物形成，为避免水合物形成堵塞管道影响工艺操作，通常加入水合物抑制剂辅助。抑制剂的加入会使气流中的水分溶于抑制剂中，改变水分子之间的相互作用，从而降低水蒸气分压，达到抑制水合物形成的目的。可以用于防止天然气水合物生成的抑制剂分为有机抑制剂和无机抑制剂两类。有机抑制剂有甲醇类和甘醇类化合物，无机抑制剂有氯化钙、氯化钠和氯化镁等。主要采用有机抑制剂，这类抑制剂又以甲醇、乙二醇和二甘醇最常用。

甲醇可用于任何操作温度。由于甲醇沸点低、蒸气压高，故更适合用于较低的操作温度，若温度较高则蒸发损失较大。甲醇具有中等程度的毒性，一般情况下喷注的甲醇蒸发到气相中的部分不再回收，液相水溶液经蒸馏后可循环使用。根据有关文献介绍，在很多情况下回收液相甲醇在经济上并不合算。若液相水溶液不回收，废液的处理将是一个难题。因此除了紧急情况下采用，大量注入甲醇已不常采用。

甘醇类抑制剂无毒，较甲醇沸点高，蒸发损失小，一般可回收再生重复使用。且回收工艺比较成熟，与溶剂吸收法比较不需吸收塔，投资低；天然气处理量发生变化时，只需改变乙二醇流量即可适应，操作灵活；天然气脱水后的水露点不受天然气进站温度的影响，能满足节流制冷脱烃工艺制冷深度要求。

（2）溶剂吸收法。

该法是利用某些液体物质不与天然气中水发生化学反应，只对水有很好的溶解能力，溶水后的溶液蒸气压很低，且可再生和循环使用的特点，将天然气中水汽脱出。溶剂吸收法脱水常用的溶剂有二甘醇和三甘醇。该工艺比较成熟，脱水后的露点降一般为30~40℃。其优点是能耗小、甘醇损失量少、操作运行费用低。其缺点是：原料气含有较多的重组分时，易起泡；甘醇吸收法脱水工艺所能适应的天然气处理量的变化范围较小，无法适应本工程采气量及采气组成的变化；当进站天然气温度高时，甘醇脱水后的水露点就高，不易满足脱烃制冷深度的要求。

由于其工艺技术特点，结合储气库工况需求，目前在储气库的实际应用中仅需控制天然气水露点的气藏型储气库应用三甘醇脱水工艺。

（3）固体干燥剂吸附法。

该法是利用某些固体物质比表面积高、表面孔隙可以吸附大量水分子的特点来进行天然气脱水的。固体吸附剂一般容易被水饱和，但也容易再生，经过热吹脱附后可多次循环使用。因此常被用于低含水天然气深度脱水的情况。脱水后的天然气含水量可降至1mg/L，这样的固体物质有硅胶、活性氧化铝、4A 和 5A 分子筛等。固体干燥剂吸附法常用的是分子筛吸附脱水，主要用于天然气深冷加工，可使脱水后天然气含水量小于 1mg/L，但是设备投资大、能耗大、运行费用高。

以上 3 种露点控制工艺特点比较见下表。

表 5-3　3 种露点控制工艺特点比较

类别	方法	脱湿度	安装面积	运转维修	主要设备	适用范围
低温冷凝法	加压、降温、节流、制冷方式等	低	大	中	冷冻机、换热器或节流设备、透平膨胀机	大量水分的粗分离
溶剂吸收法	醇类脱水吸收剂	中	中	难	吸收塔、换热器、泵	大型液化装置中，脱除原料气所含的大部分水分
固体干燥剂吸附法	活性氧化铝、硅胶、分子筛	高	小	易	吸附塔、换热器、转换开关、鼓风机	要求露点降高或小流量的脱水

由于油藏型、凝析油气藏型储气库既要控制水露点又要控制烃露点，本节主要介绍低温冷凝法。对于纯气藏型等类型储气库只需要控制水露点的溶剂吸收工艺，将在本章第 4 节进行详细介绍。

2）低温冷凝法

低温冷凝法是将天然气冷却至烃、水露点以下某一低温，得到一部分富含较重烃类的液烃（即天然气凝液或凝析油），并在此低温下使其与气体分离，故也称冷凝分离法。按提供冷量的制冷系统不同，低温法可分为膨胀制冷（包括节流制冷和透平膨胀机制冷）、冷剂制冷和联合制冷法 3 种。低温冷凝法除在凝液回收中应用外，还多用于含有重烃的天然气同时脱油（即脱液烃或脱凝液）脱水，使其水、烃露点符合商品天然气质量指标或管道输送的要求，即通常所谓的天然气露点控制或低温法脱油脱水。

为防止天然气在冷却过程中由于析出冷凝水而形成水合物，一种方法是在冷却前采用吸附法脱水，另一种方法是加入水合物抑制剂。前者用于冷却温度很低的天然气凝液回收过程；后者用于冷却温度不是很低的天然气脱油脱水过程，即天然气在冷却过程中析出的冷凝水和抑制剂水溶液混合后随液烃一起在低温分离器中脱除（即脱油脱水），因而同时控制了气体的水、烃露

点。以下仅介绍用于天然气脱油脱水的低温法。

（1）节流阀（J—T 阀）制冷法。

① 焦耳—汤姆逊阀制冷原理。

节流膨胀也叫焦耳—汤姆逊膨胀，即较高压力下的流体（气或液）经多孔塞（或节流阀）向较低压力方向绝热膨胀过程。

1852 年，焦耳和汤姆逊设计了一个节流膨胀实验，使温度为 T_1 的气体在一个绝热的圆筒中由给定的高压 p_1 经过多孔塞（如棉花、软木塞等）缓慢地向低压 p_2 膨胀。多孔塞两边的压差维持恒定。膨胀达稳态后，测量膨胀后气体的温度 T_2。他们发现，在通常的温度 T_1 下，许多气体（氢和氦除外）经节流膨胀后都变冷（$T_2<T_1$）。如果使气体反复进行节流膨胀，温度不断降低，最后可使气体液化。

调节阀在管道中起可变阻力的作用。它改变工艺流体的紊流度或者在层流情况下提供一个压力降，压力降是由改变阀门阻力或“摩擦”所引起的。这一压力降低的过程通常称为“节流”。对于气体，它接近于等温绝热状态，偏差取决于气体的非理想程度（焦耳—汤姆逊效应）。在液体的情况下，压力则为紊流或黏滞摩擦所消耗，这两种情况都把压力转化为热能，导致温度略为升高。不同气体在大气压下的焦耳—汤姆逊系数如图 5-21 所示。

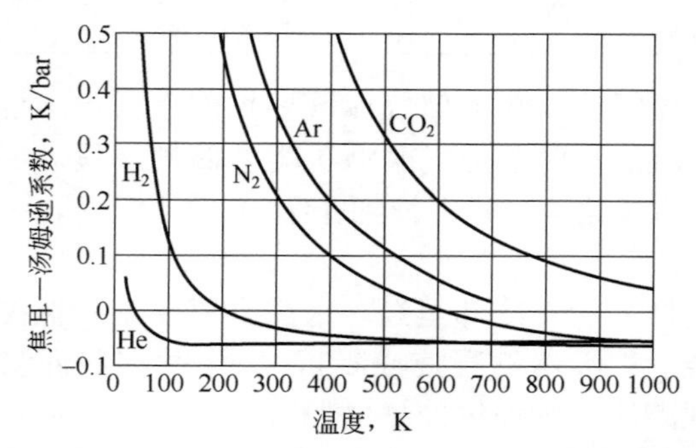

图 5-21　不同气体在大气压下的焦耳—汤姆逊系数

气体在绝热节流时，节流前后的比焓值不变。这是节流过程的主要特征。由于节流时气流内部存在摩擦阻力损耗，所以它是一个典型的不可逆过程，节流后的熵必定增大。

焦耳汤姆逊阀是利用焦耳—汤姆逊效应制成的阀门，简称 J—T 阀，用来实现降温，多用于天然气的液化工艺中，外形与截止阀无异，只是内部结构不一样。

② J—T 阀制冷装置工艺流程。

J—T 阀制冷工艺是利用焦耳—汤姆逊效应（即节流效应）将高压气体经过节流阀膨胀制冷获得低温，使气体中部分水蒸气和较重烃类冷凝析出，从而控制了其水、烃露点。这种方法也称为低温分离（LTS 或 LTX）法，大多用于高压井口有多余压力可供利用的场合。

图 5-22 为采用乙二醇作抑制剂的低温分离法工艺流程图。此法多用来同时控制天然气的水、烃露点。

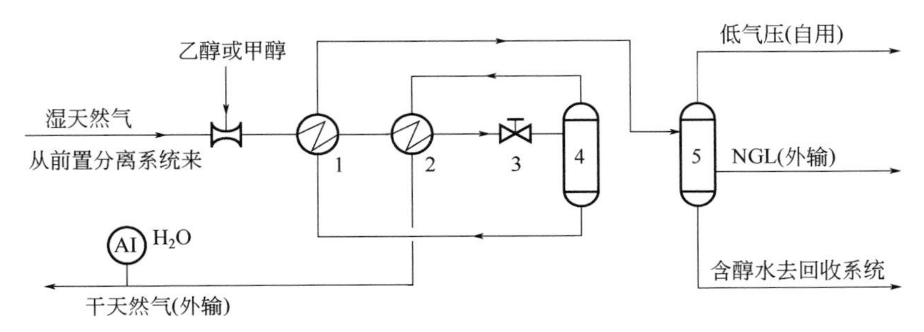

图 5-22　J—T 阀节流制冷烃水露点控制装置工艺

1，2—换热器；3—J—T 阀；4—低温分离器；5—三相分离器

前置分离系统来的湿天然气先注入水合物抑制剂甲醇或乙二醇，然后经换热器用来自低温分离器的冷气/液预冷后进入 J—T 阀节流制冷至需求的分离温度后进入低温分离器。由于原料气在气/气换热器中将会冷却至水合物形成温度以下，所以在进入换热器前要注入贫甘醇（即未经气流中冷凝水稀释因而浓度较高的甘醇水溶液，通常为甲醇或乙二醇）。

原料气预冷后再经节流阀产生焦耳—汤姆逊效应，温度进一步降低至管道输送时可能出现的最低温度或更低，并且在冷却过程中不断析出冷凝水和液烃。在低温分离器中，冷干气（即水、烃露点符合管道输送要求的气体）与富甘醇（与气流中冷凝水混合后浓度被稀释了的甘醇水溶液）、液烃分离后，再经换热器与原料气换热。复热后的干气作为商品气外输。

由低温分离器分出的富甘醇和液烃送至三相分离器中进行分离，分离出低压气体供站场内部作燃料使用或进入其他低压气系统。分离出的凝液去储罐或外输，富甘醇去再生器，再生后的贫甘醇用泵增压后循环使用。

需要指出的是，当原料气与外输气之间有压差可供利用时，采用低温分离法控制外输气的水、烃露点无疑是一种简单可行的方法。但是，由于此法低温分离器的温度一般仅为-5～-20℃，如果原料气（高压凝析气）中含有相当数量的丙烷、丁烷等组分时，则在此分离条件下大部分丙烷、丁烷未予回收而直接去下游用户，既降低了天然气处理厂的经济效益，也使宝贵的丙烷、

丁烷资源未能得到合理利用。低温分离器的分离温度需要在运行中根据干气的实际露点进行调整，以保证在干气露点符合要求的前提下尽量降低获得更低温度所需的能耗。

J—T 阀节流制冷工艺适用于有足够压力能可利用的气田天然气处理，脱水同时脱出部分烃液，可控制水、烃露点。但是如果没有足够的压力降可利用，则产品气须采用增压外输或外部冷源辅助制冷，装置的投资和运行费用将会较高。

（2）冷剂制冷法。

冷剂制冷法分为吸收式制冷和压缩式制冷两种。吸收式制冷的特点是直接利用热能制冷，在天然气处理中的应用很少；压缩式制冷是一种相变制冷，即利用液体冷剂汽化成气体时的吸热效应制冷。通常根据被分离气体的压力、组分、分离要求，所选择的制冷介质有氨、氟利昂、丙烷、乙烷、甲烷和氮气等，也可以采用多种冷剂配合使用。由于环保因素，氟利昂已经逐渐被淘汰，氨也只在一批老轻烃装置中使用。由于制冷剂丙烷可以由轻烃装置自行生产，且其制冷系数大，制冷温度一般可以达到-35～-30℃，目前浅冷工艺中基本都采用丙烷制冷法。

冷剂制冷法的优点是天然气冷凝分离所需要的冷量由独立的外部制冷系统提供，制冷系统所产生冷量的多少与被分离天然气本身无直接的关系。该法制冷量不受原料气贫富程度的限制，对原料气的压力无严格要求，装置运行中可改变制冷量的大小以适应原料气量、原料组成的变化以及季节性气候温度的变化。在我国，大多数浅冷装置都采用丙烷制冷法。

综上所述，该方法可以同时脱除天然气中的水和较重的烃，因此常用在需要同时控制烃露点和水露点的油气藏型储气库。对于可利用压差较高的工况，通常采用 J—T 阀节流制冷，减少外部其他功率、能量消耗。目前国内油藏型、凝析油气藏型储气库主要采用“J—T 阀节流制冷+注乙二醇防冻制冷”工艺，国内部分已建油气藏储气库（群）露点控制装置情况见表 5-4。

表 5-4　国内部分已建油气藏储气库露点控制装置概览表

储气库（群）名称	露点控制工艺	装置规模，$10^4m^3/d$	
		总规模	单套规模
华北苏桥储气库群	J—T 阀脱水+乙二醇防冻	2100	700
西南相国寺	J—T 阀脱水+乙二醇防冻	2800	700
新疆呼图壁	J—T 阀脱水+乙二醇防冻	2800	700
辽河双六	J—T 阀脱水+乙二醇防冻	1500	750
大港储气库群	J—T 阀脱水+乙二醇防冻	5600	500（最大）

某凝析气藏型储气库天然气中富含凝析油，采出的天然气中 C_3 以上组分含量较多，若不进行处理直接外输，将损失大量的液化石油气（主要组分为 C_3 和 C_4），造成能源的浪费。根据该地区的气象资料，天然气的烃露点达到-5℃，即可满足天然气在长输管线中不产生天然气凝液的条件。该地下储气库采气工艺采用了技术先进、流程简单、操作弹性大的露点控制工艺，即J—T 阀节流制冷和注乙二醇防冻技术，井口采用直接节流工艺、集输管线采用高压不保温集输工艺、集注站内采用高效换热（板翅式换热器）节流工艺，充分利用了地层的压力能，并考虑乙二醇再生循环使用，有效地降低了防冻剂消耗。软件模拟如图 5-23 所示。

（3）露点控制主要设备。

① 空冷器。

空气冷却器是以环境空气作为冷却介质，横掠翅片管外，使管内高温工艺流体得到冷却或冷凝的设备，简称“空冷器”“空气冷却式换热器”或“翅片风机”。储气库采气期处于每年 11 月份至次年 3 月份，环境温度相对较低，利用环境空气为采出气进行降温，可以降低系统能耗。被冷却介质在空冷器的管束中流动，这就要求被冷却介质有较强的流动性，同时受环境温度的限制，空冷器不能冷却到很低的温度，在运转过程还需要考虑噪声、占地面积等因素。

② 过滤分离器。

过滤分离器的作用是去除输送气体夹带的固体颗粒、粉尘和液滴。过滤分离器内设置滤芯，其结构适合于天然气介质的过滤要求。过滤分离器对粉尘和液滴的过滤精度比普通分离器的精度要求高，滤芯要便于操作和更换。一般储气库过滤分离器主要设置在注气压缩机入口管道上，主要是为了保护注气压缩机气缸和活塞等高压元件不被损坏。因此，过滤分离器只在注气期中使用，采气期可以不使用。过滤分离器根据其内部结构要求，一般外部需设置快开盲板，便于滤芯更换。所带快开盲板应满足开闭灵活、轻便，密封可靠、无泄漏，且带有安全自锁装置。

③ 高效分离器。

高效分离器也是分离器的一种，由于内部结构较普通分离器更为复杂，高效分离器的分离效果比普通分离器的分离效果更优，气相液滴直径更小，一般为几微米左右。高效分离器一般用于储气库烃水露点控制装置的低温分离器，分离后气体达到外输气质指标后，即可外输供用户直接使用。

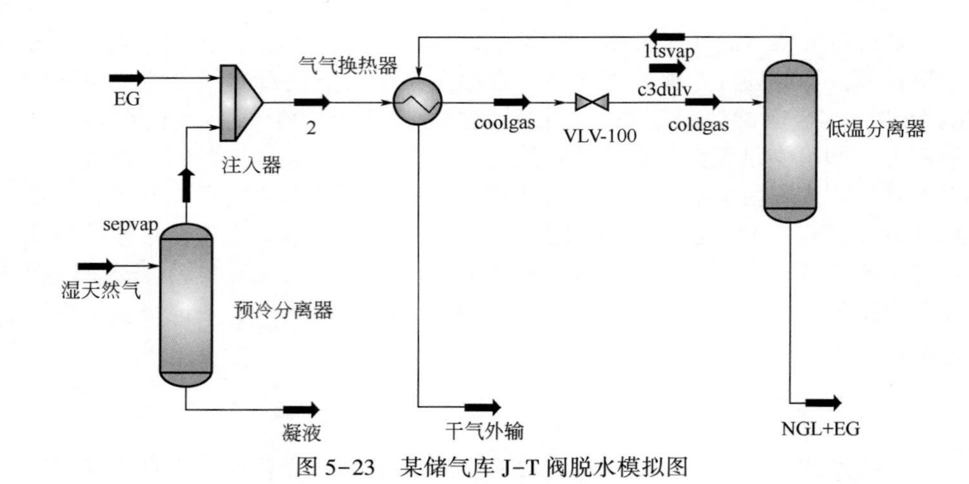

图 5-23 某储气库 J-T 阀脱水模拟图

④ 乙二醇注入橇。

乙二醇注入橇的主要元件为雾化器，雾化后液滴直径用微米来定量，液滴直径越小，雾化效果越好。合格乙二醇贫液雾化后，通过喷嘴均匀喷入管道内。注入撬压降要足够小。乙二醇注入撬内还设置液体过滤器、流量计、角式节流阀及必要的阀组。乙二醇注入器设置两条注入回路，其中一条作为备用管路，当清理过滤网或当前工作管路发生故障时，启动备用回路，使介质可以持续供给。要求两条注入回路的切换能够达到远程切换功能，供货商自带过滤器的压差变送器，并预留接至 DCS 系统的接口。

⑤ 绕管式换热器。

绕管式换热器是在芯筒与外筒之间的空间内将传热管按螺旋线形状交替缠绕而成，相邻两层螺旋状传热管的螺旋方向相反，并采用一定形状的定距件使之保持一定的间距。缠绕管可以采用单根绕制，也可采用两根或多根组焊后一起绕制。管内通过单一介质的绕管式换热器，称单通道型绕管式换热器；管内也可通过几种不同的介质，每种介质所通过的传热管均汇集在各自的管板上，构成多通道型缠绕管式换热器。绕管式换热器适用于同时处理多种介质、小温差下需要传递较大热量且管内介质操作压力较高的场合。

绕管式换热器相对于普通的列管式换热器具有不可比拟的优势，适用温度范围广、适应热冲击、热应力自身消除、紧凑度高，由于自身的特殊构造，使得流场充分发展，不存在流动死区。尤其特别的是，通过设置多股管程（壳程单股），能够在一台设备内满足多股流体的同时换热。但是换热管堵塞或泄漏的情况下，绕管检修较困难，无法像列管式换热器那样抽芯吹扫，也无法更换管芯，只能进行封堵。

储气库绕管式换热器主要用于烃水露点控制装置，采用单通道式绕管式换热器。要求其压降小，换热效率高，管束为独立形式，是便于整体装卸的组合体结构。对于油气藏改建储气库项目，高压处理部分推荐采用绕管式换热器，中低压干净的气质采用板翅式换热器；对于凝析油及轻油产品的处理，以及介质含砂较多时，适宜选用管壳式换热器。

⑥ 管壳式换热器。

管壳式换热器（shell and tube heat exchanger）又称列管式换热器。是以封闭在壳体中管束的壁面作为传热面的间壁式换热器。管壳式换热器的应用范围很广，适应性很强，其允许压力可以从高真空到 41.5MPa，温度可以从 -100℃以下到 1100℃高温。此外，它还具有容量大、结构简单、造价低廉、清洗方便等优点，因此目前它在换热器中是最主要的型式。它分为固定管板式、浮头式、U 形管式、双管板换热器等。

（a）固定管板式换热器。

该设备结构简单、造价低，是工艺条件允许的情况下优先选用的管壳式换热器。但是该设备有一个明显的缺点就是管板与壳体焊接在一起，致使壳程不能够清洗，管壳程温差产生的热应力过大造成胀口处泄漏。所以它的在以下情况下不能选用固定板式换热器：容易使管子腐蚀或者在壳程中容易结垢的介质不能选用，因为管束无法更换，且壳程无法采用机械清洗；壳程和管程金属温度差超过 30℃，或者冷流体、热流体进口之间的极限温度差超过 110℃。所以此类换热器一般不用作油气藏储气库预冷换热器。

（b）浮头式换热器。

因为浮头式换热器的一端管板可在壳体内自由浮动，故当冷热介质的温差较大时，管束和壳体之间不会产生温差应力。浮头端设计成可以拆卸的结构，使管束可以容易的抽出壳体，这样就为检修和清洗提供了方便。在相同壳径下，布管数多，换热面积大。每一外壳容积为 $1m^3$ 时，其传热面积约为 $70m^2$，对于固定管板式传热面积为 $30\sim40m^2$。但是它结构复杂，且浮动端小盖在操作时无法知道泄漏情况。

由于储气库预冷换热器的管壳程均为高压系统，所以此类换热器不宜用作油气藏储气库预冷换热器，目前在运储气库也很少采用该换热器。

（c）型管式换热器。

由于壳体和换热管分开，可以不考虑热膨胀问题。它结构简单、造价低，管束可以从壳体中抽出，但是管束内清洗困难，用于管程介质洁净的情况。结构不够紧凑，单位体积的传热面积介于固定管板式换热器和浮头式换热器之间。一般用于高温高压情况况下，在天然气站场中应用较多。

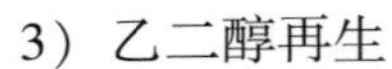

3）乙二醇再生

在天然气浅冷分离过程中，由于温度较低，需采取措施防止天然气水合物的形成。常用的水合物抑制剂是甲醇和乙二醇。考虑到回收问题，一般选用乙二醇作为低温分离的水合物抑制剂，这就涉及抑制剂回收的问题。在注入乙二醇时，浓度宜为80%~85%，吸水后质量浓度宜为50%~60%。目前乙二醇再生技术主要有常规分离技术（精馆法）、膜渗透汽化技术。渗透蒸发法是一种新的膜分离技术，但目前尚未得到大规模的工业化应用。

国内外乙二醇再生工艺方法主要有：传统再生工艺一精馏法、膜渗透再生法、全部脱盐再生法（Full Reclamation）和部分脱盐再生法（Slip-stream salt removal）。

目前储气库普遍采用的乙二醇再生工艺是精馏法，利用乙二醇沸点远高于水的沸点，达到提浓的目的。但该方法的缺点是若乙二醇含水量高，再生能耗大。目前乙二醇循环再生工艺在国内外天然气处理装置中得到了广泛的应用。

乙二醇再生系统中，乙二醇富液首先进入闪蒸分离器中全部蒸发，气态的乙二醇和水进入分馏设备中，再生后的乙二醇自分馏塔出来，达到再生要求。闪蒸分离器的压力保持在0.01~0.015MPa，使得乙二醇在较低温度下汽化，防止乙二醇在高温下分解。由于乙二醇富液全部汽化，因此，能够彻底除去富液中的盐和其他固体物质。

3. 气藏型储气库水露点控制工艺

对于气藏型储气库，采出气含NGL组分少，不需要控制天然气烃露点而仅需要控制其水露点，目前主要采用三甘醇脱水工艺。三甘醇（TEG）学名三乙二醇醚，分子式为$HO(CH_2)_2O\cdot(CH_2)_2O\cdot(CH_2)_2OH$，主要物理特性见表2.2。三甘醇具有强吸水性、高温条件下容易再生等特点，利用这种特点可作为脱水剂来降低天然气中的含水量。三甘醇脱水过程是一个物理过程，利用三甘醇的强吸水性将天然气中水分吸收，吸收了水分的三甘醇称为富液；富液进入重沸器后，在常压、高温情况下将水分蒸发出去，再加上干气汽提，可得到浓度大于99%的三甘醇贫液，贫液循环再利用。该工艺具有以下特点：

（1）工艺流程简单、技术成熟，露点降大（30~60℃）、热稳定性好、压降较小、易于再生、损失小、投资和操作费用省等优点。

（2）甘醇富液再生时，脱除1kg水所需热量较少。

（3）为连续操作，补充甘醇较容易，且在富液管线上设置过滤器，以除去溶液系统中携带的机械杂质和降解产物，保持溶液清洁，有利于装置长周期运行。

（4）可以避免专为三甘醇再生而设置中压蒸汽系统。

（5）甘醇脱水装置可将天然气中水含量降低到0.008g/m³，如有贫液气提柱，利用气提再生，天然气的水含量至少降到0.004g/m³。

缺点：（1）天然气的露点要求超低时，需要采用气提法进行再生。（2）甘醇受污染或分解后具有腐蚀性。

1）三甘醇脱水工艺流程

图5-24为典型的三甘醇脱水装置工艺流程。该装置由高压吸收系统和低压再生系统两部分组成。通常将再生后提浓的甘醇溶液称为贫甘醇，吸收气体中水蒸气后浓度降低的甘醇溶液称为富甘醇。

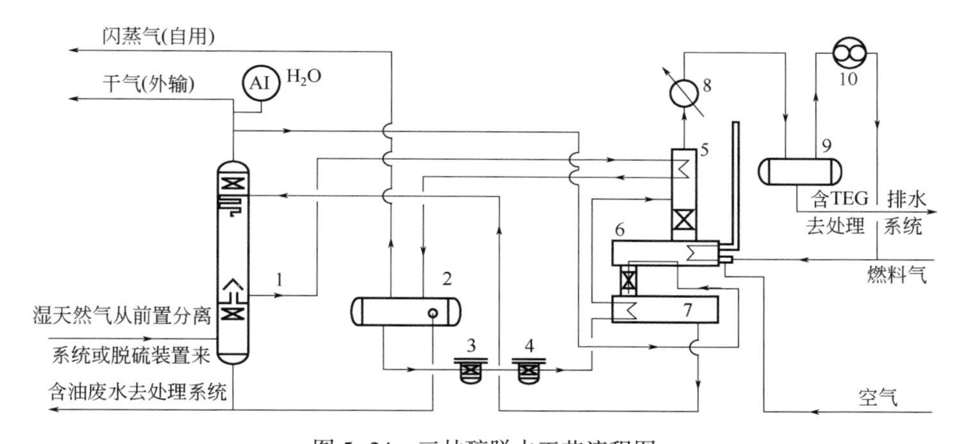

图5-24　三甘醇脱水工艺流程图

1—吸收塔；2—闪蒸罐；3—织物过滤器；4—活性炭过滤器；5—再生塔；6—再生釜；7—冷却器；9—分液馏；10—压缩机

图中的吸收塔（脱水塔、接触塔）为板式塔，通常选用泡罩（泡帽）塔板或浮阀塔板。由再生系统来的贫甘醇先经冷却和增压进入吸收塔顶部塔板后向下层塔板流动，由吸收塔外的分离器和塔内洗涤器（分离器）分出的原料气进入吸收塔的底部后向上层塔板流动，两者在塔板上逆流接触时使气体中的水蒸气被甘醇溶液所吸收。吸收塔顶部设有捕雾器（除沫器）以脱除出口干气所携带的甘醇液滴，从而减少甘醇损失。吸收了气体中水蒸气的富甘醇离开吸收塔底部，经再生塔精馏柱顶部回流冷凝器盘管和贫甘醇换热器（也称贫/富甘醇换热器）加热后，在闪蒸罐内分离出富甘醇中的大部分溶解气，然后再经织物过滤器（除去固体颗粒，也称滤布过滤器或固体过滤器）、活性炭过滤器（除去重烃、化学剂和润滑油等液体）和贫甘醇换热器进入再生塔，在重沸器中接近常压下加热蒸出所吸收的水分，并由精馏柱顶部排向

大气或去放空系统。再生后的贫甘醇经缓冲罐、贫甘醇换热器、气体/甘醇换热器冷却和用泵增压后循环使用。

由闪蒸罐（也称闪蒸分离器）分出的闪蒸气主要为烃类气体，一般作为再生塔重沸器的燃料，但含 H_2S 的闪蒸气则应经焚烧后放空。

为保证再生后的贫甘醇质量浓度在 99%以上，通常还需向重沸器中通入汽提气。汽提气一般是出吸收塔的干气，将其通入重沸器底部或重沸器与缓冲罐之间的贫液汽提柱，用以搅动甘醇溶液，使滞留在高黏度溶液中的水蒸气逸出；同时也降低了水蒸气分压，使更多的水蒸气蒸出，从而将贫甘醇中的甘醇浓度进一步提高。除了采用汽提法外，还可采用共沸法和负压法等。

甘醇泵可以是电动泵、液动泵或气动泵。当为液动泵时，一般采用吸收塔来的高压富甘醇作为主要动力源，其余动力则靠吸收塔来的高压干气补充。

甘醇溶液在吸收塔中脱除天然气中水蒸气的同时，也会溶解少量的气体。例如，在 6.8MPa 和 38℃时每升三甘醇可溶解 $8.0\times10^{-3}m^3$ 的无硫天然气。如果气体内含有大量的 H_2S 和 CO_2，其溶解度会更高些。纯 H_2S 和 CO_2 在三甘醇中的溶解度可从有关图中查得。对于气体混合物，可按混合物中 H_2S 和 CO_2 的分压从这些图中估计其溶解度，实际溶解度一般低于该估算值。

目前，虽然可以采用有关状态方程计算 H_2S 和 CO_2 在三甘醇中的溶解度，但因 H_2S 和 CO_2 是极性组分，故要准确预测它们的溶解度是困难的。为此，Alireza Bahadori 等人根据实验数据提出分别计算 H_2S 和 CO_2 在三甘醇中溶解度的经验公式。对于 H_2S，其应用范围为：50kPa（绝）$<H_2S$ 分压$<$2000kPa（绝），温度$<$130℃。与实验数据比较，在不同温度下由该经验公式计算结果的平均绝对误差为 3.0296%。对于 CO_2，其应用范围分别为：20kPa（绝）$<CO_2$ 分压$\leqslant$750kPa（绝），温度$<$80℃；CO_2 分压$>$750kPa（绝），温度$<$130℃。与实验数据比较，在不同温度下由该公式计算结果的平均绝对误差为 1.9394%。

对于含 H_2S 的酸性天然气，当其采用三甘醇脱水时，由于 H_2S 会溶解到甘醇溶液中，不仅使溶液 pH 值降低并引起腐蚀，而且也会与三甘醇反应使其变质，故离开吸收塔的富甘醇去再生系统前应先进入一个汽提塔，用不含硫的净化气或其他惰性气体汽提。脱除的 H_2S 和吸收塔顶脱水后的酸性气体汇合后去脱硫脱碳装置。图 5-25 为采用汽提气的再生塔示意图。

2）三甘醇脱水主要设备

三甘醇脱水装置的主要设备有吸收塔、洗涤器、闪蒸罐、再生塔等。

（1）吸收塔。

吸收塔通常由底部的洗涤器、中部的吸收段和顶部的捕雾器组成。当原料气较脏且含游离液体较多时，最好将洗涤器与吸收塔分开设置。吸收塔吸收段一般采用泡帽塔板，也可采用浮阀塔板或规整填料。泡帽塔板适用于像甘醇吸收塔中这样的黏性液体和低液气比场合，在气体流量较低时不会发生漏液，也不会使塔板上液体排干。但是如果采用规整填料，其直径和高度会更小一些，操作弹性也较大。近几年来，我国川渝气区川东矿区和长庆气区靖边气田引进的三甘醇脱水装置吸收塔即采用了浮阀塔板和规整填料。其中，靖边气田第三天然气净化厂三甘醇脱水装置规模为300×104m^3/d。

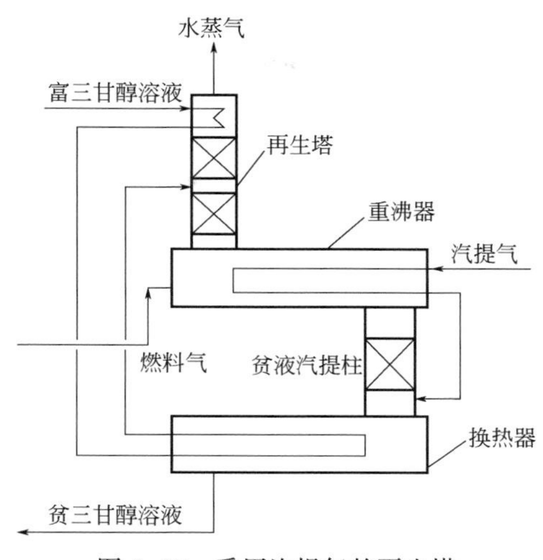

图 5-25 采用汽提气的再生塔

当采用板式塔时，由理论塔板数换算为实际塔板数的总塔板效率一般为25%~30%。当采用填料塔时，等板高度（HETP）随三甘醇循环流率、气体流量和密度而变，设计时一般可取1.5m。但当压力很高，气体密度超过100kg/m^{3}时，按上述数据换算的结果就偏低。

由于甘醇溶液容易发泡，故板式塔的板间距不应小于0.45m，最好是0.6~0.75m。捕雾器用于除去≥5μm的甘醇液滴，使干气中携带的甘醇量小于0.016g/m^3。捕雾器到干气出口的间距不宜小于吸收塔内径的0.35倍，顶层塔板到捕雾器的间距则不应小于塔板间距的1.5倍。

（2）洗涤器（分离器）。

进入吸收塔的原料气一般都含有固体和液体杂质。实践证明，即使吸收塔与原料气分离器位置非常近，也应该在两者之间安装洗涤器。此洗涤器可以防止新鲜水或盐水、液烃、化学剂或水合物抑制剂以及其他杂质等大量和偶然进入吸收塔中。即使是这些杂质数量很少，也会给吸收和再生系统带来很多问题：①溶于甘醇溶液中的液烃可降低溶液的脱水能力，并使吸收塔中甘醇溶液发泡，不溶于甘醇溶液的液烃也会堵塞塔板，并使重沸器表面结焦；②游离水增加了甘醇溶液循环流率、重沸器热负荷和燃料用量；③携带的盐水（随天然气一起采出的地层水）中所含盐类，可使设备和管线产生腐蚀，沉积在重沸器火管表面上还可使火管表面局部过热产生热斑甚至烧穿；④化学剂（例如缓蚀剂、酸化压裂液）可使甘醇溶液发泡，并具有腐蚀性，如果沉积在重沸器火管表面上，也可使其局部过热；⑤固体杂质（例如泥沙、铁锈）可促使溶液发泡，使阀门、泵受到侵蚀，并可堵塞塔板或填料。

（3）闪蒸罐（闪蒸分离器）。

甘醇溶液在吸收塔的操作温度和压力下，还会吸收一些天然气中的烃类，尤其是包括芳香烃在内的重烃。闪蒸罐的作用就是在低压下分离出富甘醇中所吸收的这些烃类气体，以减少再生塔精馏柱的气体和甘醇损失量，并且保护环境。当采用电动溶液泵时，则从吸收塔来的富甘醇中不会溶解很多气体。但是当采用液动溶液泵时，由于这种泵除用吸收塔来的高压富甘醇作为主要动力源外，还要靠吸收塔来的高压气作为补充动力，故由闪蒸罐中分离出的气体量就会显著增加。

如果原料气为贫气，在闪蒸罐中通常没有液烃存在，故可选用两相（气体和甘醇溶液）分离器，液体在罐中的最小停留时间为 5～10min。如果原料气为富气，在闪蒸罐中将有液烃存在，故应选用三相（气体、液烃和甘醇溶液）分离器。由于液烃会使溶液乳化和发泡，故液体在罐中的停留时间应为 20～30min。为使闪蒸气不经压缩即可作为燃料或汽提气，并保证富甘醇有足够的压力流过过滤器和换热器等设备，闪蒸罐的压力一般在 0.27～0.62MPa。

当需要在闪蒸罐中分离液烃时，可将吸收塔来的富甘醇先经贫甘醇换热器等预热至一定温度使其黏度降低，以有利于液烃—富甘醇的分离。但是，预热温度过高反而使液烃在甘醇中的溶解度增加，故此温度最好在 38～66℃。

（4）再生塔。

通常，将再生系统的精馏柱、重沸器和装有换热盘管的缓冲罐（有时也在其中设有相当于图 5-25 中的贫甘醇换热器）统称为再生塔。由吸收系统来的富甘醇在再生塔的精馏柱和重沸器内进行再生提浓。

对于小型脱水装置，常将精馏柱安装在重沸器的上部，精馏柱内一般充填 1.2～2.4m 高的填料，大型脱水装置也可采用塔板。精馏柱顶部设有冷却盘管作为回流冷凝器，以使柱内上升的一部分水蒸气冷凝，成为柱顶回流，从而控制柱顶温度，并可减少甘醇损失。回流冷凝器的热负荷可取重沸器内将甘醇所吸收的水分全部汽化时热负荷的 25%～30%。只在冬季运行的小型脱水装置也可在柱顶外部安装垂直的散热翅片产生回流。这种方法比较简单，但却无法保证回流量稳定。

重质正构烷烃几乎不溶于三甘醇，但是芳香烃在三甘醇中的溶解度相当大，故在吸收塔的操作条件下大量芳香烃将被三甘醇吸收。因此，当甘醇溶液所吸收的重烃中含有芳香烃时，这些芳香烃会随水蒸气一起从精馏柱顶排放至大气，造成环境污染和安全危害。因此，应将含芳香烃的气体引至外部的冷却器和分离器中使芳香烃冷凝和分离后再排放，排放的冷凝液应符合有关规定。或者，将该气体过热后直接焚烧实现无污染排放。

重沸器的作用是提供热量将富甘醇加热至一定温度，使富甘醇所吸收的水分汽化并从精馏柱顶排出。此外，还要提供回流热负荷以及补充散热损失。

重沸器通常为卧式容器，既可以是采用闪蒸气或干气作燃料的直接燃烧加热炉（火管炉），也可以是采用热媒（例如水蒸气、导热油、燃气透平或发动机的废气）的间接加热设备。

采用三甘醇脱水时，重沸器火管表面热流密度一般是 18～25kW/m²，最高不超过 31kW/m²。由于三甘醇在高温下会分解变质，故其在重沸器中的温度不应超过 204℃，管壁温度也应低于 221℃（如果为二甘醇溶液，则其在重沸器中的温度不应超过 162℃）。当采用水蒸气或热油作热源时，热流密度则由热源温度控制。热源温度推荐为 232℃。无论采用何种热源，重沸器内的三甘醇溶液液位应比顶部传热管束高 150mm。

甘醇脱水装置是通过控制重沸器温度以获得所需的贫三甘醇浓度。温度越高，则再生后的贫三甘醇浓度越大（图 5-26）。例如，当重沸器温度为 204℃时，贫三甘醇的质量浓度为 99.1%。此外，海拔高度也有一定影响。如果要求的贫三甘醇浓度更高，就要采用汽提法、共沸法或负压法。由图中可知，在相同温度下离开重沸器的贫三甘醇浓度比常压（0.1MPa）下沸点曲线估计值高，这是因为三甘醇溶液在重沸器中再生时还有溶解在其中的烃类解吸与汽提作用。

3）三甘醇脱水工艺参数

优良的设计方案和合适的工艺参数是保证三甘醇脱水装置安全可靠运行的关键，吸收和再生系统主要设备的主要工艺参数如下。

（1）吸收塔。

吸收塔的脱水负荷和效果取决于原料气的流量、温度、压力和贫三甘醇的浓度、温度及循环流率。

① 原料气流量。

吸收塔需要脱除的水量与原料气量直接有关。吸收塔的塔板通常均在低液气比的“吹液”区操作，如果原料气量过大，将会使塔板上的“吹液”现象更加恶化，这对吸收塔的操作极为不利。但是，对于填料塔来讲，由于液体以润湿膜的形式流过填料表面，因而不受“吹液”现象的影响。

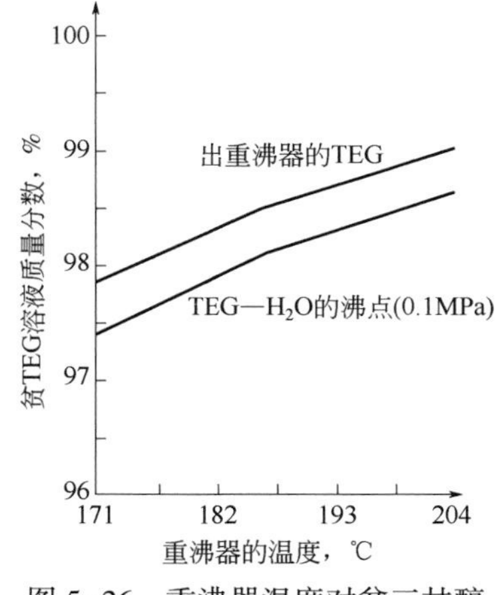

图 5-26　重沸器温度对贫三甘醇浓度的影响

② 原料气温度和压力。

由于原料气量远大于三甘醇溶液量，所以吸收塔内的吸收温度近似等于原料气温度。吸收温度一般在15~48℃，最好在27~38℃。

原料气进吸收塔的温度和压力决定了其水含量和需要脱除的水量。在低温高压下天然气中的水含量较低，因而吸收塔的尺寸小。但是，低温下三甘醇溶液更易发泡，黏度也增加。因此，原料气的温度不宜低于15℃。然而，如果原料气是来自胺法脱硫脱碳后的湿净化气，当温度大于48℃时，由于气体中水含量过高，增加脱水装置的负荷和甘醇的气化损失，而且三甘醇溶液的脱水能力也降低，故应先冷却后再进入吸收塔。

三甘醇吸收塔的压力一般在2.5~10MPa。如果压力过低（例如小于0.50MPa)，由于三甘醇脱水负荷过高（原料气水含量高)，应将低压气体增压后再去脱水。

③ 贫三甘醇进吸收塔的温度和浓度。

贫三甘醇的脱水能力受到水在天然气和贫三甘醇体系中气液平衡的限制。图5-27为离开吸收塔干气的平衡露点、吸收温度（脱水温度）和贫三甘醇质

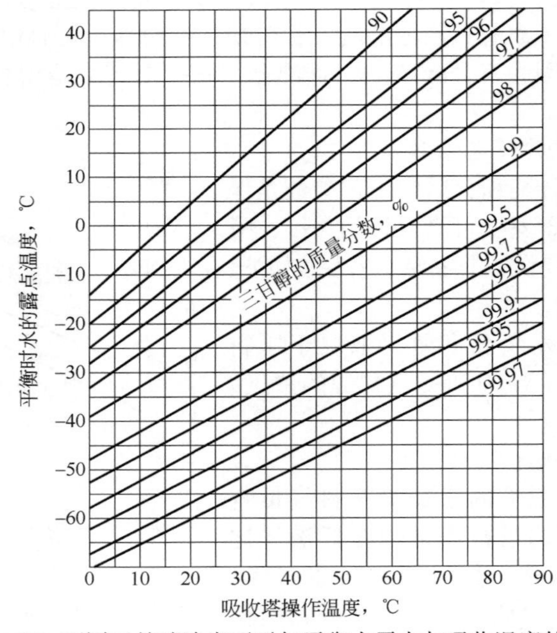

图5-27　不同三甘醇浓度下干气平衡水露点与吸收温度的关系

量浓度的关系图。由图中可知，当吸收温度（近似等于原料气温度）一定时，随着贫三甘醇浓度增加，出塔干气的平衡露点显著下降。此外，随着吸收温度降低，出塔干气的平衡露点也下降。但如前所述，温度降低将使三甘醇黏

度增加，发泡增多。应该注意的是，图中预测的平衡露点比实际露点低，其差值与三甘醇循环流率、理论塔板数有关，一般为6~11℃。压力对平衡露点影响甚小。由于图中纵坐标的平衡露点是基于冷凝水相为亚稳态液体的假设，但在很低的露点下冷凝水相（水溶液相）将是水合物而不是亚稳态液体，故此时预测的平衡露点要比实际露点低8~11℃，其差值取决于温度、压力和气体组成。

贫三甘醇进吸收塔的温度应比塔内气体温度高3~8℃。如果贫三甘醇温度比气体低，就会使气体中的一部分重烃冷凝，促使溶液发泡。反之，贫三甘醇进塔温度过高，三甘醇汽化损失和出塔干气露点就会增加很多。

④ 三甘醇循环流率。

原料气在吸收塔中获得的露点降随着贫三甘醇浓度、三甘醇循环流率和吸收塔塔板数（或填料高度）的增加而增加。因此，选择三甘醇循环流率时必须考虑贫三甘醇进吸收塔时的浓度、塔板数（或填料高度）和所要求的露点降。

三甘醇循环流率通常用每吸收原料气中1kg水分所需的甘醇体积量（m^3）来表示，故实际上应该是比较循环率。三甘醇循环流率一般选用0.02~0.03m^3/kg水，也有人推荐为0.015~0.04m^3/kg水。如低于0.012m^3/kg水，就难以使气体与三甘醇保持良好的接触。当采用二甘醇时，其循环流率一般为0.04~0.10m^3/kg水。

（2）再生塔。

三甘醇溶液的再生深度主要取决于重沸器的温度，如果需要更高的贫三甘醇浓度则应采用汽提法等。通常采用控制精馏柱顶部温度的方法可使柱顶放空的三甘醇损失减少至最低值。

① 重沸器温度。离开重沸器的贫三甘醇浓度与重沸器的温度和压力有关。由于重沸器一般均在接近常压下操作，所以贫三甘醇浓度只是随着重沸器温度增加而增加。三甘醇和二甘醇的理论热分解温度分别为206.7℃和164.4℃，故其重沸器内的温度分别不应超过204℃和162℃。

② 汽提气。当采用汽提法再生时，可用图5-28估算汽提气量。如果汽提气直接通入重沸器中（此时，重沸器下面的理论板数$N_b=0$），贫三甘醇质量浓度可达99.6%。如果采用贫液汽提柱，在重沸器和缓冲罐之间的溢流管（高约0.6~1.2m）充填有填料，汽提气从贫液汽提柱下面通入，与从重沸器来的贫甘醇逆向流动，充分接触，不仅可使汽提气量减少，而且还使贫三甘醇质量浓度高达99.9%。

③ 精馏柱温度。柱顶温度可通过调节柱顶回流量使其保持在99℃左右。柱顶温度低于93℃时，由于水蒸气冷凝量过多，会在柱内产生液泛，甚至将液体从柱顶吹出；柱顶温度超过104℃时，三甘醇蒸气会从柱顶排出。如果采

用汽提法，柱顶温度可降至 88℃。

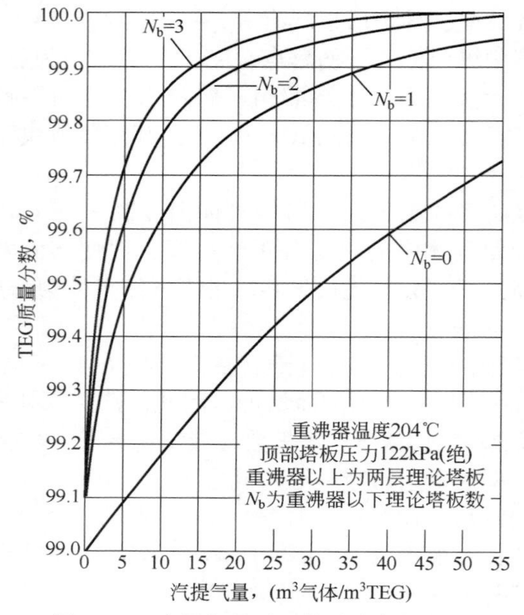

图 5-28　汽提气量对三甘醇浓度的影响

三甘醇脱水装置操作温度推荐值见表 5-5。目前工业中主要采用计算机软件对各参数进行分析，选择优化参数，某储气库三甘醇脱水单元模拟如图 5-29 所示。

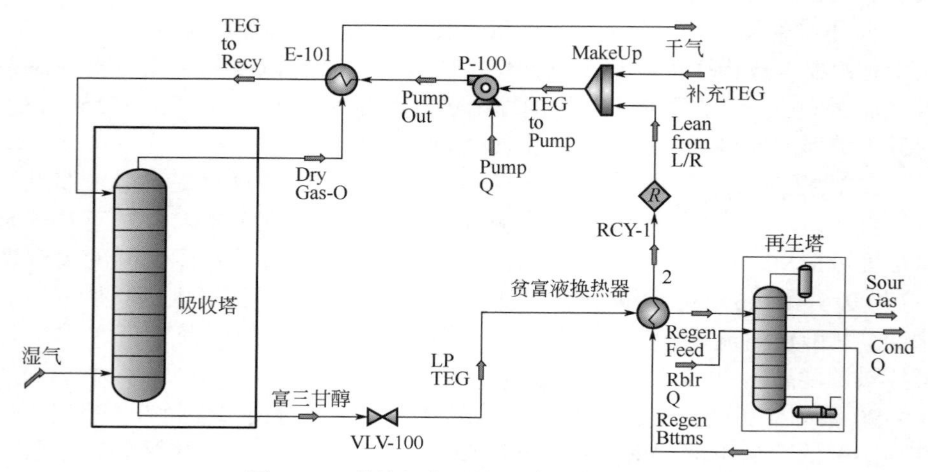

图 5-29　某储气库三甘醇脱水单元模拟图

表 5-5　三甘醇脱水装置操作温度推荐值

部位	原料气进吸收塔	贫三甘醇进吸收塔	富三甘醇进闪蒸罐	富三甘醇进过滤器	富三甘醇进精馏柱	精馏柱顶部	重沸器	贫三甘醇进泵
温度℃	27~38	高于气体 3~8	38~93（宜选 65）	38~93（宜选 65）	93~149（宜选 149）	99（有汽提气时为 88）	177~204（宜选 193）	<93（宜选<82）

二、辅助制冷工艺设计

1. 常见冷剂

用于天然气冷冻的冷剂主要有丙烷和氨，其主要特性见表 5-6。

表 5-6　常见冷剂主要特性

冷剂	代号	相对分子质量	沸点，℃	凝固点，℃	蒸发热 kJ/kg	绝热指数	蒸气密度 kg/m
丙烷	R-290	44.097	-4.1	-187	426.05	1.13	1.9686
氨	R-717	17.03	-33.4	-78	1371.93	1.32	0.7602

丙烷适用于将天然气冷到-35℃左右，此时压缩机进口仍可保持微正压，以免漏入空气。其缺点是成套设备价格较高。氨适用于将天然气最低冷到-25℃左右。如果需冷到更低温度，压缩机进口需在负压下操作，但能耗将高于丙烷循环。其优点是成套设备价格低。

乙烷和丙烷混合冷剂，制冷温度可以达到-70℃左右。其缺点是需要经过调配来保持一定比例，往往不易取得合适的来源和补充。

2. 冷剂制冷设备

1）丙烷制冷循环

常用的丙烷制冷循环如图 5-30 所示。压缩机把由丙烷蒸发器蒸发而来的丙烷蒸气压缩（压缩后丙烷蒸气压力在 1.0MPa 左右，温度在 70℃左右）。丙烷蒸气在油分离器中将携带的润滑油分离后进入蒸发式冷凝器，由风冷或水冷冷却后（冷却过程中丙烷蒸气转化为丙烷液体）流至空冷下方的热虹吸储罐内，再流向丙烷系统储罐（此时储罐内压力为 0.8MPa 左右，温度在 23℃左右）。接着，丙烷液体经过经济器（中间分离器又称为节能器，可节省 15%~20%的压缩能量）流向满液蒸发器底部，丙烷液体在入口处节流后压力迅速降低温度降至-35℃左右。低温丙烷液体与高温天然气换热后成为低压丙烷蒸气，蒸气再经压缩机压缩，开始下一次循环。

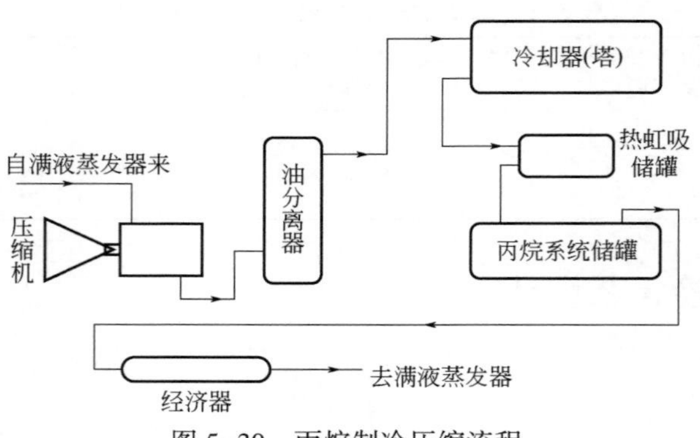

图 5-30　丙烷制冷压缩流程

常用的丙烷压缩机是螺杆式，一般采用进口注油，以提高效率。在压缩机出口冷凝前分出润滑油，进行脱气后返回压缩机进口。冷量大小主要靠进口处的滑阀开度进行无级调节，一般只需手动。离心式丙烷压缩机，设有级间进口，适用于较大冷量。冷量多少主要靠出口和转速调节。压缩机也可采用往复式。气缸需要注油的压缩机要在出口冷凝前将油分出，以免影响传热。无油润滑型压缩缸不需要分油，但维修量比有油型要多。冷量多少可靠转速、气缸余隙或顶开部分进气阀进行调节。

2）氨制冷循环

通用的成套设备有往复式和螺杆式两类。往复式又分单级和双级两种。

单级压缩冷冻循环如图 5-31 所示。冷剂循环过程很简单，一般适用于蒸发温度不低于-200C。尽管也能达到-30℃，但能耗将高于双级压缩。冷量调节靠改变运行台数或顶开部分气阀来实现，可调范围取决于缸数，8 缸式的可调值为 0、25%、50%、75%及 100%。图中分离器主要用于氨液过冷，可节省部分能量，标准系列中无此设施。

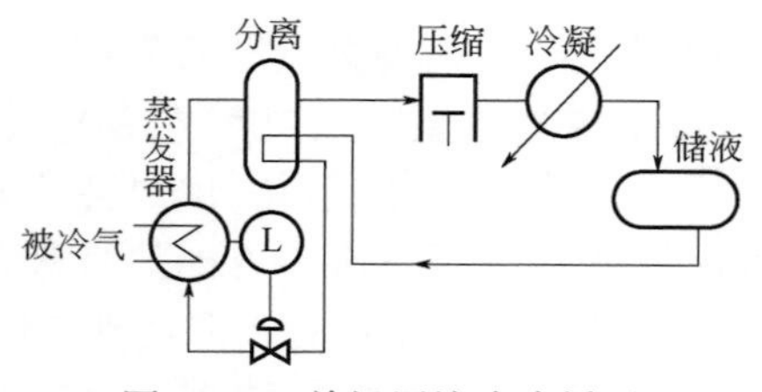

图 5-31　单级压缩冷冻循环

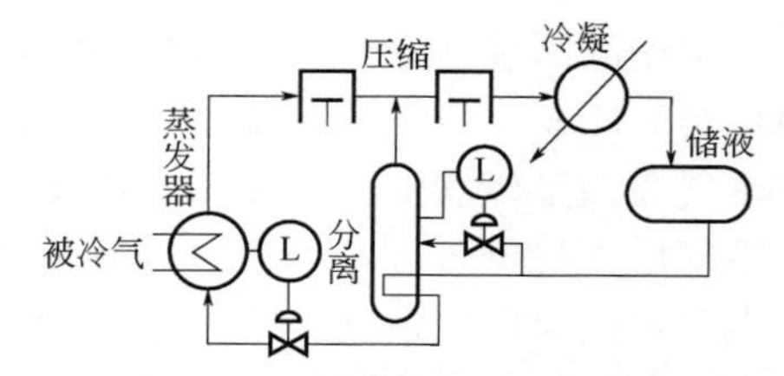

图 5-32　双级压缩冷冻循环

双级压缩冷冻循环如图 5-32 所示。冷剂循环过程与丙烷相同，由于设有节能器，在蒸发温度较低时的能耗比单级要少。常用的压缩机为 6 个一级缸和 2 个二级缸，放在整体的壳体内，缸径相同。改变流量时可顶开部分一级缸进口气阀，达到冷量减少到最大值的百分数为 0、33%、66%、100%。

螺杆式压缩机的冷剂循环与单级往复式相同，只是采取了进口注油措施以提高容积效率，同时也可以减少温升。由于氨不溶于润滑油，在氨冷凝器前分出的润滑油可直接返回压缩机进口。

冷量调节一般靠改变进口滑阀的角度实现 20%～100%范围的无级调速。

氨吸收制冷是一种不需要压缩机的特殊循环，我国曾经在一些自行设计和引进的装置中使用过。图 5-33 是单级吸收制冷示意图。液氨在蒸发器中汽化后，在吸收器中用蒸馏塔底的稀氨水吸收下来成为浓氨水。由于吸收过程会放出热量，吸收器中需要用水冷却。吸收氨以后的浓氨水用泵送到蒸馏塔分成氨气和稀氨水。塔顶分出的氨气经过冷凝成为液氨，作为冷剂循环使用。氨蒸馏塔的操作压力取决于冷凝温度。图中过冷器是用蒸发器中汽化后的气态氨对液态氨进行过冷，从而可以减少能耗。天然气冷冻温度只适合到-10℃左右，更低温度需要双级制冷；需要的冷量（包括空冷和水冷）也比压缩制冷多。如果有废热可供利用将是经济合理的方法。

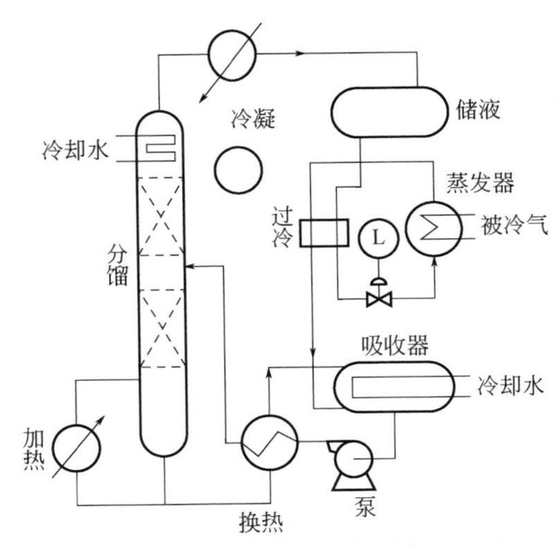

图 5-33 单级吸收制冷

3. 制冷压缩机选型

有多种压缩机可供制冷操作选择。最常用的有离心式、往复式、螺杆和旋转式压缩机。冷剂类型也影响压缩机的选型。低于 150kW 的低功率卤代烃类制冷系统通常用往复式压缩机，其曲轴箱气体排入压缩机的吸入口。这种

类型压缩机可用于丙烷，但是丙烷在较高温度下会溶于油，为此需特定的润滑油及曲轴箱加热器。

制冷负荷也会影响压缩机的选择。离心式压缩机当低于400kW时用电动机驱动或低于600kW时用汽轮驱动通常是不经济的。功率高于750kW，特别是负荷接近该值的几倍时，用离心式压缩机就更加经济。对于较低功率，通常采用往复式、螺杆式或旋转式压缩机。

1）离心式压缩机

在天然气处理中所遇到的通常工艺温度下，通常需要3~4个叶轮的离心式压缩机用于制冷操作。这也提供了使用多级级间闪蒸经济器的机会并允许多个冷冻温位以进一步降低能耗。

通过变速或调节吸入或排出压力可控制离心式压缩机的能力。调节出口会引起气流波动。为了避免波动问题，在低负荷操作时将排出的冷剂蒸气循环回压缩机吸入口也是可以的。这种循环会浪费功率，是使用离心式压缩机的主要缺点。

2）往复式压缩机

使用往复式压缩机时，工艺温度通常要求两级压缩。这就提供了一个使用一个级间经济器的机会，也为冷冻提供了一个辅助温位。在传统的制冷系统中，由于吸入压力低，第一级压缩机气缸通常很大。经济器也降低了第一级容积和气缸直径，因此降低了连杆负荷。通过变速、改变气缸余隙、阀的开度和冷剂蒸气循环回吸入口可调节其能力。如同离心式压缩机，蒸气循环也会浪费功率。在冷冻器和压缩机之间调节冷剂吸入压力以减小气缸的体积也是可能的。然而，调节吸入压力也会浪费能源，而且可能低于大气吸入压力，这是应该避免的。

3）螺杆式压缩机

螺杆式压缩机多年来应用于制冷系统。它可用于所有冷剂。在标准排出压力2400kPa下吸入压力限定为21kPa，超过5000kPa的排出压力也可使用。

在天然气处理工业中螺杆式压缩机的应用也很广泛。螺杆式压缩机可在很宽的吸入和排出压力范围条件下操作而系统无须改造。压缩比直到10都可使用，实际上压缩比无限制。在压缩比为2~7下操作更有效，其效率与同范围的往复式压缩机相当，可从100%降至10%自动调节负荷且功率明显降低。

直接与电动机连接的螺杆式压缩机通常以3600rad/min的转速操作。然而，螺杆式压缩机也可以1500~4500rad/min的转速操作。发动机、气体透平和膨胀机也可用作驱动器。

4）旋转式压缩机

大型旋转式压缩机的应用有一定的限制。在低温领域使用旋转式压缩机用于低级缸容积较大的压缩或用作增压机。这些增压机采用R-12、R-22、氨和丙烷冷剂，其饱和吸入条件为-87～-21℃。可用的功率范围为7～450kW，单套装置的排出量为2～102m^3/min。

三、冷换设备系统工艺设计

1. 换热和冷却的流程设计

换热和冷却工艺流程是油气集输工艺流程设计的重要组成部分。换热和冷却的流程设计是要在经济合理的条件下，最大限度地回收热量，也就是考虑如何合理安排换热流程。在安排换热流程的同时，对温度等操作条件也应随之加以确定。

当主要的目的是加热冷流时，一般总是先和温度较低的流体换热，然后再和温度较高的流体换热，这样总的平均传热温差较高。

1）介质流程确定

确定介质哪一个走管程，哪一个走壳程，应根据流体性质，从有利于传热、减少设备腐蚀、减少压力降和便于清洗等方面选定。在确定时应考虑以下因素：

（1）有腐蚀性介质走管程，以免走壳程时换热器的管程和壳程同时受腐蚀。

（2）有毒性的介质走管程，泄漏机会较少。

（3）压力高的介质走管程，以免壳体受压而增加厚度，多耗钢材，造价增大。

（4）不清洁的、易于结垢的介质走管程，便于清洗。壳程不便于清洗。

（5）黏度大或流量小的走管程，因为可采用多管程获得较大的流速，有利传热。

（6）如果两种介质传热系数相差较大时，宜将膜传热系数高的介质走壳程。壳程雷诺数大于100即为湍流状态，可减少压降。

（7）在水冷却器中，一般均为水走管程，被冷却的介质走壳程。

（8）气相冷凝走壳程（无管壳式换热器的那种折流板）。已有定型的冷凝器，有相变的一方走壳程。

2）流速

流速是换热器计算的一个重要参数，它影响换热器的流通而积。增加流速有利于传热，同时也增加了压降。因此，根据经验在不同的操作条件下确定合理的流速。此外，流速过高也会造成设备的磨损。

根据经验确定的换热器内的流速范围见表5-7，不同黏度的液体在换热器中的最大流速见表5-8。

表5-7 换热器内的参考流速范围 单位：m/s

介质	循环水	新鲜水	低黏度油	高黏度油
管程流速，m/s	1.0~2.0	1.0~1.5	0.8~1.8	0.5~1.5
壳程流速，m/s	0.5~1.5	0.5~1.5	0.4~1.0	0.3~0.8

表5-8 不同黏度的液体在换热器中的最大流速

液体黏度，mPa·s	>1500	1000~500	500~100	100~35	35~1	<1
最大流速，m/s	0.6	0.75	1.1	1.5	1.8	2.4

3）压力降

对流体的压力降，可参考表5-9的数据。

表5-9 流体压力降参考数据

操作情况	操作压力 p，kPa	合理压力降 Δp，kPa
负压操作	0~10（A）	$p/10$
低压操作	10~70（G）	$p/2$
低压操作	70~1000（G）	35
中压操作	1000~3000（G）	35~180
高压操作	3000~8000（G）	70~250

在选定具体的换热器后，要对流体的压力降进行详细核算。

4）换热终温的确定

确定换热终温实际就是怎样合理利用热源，或某热能有无必要同收等，它的确定直接影响到整个工艺流程。

换热终温的确定，其数值对换热器是否经济合理有很大影响。因为它影响到热强度和换热效率。在热流进口温度和冷流出口温度相等的极限情况下，热量利用的效率（即换热效率）虽然最大，但热强度最小，需要的传热面积最大。另外在决定换热终温时，一般不希望出现温度交叉现象，即不希望冷流的出口温度高于热流的出口温度，否则会出现反传热现象。当遇到这种情况时，可采用几个串联的换热器来解决。

为了合理确定换热终温，可参考以下数据（图5-34）：

（1）热端的温度差不小于 20℃。

（2）冷端的温差分 3 种情况：

① 两种流体换热时，在一般情况下端点温度差不小于 20℃；

② 两种流体换热时，若热流尚需进一步冷却，冷流尚需进一步加热，则冷端的温度差不小于 15℃；

③ 流体用水或其他冷媒冷却时，冷端温度差不小于 5℃。如果超出上述数据，应做经济技术比较。

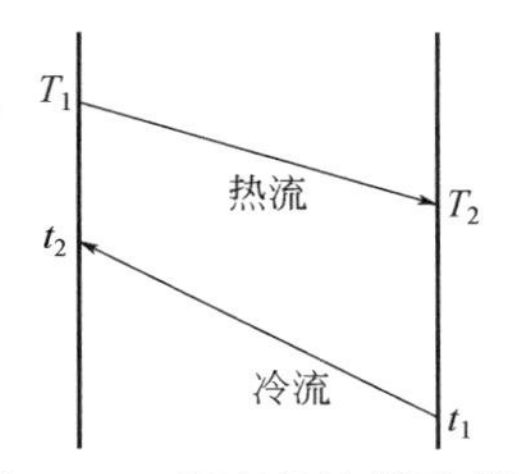

图 5-34　温度差计算示意图

（3）海水用于冷却时温升一般为 10℃。大于 10℃时需同时考虑环境保护方面的要求。

2. 冷换设备类型及其选择

1）冷换设备的类型及适用范围

海上常用的冷换设备有：管壳式换热器、套管式换热器、板式换热器和空冷器。

（1）管壳式换热器。

管壳式换热器由壳体、管束、管板和封头等部件构成，管束安装在壳体内，两端固定在花板上（图 5-35）。管壳式换热器在所有换热器中使用最广泛。其优点是单位体积设备所能提供的传热面积较大，传热效果也较好。由于结构坚固，而且可以选用的结构材料范围也较广，故适应性较强，操作弹性较大。尤其在高温、高压和大型装置中应用更为普遍。

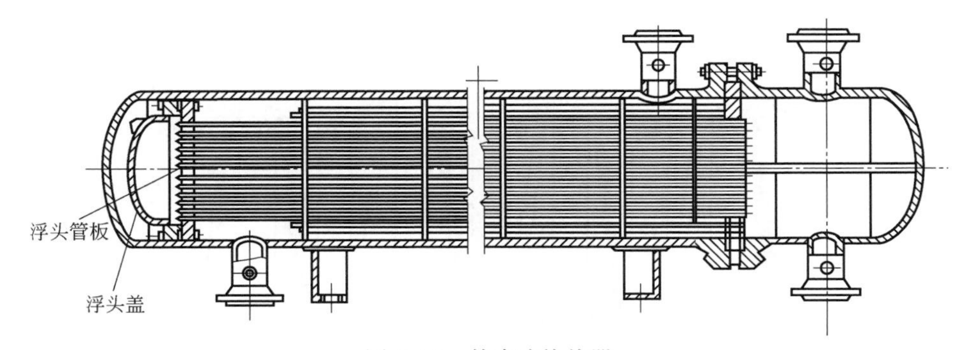

图 5-35　管壳式换热器

（2）套管式换热器。

将两种直径大小不同的直管装成同心套管，并可用 U 形肘管把许多段串联起来，每一段直管称作一程，即为套管式换热器（图 5-36）。进行换热时，两种流体都可达到较高的流速，从而提高传热膜系数，而且两流体可始终以逆流方向流动，平均温差也最大。由于结构简单、能耐高压、应用灵活，且可根据需要增加或拆减套管段数，套管式换热器适用于流量不大、所需传热面积不多的场合。

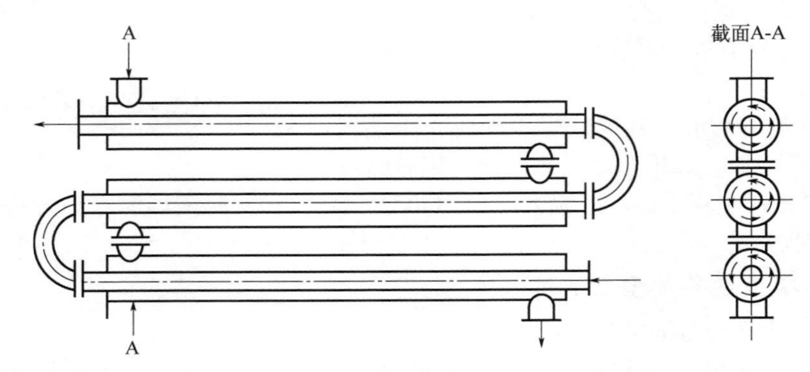

图 5-36　套管式换热器

（3）板式换热器。

板式换热器由一组金属板片构成，两相临板片的边缘衬以垫片，冷热流体交替在板片两侧流过，通过板片进行传热（图 5-37）。板式换热器具有传热效能高、操作灵活性大、体积小、结构紧凑、钢材耗量少的优点；但因板间距小、流通截面较小、流速又不大，因此处理量不大。另外，板翅式换热器检修难度较大，对流体的洁净度要求高，耐压能力低于管壳式换热。板式换热器通常适用于液—液换热。海洋平台上常被用于冷却水或海水的换热系统中。对流量小的流体，当压力与温度较低，推荐选用板式换热器。

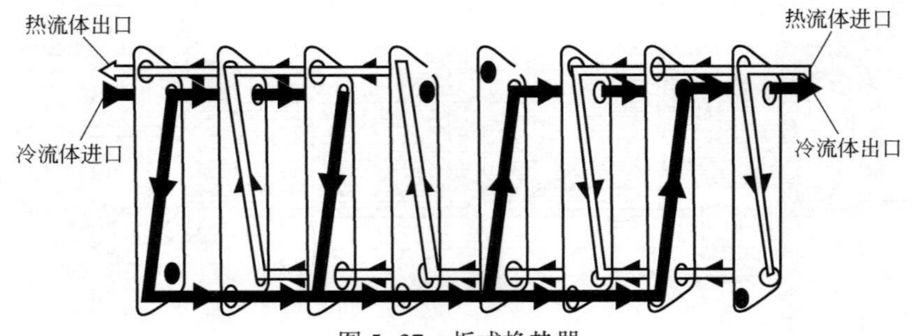

图 5-37　板式换热器

（4）空冷器。

空冷器是用空气来冷却通过管内的流体。它由管束、风机、构架及百叶窗组成（图 5-38）。空冷器腐蚀性较小、压降小，维护费用低、无须各种辅助费用；但空气比热容小、传热系数小、传热面积大，体积大、成本高，受气候影响大、噪声大、布置受限制。空冷器适用于缺少水或水处理昂贵的地区，适于冷凝或冷却干净的气体及轻质油品。

图 5-38　空冷器

（5）其他形式。

在海上油田，也有一些其他形式的冷换设备及加热方式。

① 电加热器。

电加热器分为直接加热型电加热器及间接加热型电加热器。

直接加热型电加热器为电热元件插到罐体内直接与被加热介质接触（图 5-39）。这种加热方式具有传热效率高、结构简单、体积小、重量轻等优点；但由于流体中杂质造成局部过热而结集，因此需要抽空清洗，耗费维修工时；另外，对高压、危险性介质，端部法兰密封要求很高，维修难度大，可靠性较低。在油气处理加热器、燃料气加热器及海水、淡水、柴油罐内的加热器，均有用这种方式进行加热的电加热器，如锦州 20-2 海上平台。

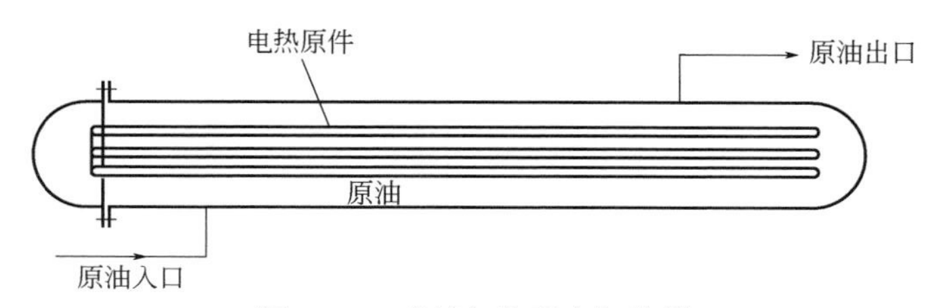

图 5-39　直接加热型电加热器

间接加热型电加热器为电热元件加热传热介质（导热油或水），再由导热油来加热被加热介质（图 5-40）。这种加热方式具有导热油或水在高温下不易结集、安全可靠性高的优点。但由于间接式传热线路为：电加热元件→导热油或水→管线→被加热介质，因此其加热效率低. 且导热油或水需定期更换。

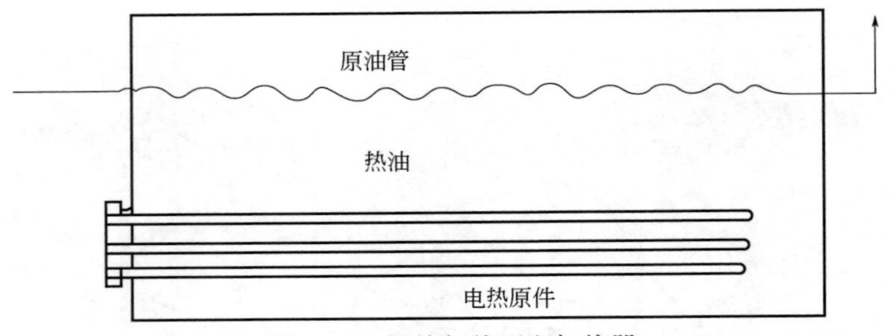

图 5-40　间接加热型电加热器

电水浴加热器是间接加热型电加热器的一种。它是一个圆筒形结构，内件有被加热盘管，圆筒内充满了水，电加热器加热水的温度，当被加热介质通过筒体内的盘管时，由热水加热。

② 盘管式加热器。

盘管式加热器为在被加热介质中设热介质（导热油或蒸汽）加热管线，对被加热介质进行加热或维温。如在油舱等大舱中设独立加热盘管，一般布置在舷侧壁和舱底部。在主甲板上有加热管汇和阀门，根据舱温就地控制阀组的开度。在油罐中，管式加热器一般布置在罐底部。

2）国产标准管壳式换热器型号及表示方法

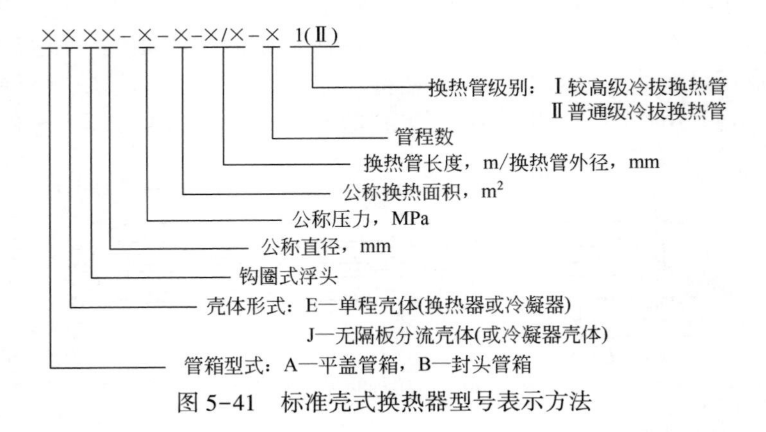

图 5-41　标准壳式换热器型号表示方法

例如，BES-600-1. 6-55-3/19-2 Ⅱ 即为：封头管箱，公称直径 600mm，管、壳程压力均为 1. 6MPa，公称面积为 $55m^2$，普通级冷拔换热管，外径为

19mm，管长为 3m，2 管程，单壳程的浮头式换热器。

3）国产标准空冷器型号及表示方法

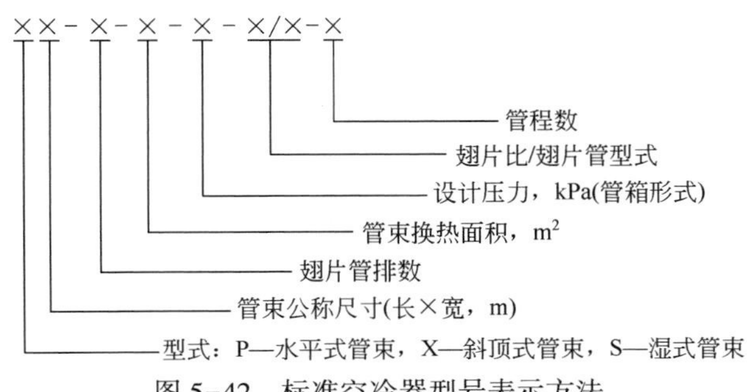

图 5-42　标准空冷器型号表示方法

例如，X4.5×3-4-63.6-16S-23.4/L-Ⅱ即为：斜顶式管束，长 4.5m，宽 3m，4 排管，换热面积为 $63.6m^2$，设计压力为 $16kg/cm^2$ 的丝堵式管箱，翅片比为 23.4，L 形缠绕翅片管，Ⅱ管程。

3. 换热器与冷却器的工艺计算

冷换设备种类很多，海上一般为管壳式换热器、板式换热器和空气冷却器，其中以管壳式换热器最为普遍，以下对管壳式换热器的计算做简单介绍。

1）确定冷热流体之间需要交换的热量

冷热流体之间需要交换的热量为

$$Q=GC(t_1-t_2) \tag{5-19}$$

式中 Q——冷（热）流体，通过换热器后增加（减少）的热量，kcal/h；

G——冷（热）流体通过换热器的流量，kg/h；

C——冷（热）流体的质量热容，kcal/（kg·℃）；

t_1，t_2——冷（热）流体进、出换热器的温度，℃。

2）确定换热器的换热面积

换热器的换热面积为：
$$A=\frac{Q}{K\Delta T} \tag{5-20}$$

式中 K——冷热流体之间的总传热系数，kcal/（m^2·h·℃）；

ΔT——平均温差，℃。

3）关于 K 值

（1）基本公式。

总传热系数 K 值为各项热阻的倒数，计算公式为：

$$K=\frac{1}{\frac{A_o}{A_i}\left(\frac{1}{\alpha_i}+r_i\right)+r_a+\left(\frac{1}{\alpha_o}+r_o\right)} \tag{5-21}$$

式中 A_o——管外表面积. m^2；

A_i——管内表面积，m^2；

α_i——管内流体的膜传热系数，kcal/（m^2 · h · ℃）；

r_i——管内流体的结垢热阻，m^2 · h · ℃/kcal；

r_a——管壁材料的热阻（一般金属管子可忽略不计），m^2 · h · ℃/kcal；

α_o——管外流体的膜传热系数，kcal/（m^2 · h · ℃）；

r_o——管外流体的结垢热阻，m^2 · h · ℃/kcal。

如果 α_o 及 r_o 以管外表面为基准，可省略 A_o/A_i 项。

（2）主要影响因素。

从 *K* 值的计算公式上看，管内、外膜传热系数及流体的结垢热阻是影响 *K* 值的主要因素。为了传递一定的热量，当所要求的温差一定时，为节省传热面积（即降低设备尺寸），节省投资，就是通过提高总传热系数 *K* 值来实现的。

K 值的提高主要是依靠提高管程与壳程的膜传热系数。当介质及其操作温度确定后，提高膜传热系数的唯一手段就是增加流速，但增加了流速就意味着增大压力降，即节省了传热面积，却需要花费更多的功率。因此在提高传热系数上，*K* 值与压力降是相互制约的，所以流体的流速不能任意提高。

影响 *K* 值的另一个因素是结垢热阻。换热器的管壁在操作中不断地被污垢所覆盖，它对传热性能与压力降都有影响。介质情况、操作条件和设备情况等因素，决定结垢的快慢、厚度与牢度。一般地说：当介质中含有悬浮物、溶解物及化学安定性较差的物质时，较易结垢；当流体的流速较低，温度升高较多，或管壁温度高于流体温度较多时，都比较容易结垢；当管壁比较粗糙，或在结构上有死角时，较易结垢。

（3）总传热系数参考值。

在估算时，总传热系数 *K* 值可参考表 5-10。

表 5-10　管式换热器总传热系数参考值

换热介质	原油/原油	原油/热油	原油/冷却水	低压气体(0.1MPa)/冷却水	高压气体(2MPa)/冷却水
总传热系数 kcal/(m^2 · h · ℃)	200～270	250～300	50～240	85	410

一般来讲，密度越大，换热系数越低；定性温度越高，换热系数越高。

4）平均温差的确定

（1）恒温传热。

如果换热器的一侧流体的温度保持恒定，另一侧流体的温度随着流体的位置而改变。例如，蓄热式加热器可以看作是这种传热方式，则平均温差为：

$$\Delta T_{m}=t_{2}-t_{1} \tag{5-22}$$

（2）逆流传热。

逆流传热是冷热流体的流向相反，以最简单的套管式换热器为例，平均温差为：

$$\Delta T_{m}=\frac{(T_{1}-t_{2})-(T_{2}-t_{1})}{\ln\frac{(T_{1}-t_{2})}{(T_{2}-t_{1})}} \tag{5-23}$$

式中，T_1、T_2 和 t_1、t_2 分别为热、冷流体进、出换热器的温度。

（3）顺流传热。

顺流传热是冷热流体的流向相同，平均温差为：

$$\Delta T_{m}=\frac{(T_{1}-t_{1})-(T_{2}-t_{2})}{\ln\frac{(T_{1}-t_{1})}{(T_{2}-t_{2})}} \tag{5-24}$$

（4）对数平均温度修正系数 F_T。

传热最大推动力是当两侧流体为逆流时的对数平均温差，然而绝大多数换热器设计成了与纯逆流不同的布置方式，这些流动布置方式的实际温差与对数平均温差不同，而是取决于其布置方式和终端温度等，这些因子用对数平均温差修正系数 F_T 来表示。

令：

$$R=\frac{T_{hi}-T_{ho}}{t_{co}-t_{ci}};P=\frac{t_{co}-t_{ci}}{T_{ci}-t_{ci}}$$

$$F_{T}=\frac{\frac{\sqrt{R^{2}+1}}{R-1}\ln\left(\frac{1-P}{1-R\cdot P}\right)}{\ln\left[\frac{2-P-RP+P\sqrt{R^{2}+1}}{2-P-RP-P\sqrt{R^{2}+1}}\right]}$$

式中　P——温度效率；

R——温度相关因数。

F 值不得小于 0.8，否则一方面在经济上不合理；另一方面当 F 值为 0.7 左右时，如果操作温度略有变化，F 值就可能急剧降低，这样将影响操作的

稳定性。因此，当 F 值小于 0.8 时，应该增加管程数或壳程数，或者用几个换热器串联；必要时也可调整温度条件。

5）空冷器设计中的几个基本参数

（1）空冷器总传热系数。

在估算时，空气冷却器总传热系数 K 值可参考表 5-11。

表 5-11　空气冷却器总传热系数参考值

换热介质			总传热系数，kcal/(m^2·h·℃)
用于油类冷却、轻油			250~350
用于气体冷却	空气或烟道气	0~2atm(压)，ΔP=14kPa	100
		2~7atm(压)，ΔP=35kPa	150
	烃类气体	0~3.5atm(压)，ΔP=7kPa	170
		3.5~14atm(压)，ΔP=21kPa	250
		14~100atm(压)，ΔP=7kPa	300
		14~100atm(压)，ΔP=20kPa	350
		14~100atm(压)，ΔP=34kPa	420
		14~100atm(压)，ΔP=70kPa	460

（2）管排数。

国产系列管排数现有 4、6、8 三种。

管排数对经济效果影响很大。排数太少，单位传热面积的造价就高，同时空气的温升较小，需要的风量就大；反之，如果排数太多，空气的压降就大。对冷却过程，管排数为 4、6、8，一般来讲介质密度越大管排数越多；烟气、冷却水管排数建议为 4。对冷凝过程，管排数为 4、6，同样介质密度越大管排数越多；水蒸气管排数为 4。建议采用管排数参见表 5-12。

表 5-12　建议采用管排数表

类别		管排数	类别		管排数
冷却过程	轻质油品	4 或 6	冷凝过程	水蒸气	4
	轻柴油	4 或 6		轻质油	4 或 6
	烟气	4		塔顶冷凝器	4 或 6

（3）管程数。

当冷却液体或气体时，所选用的管程数要结合空气冷却器的型号、片数与采用的流速一起来考虑。选定后的设备条件一般要使液体流速为 0.5~1m/s，气体质量流速为 5~10kg/(m^2·s)；对冷凝过程，如果对数平均温差的校正系数大于0.8，可采用一管程，否则应考虑采用两管程；对于含不凝气的部分冷凝过程，为了提高管内膜传热系数，应采用两管程或多管程。

（4）迎风面空气速度。

空气通过迎风面的速度简称为迎风速。当空气为标准状态时，迎风面的速度简称为标准迎风速 v_{NF}。

迎风面空气速度太低时，会影响传热速度，从而影响传热面积；太高时影响空气压力降，从而影响功率消耗。因此，对迎风面速度需要规定一定的范围，最大不超过3.4m/s，最小不低于1.4m/s。管排数少时，偏其上限；管排数多时，偏其下限。参见表5-13。

表5-13 推荐的迎风面积及有关参数

项目	翅片种类	管排数				
		2	4	6	8	10
标准迎风面速，m/s		3.15	2.8	2.5	2.3	2.15
光管面积/迎风面积，m^2/m^2	高翅	2.53	5.06	7.6	10.1	12.63
	低翅	2.9	5.8	8.74	11.6	14.5
单位迎风面的风量 $m^3/(h \cdot m^2)$			10000	9000	8300	
单位光管面积空气每升高1℃带走的热量，$W/(m^2 \cdot ℃)$	高翅		716	428	295	
	低翅		623	372	258	

（5）高、低翅片的选用。

翅片面积越大，折合到光管的空气膜传热系数也越高。因此，当管内膜传热系数较高时，采用高翅片对提高总传热系数的效果也越显著。选用建议如下：

① 当管内传热膜系数大于1800kcal/$(m^2 \cdot h \cdot ℃)$ 时，采用高翅片；

② 当管内传热膜系数为1000~1800kcal/$(m^2 \cdot h \cdot ℃)$ 时，采用高、低翅片均可；

③ 当管内传热膜系数为100~1000kcaV$(m^2 \cdot h \cdot ℃)$ 时，采用低翅片；

④ 当管内传热膜系数小于100kca/$(m^2 \cdot h \cdot ℃)$ 时，采用光管。

（6）对数平均温差及其校正系数。

对于任何流动方式的换热器，传热平均温差是冷流体与热流体的平均温

度差。但是，由于流动方式不同，热流体和冷流体的沿程温度变化不同，即使冷热流体的进出口温度相同，但其传热平均温度差也不相同。传热平均温差有：纯顺流传热平均温差，纯逆流传热平均温差和复杂流动的传热平均温差。空冷器为交叉流动热交换器，其传热平均温差可以采用纯逆流对数平均温差计算，然后乘以温差修正系数 F_T，以式表示为：$\Delta T=F_T \cdot \Delta t_m$。

第二节　脱酸工艺设计

天然气中含有的 H_2S、CO_2 和有机硫等酸性组分，在水存在的情况下会腐蚀金属，含硫组分有难闻的臭味、剧毒、使催化剂中毒等缺点。CO_2 为不可燃气体，影响天然气热值的同时，也影响管输效率；特别是 H_2S 是一种具有令人讨厌的臭鸡蛋味，有很大毒性的气体。空气中 H_2S 含量达到几十 mg/m^3 就会使人流泪、头痛，高浓度的 H_2S 对人有生命危险；H_2S 在有水及高温（400℃以上）下对设备、管线腐蚀严重；还对某些钢材产生氢脆，在天然气净化厂曾发生阀杆断裂、阀板脱落现象。有机硫中毒会产生恶心、呕吐等症状，严重时会心脏衰竭、呼吸麻痹而死亡。因此天然气脱硫有保护环境、保护设备、管线、仪表免受腐蚀及有利于下游用户的使用等益处。

同时还可以化害为利，回收资源。将天然气中的硫化氢分离后经克劳斯反应制成硫（亮黄色，纯度可达 99.9%），可生产硫和含硫产品，在工业、农业等各个领域都有着广泛的用途。

从高含量 CO_2 的天然气中分离出来的高纯度的 CO_2 可用于制备干冰，也可用于采油上回注地层以提高原油的采收率。

一、脱酸工艺方法的分类及选择

1. 脱酸工艺方法的分类

关于天然气中酸性气体的脱除，发展了许多处理方法，这些方法可分成湿法和干法两大类。干法脱硫目前工业上已很少应用，工业大型装置以湿法为主。湿法脱硫按照溶液的吸收和再生方法，可分为化学吸收法、物理吸收法和氧化还原法 3 类。

1）化学吸收法

化学吸收法以可逆的化学反应为基础，以弱碱性溶剂为吸收剂，溶剂与原料气中的酸性组分（主要是 H_2S 和 CO_2）反应而生成某种化合物；吸收了酸气的富液在升高温度、降低压力的条件下，该化合物又能分解而放出酸气。化学吸收法主要有醇胺法、改良热钾碱法、氨基酸盐法。这类脱硫方法一般不受酸性分压的影响。

2）物理吸收法

物理吸收法是基于有机溶剂对原料气中酸性组分的物理吸收而将它们脱除。吸收酸气的过程为物理吸收过程，溶液的酸气负荷正比于气相中酸气的分压，当富液压力降低时，即放出吸收的酸性气体组分。物理吸收一般在高压和较低的温度下进行。

由于物理溶剂对重烃有较大的溶解度。因而物理溶剂吸收法常用于酸性气体分压超过0.35MPa、重烃含量低的天然气净化。此法不仅能脱除 H_2S 和 CO_2，还能同时脱除硫醇，二硫化碳、羰基硫等有机硫化物。某些溶剂能选择性吸收 H_2S，可获得较高浓度的酸气。归纳起来，物理吸收法有以下优点：

（1）适用于酸气分压高的原料气，处理容量大，再生容易，相当大部分的酸气可借减压闪蒸出来。

（2）溶剂循环量和设备容积都较小，专用系统简单，基建和操作费用低。

（3）溶剂一般无腐蚀性，不易产生泡沫，并可同时脱除有机硫而本身不降解。

（4）溶剂的稳定性好，损耗率低。

（5）溶剂的凝点低，对在寒冷气候条件下不会发生冷冻。

（6）净化含酸气的天然气时，由于 H_2S 比 CO_2 有较大的溶解度，故某些物理溶剂对 H_2S 吸收有一定的选择性，因此，可获得较高 H_2S 浓度的酸气。

物理吸收法的局限性在于：首先溶剂价格昂贵，一般比一乙醇胺要贵10倍以上。其次是溶剂对重烃（特别是芳烃和烯烃）有较强的吸收作用，这不仅影响净化气的热值，而且也影响硫黄的质量。物理吸收法不宜用于重烃含量高的原料气，且受溶剂再生程度的限制，净化率较化学吸收法低。

物理溶剂吸收法中有代表性的溶剂有；多乙二醇醚、N—甲基、吡咯烷酮（NMP）、碳酸丙烯酯、磷酸三丁酯（TBP）和环丁砜以及水等。其中环丁砜通常是和醇胺配成混合溶液使用，其他几种都单独作为吸收剂而使用。所以形成的脱硫方法主要有砜胺法（复合法）、塞列克索及塞帕索尔夫法、水吸收法等。

3）化学—物理吸收法

化学—物理吸收法是一种将化学吸收剂与物理吸收剂联合应用的酸气脱

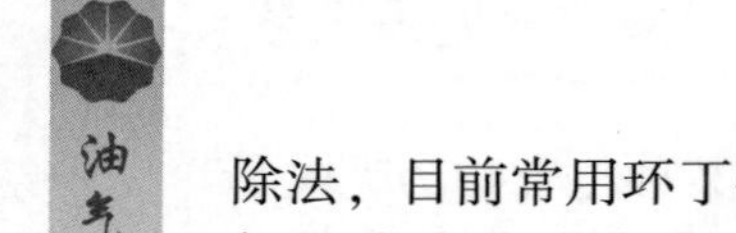

除法，目前常用环丁砜法。物理吸收溶剂是环丁砜，化学吸收溶剂可以用任何一种醇胺化合物，但常用的是二异丙醇胺（DIPA）和甲基二乙醇胺（MDEA）。

4）湿式氧化法

对于低或中等 H_2S 含量（24mg~24g/Nm^3）的天然气，当 CO_2 与/H_2S 的含量之比高、处理量不大时，可采用直接氧化法脱硫。直接氧化法是指溶液中氧载体的催化作用，把被碱性溶液吸收的 H_2S 氧化为硫黄，然后鼓入空气，使吸收液再生。

这类方法的特点是可使硫化氢直接转化为单质硫且溶液不与原料气中的 CO_2 反应，脱硫过程中对大气几乎无污染，而被净化的天然气一般能达到管输要求。其缺点是溶液酸气负荷低、动力消耗大。

蒽醌法、铁碱法和砷碱法都属于直接转化法。由于砷碱法的吸收剂含砷，一般不采用。

湿式氧化法具有以下特点：

（1）脱硫效率高，可使净化后的气体含硫量低于 5mg/m^3；

（2）可将 H_2S 转化为单质疏，无二次污染；

（3）可在常温和加压状态下操作；

（4）大多数脱硫剂可以再生，运行成本低。

5）干式床层法

所谓干法，是应用固体材料吸附、化学反应、气体分离等技术脱除天然气中 H_2S 和 CO_2 组分。干法主要包括氧化铁法、活性炭法、分子筛、膜分离法等。工业上常采用氧化铁法和分子筛法两种干式脱硫法，其中海绵铁法用得更多，分子筛法仅用于某些特殊情况。

干法脱除酸气技术通常用于低含硫气体处理，特别是用于气体精细脱硫。大部分干法脱硫工艺由于需要更换脱硫剂而不能连续操作，还有一些干法如锰矿法、氧化锌法等，脱硫剂均不能再生，脱硫饱和后要废弃，一方面会造成环境问题，另一方面会增加脱硫成本。

2. 脱酸工艺方法的选择

在天然气处理中合理选择工艺方法至关重要。在选择工艺方法时通常需要考虑的因素，主要可归纳为外部因素、内部因素和经济因素。

（1）外部因素，即不由脱硫（碳）方法本身决定的因素，包括以下几方面：

① 含硫（碳）天然气的烃类组成（体积分数）、H_2S 和 CO_2 的含量（体积分数）、各种有机硫的含量以及 CO_2/H_2S。

② 含硫（碳）天然气的处理量和操作条件。

③ 净化天然气的温度、压力要求和质量标准。

④ 是否有选择性脱除 H_2S 及对所脱除酸气的技术要求（如酸气压力和酸气中 CO_2、烃类含量）等。

（2）内部因素，即由脱硫（碳）方法本身决定的因素，包括以下几方面：

① 对公用设施的要求及能耗指标。

② 对设备形式的要求和“三废”产生的情况。

③ 脱硫（碳）方法同前述外部因素之间的关系等。

（3）经济因素，主要指建设投资、操作费用、生产成本以及原材料的供应情况等。

综上所述，由于可选择的方法数量大，所涉及的因素多，即使在同一原料气质量条件和同一脱除要求下，可选择的方法也可能是多种多样的。美国福陆工程建设公司给出了选择气体脱硫（碳）方法的通用图，分 4 种情况：只脱除 CO_2（图 5-43）；只脱除 H_2S（图 5-44）；既脱除 H_2S，又脱除 CO_2（图 5-45）；选择性脱除 H_2S（图 5-46）。

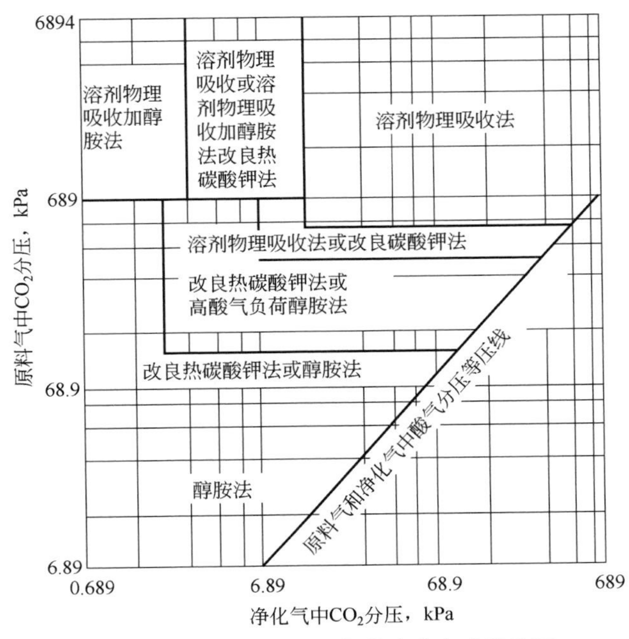

图 5-43　只脱除 CO_2 的气体净化方法的选用

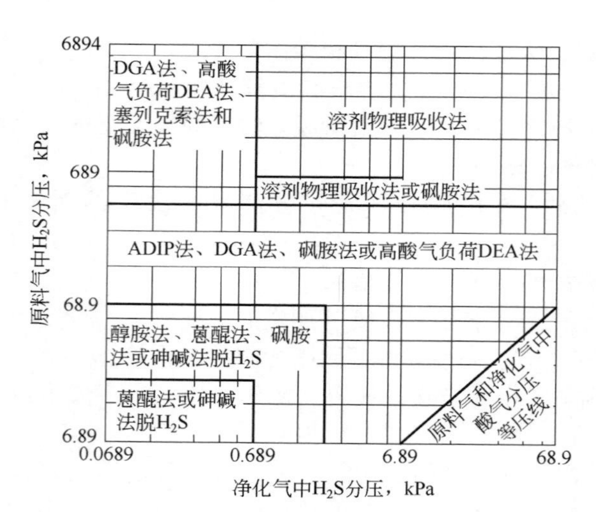

图 5-44　只脱除 H_2S 的气体净化方法的选用

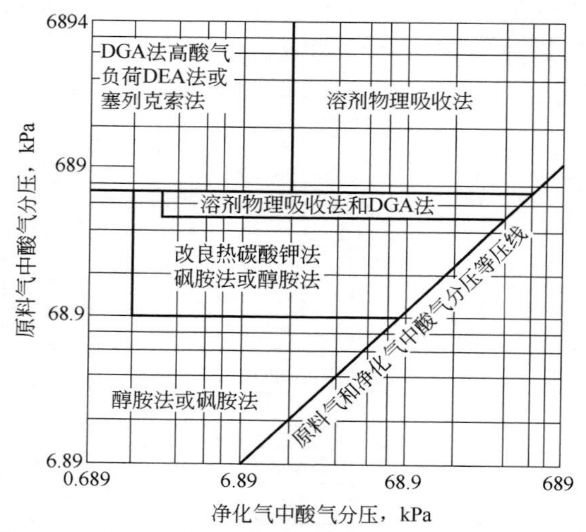

图 5-45　同时脱除 H_2S 和 CO_2 的气体净化方法的选用

由图可见，各种脱硫方法的选择皆与进料器的酸气分压相关联。当进料气中酸气分压不太高时，上述 4 种情况都可以采用醇胺法。至于采用何种胺法，主要取决于原料中的 CO_2/H_2S。上述各图中脱硫方法的选择，是以原料气不含其他硫化物为前提的，当原料气中含有 COS，C_2S，RSH，RSSR，RSR 等有机硫化物，在选择脱硫方法时，就须考虑他们的含量和脱除要求。各种脱硫工艺用于天然气脱硫的能力见表 5-14。

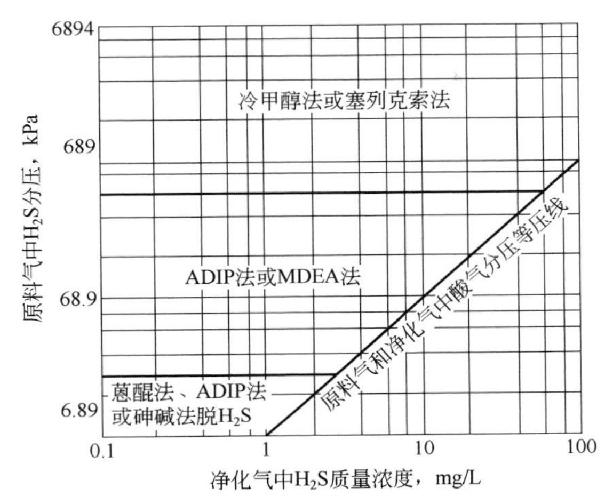

图 5-46 选择性脱除 H_2S 的气体净化方法的选用

表 5-14 各种脱硫工艺用于天然气脱硫的能力

	满足 4ppmv 的 H_2S 正常能力	脱除硫醇和 COS	选择性脱除 H_2S	被变质的溶液
单乙醇胺	可以	部分	无	有
二乙醇胺	可以	部分	无	一些
叔胺	可以	部分	有	无
气体脱酸气的一种过程	可以	可以	有	一些
物理溶剂	可以	可以	有	无
分子筛	可以	可以	有	无
洛卡特法	可以	无	有	对富浓度的 CO_2
化学脱硫	可以	部分	有	无

尽管天然气脱硫（碳）的方法有很多，但实际中，一般总是优先考虑醇胺法。这主要因为该方法不但技术成熟，而且溶剂来源方便，有很强的适应性，因此是目前使用最多和最为主要的一类方法。但是，针对含硫油气藏储气库，其含硫量随着注采周期的进行逐渐降低，一般选择干法脱硫。例如国内某储气库“先采后注，控制脱硫总量”的方式运行，经技术经济比较最终选用氧化铁干法脱硫工艺。另外，如果拟建的工程为地下储气库群（几个储气库组成）且仅有 1 个或部分气库含有少量硫化氢，在满足含硫气库部分集输条件下也可采用掺混确保混合后天然气含硫量合格（此种条件下在储气库

实际运行中要尤其注意，储气库收周边管网调峰需求及自身条件影响，运行工况多变，要时刻关注掺混比例，确保外输气合格）。

二、醇胺法（化学吸收法）

醇胺法是目前最常用的天然气脱硫/脱碳方法。据统计，20 世纪 90 年代美国采用化学溶剂法的脱硫/脱碳装置处理量约占总处理量的 72%，其中有绝大多数是采用醇胺法。

醇胺法适用于天然气中酸性组分含量低的场合。由于醇胺法使用的是醇胺水溶液，溶液中含水可使被吸收的重烃降低至最低程度，故非常适用于重烃含量高的天然气脱硫/脱碳。MDEA 等醇胺溶液还具有在 CO_2 存在下选择性脱出 H_2S 的能力。

醇胺法的缺点是有些醇胺与 COS 和 CS_2 的反应是不可逆的，会造成相关溶剂的化学降解损失，故不宜用于 COS 和 CS_2 含量高的天然气脱硫/脱碳。醇胺还具有腐蚀性，与天然气中的 H_2S 和 CO_2 等反应会使其设备腐蚀。此外，醇胺作为脱硫/脱碳溶剂，其富液（即吸收了天然气中酸性组分后的溶液）在再生时需要加热，不仅能耗较高，而且在高温下再生时也会发生热降解，所以损耗较大。

典型的醇胺法工艺流程如图 5-47 所示，对不同的醇溶剂流程是基本相同的。从图中可见，所涉及的主要设备是吸收塔、汽提塔、换热和分离设备。

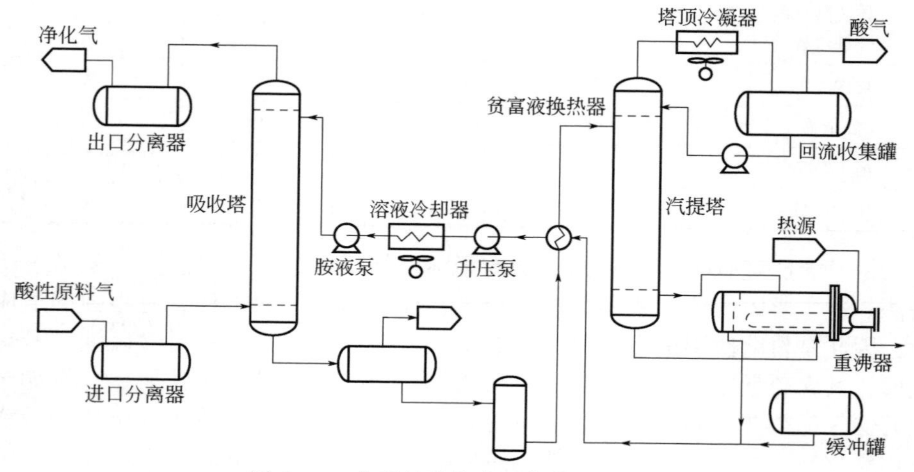

图 5-47　典型的醇胺法工艺流程示意图

含 H_2S 和（或）CO_2 的酸性气体先经过分离器除去任何游离的液体或夹带的固体后，再进入吸收塔下部，气体由下而上流动，与由上向下的胺溶液逆流接触，醇胺溶液吸收酸气，净化后的天然气由塔顶流出。吸收酸气后的富胺液由吸收塔底流出，经闪蒸罐蒸出吸收的烃类气体，再经过滤器、换热器至汽提塔（再生塔）上部，沿汽提塔与蒸汽（主要为水蒸气）逆流接触，使酸气解吸而溶液得到完全的再生。再生后烷醇胺贫液从重沸器底部流出，在贫富液换热器中与冷富液换热，再循环回吸收塔；汽提塔顶流出的酸气和水蒸气经过冷凝器和回流罐，酸气从罐顶分离出来并送往硫黄回收装置或送往火炬，凝结的水蒸气作为回流液返回汽提塔顶。

三、物理吸收法（塞列克索及塞帕索尔夫 MPE 法）

常见的物理吸收法主要有 Selexol 法和 Sopasolv-MPE 法，它们都以多乙醇醚混合物为溶剂来吸收天然气中的酸性组分。美国 ACC 公司开发的 Selexol 法所选溶剂为多乙二醇二甲醚混合物，西德 BaSF 公司开发的 Sopasolv-MPE 法以多乙二醇甲基异丙基醚的混合物为溶剂。两种溶剂的物理化学性质见表 5-15。

表 5-15　Selexol 溶剂和 Sopasolv 溶剂的物理化学性质

	Selexol	Sopaolv
平均分子质量	275~315	316
密度，kg/m^3	1032（25℃）	1005（20℃） 932（100℃）
比热，J/（kg·℃）	2051.5（5~25℃） 2135.3（50℃）	1925.9（0℃） 2177.1（100℃）
黏度，mPa·s	5.8（25℃）	15（0℃） 7.2（20℃）
热导率，W/（m·K）	0.186（25℃）	0.120（0℃） 0.119（100℃）
表面张力，N/m	0.0343（20℃）	0.031（20℃） 0.028（80℃）
着火温度，℃	—	190
凝点，℃	-29~-22	
闪点（开杯法），℃	151	72
蒸气压（25℃），Pa	1.333	1.333

续表

		Selexol	Sopaolv
溶解热，kJ/kg	H_2S	441.70	711.76
	CO_2	372.63	724.32
	CH_4	174.60	33.49
吸收选择性	H_2S/CO_2（10℃）	9	8.6
	H_2S/CH_4（0℃）	134	224
嗅味		无恶臭	无恶臭
毒性		无	无

天然气中常见组分如 CH_4、H_2S、CO_2、CH_3SH、COS 等，它们在上述两种溶剂中均有很好的溶解性。H_2S 和有机硫在两种溶剂中都有很高的溶解度，因此所述的两种脱硫方法可以同时脱除天然气中的有机硫和无机硫。另外，其对 H_2S 的选择性高于 CO_2，表明对于 CO_2 含量高的酸性气体的脱硫选上述两种方法也是很合适的。

此外，水和重烃在多乙二醇醚溶剂中都有很好的溶解性，因此在脱硫的同时，也调节了天然气的水露点和烃露点。这是上述两种脱硫法的独特之处。

四、物理化学吸收法

常用的物理化学吸收法有 Sulfinol 法，属于砜胺法脱硫中的一种方法，是壳牌公司的专利。砜胺法采用的吸收溶液包含有物理吸收溶剂和化学吸收溶剂，物理吸收剂是环丁砜（四氢噻吩二氧化物），化学吸收剂可以用任何一种醇胺化合物，但最常用的是二异丙醇胺（DIPA）。砜胺法溶液的酸气负荷正比于气相中酸气分压，因此处理高酸气分压的气体时，砜胺溶液比化学吸收法溶液有较高的酸气负荷；砜胺溶液中含有醇按类化合物，因此净化度高，净化气能达到管输气的质量指标。砜胺法兼有物理吸收法和化学吸收法的优点，自 1964 年工业化以来发展很快，我国也建有若干套砜胺法脱硫装置，现在已成为天然气脱硫的重要方法之一。

五、改良蒽醌法（SNPA-ADA 法）

蒽醌法属于直接氧化法中之一种脱硫方法。此法自 20 世纪 60 年代应用于工业后发展很快，最初主要用于水煤气和焦炉煤气脱硫，经过不断改善近年也开始用于天然气脱硫。它采用 2.6-蒽醌二黄酸钠和 2.7-蒽醌二磺酸钠

（即 ADA）为催化剂，以偏钒酸钠（$NaVO_3$）、碳酸钠（NA_2CO_3）、酒石酸钾钠（$NaKC_4H_4O_6$）等碱性盐溶液为脱硫剂，可使 H_2S 在溶液中直接转化为单质硫。从而省去了硫黄回收装置，且硫黄回收率高、质量好，水和蒸汽耗量也不大。不足之处是，该溶剂的吸收容量小、溶剂循环量大，因而耗电量较高；其更主要的缺点是吸收剂毒性太高。

该法适用于天然气中 H_2S 含量较低，且 CO_2/H_2S 比值高，气体处理量不太大的场合。图 5-48 所示为某蒽醌法天然气脱硫装置的工艺流程。

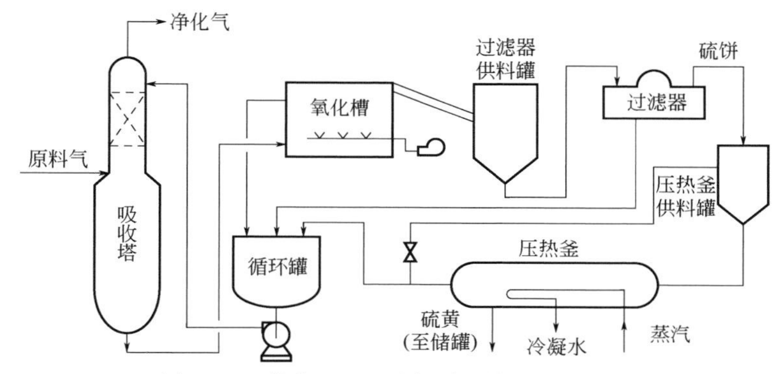

图 5-48 某蒽醌法天然气脱硫装置工艺流程

原料气在吸收塔中与溶液逆流接触，气体中所含 H_2S 实际上完全被溶液所吸收，净化气中 H_2S 含量小于 1mg/L，溶液从塔底流出引至反应槽（可以就是吸收塔的底部，或者是一个单独分开的容器）；硫化物在这里完全转化为单质硫。溶液从反应槽内流出并引至氧化槽与空气紧密接触而再生。溶液与空气通常是同向并行流动的。在氧化槽内，硫黄以泡沫的形式漂浮在液面上而与溶液分离开，此时泡沫中约含 10%的固体硫。

泡沫硫收集在一个容器内，随后送至过滤器进行加工，以分出残留在泡沫硫中的溶液。通常需要用水去洗涤硫膏以回收包含在溶液中的化学药品，并获得相当纯净的硫黄把含有 50%～60%的硫饼送至高压釜内熔化、精炼，从而生产出商品液硫或固体硫黄。

蒽醌法脱硫还有其他形式的流程，归纳起来有 4 种类型：常压吸收塔式再生、常压吸收—槽式再生、加压吸收—塔式再生和加压吸收—槽式再生。尽管流程是多变的，但都有其共同之处，即以上流程一样由吸收、再生和硫黄回收 3 个部分组成。

还应指出，蒽醌法脱硫对仪表设备的腐蚀较轻，设备完全可用碳钢制作，不过其内部要衬以环氧树脂衬套（对氧化器、泡沫硫容器）和不锈钢衬套

(对接触溶液的容器和泵)。还必须留心不要让硫沉积在未被保护的金属表面上。

改良 ADA 脱硫装置最好在 21.1~43.3℃的温度范围操作，吸附压力没有限制。

六、分子筛法

1. 分子筛法原理

分子筛法属于干式床层脱硫法的一种方法。4A 型、5A 型以及 13X 分子筛既可干燥天然气，也可选择性脱除 H_2S 和其他硫化物。由于分子筛有高度局部集中的析电荷，这些局部集中电荷使分子筛能强烈吸附有极性的或可极化的物质分子。H_2S 属于极性分子，因此分子筛也表现出足够高的吸附容量。分子筛对 H_2S 的吸附容量随温度升高而降低，也随 CO_2/H_2S 的增加而降低。

如果用分子筛处理湿天然气，此时，分子筛担负着脱水与脱硫的双重任务。当然，气体中水分含量很高时，需要在分子筛脱硫前先行脱水。如图 5-49 所示，其脱水和脱硫的分子筛床层有 4 个主要吸附段：

(1) 水和分子筛床层间建立平衡段，因为水比硫化物更强烈地被吸附，所以水就大量地置换硫化物。

(2) 水—硫交换段，该段内水正在置换分子筛表面的硫化物。

(3) 硫平衡段，硫化物在此段内被吸附，直到达到床层的平衡吸附容量。

(4) 硫传质段，硫化物在此段被从气相转移至吸附段。

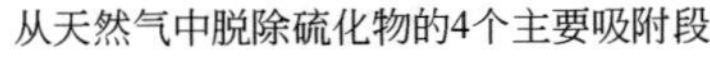

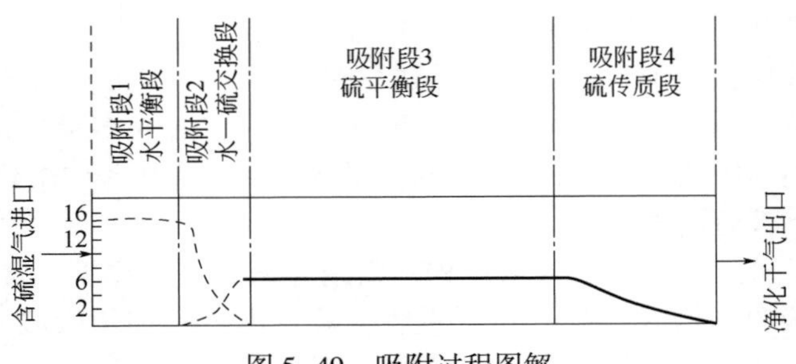

图 5-49 吸附过程图解

目前已开发了若干种供天然气脱硫用的分子筛法，它们的特点和不同往往只反映在再生气体流程上，而吸附过程都如上述的 4 个阶段。

简单分子筛吸附流程类似于分子筛子脱水流程，在此不再叙述。

2. 分子筛净化的特点

分子筛净化的特点如下：

（1）装置的处理弹性大，气体流量范围从每小时 1Wm^3 到几百 Wm^3。

（2）如果处理量减少，装置可以低于设计负荷的条件下有效地操作。

（3）可以同时脱水、脱无机硫和有机硫，并可使气体的含水量减到零或痕量；含硫量降至 6mg/m^3，达到气体管输要求。

（4）工艺过程没有腐蚀，可以使检修费用、停工时间和清理的问题减小到最少。

第六章　油气藏储气库注气工艺

第一节　注气压缩工艺设计

一、典型注气压缩工艺

1. 注气工艺流程

地下储气库工程地面注气流程的核心是对长输管线的管输气进行过滤、分离、增压、冷却、过滤、计量并注入地下储气库。根据长输管线及地下储气库地层压力的不同，注气工艺一般包括以下两种基本流程：

（1）注气压缩机增压注气，如图 6-1 所示。

（2）输气干线的管压注气，如图 6-2 所示。

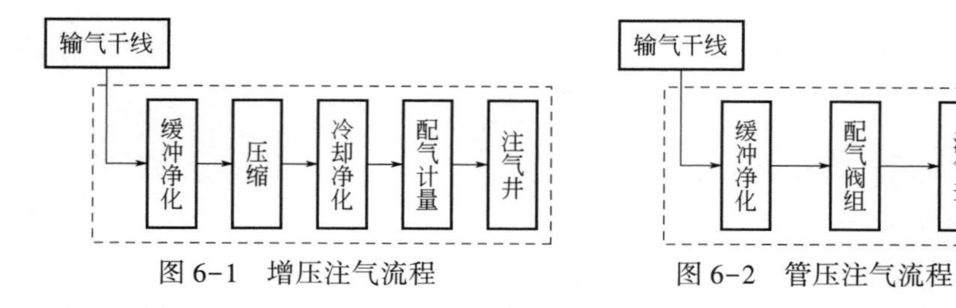

图 6-1　增压注气流程　　图 6-2　管压注气流程

2. 单井注气工艺流程

1）单井注气规模

单井注气的规模取决于单井注气能力。单井注气能力的大小取决于地质构造，并在一定程度上受井身结构的制约。从目前国内钻井技术水平来看，单井注气能力越大，井身结构对注气能力的限制越明显。

地下储气库功能不同，其单井注气规模的确定方式也不相同。满足均匀调峰为目的的地下储气库，单井注气规模可按与注气能力相同进行设计。由于以应急、安全供气为目的地的地下储气库需要最大限度地发挥其注气能力，故该类型储气库钻井井身结构的选择以及地面配套系统的规格都应适当考虑裕量，在地质结构允许的情况下应发挥单井的最大注气能力。

2）单井注气工艺

地下储气库单井注气工艺与储气库的基础参数、单井井口参数、单井与集注站的距离密切相关。对于同一座地下储气库，各注采井吸气能力差异较大。为便于单井注气能力测量，可在每口单井井口设置流量计量装置。

3）单井注气流程

常用井口注气工艺流程如图 6-3 所示。

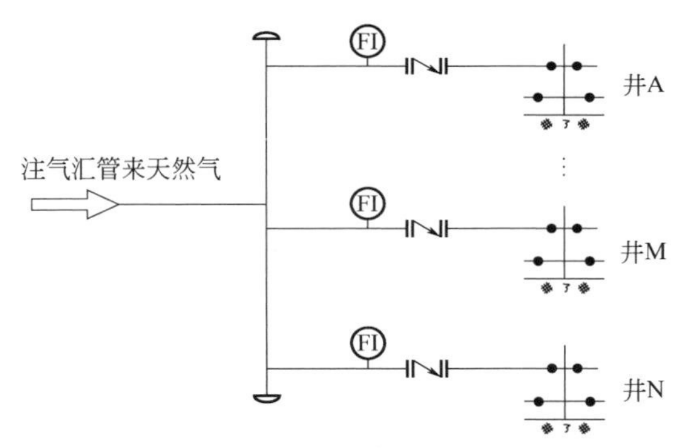

图 6-3　井口注气工艺流程

二、注气工艺参数设计

1. 注气系统压力

注气系统压力的取决因素是输气管网的输气压力与地下储气库的地层压力。

当输气管网压力较高而地下储气库地层压力较低，利用两者间压力差即可将天然气注入地下时，可利用管压注气。此注气方式下输气管网与地下储气库间联络线、地下储气库注气装置、单井注气管线均为高压，操作难度大，安全性要求高。

对于大多数地下储气库而言，特别是凝析油气藏型地下储气库，输气管网的运行压力一般较地层储气压力较高，输气管网压力不能满足注气要求。因此需设置压缩机。天然气增压后才能注入地下储存。

利用注气压缩机增压注气的地下储气库，气注气系统压力可分为不同级别。注气压缩机以前的系统压力一般与输气管网的运行压力一致，注气压缩机以后的系统压力与注气条件下所需的井口压力一致。注气压缩机最末一级出口压力的计算可由下式得出：

$$p_{\mathrm{d}}=p_{\text{地层}}+\Delta p_1-H+f_1+f_2+\Delta p_2 \tag{6-1}$$

$$p_{\mathrm{wh}}=p_{\text{地层}}+\Delta p_1-H+f_1 \tag{6-2}$$

式中 p_{d}——注气压缩机出口压力，MPa；

p_{wh}——井口压力，MPa；

$p_{\text{地层}}$——地下储气库地层压力，MPa；

Δp_1——地层与管柱之间为保证一定单井生产能力需要的流动压差，MPa；

H——由于井口与地层位差生产的静液柱压差，MPa；

f_1——注气时在管柱上产生的流动摩阻，MPa；

f_2——注气管线产生的摩阻，MPa；

Δp_1——注气压缩机后冷却器、注气压缩机出口过滤器（如果有）产生的压差，MPa；

一般情况下，地层压力及井底流压由地质设计部门确定，管柱压差由钻采部门确定。

2. 注气工艺

如前所述，地下储气库注气工艺包括管压注气与压缩机注气两种形式，其中以注气压缩机注气工艺最为常见。利用注气压缩机注气典型工艺流程如图 6-4 所示。

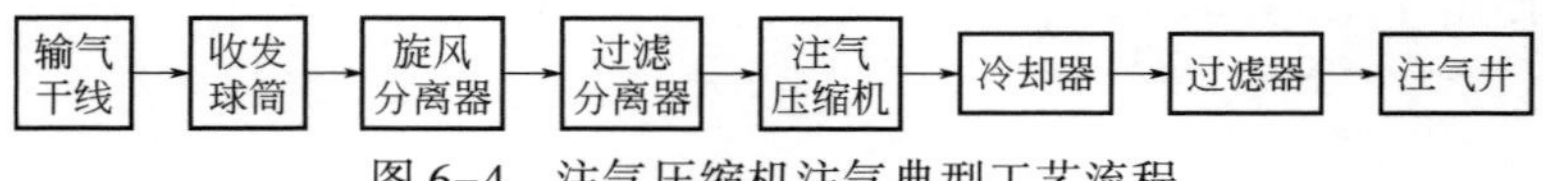

图 6-4 注气压缩机注气典型工艺流程

长输管道来天然气经过过滤器滤掉其中夹带的杂质后进入注气压缩机，压缩后经冷却器冷却，进入注气汇管，并经配气阀组分别注入注气井内。储气压力可在一定程度上高于原始地层压力，但注入压力的高低应以不破坏盖层结构和储层结构为前提。

注气压缩机的工况与储气库地层状态密切相关。在注气过程中，压缩机出口压力随地层压力升高而升高，变化幅度很大，在压缩机选择中要充分考虑适应该变化。可采取两种措施：

一是设置多台压缩机，每一级压缩机均可独立运行，也可逐级串联运行；当注气初期注入气量小、注气压力低时，采用单级压缩或并联运行，对着压力不断升高，改为串联运行。美国 Honor Ranchor 储气库在气藏压力为

10.85~26.96MPa 时采用两级压缩。为了优化运行，本储气库的发动机和压缩机配有可改变发动机转速和压缩负荷的自动控制系统。压缩机正常运行时常要进行流量控制。

另一种是设置高低压天然气引射器。注气初期只投运第一级压缩机，然后根据地层压力上升情况顺次投运下一级。在每一级压缩机开始投运的一段时间内，为保证压缩机在高效区运行，可将来气分流。一部分进入压缩机增压（可根据具体情况调整压缩机的运转台数），作为高压动力气进入高低压引射器；另一部分则不经压缩直接进入高低压引射器，引射器出口的混合气体压力即为适宜的注气压力。随着地层压力的上升，当注气所需压力接近压缩机出口额定压力时停用引射器。

3. 注气工艺中的注意事项

1）进口过滤器

天然气管线在运输、施工过程中不可避免地会造成管内积存粉尘颗粒等异物，在清管过程中也不能完全清扫干净。天然气中的粉尘是影响注气压缩机运行周期的重要因素，同时也有可能堵塞地层，降低地层的注气能力，注气压缩机入口天然气含尘应小于 1mg/L（粒径应小于 2μm）。考虑运行维护方便，过滤器应设置备用，过滤器进口处应设置压差检测报警设施。

2）除油器

注气压缩机的出口压力较高，通常在 10MPa 以上。往复式压缩机在地下储气库中应用较普遍，常采用有油润滑方式，部分润滑油不可避免地会随着注入气体进入地层，影响地层的注气能力，压缩机出口润滑油的含量要求由地质部门确定，国内已建大港油田大张坨地下储气库注气压缩机净化气含油少于 5mg/L，板 876 地下储气库少于 1mg/L。

4. 采气增压工况参数设计

地下储气库采出气处理系统压力的确定取决于两个因素：气源压力与所需的干气外输压力。气源压力及干气外输压力直接影响地下储气库采气系统处理工艺。当气源压力较低，不能满足干气直接外输压力要求时，处理后的干气需经压缩机增压后才能外输。

下面给出一个采气增压实例分析。由某储气库运行参数可知，在每一个采气期内，随着采气时间的推移，储气库采气井井口压力呈递减趋势。在采气末期，进站压力小于 7.2MPa 时，采出气采用进站不节流、丙烷制冷工艺，仍不能满足外输压力要求，必须对采出气采取增压措施。由于井流物中含油、水，所以井流物输至集注站后再进行增压处理。根据增压位置的不同，有以下两种方案。

方案一：后增压，即对处理后的外输天然气进行增压。

方案二：前增压，即生产分离器后烃水露点控制前进行增压。

采气末期，集注站注气压缩机对采出气进行增压时的运行参数见表6-1。

表6-1　采气增压运行参数

参数	单位	方案一	方案二
压缩机入口压力	MPa	4.66	4.82
压缩机入口温度	℃	23.64	74.26
压缩机处理量	$10^4m^3/d$	468	474.7
压缩机出口压力	MPa	7.01	7.2
压比		1.504	1.494
丙烷制冷负荷	kW	879.6	988.3
出站压力	MPa	7	7
外输气量	$10^4m^3/d$	468	468

对本工程而言，无论采取哪种增压方式，外输天然气的气量相同。而方案一中压缩机的处理量、丙烷制冷负荷以及增压气体的温度均低于方案二，因此推荐采用后增压方案。

5. 压缩机运行参数

采气末期，井口压力较低，为满足天然气外输要求，需对天然气进行增压处理。采气末期，采气增压总气量为500×104m³/d，压缩机入口压力为4.9MPa，出口压力为6.4～7.4MPa，对所选注气压缩机进行采气工况适应性分析，单台机组不同排压时压缩机排量见表6-2。

表6-2　采气工况运行表

进气压力，MPa	排气压力 MPa	余隙	进气温度，℃	排气温度，℃			排气量 $10^4Nm^3/d$	转速 r/min	压缩机轴功率，kW
				一级	二级	三级			
4.9	7.4	0	30	67	70	68	250.9	994	1498
	7.4	100%	30	67	70	68	229.4	994	1375
	6.4	0	30	56	58	56	267	994	1110
	6.4	100%	30	56	58	56	253.4	994	1056

从表中可知，通过调节压缩机余隙，可满足不同排压工况要求；并联运行2台压缩机组可满足采气末期增压需求。采气末期，单台机组的压缩机功率为1500kW、单机排量为（230～267）$\times10^4m^3/d$。

根据现场周边情况，本储气库的压缩机推荐采用电驱往复式压缩机。选用3台压缩机机组，并联运行，单台机组的电机功率为4500kW，机组转速为994r/min。本工程中压缩机可实现注采合一设置。注气期，运行3台压缩机组，单台机组的压缩机功率为3710kW，单机排量（120~150）$\times 10^4 m^3/d$。采气末期，运行2台压缩机组即可满足采气增压需求，单台机组的压缩机功率为1500kW、单机排量为（230~267）$\times 10^4 m^3/d$。

第二节　注气工艺设备选型

一、过滤分离设备选型

天然气中常带有一部分液体和固体杂质，如凝析油、游离水或地层水、岩屑粉尘等。这些机械杂质具有很大的危害性，不仅腐蚀设备、仪表、管道，而且还可以堵塞阀门、管线，影响正常生产。因此，每一套压缩机的配置应该包括一套良好的分离系统，该系统置于压缩机前，为去除进入压缩机的气体中的任何固体和液体物质。过滤分离器通常就用于这一目的。这种过滤分离器包括多种分离体积类型。

1．分离设备分类

1）分离器的分类

为实现对油（液）气混合物分离的要求，在工程上常采用不同型式的分离装置，合理的分离器设计是非常重要的。因为在任一设施或生产过程中，分离器通常是初始加工设备。这一过程设备设计得不合理，将限制或减少整个设施的处理能力，同时也达不到期望的目的和要求。

分离器按照分离物种可以分为：如果是从整个液流中分离出气体，则称为“两相”分离器：如果还要将液流分离成原油部分（凝析油）和游离水（甘醇富液），则称为“三相”分离器。

根据液体流动的方向和安装形式，分离器又可为卧式、立式和球形等类型。

2）分离器的结构组成

所有分离设备，尽管他们的名称不同，形状也各异，但都是为了一个基本的目的：从气流中分离掉液体和固体；从油流中分离掉气体和固体以及游离水；利用相对密度的差异将混合的液体分离成2种或3种流体等。

油气混合物或气液混合物在分离设备中进行分离时，应当完成4个操作要求（功能）：

（1）油和气或气和液的基本“相”的分离。

（2）脱除气相中所夹带的液沫（雾状）。

（3）脱除液相中所包含的气泡。

（4）从分离器内分别引走已经分离出来的气相和液相，不允许它们彼此有重新夹带掺混的机会。

为实现上述的操作要求，所有类别的分离设备，不管其整个外形或结构如何，都应当包括4个部分：

（1）基本相分离段，当流体从管线进入分离器时，首先通过基本“相”分离段，使流体带有的能量得到控制或消减。

（2）重力沉降段，使气体和液体的流量能保证流体在分离器内的速度经常在最大的允许线性速度以内，以便它们得到分离和沉降。

（3）除雾段或聚集段，减少气体的紊流，使气体中夹带的液沫聚集、分离出来。

（4）液体收集和引出端，使已分离的液（固）和气相不再彼此重新夹带、掺混，将其分别引走。

3）除雾器分类

（1）丝网除雾器。

丝网除雾器由栅格丝网、金属或塑料的紧密填充层组成。丝网除雾器除雾原理为：液滴撞击丝网，聚结成大的液滴随着上升的气流从垫片底部或顶部分离，到达分离器的持液段。在给定的液滴尺寸下，传统的丝网除雾器捕捉效率是金属或纤维丝网密度、直径、总厚度、分离流体特性的函数。液滴捕捉效率和斯托克数、捕雾器表面积、丝网层数有关。在通常的使用条件、丝网尺寸和厚度下，可以达到预计95%（D95）的液滴捕捉效率。大于尺寸的液滴几乎被完全捕捉。较小的金属/纤维尺寸，较大的丝网厚度分离效率会更高。给定液滴的入口分布情况，可以预计总的捕捉效率。

丝网气处理工艺流程中最常见形式的丝网除雾器使用厚为100~150mm，密度为144~192kg/m^{3}卷曲金属丝网。上述设计对10μm及以上的液滴具有高的去除率。其他的设计包括纤维丝网、金属纤维混合丝网、多种网密度层和特定滤水槽。当有特殊要求时应联系生产厂家。丝网垫片不建议用在较脏的或有污垢的地方，因为它们很容易堵塞和在压差较大时脱落。典型的丝网除雾器如图6-5所示。

桑德斯—布朗设计的K值经常被用来确定丝网垫片的气量大小，其他依据有丝网形式、材质、密度、表面积、流体特性。丝网除雾器生产厂家在目

录中提供 K 值，以便对多种场合的设计适用。在一些条件下，由于装置液体负荷、起泡倾向、液体黏度、液体表面张力、气体不正常分布、气流波动，设计 K 值会低一些。

图 6-5　丝网捕雾器

（2）叶片式除雾器。

叶片式或人字形除雾器用布置相对较近的叶片来制造正弦或人字形的气流通道。气流方向的变化和液滴的惯性使液滴和叶片发生碰撞，液滴聚结并被排到分离器的液体收集部分。叶片可以是纵向或横向布置的。叶片形式可以有多种，包括那些没有便于液体排出的“袋”（单袋和双袋）。叶片的“袋”可以使单位流通面积下有更大的气量通过，但它通常不用于污垢较多的场合。图 6-6 是叶片式除雾器机械结构图。

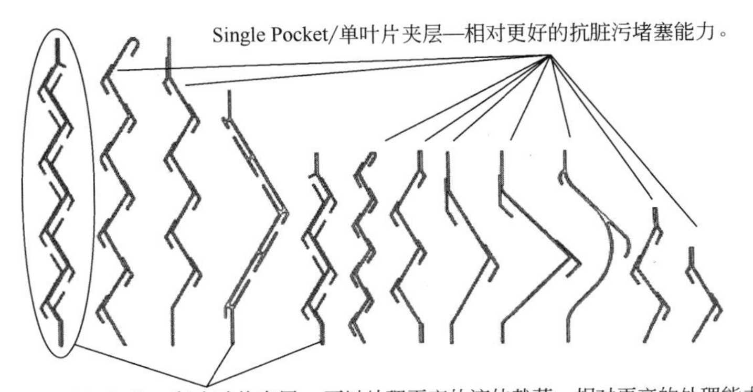

图 6-6　叶片式除雾器机械结构图

（3）旋流板除雾器。

旋流板除雾器基于密度差异利用离心力将气相中的液滴和固体颗粒除去。可以获得很大的 G 力（几倍的重力），小液滴被有效除去。旋流板除雾器的主要优势是它能在较高的压力和较大的气量下有较高的去除效率。这使得对于给定的气流可以用最小直径的容器。

工业中有许多种用来分离气流中液滴和固体颗粒的离心分离装置。最常见的两种是回流式旋流分离器和轴向旋流分离器。

为了在最紧凑的空间达到最高效的操作和最佳的节能回收，气液旋流系统被组装成一个多管是旋流器“块”，整个块构成旋流分离装置。回流式旋流分离器和轴向旋流器分别如图 6-7(a) 和(b) 所示。

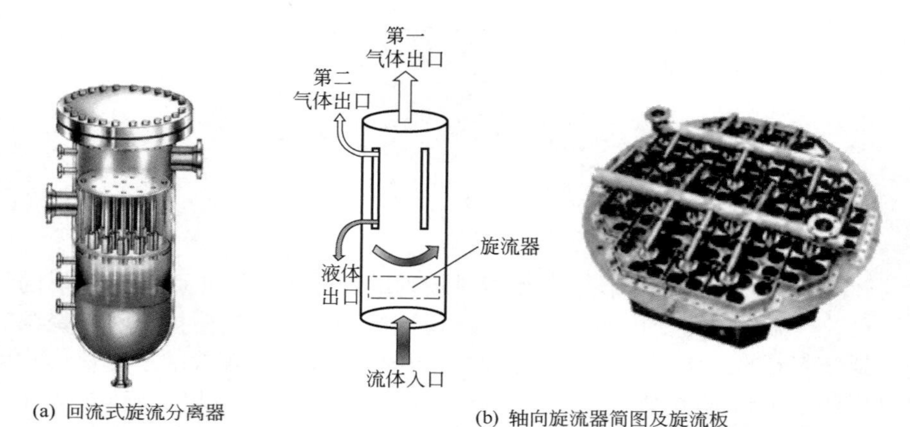

(a) 回流式旋流分离器

(b) 轴向旋流器简图及旋流板

图 6-7　回流式旋流分离器和轴向旋流器示意图

控制仪表及安全附件有如下要求：

（1）分离器应有压力显示。

（2）分离器应有液位显示，必要时还应设置高低液位监控报警系统。

（3）设有排液泵的分离器，其分离器出油阀安装在排液泵出口侧，计算和选择分离器出油阀压差时必须取泵至管压差，不允许取分离器管路压差。

（4）分离器安全泄放装置应采用全启式封闭弹簧安全阀，其规格尺寸按 GB150.1—2011《压力容器　第 1 部分：通用要求》规定确定。为便于安全阀检修及更换，在安全阀与壳体之间设置闸阀，其安装使用要求符合《压力容器安全技术监察规程》的要求。

4）卧式分离器与立式分离器

（1）卧式分离器结构。

图 6-8 为卧式分离器的示意图。

液体进入分离器，冲击到一个进口挡板，使液流的动量突然发生变化，于是在进口挡板处，产生液体和气体的初始预分离。重力使液滴从气流中沉降出来，并落到收集液体的分离器底部。这个液体收集段提供一个必需的停留时间，让所混入的气体从原油中逸放出来并上升到气体空间中，这个液体收集段提供一个必需的停留时间，如果需要的话，它处理间歇的液体料浆。然后液体流经液体泄放阀离开分离器。液体泄放阀是由一个液位控制器来调节的。液位控制器感受到液位的变化，就相应地控制了泄放阀。

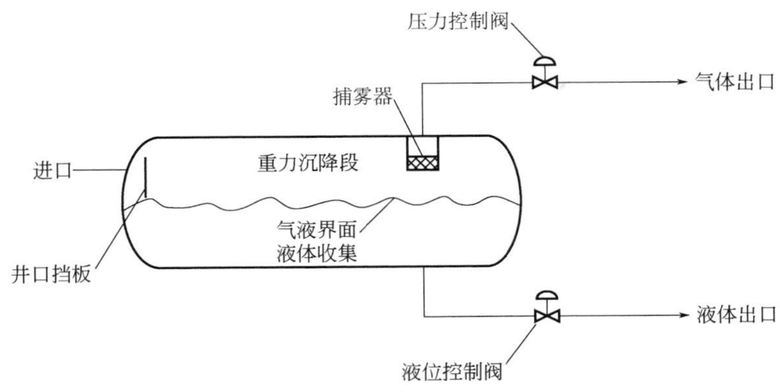

图 6-8　卧式分离器示意图

气体流过进口挡板，然后水平地流经液体上面的重力沉降段。当气体流经这个沉降段时，包含在气流中、在进口挡板处未被分离的小液滴，就在重力下被分离出来而沉降到气液界面上。

有些直径非常小的液滴，在重力沉降段不容易分离出来。在气体离开分离器以前，它流经一个聚结板或捕雾器。在这个段中，使用翼片、丝网或者薄板等原件来聚结微小的液滴。在气体分离器以前，这些小液滴在这个最后的分离过程中被引走。

分离器中的压力用压力控制器来保持。压力控制器在感受到分离器中的压力变化以后，就相应发送信号到常开式或常关式压力控制阀，在这里用控制流量的方法，使气体在离开分离器的气相空间时，分离器内的压力得以保持。通常，卧式分离器在气液界面最大面积时、液体半满的情况下进行工作。

(2) 立式分离器结构。

图 6-9 为立式分离器的示意图。立式分离器的液体是从侧面进入容器的。如同在卧式分离器一样，在进口挡板处进行初始的预分离。液体向下流到分离器的液体沉降段。液体继续向下流，经过这一段直到液体出口。当液体达到平衡时，气体向着液体流动的反方向流动，最后聚集到集体空间内。液位控制器和液体泄放阀的操作与卧式分离器的操作完全一样。

气体流过进口挡板，然后垂直向上直达气体出口，在重力沉降段，液体垂直向下降落，与气流方向相反。在气体离开分离器以前，要流经捕雾器，压力和液位的保持与卧式分离器的相同。

(3) 卧式分离器与立式分离器的比较与选择。

在处理大产量的气体时，卧式分离器通常效果更大些。在分离器的重

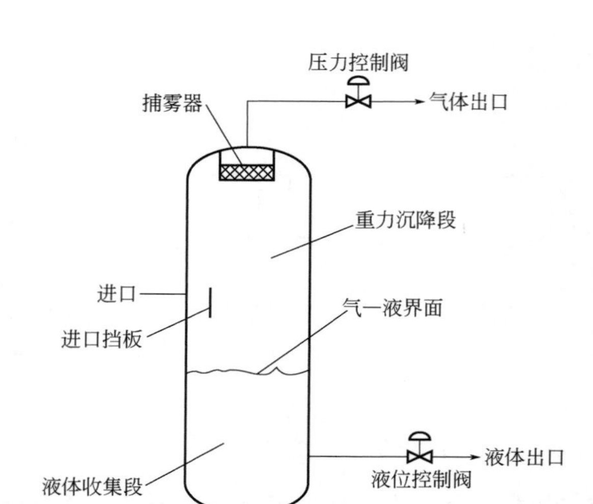

图 6-9　立式分离器示意图

力沉降段，液滴垂直于气流方向向下沉降。这样，液滴就更容易从气体连续相中沉降出来。另外，在卧式分离器中，因为其气液界面比立式分离器的气液界面要大些，所以当液体趋于平衡时，从溶液中出来的气泡就比较容易达到气体空间。这样，从纯气体或液体的分离过程来看，卧式分离器将是优先选用的。然而，由于它有以下缺点，在某种情况下应优先选用立式分离器：

（1）在处理固体颗粒方面，卧式分离器不如立式分离器。立式分离器的液体排放口可以布置在底部的中心，这样固体就不会在分离器内堆积起来。但是在生产过程中，它可以继续留到下一个容器内。此时，可以在此位置设置一个排污口，这样当液体在离开具有一定高度的分离器时，固体颗粒可以定期被排出。在卧式分离器上，有必要设置许多排污口，因为固体质点具有45°~60°的静止角。排污口必须布置在非常仅靠的区段上，以便排除分离器内的固体质点。

（2）在实现相同的分离操作时，卧式分离器占地面积要比立式分离器大。

（3）卧式分离器具有较小的液体波动容量。当给定一个液面升高变化时，在卧式分离器内，液体的体积增加量将明显地比处理相同流量的立式分离器大。然而，由于卧式分离器的几何形状，将使任何高液位的开关装置安装在紧靠正常工作液位的地方（而在立式分离器上，开关装置可以安装在更高的位置），排液阀就有较多的时间对波动做出反应。

也应该指出，立式分离器也有以下缺点：

（1）泄压阀和某些控制器在没有扶梯和平台时，是难以操作维修的；

（2）由于高度的限制，分离器在搬动时必须从滑橇上拆卸下来。

总之，对于正常的油气分离，特别是出现乳化、泡沫或高气油比情况，卧式分离器是比较经济的。在低气油比的场合，立式分离器最有效果；在非常高的气油比情况（比如在从气体中仅仅需要脱除液体雾沫所使用的气体洗涤器），也可以使用立式分离器。

5）离心式分离器

离心式分离器也称为旋风分离器，它用来分离重力式分离器难以分离的颗粒、更微小的液固体杂质。天然气中的杂质颗粒微小，仅靠重力分离，就得加大分离器筒体的直径，这样不仅筒体直径大，壁厚也增加，加工困难且笨重。离心式分离器结构简单、处理量大，分离效果比重力式分离器好，故输气站广泛应用。

图 6-10 为离心式分离器，它由筒体、进口管、出口管、螺旋叶片、中心管、积液包、锥形管和排污管组成。其结构与重力分离器的主要差别在于进口管切线方向进入筒体，并与筒体内的螺旋叶片连接，使天然气进入分离器筒体发生旋转运动。

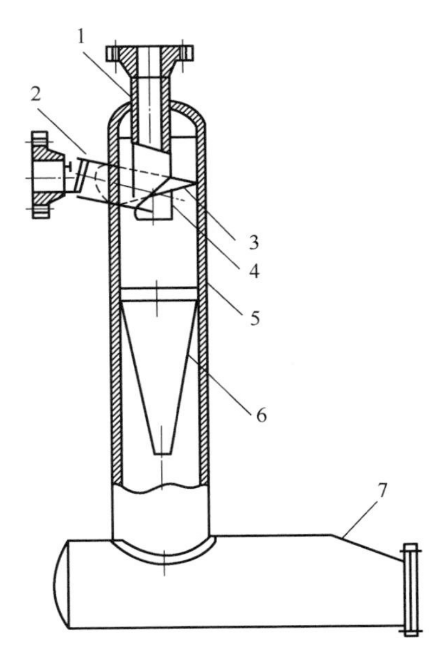

图 6-10　离心式分离器

1—出口管；2—进口管；3—螺旋叶片；4—中心管；
5—筒体；6—锥形管；7—积液包；8—排污罐

当天然气由切线方向从进口管进入筒体时，在螺旋叶片的引导下，作回转运动。气体和液固体颗粒因质量不同，其离心力也就不同，液固体杂质的离心力大，被甩向外圈，质量小的气体因离心力小，处于内圈，从而气体与液固体分离，天然气由出口管输出；而液固杂质在自身重力作用下，沿锥形管下降至积液包，然后由排污管排出分离器。离心分离器内的锥形管是上大下小的筒状管，气流进入筒体内产生回转运动，当下降到锥形管部分时，回旋半径逐渐减小，因而气流回旋速度逐渐增大，到锥形管下端时速度最大，而出锥管后速度急剧下降，促使液固杂质下沉分离。加设锥形管，进一步提高了离心式分离器的分离效果。

由于重力分离器和离心分离器的结构及工作原理有所差别，两者使用也就有所不同。重力式分离器用来处理带砂和液体较多的天然气，污染易清除，但高度较高，安装和维护较困难。离心式分离器适宜于大的处理量，尺寸小、安装方便，但污染清除比较困难，且操作不当时，可能产生天然气携带液固体微粒，影响分离器效果。

分离器的使用，应注意其工作条件是否符合处理量和压力要求；平时勤检查，摸索掌握分离规律，及时排出分离液固杂质，防止污水窜出分离器，进入输气管；在排污操作时，应平缓、缓慢，排污阀不要突然开启，以保证管线压力平稳，避免阀门破坏。

6）气体过滤分离器

离心式分离器与重力分离器相比，有其优点，但是它对气体流量变化的适应性较差，在实际流量低于设计流量时，分离效果迅速降低。此外，由于被分离的气体在分离器中具有很高的旋转速度（以增大离心力），所以气体在分离器中的能量损失也较大。离心式分离器对气体中的粉尘杂质（如管道内的硫化铁粉末）的分离效果差（颗度很小），而天然气在管道内长距离输送后，气体中的主要杂质是腐蚀产物和铁屑粉末，分离器又很难分离这些粉尘，输气站上往往用气体过滤器来解决天然气的分离除尘问题。

气体过滤式干式分离器和过滤—分离器，它们都是具有多功能的复合体，前者适用于清除固体粉末，后者适用于分离液体杂质。

（1）干式过滤器。

干式过滤器是基于筛除效应、深层效应和静电效应原理来清除气体中的固体杂质的。筛除就是利用多孔性过滤介质直接拦截固体杂质。筛除是一种表面式过滤，介质都具有对过滤杂质的筛除功能。多孔过滤介质具有许多弯曲通道，当含尘天然气流经这些通道时，气体中的粉尘就与过滤介质不断发生碰撞，固体粉尘的动能不断损失，直至不能运动而停止在过滤介质中，这就是深层效应。深层效应过滤的固体杂质粒径比过滤介质小，所以深层效应比筛除效应过滤的杂质粒径小，效果更好。当气体流过非导体纤维过滤介质时，流动引起的电荷产生静电吸力，使固体杂质附着在过滤介质上，这就是静电效应。筛除效应、深层效应和静电效应的共同作用，使得过滤器对天然气的分离除尘效果比分离器好。

常用的过滤介质为玻璃纤维，它具有筛除、深层、静电多种功能。玻璃纤维不导电、耐蚀、耐用，纤维直径可根据需要选定，适应性好。实践表明，只要玻璃纤维干式过滤器的设计合理、使用正确，就能够完全脱除气体中 1μm 以上的固体杂质，对 0.3～1μm 的固体杂质的脱除效率也可高达 99.95%。目前使用玻璃纤维过滤器介质都已制成定型过滤元件，拆卸更方便。

（2）过滤—分离器。

当含有水的天然气进入干式过滤器，玻璃纤维被液体湿润而静电效应显著降低，干式过滤器的过滤效果也就降低。为此，可使用过滤分离器来脱除含水天然气中的液固体杂质。

卧式过滤分离器，它主要由圆筒形玻璃纤维过滤原件和不锈钢金属丝除雾网组成，其结构如图 6-11 所示。

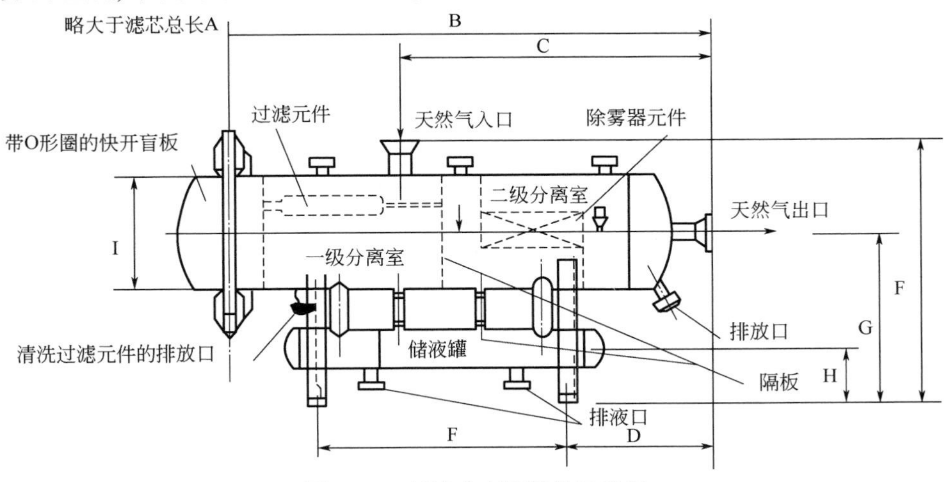

图 6-11　过滤分离器结构示意图

滤芯安装在几根焊接在管板上的支座上，而管板则分隔一、二级分离室，设有一块快开封头，以便安装与更换滤芯。第二级分离室装有金属丝网（或叶片式）的高效液体分离器装置。

储液罐也分成两个单独的分离室，以防止两极间的气体流窜，故需两套控制设备。液面计、液位控制器和排污必须单独配管。

在容器上设置三个测压管嘴。一个设在第一级上，另两个设在第二级上，即在分离装置之前和其后。或者于一、二级分离室各设一个，在原料气的进出管上各设一个测压管嘴。压力降是操作者唯一的指示，为便于清洗或更换过滤元件，在容器装设一只精密的差压计是非常重要的。

要过滤的气体进入一级分离室的容器内，大于或等于10μm的固体与游离液滴不能进入滤芯，而流在滤芯的外边，这些液滴聚集在一起排至容器的底部，并由排液管进入储液罐。有些固体颗粒被液体冲下来，其余颗粒仍留在滤芯外边形成一种滤饼。操作期间由于气流的脉动，这种滤饼通常堆积并碎落到容器的底部。流在滤芯上的固体会堆积起来提高压力降，故一级分离室需放空（达到规定的压力降时）进行清扫，以提高效率。

玻璃纤维过滤元件属于深（厚）层过滤。气体中的固体微粒和液滴在流经过滤层弯弯曲曲的通道时，不断与玻璃纤维发生碰撞。每次碰撞都要降低其动能，当动能降低到一定值时所有大于或等于10μm的固体微粒就黏附在玻璃纤维的过滤层中，滞留在玻璃纤维中的固体颗粒的粒径随着过滤层的深度逐渐减小而气体中的液滴也会逐渐聚集成较大的液滴。这是由于玻璃纤维和黏结剂（酚甲醛）之间存在有电化学相容性，提供了微小液滴聚集成大液滴的有利条件。一般来说随着更多的液滴被分离，液滴因其表面相互吸引而聚结和结合成大的液滴，当这些聚集起来的液滴流出过滤层进入滤芯的中心，而被带进容器的第二级。由于液滴具有这样大的尺寸，所以它们迅速地被二级分离装置分离出，排至容器的底部，通过排液管进入储液罐。这种过滤元件不是根据一定的流量和流速来达到脱除微粒的目的，因此该种过滤分离器的操作弹性范围大，在50%负荷时仍能达到满意的分离效果。而且这种深层过滤所脱除的固体颗粒和液滴的粒径，要比离心式、重力式及表层过滤器小许多倍。只是玻璃纤维过滤元件尚需进行处理，使液滴不能浸润纤维，而让分离出的液滴以液珠的形式附着在过滤元件上。否则当玻璃纤维浸润后，静电力要下降。

气体经过滤元件后，进入不锈钢金属丝网除雾器，进一步脱除微小液滴来达到高的脱除效率。其作用是基于带有雾沫和雾滴的气体，以一定的流速所产生的惯性作用，不断地与金属表面碰撞，由于液体表面张力而在金属丝网上聚结成较大的液滴，当聚集到其本身重力足以超过气体上升的速度力与液体表面张力的合力时，液体就离开金属丝网而沉降。因此当气体速度显著地降低时，就不能产生必要的惯性作用，其结果导致气体中的雾沫漂浮在空间，而不撞击金属丝网，于是得不到分离。如果气体速度过高，那么聚集在金属丝网上的液滴不易脱落，液体便充满金属丝网，当气体通过丝网时又重新被带入气体中。由于除雾器基于是气、液两相以一定的流速流动而得到分离的方法，所以不管操作压力多大，设计的除雾器元件均能保持一个相当稳定的压力降。在最大流速时，其压力降均为100mm水柱（1mm水柱=9.8Pa）。

2. 过滤分离设备选型计算

1）两相分离理论

（1）定义分离进料。

要被分离的流体，指在天然气生产和加工中要分离许多种类的液体。尽管在下游天然气凝析液回收和处理中气流可能被定义为很好，在主要生产流中，气流在成分、压力、温度和杂质方面是不同的。有许多行业术语来说明生产和加工的流体。其中一个是气油比（GOR）。气油比是混合液中气体的体积和油或在大气压力或任何特定的工艺条件的凝析液的体积的比值。它通常表示为Sm^3/m^3。在大多数生产系统中产生水（生产盐碱水）中含有碳氢化合物。碳氢化合物的部分在天然气行业的生产（包括气相和液相的）通常由组分C_6和C_8表示，然后作为虚拟组分，使用重烃的MW和密度。流体中水溶性、水夹带和微量组分也应该被考虑。流体的物理性质通常使用状态方程来定义，辅以可用的现场数据。在使用模拟软件生成的相包络线关键部分或低温条件下的传输特性时应特别注意。

（2）考虑现场液体组成和流量。

分离器的设计必须考虑在使用寿命内所有的流量范围和介质组成。这些可能包括CO_2和H_2S含量的变化、在天然气凝析液中气的富集程度以及水含量。容器的设计还必须考虑由于油藏枯竭或油藏见气引起的生产量的变化。在设备使用寿命下应有足够的规模和灵活性以处理预期的条件。设计时应考虑由于段塞流、脉动流和压缩回收导致的流量变化。通常在分离器设计中为稳态，这些流量添加一个设计系数，以考虑这些流量变化。系数的大小取决于在工艺流程中分离器的位置。另外需要考虑的是液流中的固体颗粒、沙子和（或）硫化亚铁含量。

（3）分散液滴大小分布。

由于在分离过程是加速的主要驱动力（如重力），这是和摩擦力相反的力（图6-12）。对分散相液滴的可能大小的理解对分离器尺寸和其内部部件的正确选择是很重要的。液滴的大小和分布是和上游工艺和分离器入口管道有关的函数。典型的气液系统液滴生成机制包括机械作用，如发泡和起泡塔盘、累积和分配器、在换热器管表面的凝析，凝析取决于不在表面发生的冷却，剪力取决于通过阀门或节流装置的压降。一些典型的在连续气相中的液体尺寸如图6-13所示。另外，随着液体表面张力减少（典型的在高压下的轻烃系统），这些过程形成的液滴的平均尺寸将更小。入口管道流的特点也是值得关注的，因为液滴可以合并成较大的液滴或被管道中的气相剪切。管道流速、弯头和弯管、控制阀门、三通都会造成剪切力，导致大液滴破碎成小液滴。入口流速度越高，气体密度越大，液体表面张力越小，液滴越小。使用进口部件剪切流体（折流板/暂堵剂）也会导致较小的进口液滴。

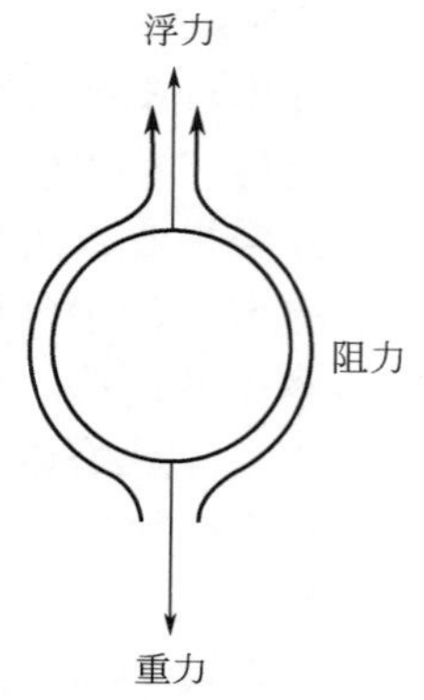

图 6-12　作用在气流中液滴上的力

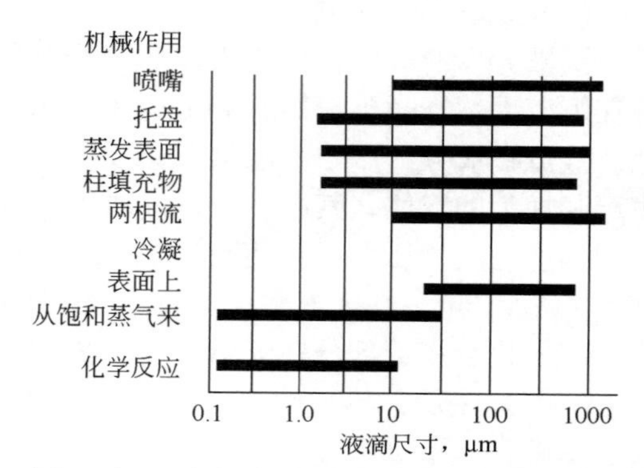

图 6-13　不同机械作用的夹带中典型的质点

（4）尺寸分布范围。

许多使用入口管段进料气流型、相态的物理性质计算的相关数据可用来估计这一数据。然而通常的做法是根据过去的经验设置预期目标粒径。这样就不用考虑工厂中特定单元的操作环境、上游的工艺流程和要分离的流体。

对于液—液分离来说，静态混合器、机械搅拌器、离心泵和高压降控制阀对确定分离液滴大小也有很重要的影响。一些小固体颗粒和某些化学物质（井口化学处理药剂）能稳定这些小液滴。

（5）分离器上游流体的流型。

进分离器的流体作为气体、液态烃和水的混合物会表现出多种性质或流型，这取决于多种因素，比如每种流相的相对流率、相密度、高程变化、流速。人们正在研究大量的实证模型以预测管流的流型。可能的流型包括雾状流、泡状流、分层流、波状流、段塞流和环状流。层状流是进入分离器的理想流态，因为大部分的流相已经被除去；段塞流和泡沫流是在分离器设计中应当特别注意的；适当的流速和上游管道设计对分离器的性能至关重要。

（6）分离和再进入机理。

对不同密度流体的两相分离将采取不同的机理，这一部分将进行说明。

下面的内容对于气—液、液—液分离都适用。重力沉降定律及颗粒特征如图 6-14 所示，图中还包括了液滴尺寸的数据。

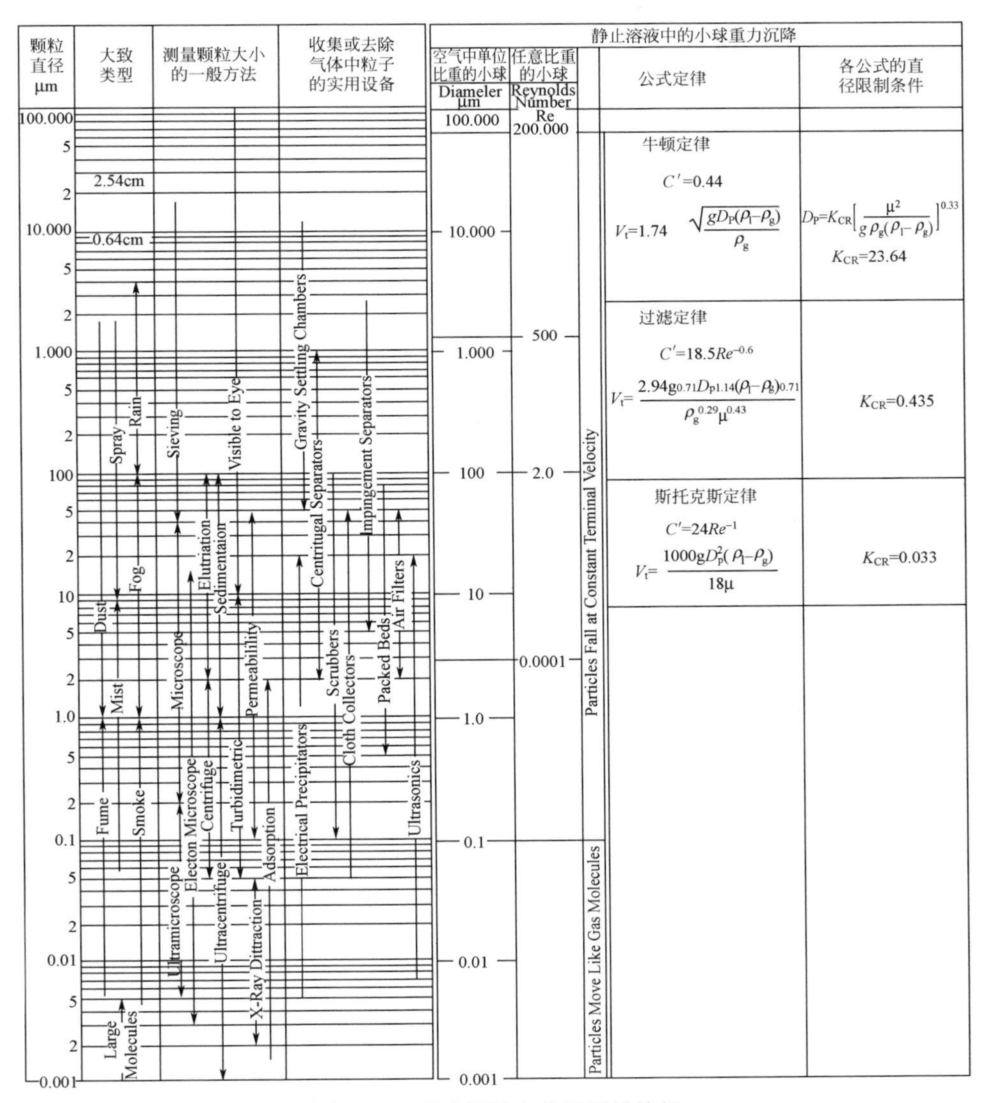

图 6-14　重力沉降定律及颗粒特征

如果作用在液滴上的重力大于气流的浮力和阻力的和（图 6-13），分散的液滴将离开气流。液滴的最终速度可以通过这些力的平衡计算：

$$V_t=\sqrt{\frac{2gM_P(\rho_P-\rho_C)}{\rho_P\rho_C A_P C'}}\tag{6-3}$$

式中　V_t——从气体中分离直径为 D_P 的液滴时所允许的临界气速，m/s；

g——重力加速度，9.81m/s²；

M_P——液滴或颗粒的质量，kg；

ρ_C——连续相密度，kg/m³；

ρ_P——液滴或分散相密度，kg/m³；

A_P——颗粒或液滴通过的截面，m²；

C'——颗粒的阻力系数。

阻力系数和粒子的形状、雷诺数有关。如果粒子形状为实心硬质小球，最终流速可以用下式计算：

$$V_t=\sqrt{\frac{4gD_P(\rho_P-\rho_g)}{3\rho_C C'}}\tag{6-4}$$

式中　D_P——液滴直径，m；

ρg——气相密度，kg/m³。

雷诺数定义为：

$$Re=\frac{1000D_P V_t\rho_c}{\mu_c}\tag{6-5}$$

式中　Re——雷诺数；

μ_C——连续相黏度，MPa·s(cP)。

图 6-15 说明了阻力系数和球形粒子雷诺数的关系，表达式为

$$C'(Re)^2=\frac{1.31\times10^7\rho_c D_P^3(\rho_p-\rho_c)}{\mu_c^2}\tag{6-6}$$

图中曲线可以简化成 3 部分，从中可得到 C'和 Re 近似拟合关系。当把 C'和 Re 的表达式代入方程(6-3) 和方程(6-4) （图 6-15 的横坐标），可获得如下 3 个定律：

① 重力沉降斯托克斯定律区。

在低雷诺数情况下（雷诺数小于 2，为层流流态），阻力系数和雷诺数之间呈线性关系。斯托克斯定律即用于此种情况下，并表示为：

$$V_t=\frac{1000gD_p^2(\rho_p-\rho_c)}{18\mu_c}\tag{6-7}$$

为获得最大液滴直径，对应于雷诺数 2，且取 K_{CR}（图 6-14 中查得）为 0.033，则可由下式计算出相应的液滴直径：

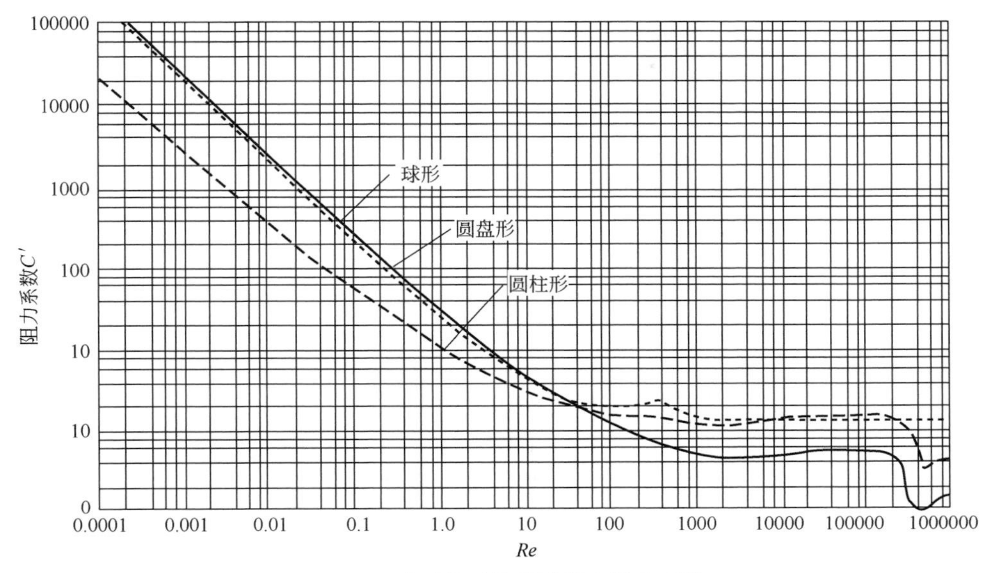

图 6-15 球形粒子的雷诺数和阻力系数

$$D_p = K_{CR}\left[\frac{\mu_c^2}{g\rho_c(\rho_p-\rho_c)}\right]^{1/3} \tag{6-8}$$

斯托克斯定律适用于小液滴和黏度相对高的液相。

② 重力沉降过渡定律区。

重力沉降过渡定律适用于雷诺数在 2~500，最终的流速表达式为：

$$V_t = \frac{2.94g^{0.71}D_p^{1.14}(\rho_p-\rho_c)^{0.71}}{\rho_c^{0.29}\mu_c^{0.43}} \tag{6-9}$$

对应于雷诺数为 500，且取 K_{CR} 为 0.435，则可由式 6-8 计算出相应的液滴直径。

③ 重力分离牛顿定律区。

牛顿定律适用的雷诺数为 500~200000，且主要用于相对较大的颗粒。此时，若雷诺数约在 500 以上，则颗粒的阻力系数极限值定在 0.44。将 C' = 0.44 带入式(6-4) 得：

$$V_t = 1.74\sqrt{\frac{gD_p(\rho_p-\rho_c)}{\rho_c}} \tag{6-10}$$

当液滴非常大时，为使牛顿定律在这种上限情况下依然适用，需要为流体提供一个足以产生高湍流数量级的极限流速。对于牛顿定律区适用的雷诺数上限值是 200000，且 $K_{CR}=2.64$。

式(6-10) 表明了水滴在烃的连续相中时，烃密度和黏度对斯托克斯定律中最终沉降速度的影响。

【例 6-1】 运用阻力系数、斯托克斯公式、以下流体物理参数计算一个立式重力气液分离器液滴最终沉降速度。欲用其分离直径在 150μm 以上的全部液滴。

流体物理参数为 $\rho_c=33.4\text{kg/m}^3$，$\mu_c=0.012\text{mPa}\cdot\text{s}$（cP），$\rho_p=500\text{kg/m}^3$。

解：颗粒直径 $D_P=150\mu\text{m}=0.00015$（m）

根据式(6-6)，得

$$C'(Re)_2=\frac{1.31\times10^7\times33.4\times0.00015^3\times(500-33.4)}{(0.012)^2}=4785$$

根据图 6-15，阻力系数 $C'=1.40$，则沉降速度为：

$$V_t=\sqrt{\frac{4.981\times0.00015\times(500-33.4)}{3\times33.4\times1.40}}=0.14(\text{m/s})$$

（7）碰撞分离。

通常在天然气工业中，单靠重力沉降不足以获得需要的分离结果，还要借助其他的内部构件进行分离。应用最广泛的是碰撞分离设备。这些装置用挡板、壁板、叶片、金属丝或纤维板，通过内部撞击、拦截、气流的滞止进行分离。

内部撞击：内部撞击出现在液滴质量较大时，液滴有足够的动量脱离气流并做直线运动直到碰撞目标。这是筛网、叶片、旋流捕雾器的主要捕捉原理。大多数旋流捕雾器的捕捉效率和斯托克数有关。

直接拦截：直接拦截出现在气流中的颗粒足够小时，当它运动到接近目标时被拦截收集，比如它和目标相切。这对丝网捕雾器来说是第二种捕捉机理。

离心力：颗粒的分离还可通过给它强加辐射或离心力。典型的流动形式是沿着某个壁旋转。这种流动形式是离心速度方向朝着器壁与器壁碰撞从而被收集。

扩散：非常小的颗粒（小于 1μm）由于和气体分子的碰撞做任意的布朗运动。这种任意的运动使颗粒与目标撞击。扩散在气体加工工业用到的分离设备中不是主要的办法。

聚结：自然的或辅助的聚结，自然聚结发生在小的液滴聚集成少量更大的液滴时。这个过程通常很缓慢，因为在气流中的分散液滴间碰撞次数有限。

聚结可以通过使混合物通过表面积大的介质而加速。在气—液分离器中，液滴聚结在除雾装置上，通过重力作用变成大量的液体。在液—液分离器中，液滴用同样的方法聚结，以便更容易进行重力沉降。这是通过使用平行板（促进重力沉降）或与目标介质（如金属丝网）接触实现的。

（8）气—液表面重新进入。

当气流通过液体表面时，它可能会使液滴从气液交界面重新进入气相中。随着气体流速的增加，波动在液体表面出现，将液滴释放到流动的气流中。这种重新进入的实质是气体的速度、密度、传导特性、液体表面的张力、气/液的黏度的作用。降低这种表面重新进入到最低程度是卧式气—液分离器设计的一个主要目的。从气液交界面表面重新进入判定标准的概念是由 Ishii 和 Grolmes 及其他人研究确定的。

Ishii 和 Grolmes 判别准数可以用来估算在卧式气—液分离器气相部分中，气体开始重新进入的最大允许速度计算式为：

$$N_{ref}=\frac{1000\rho_1 V_1 D_H}{\mu_1} \tag{6-11}$$

$$N_{\mu}=\frac{0.001\mu_1}{\left[\rho_1\sigma\left(\frac{\sigma}{g(\rho_1-\rho_g)}\right)^{0.5}\right]^{0.5}} \tag{6-12}$$

式中　N_{ref}——膜雷诺数；

N_{μ}——界面黏度数；

P_1——液相密度，kg/m^3；

V_1——液体流速，m/s；

D_H——液滴水力直径，m；

μ_1——液相黏度，mPa · s(cP)；

σ——液体表面张力，N/m。

流体脱气中给定大小的气泡上升速率可以通过重力沉降理论中的式(6-4) 计算得到。在大多数应用中，分离容器是分级的，以便有足够的停留时间使重新进入的气体离开。再带气不可避免，这是至关重要的，会影响产品的规格要求。带气的原因有：污染、泵的性能或溶剂处理系统。如果大于 200μm 的气泡能够出来，那么带气是可以忽略的。200μm 的气泡的上升速率位于斯托克斯定律区，可以通过式(6-7) 计算得到。对于在其加工工业中的轻质流体，1~2min 的停留时间对脱气是足够的。为使液流更好地脱气，停留时间应随着气体密度和液体黏度的增加而增加。

根据膜雷诺数，Ishii and Grolmes 判别准数分成 5 种流型（表 6-3）。

表 6-3 Ishii—Grolmes 判别准数

	N_{ref}	N_{μ}	$V_{r,max}$
A	<160	—	$1500(\sigma/\mu_L)(\rho_L/\rho_g)^{0.5}N_{ref}^{-0.5}$
B	160~1635	≤0.0667	$11780(\sigma/\mu_L)(\rho_L/\rho_g)^{0.5}N_{\mu}^{0.8}N_{ref}^{-0.333}$
C	160~1635	>0.0667	$1350(\sigma/\mu_L)(\rho_L/\rho_g)^{0.5}N_{ref}^{-0.333}$
D	>1635	≤0.0667	$1000(\sigma/\mu_L)(\rho_L/\rho_g)^{0.5}N_{\mu}^{0.8}$
E	>1635	>0.0667	$114.6(\sigma/\mu_L)(\rho_L/\rho_g)^{0.5}$

注：V_r 为气体相对于液体的流速，单位 m/s。

(9) 气液分离基础。

从气相中分离液相可以通过前面提到的任意一种或几种机理实现。

① 用于重力沉降的桑德斯—布朗方程。

气体中的液滴沉降可以用式(6-4) 表示，这个方程可以简单计算球形液滴的最终沉降速度，是液滴直径、阻力系数的函数。这个简化形式的计算最终沉降速度的方程称为桑德斯—布朗方程。该方程对垂直气流是有效的，上升气流的阻力和重力是平衡的。尽管不够严格，特别是在大流速的条件下，该方程也被用来确定水平方向的液流下降液滴的最终速度：

$$V_t = K\sqrt{\frac{\rho_1-\rho_g}{\rho_g}} \tag{6-13}$$

其中

$$K=\sqrt{\frac{4gD_p}{3C'}} \tag{6-14}$$

式中 K——用于确定分离器尺寸的经验常数，m/s。

② 气液分离中的重力沉降。

在末尾有内部构件的容器中，重力沉降是唯一的分离原理。因此，所需的最小颗粒的最终沉降速度是至关重要的。在立式容器中，当气体的流速小于液滴的最终速度时，液滴将脱离气相。液滴的最终速度可以通过适当的表达式或经验 K 值计算得到。K 值可以通过估计除去的最小液滴尺寸和式(6-13)、式(6-14) 计算得到。在许多气—液重力分离器设计中目标液滴尺寸通常为 250~500μm。在大多数实际应用中这个尺寸对防止液体带气是足够的。在压力高时，对于轻烃分离设备，用式(6-13) 计算式 K 的最大允许设计值经常被降低很多。这是为了考虑由于压力升高，表面张力降低且气体密度增加，这会使更小尺寸的液滴进入分离器的可能性大大增加。

为防止夹带，对于给定的液滴直径，立式分离器需求横截面积按下式确定：

$$A=\frac{Q_{A}}{V_{t}} \tag{6-15}$$

式中 Q_A——实际的气体流率，m^3/s。

理论上，对于给定的气体流速和相界面高度，液滴的最终速度可以用来确定使液滴在到达气相出口前离开气相的需要卧式分离器筒体长度。因此，水平气流理论最大气体流速可以用最终沉降速度计算，计算式为：

$$V_{h,max}=\frac{L_{SET}}{H_{SET}}V_{t} \tag{6-16}$$

式中 $V_{h,max}$——相界面和卧式分离器顶部之间的最大气体流速，m/s；

L_{SET}——卧式分离器有效重力液滴沉降的长度，mm；

H_{SET}——设定高度，m。

式(6-16) 是在水平流沉降力平衡、没有旋流和不考虑末段影响的情况下做出的。在实际应用中，设计需要一个安全系数来考虑这些影响。在许多应用中，典型分离器筒体长度对容器直径的比率即 L/D 为 3∶1 或更大，将导致轴向流 K 值（即 $L/H\times K$）大于 1.0。在实际应用中，有效 K 值受到初始重新进入速率或经验值的影响。

（10）气液分离器除雾器。

除雾器的液滴夹带原理是：除雾器通常被用在气液分离器中，促进重力分离液滴；更小的分离装置也会用到，为了有更高的效率，捕雾器必须有两个基本功能，第一它必须有捕捉液滴的装置，第二它能将捕捉到液滴润湿，防止液滴重新进入气相。

大多数分离失败都是由于重新进入。这是由于气体处理量增加到超过了最大允许上限。气体通过时对除雾器上的液膜施加了阻力，使得液膜被拉到了除雾器装置边缘。如果阻力足够大，液滴将脱离除雾器被气流带走。随着流率增加，气流与大多数除雾器的接触效率增加。因此，增加的气流加剧了液滴的捕捉，也加剧了液滴的重新进入，导致液滴夹带，限制了分离器的容量。

2）立式两相分离器计算

（1）直径及高度的计算。

由前面的颗粒沉降速度公式可以求得在给定条件下的颗粒沉降速度 V_t，在垂直向上的气流中，为了不使颗粒被气流携带出分离器，并考虑到分离器横截面积的利用情况，一般取气流计算速度为：

$$V=\eta V_{t} \tag{6-17}$$

式中，系数 $\eta=0.75\sim0.8$。

设在给定压力 p 及温度 T 的条件下，要被分离的气体流量为 Q_A，令其流经横截面积为 $A=\pi/4\times D^2$（D 为分离器直径）的分离器，则有 $Q_A=AV$ 或 $Q_A=A\eta V_t$。

若表示直径，则有：

$$D=\left(\frac{Q}{0.785v}\right)^{0.5} \text{或者} D=\left(\frac{Q}{0.785\eta\omega}\right)^{0.5} \tag{6-18}$$

换算成工程上常用的单位，气体流量以 Q_g 表示，单位是 m^3/d，压力 p 的单位为 MPa（绝），温度 T 的单位为 K。式中，$p_o=0.101325$MPa（绝），$T_o=293$K，$Z_o=1.0$。

于是：

$$Q=\frac{Q_g}{86400}\frac{0.101325}{p}\frac{TZ}{293} \tag{6-19}$$

将式(6-19) 代入到式(6-18) 中，化简后有：

$$D=7.141\times10^{-5}\left(\frac{TZ}{pV}Q_g\right)^{0.5} \text{或者} D=7.141\times10^{-5}\left(\frac{TZ}{p\eta\omega}Q_g\right]^{0.5} \tag{6-20}$$

从方程(6-20) 可以看出，当 Q_g 和 p 一定时，气流计算速度 V 越小（即相当于颗粒沉降速度 V_t 越小；也就是相应的颗粒直径 D_p 越小），分离器的直径 D 将要设计得很大。看来，要从气流中分离出很小的颗粒，应用重力式分离器是不经济的，还得采用其他有效的措施。这种立式重力分离器的高度为 H，一般取为：

$$H=(4\sim10)D \tag{6-21}$$

（2）分离器进口管、出口管的计算。

根据现场实践经验，气体的进口速度取为 15m/s，出口速度取为 10m/s 效果好。为此，需要先计算气体在操作条件下的流量。

根据方程(6-19)，即可算得分离器进出口管和出口管的直径 D_1 和 D_2 为：

$$D_1=\left[\frac{Q}{0.785V_1}\right]^{0.5} \tag{6-22}$$

$$D_2=\left[\frac{Q}{0.785V_2}\right]^{0.5} \tag{6-23}$$

式中　V_1、V_2——气体的进口和出口速度，m/s。

3）卧式两相分离器计算

当分离器安装成水平位置时，气体成水平方向流动。现设气流中有一颗粒，在颗粒沉降速度 V_t 及气流速度 V 的作用下，颗粒从 A 点走向 B 点

（图 6-16）。请注意，A 为最不利的一点，它要走最长的路程方能沉降到器底 B 点。颗粒的绝对速度 ω'的方向是从气流速度线向下倾斜一个 α 角度。

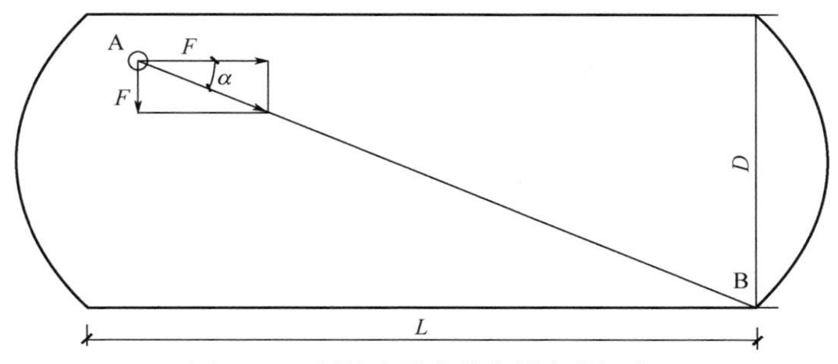

图 6-16 颗粒在卧式分离器内的沉降

从图中可以看出：

$$\cot\alpha=\frac{V}{V_t} \tag{6-24}$$

为使颗粒能从 A 点走到 B 点，分离器的长度至少应为：

$$L=D\cot\alpha \tag{6-25}$$

由式(6-24) 和式(6-25) 得到：

$$\frac{V}{V_t}=\frac{L}{D} \tag{6-26}$$

而气流速度 V（称为计算速度或实际流速）为：

$$V=\frac{Q}{\eta A} \tag{6-27}$$

式中 η——面积利用系数。

由式(6-26) 和式(6-27)，有：

$$\frac{Q}{\eta A}=\frac{L}{D}V_t$$

4）旋风分离器计算

为了分离气流中的颗粒，仅仅依靠重力是不合理的，因为这就要使重力式分离器的尺寸做得很大，消耗更多钢材，增加基建投资。因此在生产实践中还利用惯性力，就是气流方向改变，产生离心力来增大分离效果。主要利用离心力来分离气流中颗粒的分离器称为旋风式分离器。

（1）颗粒沉降的规律。

颗粒在离心力作用下的分离如图 6-17 所示。气流以切线方向从进口管进入分离器内，并在其内作回转运动。由于气体和颗粒的质量不同，于是质量较大的颗粒则留在内圈，这样颗粒与气体就分离了。被抛到器壁的颗粒由于其重力和气流的带动，与气流一道向下运动。当到达圆锥体的底部时，颗粒就由排污口排出。而气流则回转向上由出口管流出。

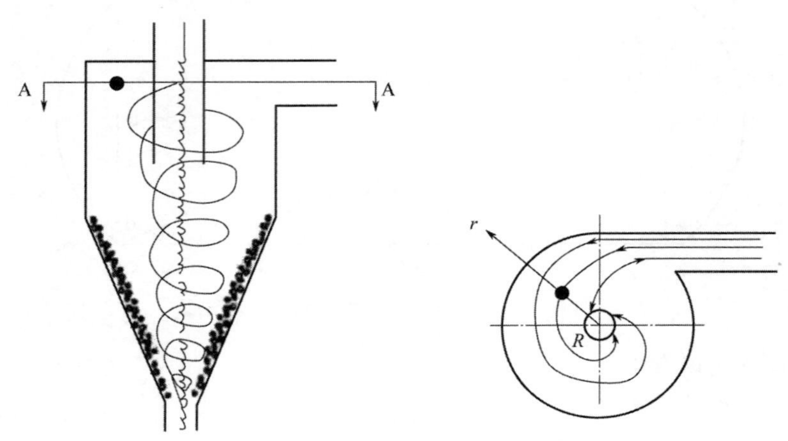

图 6-17　颗粒在离心力作用下的分离

气体质点以相同的角速度作回转运动（如同固体作回转运动一样）。气体在分离器内回转时，中心的静压最小，外圈的静压最大。其压差取决于气体回转的速度，回转速度越大，则外圈与中心的压差也就越大。

现假定在回转的气流中有一球形颗粒，可以近似地认为它受到离心力和介质给予的阻力这两种力的作用。

离心力 f（单位为 N）为：

$$f=m\frac{u^2}{r}=\frac{\pi}{6}D^3\rho_1 r\omega^2 \tag{6-28}$$

$$m=\frac{\pi}{6}D^3\rho_1 \tag{6-29}$$

式中　m——颗粒的质量，kg；

r——回转半径，m；

u——切线速度，m/s；

ω——角速度，rad/s；

ρ_1——颗粒的密度，kg/m^3；

介质给予的阻力 R（单位为 N）为：

$$R=C_D\frac{\pi}{4}D^2\rho_g g\frac{V_t}{2g} \tag{6-30}$$

当颗粒在气流中平衡或做匀速运动时，近似地有：

$$f \approx R \tag{6-31}$$

将式(6-29)、式(6-30) 代入式(6-31)，整理后得到：

$$V_1^2 = \frac{4}{3}\frac{D\rho_1}{C_D\rho_g}r\omega^2 \text{ 或者 } V_1^2 = \frac{4}{3}\frac{D\rho_1}{\rho_g}r\omega^2\left[\left(\frac{V_1 D\rho_g}{\mu}\right)^{n/a}\right] \tag{6-32}$$

方程(6-32) 即为在离心力作用下颗粒沉降的一般表达式。

当微小颗粒时：

$$V_1 = \frac{D^2\rho_1 r\omega^2}{18\mu} \tag{6-33}$$

当较大颗粒时：

$$V_1 = \frac{0.153D^{1.14}\rho_1^{0.71}}{\mu^{0.43}\rho_1^{0.29}}(r\omega^2)^{071} \tag{6-34}$$

当最大颗粒时：

$$V_1 = 1.74\left(\frac{D\rho_1}{\rho_g}r\omega^2\right)^{0.5} \tag{6-35}$$

由上面 3 个方程可以看出，在离心力作用下，颗粒沉降的速度不仅取决于介质的状态和颗粒的直径，而且还取决于旋风分离器的结构和尺寸。这就是与重力式分离器不同之处。

还可看出，颗粒在离心力作用下的沉降速度要比颗粒在重力作用下的沉降速度大$\left(\frac{r\omega^2}{g}\right)^m$倍，其中 $m=1$（最大）、0.71 和 0.5（最小），从而可以得到结论：在相同条件下，旋风分离器的分离效果要比重力式分离器的效果好。

(2) 直径及进出口管的计算。

关于颗粒在旋风分离器内运动的严密理论，至今尚未建立，因此在计算时，常利用基于实验研究的经验公式。旋风分离器的计算是联立求解水利损失方程和产量公式而得出其直径；而旋风分离器的其他尺寸则根据直径来选定。

水力损失方程为：

$$\Delta p = C_D\rho_g\frac{V^2}{2g} \tag{6-36}$$

式中　Δp——旋风分离器内的压力降，毫米水柱；

ρ_g——在分离器内压力、温度条件下的气体，kg/m^3；

V——气体在分离器内的平均速度，m/s；

C_D——水力阻力系数，由实验测定，一般为 180。

产量公式为：

$$Q=\frac{\pi}{4}D^2V \tag{6-37}$$

其中
$$Q=\frac{Q_g}{86400}\frac{0.101325}{p}\frac{TZ}{293}$$

式中　Q——在分离器内的压力和温度条件下的气体流量，m^3/s；

D——分离器圆筒部分直径，mm。

联立求解式(6-36) 和式(6-37) 得到：

$$D=0.536\left(\frac{Q^2C_D\rho_g}{\Delta p}\right)^{0.25} \tag{6-38}$$

式中，$\frac{\Delta p}{\rho_g}$一般取为 55～180，正常情况下取 55～75。

分离器的进出口管径可用下式进行计算：

$$D_1=\left(\frac{Q}{0.785u}\right)^{0.5} \tag{6-39}$$

式中　u——气体的进口和出口速度，在计算时，一般取进口速度为 15～25m/s，出口速度为 10～15m/s。

得到分离器的直径以后，其他尺寸可以相应地来选定，旋风分离器的相关尺寸如图 6-18 所示。

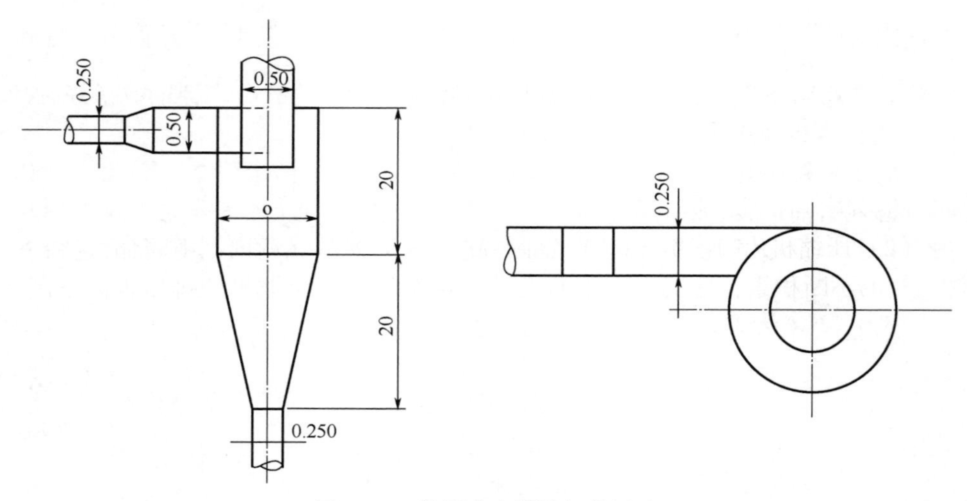

图 6-18　旋风分离器的相关尺寸

二、压缩机的类型及选用

1. 油气藏储气库注气工艺需求及特点

影响注气压缩机选型的主要因素有周边环境、储气库特性和工况特点。

1）环境特点

储气库一般位于人口密集地区，周边环境对环保要求高，需采用低噪声、低排放的压缩机。

2）储气库特性

（1）储气库是一种供气的安全保障措施，因而对其安全可靠性要求高，这对储气库的设计及设备选型产生深刻的影响。在注气期，储气库与输气干线直接相连，一旦停止注气，将对整个输配气系统造成影响，破坏产、供、销的平衡；若压缩机可靠性低、非计划停机多，将增加输配系统调度管理的工作量和难度。

（2）注气压缩机是储气库运行时间最长，也是操作最为频繁，维护、维修工作量和难度最大，维护成本最高的设备。为保证安全、减少非计划停机和减少维护工作量，要求采用机组及配套系统简单、可靠性高、易维护的压缩机。

（3）储气库注气工况变化频繁，要求注气压缩机操作方便、易于调节。

（4）为提高控制水平，降低劳动强度，要求压缩机能够自动运行、远程控制。

3）注气压缩机工况特点

（1）压缩机入口参数，包括进气的压力、气量、温度、气质等，受长输管线的影响，有一定的波动。

（2）压缩机出口参数受储气库地层的影响。在注气期内，随着储气库内注入气的不断积累，地层压力不断上升，相应的注气压缩机的排压也需不断上升（由每个周期的最低压力逐渐升至最高压力），压力变化范围大。

因此，要求采用适应范围广的压缩机。

2. 储气库压缩机选型原则

（1）要做到“简便、环保、节地、自动化”，实现自动运行、远程控制。

（2）要满足注气压缩机入口压力和流量波动的要求，适应输气管网参数变化的要求。

（3）要满足注气压缩机启停间歇时间长的要求。

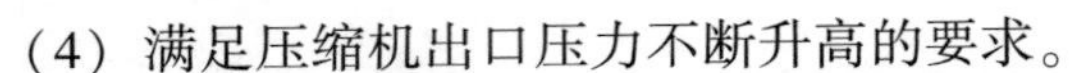

(4) 满足压缩机出口压力不断升高的要求。

(5) 保证注入地下的气质不受压缩机润滑油的污染，以免污染地层。

(6) 多台压缩机同时运行时需保证各自独立而又相互协调。

(7) 机组及配套系统要简单。

(8) 低噪声、低排放。

(9) 易操作、易维护、易管理。

3. 储气库压缩机选型参数的确定

1) 压缩机设置方式

对于储气库注气来说，工艺上可以实现压缩机入口压力维持恒定，但出口压力是随注气进行持续上升的，因此，压缩机排压应能满足最高注气压力的要求（注气末压力）。

对于季节调峰型储气库来说，注气量总量是确定的，但实际运行时的注气量受上游供气能力、下游受气能力（地层吸气能力）等因素影响，因此，压缩机的排气量要求有一定范围的适应性。

如果按照末期注气压力（最高）、平均注气量来配置压缩机组，那么可能存在以下问题：

(1) 注气初期机组低效运行。

(2) 综合注气能力可能不足。气源供气能力大，需要储气库多注气时机组排气能力不足；反之，需要压缩机组减少注气量以适应气源供气能力时，要么机组排量低于下限不能适应，要么机组低效运行。

要解决上述问题，一方面需要对压缩机的排量参数进行优化，另一方面是采用相对小的排量多机组并联的方式——与完全的整机备用不同，应当是研究总排气能力的适宜的备用系数来配置机组台数。压缩机的几个参数说明如下：

(1) 压缩机排量：压缩机排量=总工作气量/注气天数（圆整）。

(2) 压缩机入口压力：压缩机入口压力=储气库与集输管线的节点压力-注气期双向输送管线压降。

(3) 压缩机出口压力：压缩机出口压力=注气期井口压力+注气管线压降（一般取2~3MPa的余量）。

(4) 压缩机出口温度：高压工况下要综合考虑注气管线的压缩机出口温度下的允许操作压力和制冷设备的投资，一般取压缩机出口温度（空冷器后）65~70℃。

2) 压缩机的分类及基本原理

(1) 按工作原理分类。

① 容积式压缩机。直接对一可压容积中的气体进行压缩，使该部分气体的体积变小、压力提高。其特点是压缩机具有容积可周期变化的工作腔。

② 动力式压缩机。它先使气体的流动速度提高，既增加气体分子的动能，然后使气体速度有序降低，使动能转化为压力能，与此同时气体的体积也相应减少。其特点是具有使气体获得流动速度的叶轮。

（2）按结构及工作特征分类见表 6-4。

表 6-4 按结构及工作特征分类

<table>
<tr><td></td><td colspan="9">容积式</td><td colspan="4">动力式</td></tr>
<tr><td>按工作腔中运动件或气流工作特征</td><td colspan="3">往复式</td><td colspan="6">回转式</td><td>离心式</td><td>轴流式</td><td>旋涡式</td><td>喷射式</td></tr>
<tr><td>按工作腔中运动件结构特征</td><td>活塞式</td><td>柱塞式</td><td>隔膜式</td><td>滚动活塞（转子）</td><td>滑片（旋叶）</td><td>涡旋</td><td>罗茨</td><td>单（双）螺杆</td><td colspan="3">叶轮</td><td>喷射泵</td></tr>
</table>

3）各类压缩机的性能比较

各类压缩机的性能比较见表 6-5。

表 6-5 各类压缩机的性能比较

名称	往复式	回转式	离心式	轴流式
排气压力，MPa	一般为 0.2～32，最高为 700	一般为 0.2～1，最高为 4.5	一般为 0.2～15，最高为 70	一般为 0.2～0.8
容积流量，m^3/min	0.1～400	0.1～500	10～3000	200～1000
调节性能	排气压力稳定	排气压力稳定	排气压力随流量变化	排气压力随流量变化
结构及零部件	复杂	较复杂	简单	简单
安装维修	复杂	较复杂	简单	简单
工作腔润滑	有、无	有、无	无	无
气体带液工作适应性	差	强	不可	不可

第三节　往复式压缩机

一、基本名词与术语

1. 工作腔与工作容积

工作腔是指容积式压缩机直接用来压缩气体的腔体，在单作用往复压缩机中工作腔即气缸，在双作用压缩机中一个气缸有两个工作腔轮流工作。

工作容积是指工作腔中实际用来处理气提的那部分容积，对往复机而言就是活塞扫过的那部分容积。

2. 余隙

工作腔中，在排气过程结束后仍存有高压气体的那部分空间称为余隙。余隙存在以及残留在余隙容积中的气体可以起到气垫的作用，避免活塞与气缸发生撞击而损坏。同时通过余隙也可以调整各级压比、均衡活塞力以及进行气量调节。但余隙留的过大，不仅没有好处反而会影响压缩机排量及工作性能。

一般情况下，压缩机气缸余隙容积约为其工作容积的 3%～8%，而对压力较高、直径较小的压缩机气缸，所留余隙容积为 5%～12%。

3. 排量

压缩机排量常用容积流量来表示，压缩机容积流量是指在要求的排气压力下，压缩机单位时间内排出的气体体积，折算到入口条件（即一级入口接管处的压力（p_1）和温度（T_1）时的容积值。

4. 排气压力

压缩机排气压力指的是最终排出压缩机的气体压力。它应在末级工作腔排气法兰接管处测得，单位一般为 MPa。压缩机的排气压力由排气管网决定，压缩机铭牌上的排气压力是压缩机所允许的最大排气压力。

5. 排气温度

压缩机排气温度指的是末级排出气体的温度，它应在末级排气口法兰处测得，单位一般为 K 或℃。排气温度是压缩机安全性能的一个重要指标，由于被压缩气体的性质或工作腔中润滑油的要求或活塞密封材料的要求，排气温度均有所限制，详细指标见表 6-6。

表 6-6 排气温度指标

气体			限制温度，℃	理由
空气	气缸有润滑油	矿物油	180	矿物油黏性及积碳
		合成油	200~250	视合成油的性质、黏性及分解温度
	气缸无润滑油		180	充填的氟塑料活塞环变形；迷宫密封热膨胀与变形
氮氢混合气	有油		160	矿物油黏性
	无油		180	同空气气缸无油润滑
氢气			180	同空气气缸无油润滑
氧气			140	均为无油润滑，密封材料要求，降低氧的氧化性能
氯气	干气		130	电化学腐蚀
	湿气		100	氯化腐蚀
甲烷气			180	矿物油黏性及积碳
乙烯、乙炔气			100	防止不饱和烃高温分解
丙烷气、丁烷气			100	高温时形成白色聚合物

二、典型流程

1. 典型压缩机工艺流程

地下储气库注气工艺包括管压注气和注气压缩机注气两种形式，以注气压缩机注气工艺最为常见。多级注气压缩机注气典型工艺流程如图 6－19 所示。

多级压缩是将气体的总压力分成若干级，按先后级次把气体逐级进行压缩，并在级与级之间将气体进行冷却。图 6-20 为三级压缩机的流程图。其理论循环由 3 个连续压缩的单机理论循环组成。为便于比较分析，假设循环中各级吸气和排气无阻力损失，且各级压缩都按绝热过程（或多变指数相同的过程）进行；每级气体排出经冷却后的温度与第一级的吸气温度相同（即完全冷却）；不计泄漏以及余隙容积的影响。这样，该理论循环的 p—V 图如图 6-20 所示。

图中，1—2 线是绝热压缩线，1—2″是等温压缩线。气体经 I 级压缩后（1—a 线），再经等压冷却（a—a′线），使 a′点温度等于一级入口温度，a′点落在等温线上。以后各级经绝热压缩、中间冷却后均落在等温线上。多级压缩的功耗面积较单级压缩小了阴影的面积，级数越多，且中间冷却后气温越接近一级入口温度时，压缩过程越接近等温压缩，也就越省功。

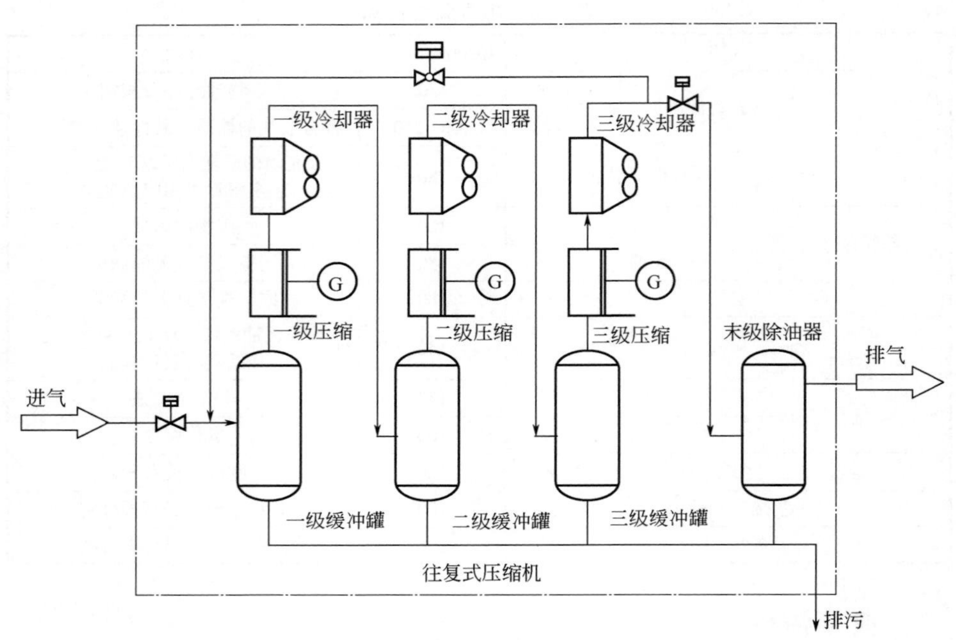

图 6-19　多级注气压缩机工艺流程

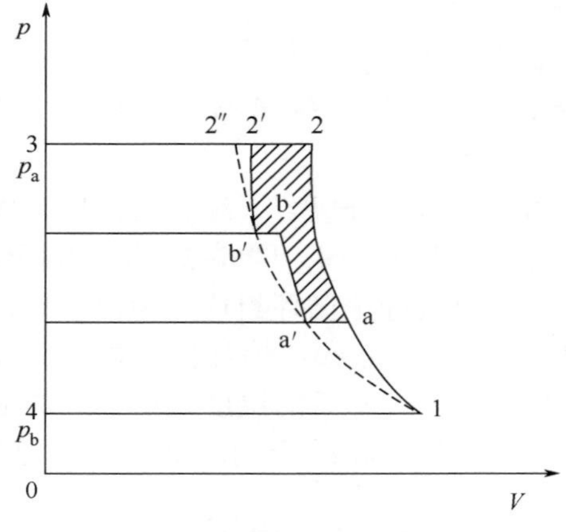

图 6-20　三级压缩机理论循环 p–V 图

2. 压缩机启动

1）启动前准备内容

压缩机启动前应进行全面检查：

(1) 检查注气工艺装置区的流程正确，压力范围是否在启动压力要求区间内。

(2) 检查工艺气系统、润滑油系统、冷却系统、启动系统等无泄漏现象。

(3) 检查一级、二级、三级洗涤罐及除油罐液位，有液位，手动排污。

(4) 确认压缩机及注油器油箱油位、膨胀水箱的冷却液液位、高位油箱润滑油液位（可视窗）为1/2~2/3。

(5) 确认机组各级洗涤罐及除油罐液排污阀关闭；长期停运的压缩机，需启运曲轴箱机油预热和预润滑泵进行润滑。

(6) 确认机组 HOTSTART 系统运行正常。

(7) 确认阀位状态（上位机）：进口阀、进口平衡阀、出口阀关闭；旁通阀、紧急放空阀、加载阀打开。

(8) 确认空冷器、压缩机预润滑油泵处于“自动状态”。

(8) 确认控制盘电源开关（POWER）置于“ON”的位置，指示灯亮。

2) 启动操作内容

(1) 现场启动。

① 确认认控制盘电源开关（POWER）置于“ON”的位置，供电正常。

② 确认“LOCAL/OFF/REMOTE”开关置于“LOCAL”位置。

③ 主画面（MAIN）操作：检查报警情况，无故障，进行复位；按“启动（START）”红色键；再次按键“确认（START YES?）”；压缩机已充压，按“PURGE COMPLETED”。

(2) 启动过程监控（“START SEQ”画面）。

① 启动，“NO SHTDWN PRESENT”绿色显示，没有停机故障存在。

② 运行命令（RUN COMMAND）显示条变亮。

③ 预润滑启动（PRE-LUBE ON）变亮。

④ 预润滑完成（PRE-LUBE COMPLETE）变亮。

⑤ 启动完成（START COMPLETE）显示变亮。

(3) 远控自动启机。

① 控制开关置于“远程（Remote）”。

② LCP 上模式选择开关置于“远控”（REMOTE）位置。

③ 确认机组无故障，且发动机润滑油温大于20℃。

④ 在控制室操作，终端 HMI 启动画面上按下“启动（START）”键，机组进入自动启动程序。

⑤ 终端监控机，在“调速区”用鼠标点击，即可升速或降速。

3. 压缩机停机

压缩机停机方式有：现场手动停机、远控自动停机、紧急停机。

1）现场手动停机

（1）在 LCP 主画面上，进入 PID 控制画面。

（2）缓慢降转速到 800~850 圈/min，运行约 2~5min；

（3）进入“MAIN”主画面，按下“停机（STOP）”键，机组按程序完成降速、卸载、冷机、后润滑、停机。

2）远控自动停机

（1）将选择开关置于远控位置（REMOTE）。

（2）在终端上位机上，按下“停机软键（STOP）”，机组进入自动停机程序停机。

3）紧急停机（手动停机或远程停机）

（1）任何一项自动停机功能失灵不能停机时。

（2）发动机、压缩机任何一处出现严重异常声响时。

（3）压缩机组润滑油、冷却液出现严重泄漏时。

（4）机组天然气管线断裂、严重漏气时。

（5）站内出现地震、爆炸、火灾等紧急情况危及机组安全时。

4. 辅助系统

1）压缩机冷却系统

压缩机的冷却部位及目的见表 6-7。

表 6-7　压缩机的冷却部位及目的

冷却部位名称	冷却目的	备注
气体级间或段间冷却	限制被压缩气体温度； 减少压缩机功耗； 减少活塞力与压缩机重量； 便于分离掉被压缩气体中所含的水与润滑及混合气中可能液化的组分	视气体情况，如吸入干气便无水，气体无油润滑便无油分离
末级排气后冷却	使排气温度降低，体积缩小，即容积流量下降，气体输送管道直径减小； 便于分离掉被压缩气体中所含的水与润滑及混合气中可能液化的组分	对热泵压缩机及排气直接进入高温反应塔又无需分离其他物质时例外
气缸部位冷却	大多数气缸（包括填料）均需冷却，以导出活塞环等因摩擦产生的热量，间或也有气体压缩热	气体无油润滑时尤应冷却；气缸有油润滑时少数中小型压缩机气缸由空气自然冷却
机身部位润滑油冷却	润滑油在润滑运动摩擦面后带走了摩擦热，自身温度升高，为保持黏性循环润滑，故需经过冷却	冷却后油温保持在 50~60℃

压缩机冷却的冷却介质与方法见表 6-8。

表 6-8　压缩机冷却的冷却介质与方法

冷却介质	冷却方式	优点	缺点
空气	由扇风机直接向风冷冷却器吹风或吸风	空气获取方便且无须代价，无水或缺水地区很合适； 在年平均气温 25℃以下地区合适使用；操作方便；结构紧凑，占地面积小	冷却器一般集中布置，对大型压缩机困难较大； 环境温度变化大，被压缩气体工况欠稳定，宜用变速风机； 与被压缩气体温差较大，一般为 10 ~ 15℃，在我国南方不合适； 风机噪声大，要消耗电能，且大于水冷式电耗能
水	由水通过冷却器冷却气体及通过气缸冷却水套冷却气缸，一般水循环使用，由水冷却塔将热水再冷却	水冷却效果好，与被压缩气体温差为 5~10℃； 被压缩气体工况较稳定	冷却塔主要靠水蒸气吸收潜热，故要消耗较多水； 一般冷却水都要经过水处理； 水冷却器要定期进行清理，因为即使水处理后仍可能结垢； 环境温度小于 0℃时，停机时必须把水放掉，或加防冻剂
水+空气	也称混冷方式，即水冷却器系统中水是封闭循环，冷却后的热水再由空气散热器吹风冷却	冷却水基本无损耗； 可以用无杂质的中性水； 可方便地加防冻剂（如乙二醇等）； 可用于缺水或无水地区，寒冷地区等	被压缩气体与空气温差较大，通常大于 15℃； 环境温度高时气体难以被冷却到希望的温度，为此要给风冷散热器喷水
水+水	压缩机冷却系统为封闭式，用水或其他冷却介质进行冷却，冷却后的热水再由开式水冷却塔喷淋来冷却	冷却水基本无损耗； 可以用无杂质的中性水； 可方便地加防冻剂（如乙二醇等）； 压缩机系统冷却水温度受环境影响小； 再冷却塔属水/水传热冷却，水蒸发很少	价格较高； 仍需补充少量水； 适宜于中、小型机组

冷却器结构与气体压力与种类有很大关系。对冷却器的要求是：（1）足够的强度与耐腐蚀；（2）满足冷却温度前提下，结构尽量紧凑、重量轻、占地少；（3）阻力损失小，以减少压缩机功耗；（4）具有因温差不同而造成各零件热变形不同的补偿能力；（5）便于安装与清洗。

冷却器的主要类型有：(1) 管壳式冷却器；(2) 元件式冷却器；(3) 高压管壳式冷却器；(4) 蛇管 (绕管) 式冷却器；(5) 套管式冷却器。

2) 润滑系统与设备

往复压缩机需要进行润滑的运动部件为曲轴、连杆、十字头等的机身部分润滑，以及活塞环、活塞、填料等的气缸部分润滑 (气缸无油润滑除外)。

(1) 机身部分润滑系统。

机身润滑系统，除小型单作用压缩机采用飞溅润滑外，大型、中型压缩机均为压力润滑，即润滑油由专门的油泵供应。

油路系统按油泵驱动方式可分为：外传动式——油泵由专门电动机驱动；内传动式——油泵由压缩机曲轴非功率输入端驱动。采用由单独电动机驱动的循环油路系统，可在压缩机启动前使油泵先开始工作。压缩机的启动开关和循环润滑系统构成闭环连锁，只有当油循环系统中的油压达到一定数值后，压缩机的电动机开关才能闭合启动。循环润滑系统的油压应保持在 0.2~0.4MPa (表压)，一般不允许低于 0.15MPa (表压)。高转速压缩机取较高油压值。

压缩机各种供油线路方式与比较见表 6-9。

表 6-9　压缩机各种供油线路方式与比较

供油路线	优点	缺点	备注
油泵—曲轴中心孔—连杆大头瓦—连杆小头衬套—十字头滑道—储油箱	油路无管道连接	曲轴、连杆需钻油孔；启动时油输至滑道面迟后	小型压缩机，主轴承为滚动轴承
油泵—主轴承—连杆大头瓦—连杆小头衬套—十字头滑道—储油箱	仅需通至主轴承供油管路	曲轴、连杆需钻油孔；启动时油到滑道迟后	适用多列、多拐中型压缩机
油泵—十字头滑道—连杆小头衬套—连杆大头瓦—储油箱	供油管路仅先通到滑道，曲轴无须钻油孔	连杆需钻油孔，启动时大头瓦供油迟后	适用于单拐主轴承为滚动轴承的中型压缩机
油泵—十字头滑道—连杆小头衬套—连杆大头瓦—储油箱 油泵—各主轴承—储油箱	供油充分，连杆无须钻油孔	管路较复杂，连杆需钻油孔	适用于大型压缩机
油泵—十字头滑道—连杆小头衬套—储油箱 油泵—各主轴承—连杆大头瓦—储油箱	供油充分，连杆无须钻油孔	管路较复杂，曲轴需钻油孔	适用于大型压缩机

机身润滑系统设备主要有供油泵、滤油器、集油箱。

润滑油在循环使用中，不可避免地要被磨损微粒、尘埃及空气接触时产生的氧化胶状物所污染。这些杂质如不及时滤掉，会使零件发生快速磨损或者使油道堵塞。压缩机的耐久性与润滑油的清洁程度关系密切，故设置过滤效果好的滤油器十分重要。良好的滤油器应具有过滤效果好，流动阻力小，尺寸小，重量轻等特点。滤油器分粗滤、细滤、精滤三档。

中型、小型压缩机曲轴箱即作为集油箱，大型压缩机循环油量大，对油质要求高，因此要设专门的集油箱，如对润滑油进行适当地再处理。

（2）气缸注油润滑系统。

① 系统与注油点。气缸注油润滑系统主要由供油的柱塞泵、油管路和注油点接管等构成。低压级气缸上的注油点都安排在气缸轴向的中间位置。缸径在400~450mm，一般设置一个注油点；缸径在450~700mm，设置两个注油点；缸径在700~800mm以上，设置3~4个注油点。

② 气缸注油量。通过注油器供给气缸和填料润滑的油量，实际上就是耗油量。因为这些油绝大部分都将随排气一起带出，最后在油、水分离器中被分离并作为污物而排出，极少量润滑油将会随气体直至工作处。通过注油器给压缩机气缸的供油量应适当。供油不足时，会使摩擦副之间不能形成油膜，或者不能形成供油充分状态下那种最厚的油膜，这样会导致磨损加剧和摩擦耗功增加。

③ 注油器。注油器分为真空滴油式注油器、明给式注油器、双柱塞式注油器和分配式注油器。

④ 气体压缩机气缸润滑油及其他润滑剂。天然气压缩机的润滑油，一般用矿物油。但天然气会被矿物质油吸收，使油的黏度降低。矿物油不行时可采用氟硅油。

三、压缩机容积流量调节

1. 调节目的

通常，用户总是根据最大耗气量来选择压缩机。然而在使用过程中，由于种种原因，用户对气量的需求常常是变化的。当容积流量大于耗气量时，管网中气体压力就会升高；当容积流量小于耗气量时，管网中的压力又会降低。压力过高时会导致破坏性事故，因此管网中的压力波动必须控制在一定的范围内，这就需要对压缩机的容积流量进行调节。

2. 对调节的要求

容积流量调节应尽量满足以下要求：

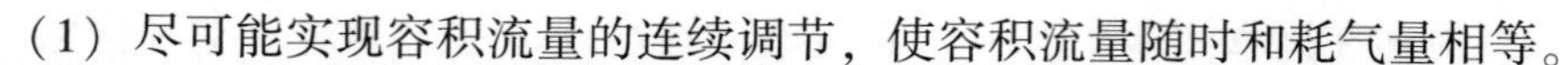

（1）尽可能实现容积流量的连续调节，使容积流量随时和耗气量相等。

（2）对微小型压缩机，调节系统力求简单、操作方便、工作可靠。

（3）对中大型压缩机，调节工况的经济性要尽可能高。

3. 调节方法

压缩机的容积流量调节可能是连续的，也可能是分级的。在最简单的情况下，压缩机只有排气和不排气两种工作状况，即为间断调节。

压缩机调节方法的分类都是以调节器在机器上作用的部位来区分的，常见有以下4种：

（1）作用于驱动机构的调节：单机停转调节、多机的分机停转、驱动机停转调节和离合器脱开调节以及变转速调节。

（2）作用于气体管路的调节：进气节流调节、截断进气口调节以及进气与排气连通调节。

（3）作用于气阀的调节原理和调节机构：全行程压开进气阀和部分形成压开进气阀。

（4）连通补助余隙容积调节容积流量：连通固定补助余隙容积、连通可变补助余隙容积和部分行程连通补助余隙容积。

四、往复压缩机主要技术参数解析

1. 流量（调节方式）

一般往复压缩机组流量调节的方式及特点见表6-10。

表6-10　往复压缩机组流量调节方式及特点

调节执行部位	序次	调节方式	使用条件	调节特性
驱动机	1	单机停转	简单易行、适用于微型、小型压缩机	间断
	2	多机分机停转	站内有多台压缩机时使用此法比较方便分级	
	3	无级变速	采用内燃机或汽轮机驱动时，可分别调速至60%与25%； 采用变频电机驱动时，频率变化范围为30～120Hz；采用缠绕式异步电机驱动，增加转子电阻范围100%～60%	
	4	分级变速	采用分级变速电机驱动，改变定子电极对数，通常只能在1～3对电极之间变化	分级

续表

调节执行部位	序次	调节方式	使用条件	调节特性
气体管路	5	进气节流	大中型压缩机的小范围调节（100%~80%）	连续
	6	截断进气口	常用于单级往复或回转压缩机中	间断
	7	进排气管自由连通	主要用于启动卸荷或小量调节时	间断
	8	进排气管节流连通	适用于辅助性微量调节	连续
气阀	9	全行程压开进气阀	各级进气阀同时全部压开，适用于所有压缩机	间断
	10	部分行程压开进气阀	用于第一级与末级或用于调节需控制某级间压力的后级，范围为100%~60%，装置较复杂	连续
气缸余隙	11	连通一个或多个固定补助余隙容积	用于大型工艺压缩机和空压机	间断、分级
	12	连通可变补助余隙容积	用于大型工艺压缩机，调节范围为100%~0	连续
	13	部分行程连通补助余隙容积	用于大型工艺压缩机，调节范围为100%~60%，调节装置较复杂	连续
活塞	14	改变行程	用于电磁压缩机、自由活塞压缩机，调节范围为100%~0	连续
综合调节	15	联合使用10与11	大型多级压缩机第一级用部分行程压开进气阀，末级用补助余隙容积	连续、间断
	16	联合使用3与9或3与6	内燃机驱动时，100%~60%的负荷由内燃机改变转速，60%~0由压开进气阀或截断进气完成	连续、间断

储气库注气期，由于断块不同，其吸气能力不同，注气量不同；同时对同一断块而言，随着注气压力的不断提高，单井注气量也随之下降。因此需对压缩机的流量进行调节。

1）旁路回流

多余气体经旁路返回进气腔。为使压缩后的气体降压，一般在旁路装截流阀。此方法简单、易于安装，目前已经在储气库广泛应用。但在排气量减少的同时未能使装置能耗降低，只适合应用于短期或间断性调节。

2）余隙气量调节装置

余隙容积决定排气量大小。余隙容积的改变通过在气缸头加装附加调节装置实现。但是对低压缩比（<1.3）情况，为达到低的排气量（<40%），所需增加附加余隙容积就很大。此方法在20世纪80年代就有成熟的应用，近年又有新进展。

实际应用中的余隙容积调节方法在机器运行时，按照余隙是否可变分为固定和可变余隙调节。固定余隙调节通过更换余隙调节装置部件改变余隙大小。而可变余隙调节因调节机构复杂，在国内还没有相应报道。在国外，余隙调节装置已有相当长应用时间，现阶段开发的余隙调节装置同控制系统结合在一起，实现了自动实时的控制。

2. 压缩机杆负荷

压缩机基础件，如机身、连杆、十字头、活塞杆的设计一般都以活塞杆负荷为基准参考数据，也就是说机型的大小是由活塞杆负荷所确定的。在平均活塞速度确定的情况下，活塞杆的气体负荷基本上就可以确定，机型的大小也就可以确定。在选择机型时应注意以下 5 点：

（1）在任何工况下（包括压缩机部分卸荷及出口压力为安全阀定压条件下）综合活塞杆负荷应小于压缩机制造厂规定最大允许连续综合负荷。一般来说，对于同一机型最大允许连续综合负荷小于最大允许连续气体负荷。

（2）气体载荷是由于差压作用于活塞上产生的力，而活塞杆综合载荷是气体载荷和惯性力的代数和。惯性力是由于往复质量的加速度产生的力。十字头销的惯性力，是所有往复质量的总和（活塞和活塞杆组件、十字头组件与十字头销）与其加速度之乘积。

（3）最大许用气体载荷是制造商对压缩机静止部件（如机身、中体、气缸及连接螺栓）所允许承受连续运转的最大的力；而最大许用活塞杆综合载荷是制造厂对全部运动件（活塞、活塞杆、十字头组件、连杆、曲轴和轴承）连续运转所允许承受的最大力。

（4）实际计算的气体载何在任何规定的工况下，考虑到可能出现的最低进口压力及最高的出口压力下，应不超过制造商规定的最大许用气体载荷；同样，实际计算的活塞杆综合载荷也不应超出最大许用活塞杆综合载荷。

（5）实际计算的气体载荷最大值一般不等于实际计算的活塞杆综合载荷，并且最大值出现的相位角也不相同。

3. 线速度

1）转速

由排气量公式可知，排气量随转速 n 的提高而增大。对于已使用的机器，适当提高转速，可使生产能力增大；对于新设计的机器，转速提高，可减小机器体积、减小机器质量。转速越高，相同功率的电机越小，并有可能与压缩机直联，占地面积小，总的经济性好。但是转速提高也带来不利因素，当转速增大时，往复惯性力增加。若最大惯性力大于最大活塞力，则运动机构的设计将以空车运行时的最大惯性力为依据，运动部件的利用程度差。对于平衡不够好的压缩机，高转速会使其不平衡惯性力和力矩增加，从而加剧了机器和基础的振动。转速高降低了易损件的寿命。此外，转速增高，气流在气阀中的速度增大，阻力损失增加，压缩效率降低。

2）行程

选择行程 S 时，应考虑以下因素：

（1）排气量大小：排气量大，行程可取长些；反之，取短些。

（2）机器的结构类型：对于立式、V 形、W 形、扇形等结构，活塞行程不易取得太长，否则不利于使用和维修。

（3）气缸的结构主要考虑 I 级缸径与行程要保持一定的比例。若行程太小，则吸气和排气接管在气缸上的布置将发生困难（特别是径向布置气阀的情况）。

3）活塞平均速度

活塞平均速度：

$$C_{\mathrm{m}}=\frac{S\cdot n}{30}$$

式中　S——行程；

n——转速。

C_{m} 可以反映活塞环、填料函、十字头的磨损情况。当这些零件的摩擦表面所受作用力，C_{m} 值高，则这些零件在单位时间内摩擦的距离长，故磨损严重且消耗较多的摩擦功；若 C_{m} 值低，则摩擦小、耗功小。

C_{m} 还反映气流流动损失的情况，C_{m} 越高，流经管道及气阀的压力损失越大，因此活塞平均速度关系到压缩机的经济及可靠性。对于大中型工艺用压缩机，一般可取 3.5~4.5m/s；对移动式压缩机，为尽量减小尺寸和质量，一般可取 4~5m/s；对微型和小型压缩机，为使结构紧凑，采用较小的行程，虽有较高的转速，但活塞平均速度却要低，约为 2m/s 左右。有油润滑的压缩机活塞线速度可控制 4.5m/s 以下，无油或少油润滑的压缩机一般控制在 4.0m/s 以下。相应的压缩机转速有油润滑可在 300~750rpm，而无油的一般在 275~500rpm，大型压缩机通常采用较低的转速如 275rpm、300rpm、333rpm，而中型、小型压缩机采用较高的转速如 375rpm、500rpm、750rpm 等。

4. 反向角

往复活塞压缩机拥有最为广泛的性能参数覆盖，容积流量、吸排气压力和轴功率等参数最为宽泛。因此被广泛用于石油天然气工业的集气外输、油气加工、注储干气、气举排水采气、气举采油、注气和原油稳定等。在使用中发现连杆小头衬套存在有时烧损的问题，据分析这直接和连杆小头衬套的润滑不良有关。导致连杆小头衬套润滑不良的原因很多，如油道堵塞、油压

低、活塞杆负荷不能反向等，其中活塞杆负荷反向问题是影响连杆小头衬套润滑的最重要原因。活塞杆及所有传动部件都受压力或拉力，这个压力或拉力使十字头销压在连杆小头衬套的一侧，而另一侧出现了间隙，使润滑油进入润滑和冷却该侧的大半个十字头销和连杆小头衬套，如果只受一个方向的力，十字头销总压在连杆小头衬套的一侧，那么受压一侧将始终没有间隙，也就没有润滑和冷却。因此，活塞杆所受力的方向必须改变，使连杆小头衬套两侧轮流得到润滑和冷却，这就是“负荷反向”。负荷反向必须保持一定时间，允许润滑油充分进入润滑和冷却十字头销及连杆小头衬套。活塞杆负荷反向的核算是往复活塞压缩机设计的一项重要工作；同时压缩机在工况变化时也必需进行负荷反向的计算，要保证负荷反向有足够长的时间。活塞杆负荷反向必须要持续一定的时间，以允许润滑油充分进入并发挥作用。这个时间以曲轴转角来表示称为“反向角”。APl618 标准规定反向角不小于 15°，Cooper 公司规定其压缩机反向角要在 30°以上，Arial 公司规定最小反向不小于 25°。如果没有活塞杆负荷反向或足够大的反向角，十字头、十字头销及连杆小头衬套会在几分钟的运行时间里产生高温并烧损。活塞杆所受负荷是往复运动惯性力、气体力、摩擦力的合力称之为综合活鬖力。惯性力的大小与转速的平方及质量成正比，在一个压缩周期内总有反向并有很大的反向角。而气体力在一个周期中可能有反向角，但反向角很小，也可能无反向角。

当综合活塞力指向气缸侧时，十字头销紧压在连杆小头衬套的气缸侧，十字头销和连杆小头衬套在曲轴侧得到润滑和冷却；当综合活塞力反向指向曲轴侧时，十字头销紧压在连杆小头衬套的曲轴侧，十字头销和连杆小头衬套在气缸侧得到润滑和冷却。可见只有当反向角足够大时才能让十字头销和连杆小头衬套两侧得到充分的润滑和冷却。

1）影响反向角的主要因素及改善

（1）主要因素。

① 压缩机气阀工作与负载状况也会导致反向角的变化，压缩机气阀工作状况的好坏与负载也是影响反向角的重要因素，因为它决定着活塞杆所受气体力的大小。假如气阀尤其进气阀出现较严重的泄漏，作用在活塞上的气体力将明显减小；而排气阀故障则可能造成排气压力过高，引起较大的气体力。这些情况会引起反向角不符合设计要求，很可能造成连杆小头衬套烧损。所以，一般压缩机生产商对负荷曲线都有严格的规定，操作时必须严格遵守。

② 惯性力是个反向变化的力，它的增大使连杆负荷值和反向角都增大。往复运动重量的大小对反向有直接的影响，如果活塞重量轻，惯性力就小，其反向的惯性力就可能不足以克服气体力，从而不能保证要求的反向角。但是在设计中不能依靠增大往复运动质量来提高往复惯性力，从而有较大的反

向角，因为往复惯性力增加会引起机组的振动和噪声增大。

③ 气缸缸径与活塞杆的匹配会对反向角产生影响，特别是在小缸径在大压比的工况下，活塞将会产生较大的气体力，引起无反向角或反向角过小。

④ 余隙的大小也会引起综合活塞力的分布，在压比一定的情况下，余隙的大小决定了气体膨胀过程的长短，因此其也会对反向角造成一定的影响。

⑤ 单作用气缸很容易产生无反向角，缸头端作用比曲轴端作用更易造成无反向。对单作用气缸来说，增加负荷将降低反向角，在非工作端增加负荷提高反向角。当选择承压面积小的曲轴端作为工作端时，工艺气压缩负荷小，而反向角增大，但排量小；选择缸头端作为工作端时，工艺气压缩负荷变大，也可能造成无反向角。

（2）反向角改善的主要措施。

① 对于高压比、小缸径的活塞，一般采用活塞尾杆结构，利用活塞尾杆使活塞两端面受压面积相等或接近来减小压力，还要严格按规范选择活塞的重量，定期检查气阀工作情况。

② 压缩机运行中应避免工况出现大的波动，破坏活塞杆的负荷反向，导致连杆小头衬套出现润滑不良故障。

③ 保证压缩机的油路清洁和油品品质达标。

④ 压缩机在工况调整时应先理论分析其受力情况，计算反向角是否符合规定。

5. 功率

根据所选择的基准过程，热力循环可以是：等温过程，即假定压缩过程是等温而且没有损失的；等熵（可逆绝热）过程，即假定压缩过程中熵不变；多变过程，即假定沿着一条尽可能接近实际过程的曲线进行可逆压缩的过程。

1）理论功率

理论功率是指在一台没有损失的压缩机中，按所选定的基准过程，将气体从给定的吸气压力压缩到给定的排气压力，理论上所需要消耗的功率。

（1）理论工作循环。

压缩机每转一圈，气缸内都有膨胀、吸气、压缩、排气四个过程，组成一个工作循环，其过程服从热力学规律。所谓理论工作循环是以以下假设为前提的压缩机理想化工作过程：

① 在进气和排气过程中没有阻力损失，且气体状态保持不变。在压缩过程中多变指数保持不变。

② 压缩机没有余隙容积，因而被压缩的气体能够完全排净。

③ 没有漏气现象。

④ 被压缩气体是理想气体。

由理想循环压力指示图（图 6-21）可知，它由等压进气过程 4-1、定指数压缩过程 1-2、等压排气过程 2-3 组成。压缩过程为热力学过程，而进气过程、排气过程不是热力学过程。因此压缩机工作循环不是热力循环。

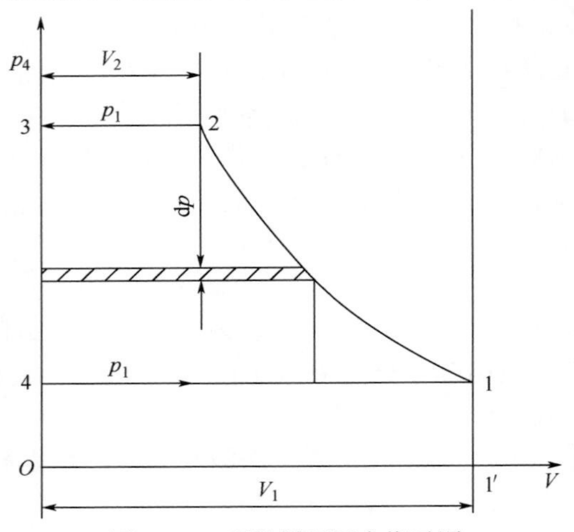

图 6-21　理想循环压力指示图

理想循环时，压缩机完成一次循环所消耗的功最小，如理想气体压缩过程功（图 6-22）所示，其值为：

$$W_i = \int_{p_1}^{p_2} V\mathrm{d}p \tag{6-40}$$

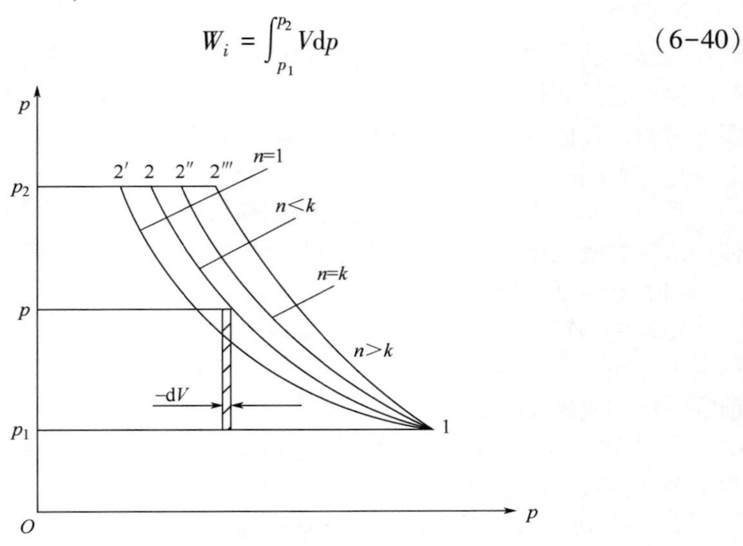

图 6-22　理想气体压缩过程功

由积分式(6-40)，可得多变循环指示功为：

$$W_i^{\mathrm{pol}}=p_1V_1\frac{n}{n-1}\left[\left(\frac{p_1}{p_2}\right)^{\frac{n-1}{n}}-1\right] \tag{6-41}$$

等熵压缩循环指示功为：

$$W_i^{\mathrm{ad}}=p_1V_1\frac{k}{k-1}\left[\left(\frac{p_1}{p_2}\right)^{\frac{k-1}{k}}-1\right] \tag{6-42}$$

等温循环指示功为：

$$W_i^{\mathrm{is}}=p_1V_1\ln(p_2/p_1) \tag{6-43}$$

（2）理论功率计算。

理论等温功率 p_{is} 表示为：

$$p_{\mathrm{is}}=\frac{1}{60}p_{\mathrm{s}}Q_0\ln\varepsilon \tag{6-44}$$

式中 p_{s}——第一级进气压力，Pa；

ε——压缩机的总压比；

Q_0——压缩机的容积流量，m^3/min。

多级压缩机中若有中间抽气（或加气），水分析出以及回冷不完善时，理论等温功率应该分级计算，即：

$$p_{\mathrm{is}}=\frac{1}{60}\sum M_jRT_j\ln\varepsilon_j \tag{6-45}$$

其中

$$M_j=\frac{Q_{\mathrm{o}}p_s}{RT_2}\lambda_{\varphi}\lambda_{\sigma j}$$

式中 M_j——级的质量流量，kg/min；

T_j——级的进气温度，K；

ε——级的总压力比。

当为理想气体时，理论绝热功率 p_{ad} 为：

$$p_{\mathrm{ad}}=\frac{1}{60}\sum M_jRT_j\frac{k}{k-1}\left(\varepsilon_j^{\frac{k-1}{k}}-1\right) \tag{6-46}$$

或

$$p_{\mathrm{ad}}=\frac{Q_{\mathrm{o}}}{60}\sum p_{\mathrm{s}i}\frac{T_j}{\tau}\lambda_{\varphi}\lambda_{\sigma j}\frac{k}{k-1}\left(\varepsilon_j^{\frac{k-1}{k}}-1\right) \tag{6-47}$$

2）指示功率

压缩机中直接消耗于压缩气体的功，即由示功器记录的压力（容器图）所对应的功称为指示功。单位时间消耗的指示功称为指示功率。在压缩机上，用示功器测得气缸的指示图。目前指示图的取得采用机械示功器、电子示功器及计算机采集数据再绘制图等方法。取得指示图后用求积仪或计算机求出它的面积，则可得压缩机每转的指示功为：

$$W_i = AM_p m_v \tag{6-48}$$

指示功率为：

$$N_i = W_i n = \frac{1}{1000} Am_p m_v n \tag{6-49}$$

式中 N_i——指示功率，kW；

A——实测指示图面积，cm^2；

m_p——指示图上压力坐标比例尺，即压力坐标每 1cm 代表 m_p 压力，Pa；

m_v——指示图上容积坐标比例尺，即容积坐标 1cm 代表 m_v 容积，m^3；

n——压缩机转速，rad/s。

双作用气缸，应取两侧气缸指示功率之和，多级压缩机则将各级气缸指示功率相加得到整台压缩机的指示功率。

3）轴功率和驱动机功率

（1）轴功率。

轴功率是压缩机驱动轴所需要的功率。它等于内功率加上机械损失功率，但不包括外传动（如齿轮或皮带传动）损失的功率。因此，轴功率包括指示功率、传热及泄漏损失功率、机械损失功率三部分。定义内功率与轴功率之比称机械效率。在以往资料中定义指示功率与轴功率的比值为机械效率：

$$\eta_m = \frac{N_i}{N} \tag{6-50}$$

（2）驱动功率。

驱动功率是原动机输出轴的功率，与轴功率的差别在于传动系统消耗了能量，因此传动效率 η_e 表示两者之间的关系：

$$\eta_0 = \frac{N}{\eta_e} \tag{6-51}$$

6. 效率

压缩机的效率是表示压缩机工作的完善程度，是用理想压缩机所需功率和实际压缩机所需功率之比来表示的，并以此来评价压缩机的经济性。

1）等温指示效率

压缩机的等温指示效率 η_{i-is} 是指理论循环等温指示功率与实际循环指示效率之比：

$$\eta_{i-ig} = \frac{p_{is}}{p_i} \tag{6-52}$$

因为理论的等温循环指示功率是压缩气体所必需的最小功率，所以等温指示效率反映了压缩机实际消耗的指示功率与最小功率接近的程度，也即压缩机的经济性情况。

2）等温轴效率

压缩机的等温轴效率 η_{is} 是指理论循环等温指示功率与实际轴功率之比：

$$\eta_{ig}=\frac{p_{is}}{p_{sh}} \tag{6-53}$$

等温轴效率可用来评价压缩机轴功率消耗的经济性，它同时反映了压缩机指示功率损失与机械摩擦功率损失。一般往复式压缩机的等温轴效率为60%~75%。下限值属于高速小型移动式压缩机，上限值属于设计精良的大中型压缩机。

3）绝热效率

压缩机的绝热效率 η_{ad} 是理论循环绝热功率与轴功率之比：

$$\eta_{ad}=\frac{p_{ad}}{p_{sh}} \tag{6-54}$$

因为实际压缩机级的压缩过程趋于绝热过程，故绝热效率能较好地反映相同级数时气阀等阻力元件压力损失的影响及泄漏的影响。

4）等温—绝热效率

将压缩机的理论循环的等温指示功率与理论循环的绝热指示功率相比，其比值称为等温—绝热效率 η_{is-ad}，即：

$$\eta_{is-ad}=\frac{p_{is}}{p_{ad}} \tag{6-55}$$

等温—绝热效率反映了压缩机级数对压缩机经济性的影响，并且把等温效率和绝热效率联系成一定关系，即：

$$\eta_{is}=\eta_{ad}\eta_{is-ad} \tag{6-56}$$

5）机械效率

通常压缩机的机械效率 η_{m} 用实际循环的指示功率和轴功率之比来表示，即：

$$\eta_{m}=\frac{p_{i}}{p_{sh}} \tag{6-57}$$

影响机械效率的因素很多，如压缩机的方案、结构特点、制造质量、润滑状况等均对它有影响。因此，详细的实际情况很复杂。根据资料与部分试验结果，往复压缩机各部分摩擦功所占百分比见表6-11。

表 6-11 往复压缩机各部分摩擦功所占比例

部位名称	活塞环（处于气体压力作用下）	活塞环（仅限本身初弹力）	填料	十字头销	十字头滑道	轴柄销	主轴径
比例,%	38~45	5~8	2~10	4~5	6~8	15~20	13~18

不同往复压缩机的机械效率，据统计如下：中、大型压缩机 $\eta_m=0.86\sim0.92$；小型压缩机 $\eta_m=0.88\sim0.90$；微型压缩机 $\eta_m=0.82\sim0.90$。

高压压缩机由于填料部分摩擦功耗较大，无润滑压缩机活塞环等摩擦功耗较大，宜取低限值；主轴直接驱动油泵、注油器及风扇（当风冷时），机械效率更低些；整体式摩托压缩机宜取上限值。

7. 压缩机功率影响因素

压缩机功率主要受压缩机入口气体压力与压缩后气体温度的影响。

1）压缩机入口气体压力

压缩机压缩气体是一个对气体做功的过程：压缩机使气体具有压缩能，在压缩机出口压力不变的情况下，如果气体的起始压缩能越高，则压缩机所做的功就越少，压缩机的功率也就越小。由图 6-23 可知，当压缩机入口气体压力增大时，压缩机的功率将随之减少。对于多级往复式压缩机来说，在其他条件不变的情况下，改变入口压力，只会影响一级压缩机的功率，不会影响二级压缩机的功率。当入口气体压力每升高 0.01MPa 时，压缩机功率的减少量逐渐降低。

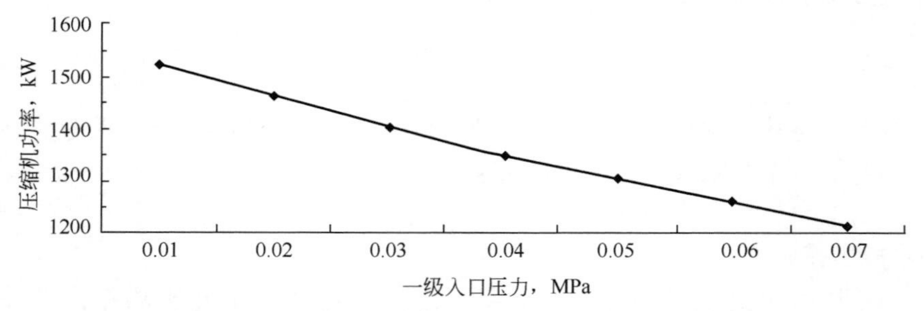

图 6-23 压缩机的功率随一级入口压力的变化曲线

2）压缩机一级出口压力

对于二级压缩的往复式压缩机来说，一级出口压力即为二级入口压力，一级出口压力的变化会影响一级压缩机的功率，同时也会影响二级压缩机的功率。在其他条件不变的情况下，增加一级出口压力，会使一级压缩机的功率增加、二级压缩机的功率减少。图 6-24 为一级压缩机的功率随一级出口压力的变化曲线，一级出口压力升高，气体具有的压缩能提高，使一级压缩机对气体做功增加，同时一级压缩机的功率也增加。

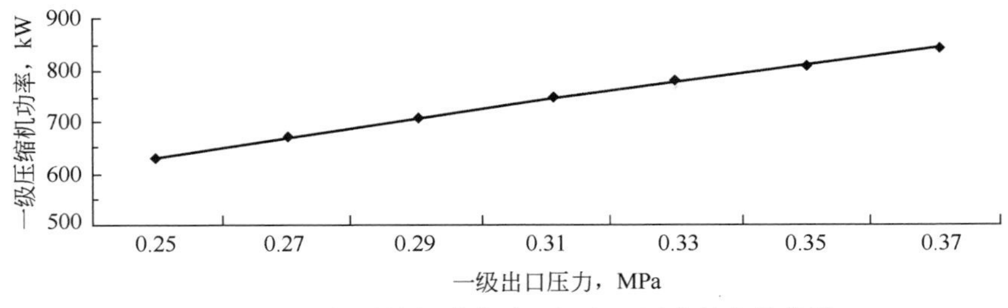

图 6-24　一级压缩机功率随一级出口压力的变化曲线

图 6-25 为二级压缩机功率随一级出口压力的变化曲线，一级出口压力升高，使进入二级压缩机的气体具有的初始压缩能增加，因此，二级压缩机对气体所做的功减少，二级压缩机的功率也减少。图 6-26 为整个往复式压缩机功率随一级出口压力的变化曲线。

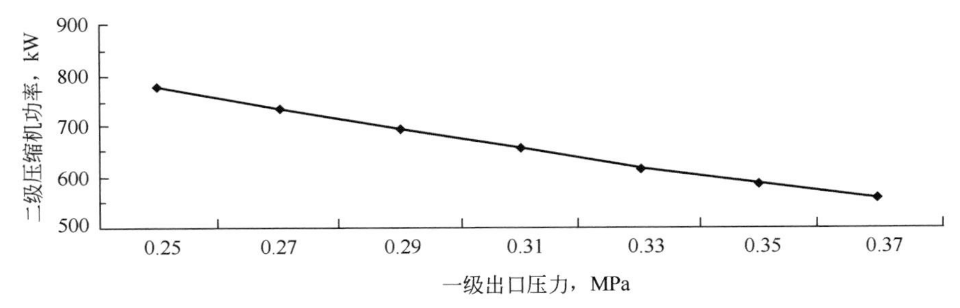

图 6-25　二级压缩机功率随一级出口压力的变化曲线

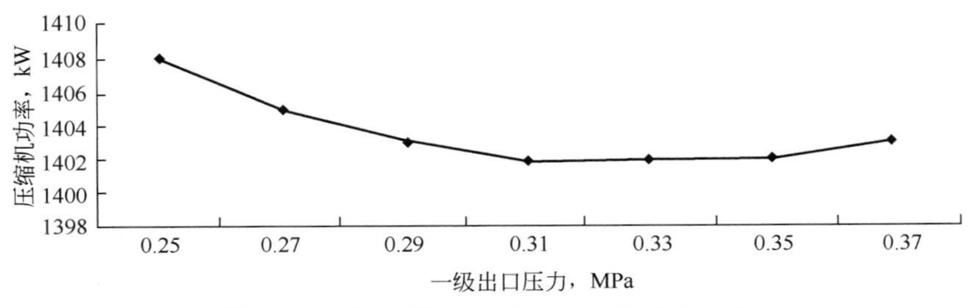

图 6-26　压缩机随一级出口压力的变化曲线

3）压缩机二级出口压力

二级出口压力越高，说明压缩机释放的能量越多，对气体所做的功就越多，则压缩机的功率也就越高，如图 6-27 所示。对于多级往复式压缩机来

说，在其他条件不变的情况下，改变二级出口压力，只会影响二级压缩机的功率，不会影响一级压缩机的功率。

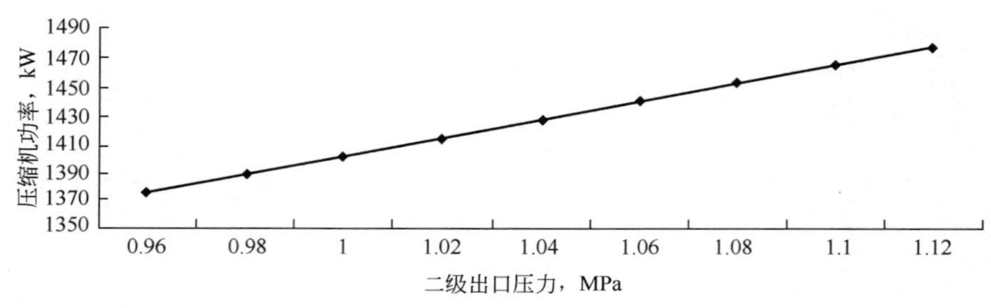

图 6-27　压缩机的功率随二级出口压力的变化曲线

4）级间冷凝器的出口温度

气体被压缩，体积减小，温度升高。因此，需要冷凝设备来给气体降温。级间冷凝器是多级往复式压缩机必备的冷却设备，冷凝物质主要是水，目的是降低二级压缩机入口气体的温度，以此来保护压缩机。

压缩机的主要作用就是对气体做功，使气体具有压缩能，以输送气体或者为化学反应创造必要的条件。压缩机的入口、出口气体压力的大小，直接影响压缩机的功率，对于多级往复式压缩机来说，前一级压缩机的出口气体压力和级间冷凝器的出口温度影响下一级压缩机的功率。入口气体压力越高，压缩机对其所做的功越少，压缩机的功率就越低；压缩机出口温度越高，压缩机所消耗的功率逐渐降低，但是温度对压缩机的功率影响不大。

5）转速

在一定的条件下，提高转速是提高压缩机生产能力的一种有效手段。提高转速，排气量会相应增加。但如果压缩机在不改变有关气体流通部件（如气阀、中间管道、冷却器等）的情况下将转速增加得过多，功率增加的速度会大大超过排气量增加的速度，这是不经济的。若转速增加得过多，应对压缩机的有关气体流通部件进行相应改造。

6）气缸余隙容积

活塞式压缩机通常配备辅助室，以改变气缸的余隙容积，达到控制流量的目的。如第一级缸端的余隙采用调节辅助室措施而使其减少，则相应排气量和功率增加，且一级的压缩比和活塞的负荷也将增加。

五、压缩机噪声与降噪措施

压缩机是使气体获得能量并能输送气体的机械。它在运行过程中产生强烈的噪声，一般都在80dB以上，而且呈中低频特性，传播距离比较远。尤其在夜晚，严重影响周边人们的生活。压缩机产生的高噪声对设备操作人员的身心健康也有很大的危害。因此在储气库设计中需考虑压缩机噪声治理的问题。

1. 噪声控制指标

注气压缩机间、压缩机空冷器对厂界处的噪声影响符合《工业企业厂界环境噪声排放标准》（GB 12348—2008）Ⅱ类标准的昼间标准值，即LAeq≤60dB；夜间标准值，即LAeq≤50dB。

2. 压缩机噪声源

压缩机是一个多源发声体，其噪声主要由以下4个部分组成。

1）进气噪声

压缩机运转时，在进气口间歇进气，随着压缩机气缸进气阀的间断开启，气体被吸入气缸。而后进气阀关闭，气缸内的气体被压缩。吸气和压缩交替进行，在进气口附近产生了压力脉动。压力脉动以声波的形式从进气口传出，形成进气噪声。

2）管道和储气罐噪声

排气噪声是由于气流在排气管内产生压力脉动所致。管道噪声是由于管道内气流不断排出和补充，产生气流脉动。声波穿透管壁，使管道辐射噪声。压缩机气体的进入和排出使储气罐内的压力升高和降低，从而产生气流脉动，导致储气罐产生噪声。

3）机械噪声

机械噪声是指压缩机运转时，阀门等运动零部件摩擦、撞击、共振以及壳体振动产生的噪声。

4）驱动机噪声

压缩机所用驱动机为三相异步电动机。电动机的噪声一般由3部分组成：通风噪声（空气动力性噪声）、机械噪声和电磁噪声。通风噪声是电动机运行时的主要噪声源，它主要是风扇旋转形成的空气涡流噪声及气流撞击障碍物而产生的噪声，其强度与叶片的数量、尺寸、形状及转速有关。机械噪声包括电动机转子不平衡引起的低频声、轴承摩擦和装配误差引起的高频声、结构共振产生的噪声等。它对电动机噪声的影响仅次于空气动力性噪声。电磁噪声是由于电动机空隙中磁场脉动、定子与转子之间交变电磁引力、磁致伸缩引起电机结构振动而产生的倍频声，电磁噪声的大小与电动机的功率及极数有关。

3. 压缩机噪声控制

1）注气压缩机间

在压缩机间内墙面和顶部安装轻质复合吸隔声结构，以降低厂房内的混响噪声和噪声向外传播的强度。厂房的门窗将全部关闭，并设为高隔声量的隔声门窗。在满足噪声不向外界扩散的情况也应确保压缩机间的通风量，对厂房实行机械送风散热。在机房北墙外部设置迷宫式进风消声室，消声室内安装轴流风机进行强制通风，顶部上方设置排风消声室，即室外新风由通风消声室进入厂房，室内形成正压，新风与室内热空气混合，混合后的热空气上升后由排风室排至室外，进排风消声室内设置消声片以降低机房内噪声向外的传播强度。

采用吸声砖砌筑扩张式放空消声器，防止压缩机排烟管道放空口处和管壁透射噪声直接辐射到厂界。

2）压缩机空冷器

在空冷机组区域范围内搭建隔声消声室，也就是用隔声消声室把空冷机组全部封闭起来，每台机组风机排风口处加装用消声片制作而成的排风消声器和导流罩。进风隔声消声室除一侧利用压缩机间墙体，其余 3 个侧墙和顶部将采用轻质隔声吸声结构，为满足通风需求，三面侧墙上底部将安装进风消声器，进风消声器设置为消声片制作而成的折板式消声百叶窗，三面侧墙面上安装隔声采光窗，整个厂房形成一个三面进风的消声室。

第四节　离心压缩机

本节提供了足够精确的资料以确定在某一给定的工程中是否应该使用离心压缩机。同时，介绍了离心压缩机特性计算的资料。

表 6-12 给出了离心压缩机能够处理的大致流量范围。通常多叶轮（多级）离心压缩机用于入口排量为 850～340000m^3/h 的场合。在入口排量为 170～255000m^3/h 时，通常使用单叶轮（单级）离心压缩机。可以认为多叶轮压缩机是装在一个壳体内的一系列单叶轮离心压缩机。

表中的效率值仅供参考。在指定工艺条件下，离心式压缩机的效率取决于叶轮流量系数的优化能力。当没有采用最优叶轮的流量系数，以及压缩比较高或叶轮多于 4～5 时，效率会降低。在 1998 年这些效率反映在压缩机的设计上，在早期的设计中，一般可能使效率降低 4%。

表 6-12　离心压缩机的流量范围

公称流量范围 入口，m^3/h	多变效率 平均值	等熵效率 平均值	一级叶轮产生 30000（N·m/kg）压头的转速，rpm
170~850	0.68	0.65	20500
850~12700	0.78	0.76	10500
12700~34000	0.84	0.81	8200
34000~56000	0.84	0.81	6500
56000~94000	0.84	0.81	4900
94000~136000	0.84	0.81	4300
136000~195000	0.84	0.81	3600
195000~245000	0.84	0.81	2800
245000~340000	0.84	0.81	2500

大多数离心压缩机的工作转速达到 3000rpm 或更高时，限制因素是叶轮应力以及在叶轮入口和外缘处马赫数不超过 0.8~0.85。随着最近压缩机设计的发展，已可以生产出速度为 40000rpm 以上的设备。

离心压缩机通常由电动机、蒸汽轮机或燃气轮机（带或不带增速齿轮箱）或透平膨胀机驱动。离心压缩机在其流量范围的低端与往复压缩机的流量范围重叠。高端与轴流式压缩机重叠。重叠的程度取决于许多因素。在确定安装何种形式的压缩机之前，必须考虑使用、操作要求和经济等因素。

离心压缩机的设计要求见 API 标准 617《石油、化学和气体工业用轴流、离心压缩机及膨胀机—压缩机》。

一、离心压缩机组件

图 6-28 和图 6-29 中分别为典型离心压缩机主要组件结构图及剖面图。进入压缩机入口管嘴的气体引至叶轮入口（通常需要借助导向叶片）。由多个旋转叶片组成的叶轮为气体提供机械能。

气体离开叶轮后，气体速度增大，静压增高。在扩散器中，一部分速度能转变为静压能。扩散器中可以没有叶片或包含许多叶片。如果该压缩机装有一个以上的叶轮时，气体将通过返回管路和返回叶片被带到下一个叶轮的前面。如果压缩机只有一个叶轮，或最后一个叶轮位于多级压缩机的扩压器后，则气体进入放空系统。放空系统是能进一步将动能转化为静压的容器，或是在气体通过管嘴排出压缩机之前设置的一个简单容器。

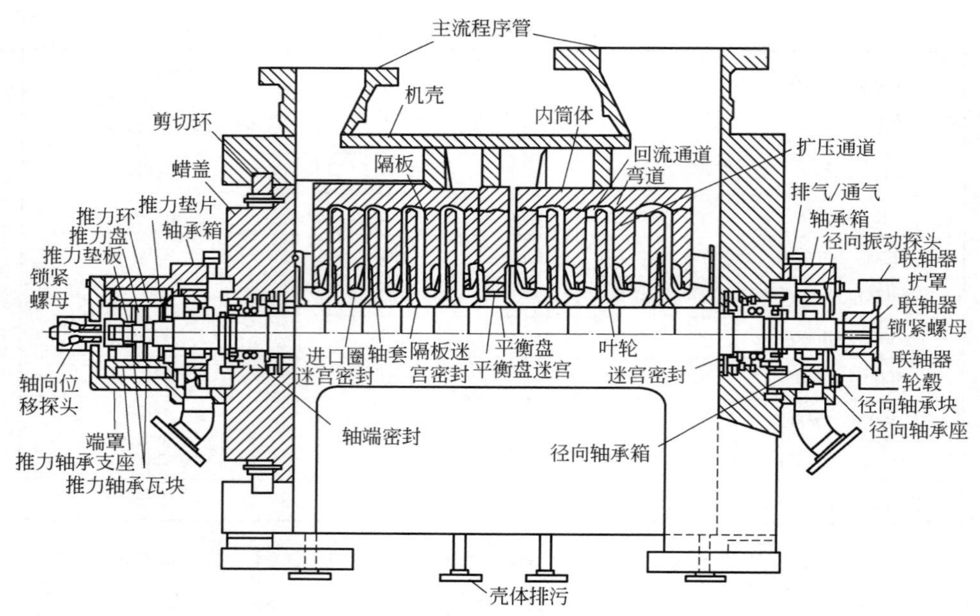

图 6-28　典型离心压缩机主要组件结构图

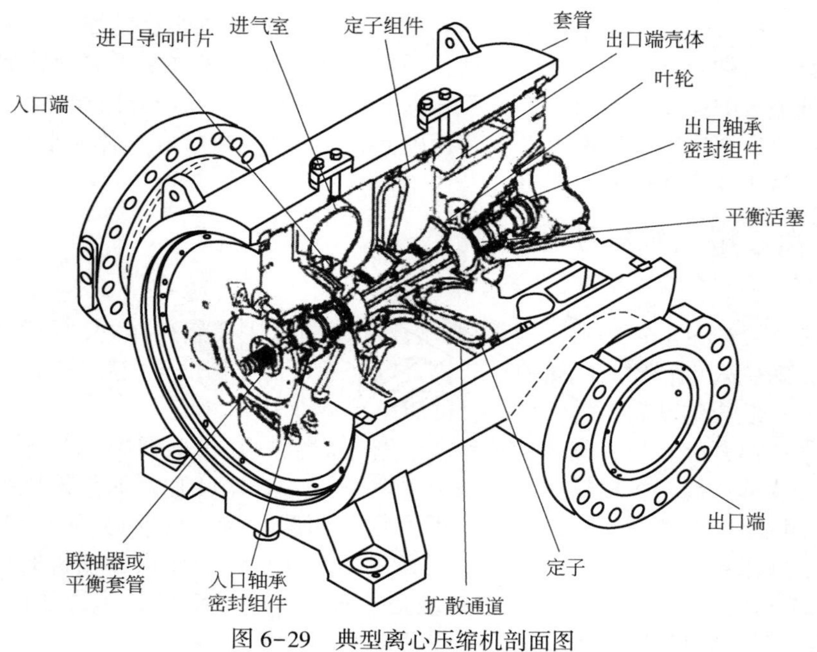

图 6-29　典型离心压缩机剖面图

压缩机的旋转部分全部由叶轮组成。该转子上的两个径向轴承运行（在所有现代的压缩机中为流体力学轴承）产生的力是通过倾斜推力轴承获得平衡的，而由叶轮产生的轴向推力通过平衡活塞获得平衡。

为防止气体从轴端逸出，通常在两轴端用干气进行密封。过去使用其他类型的密封件，但实际上，在石油和天然气工业中使用的所有现代离心式压缩机都采用干气密封。

全部组件装在一个壳体内。当出口压力低于约 3400kPa 时，壳体水平分割，以便安装旋转部件。对于更高的排出压力，所用压缩机通常是筒型的，可承压的对称壳体由高压套管和位于两端的端盖组成。当一个端盖打开时，轴承、密封件、和气动元件（包括旋转和固定）（图 6-30）可从壳体中拉出或送进。压缩机压头如图 6-31 所示。

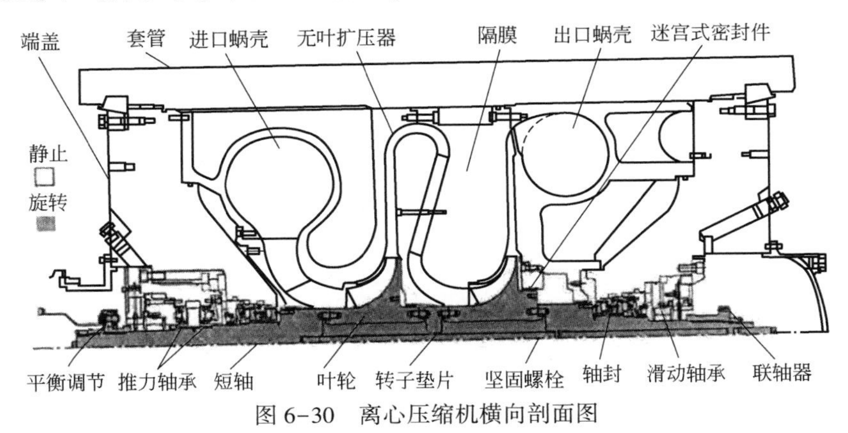

图 6-30　离心压缩机横向剖面图

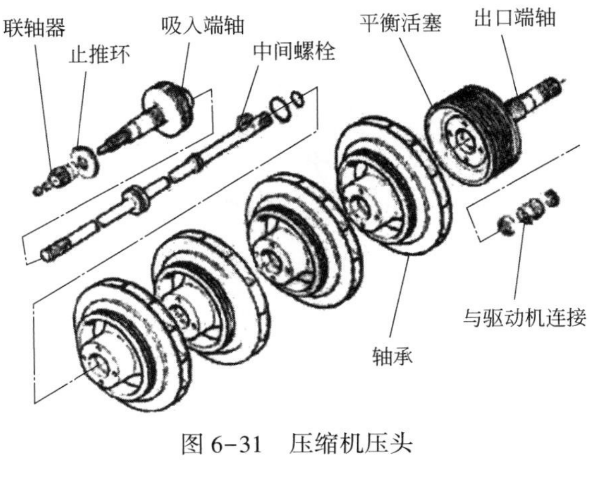

图 6-31　压缩机压头

二、特性计算

压缩机在进行某条件下的适用性计算之前，必须确定其操作特性。图 6-32 给出了轴流式压缩机、离心压缩机和往复压缩机特性的粗略比较。

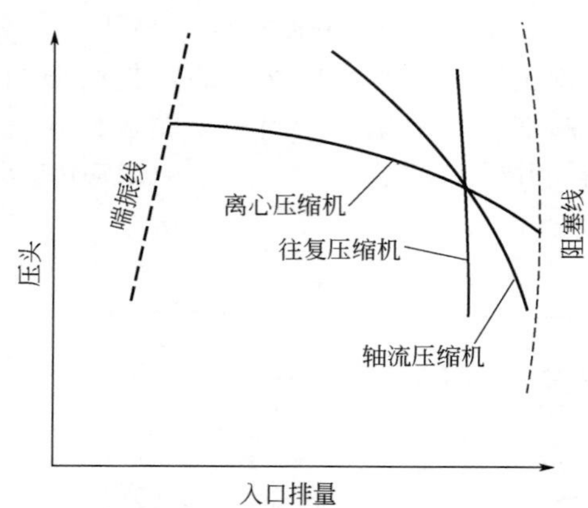

图 6-32　3 种压缩机特性曲线比较

离心压缩机近似为恒压头变排量。往复压缩机近似为定流量变压头。轴流式压缩机为低压头高流量，其特性曲线介于两者之间。一个离心压缩机是它所在系统的一部分，因此，特性是由系统阻力决定的。在选择压缩机之前，必须先确定系统的能力和任务。

这些曲线受许多变量的影响，如期望达到的扭缩比、气体种类，叶轮数、压缩机大小等。

由于是可变速的，故离心压缩机能在变压力条件下输出恒定排量的气体，在恒定压力下输出变排量的气体，或者气体的排量和压力都是变化的。

1. 相似定律（风扇定律）

在一定的简化条件下，可以比较压缩机在不同速度下的操作点（Kurz 和 Ohanian，2003）。风扇定律表明了这一事实，该定律只适用于在各阶段马赫数相同的情况，当用下式计算时，马赫数在小于 10%的范围内时（单级和双级压缩机），该定律仍然可以表示近似结果：

$$M_N=\frac{u}{\sqrt{k_1 Z_1 R T_1}} \tag{6-58}$$

式中　M_N——马赫数；

u——叶轮顶端速度，m/s；

k_1——入口气体绝热指数，C_P/C_V；

Z_1——入口气体压缩因子；

R——通用气体常数，8.134kPa（表压）·m^3/(kmole·K)，213.6 kg·m/(kmole·K)，8.314kJ/(kmole·K)；

T_1——入口气体绝对温度，K。

多级压缩机中出现少量偏差是可以接受的（Kurz 和 Ohanian，2003）。风扇定律是基于这样的事实：如果对于两个工作点 A 和 B 的速度改变（特别指出流动角度没有改变）是由同一因素造成的，则压缩器在这两个操作点时有如下关系：

$$\begin{cases}\dfrac{Q_A}{N_A}=\dfrac{Q_B}{N_B}\\[2ex]\dfrac{H_{isA}}{N_A^2}=\dfrac{H_{isB}}{N_B^2}\end{cases} \tag{6-59}$$

式中　Q_A——A 点实际流量，m^3/h；

Q_B——B 点实际流量，m^3/h；

N_A——A 点转速，rpm；

N_B——B 点转速，rpm；

H_{isA}——A 点等熵过程压头，kN·m/kg；

H_{isB}——B 点等熵过程压头，kN·m/kg。

因此，这并不意味着要迫使压缩机沿风扇线操作。在一般情况下，系统按压头与流量的相互关系进行操作，不能（或不完全）由风扇定律描述。新产生的系统压力的交叉点和可由风扇法律描述的参数将构成系统的新的运行条件。

图 6-33 是典型的低压缩比压缩机特性曲线。系统阻力已经叠加在图上。线 A 代表典型的闭式系统的系统阻力，如制冷设备中就有一个基本不变的出口压力。线 B 是敞开系统的系统阻力，如管线输送中压力随排量增加而增大。图 6-34 是高压缩比压缩机的特性曲线。由于压缩比

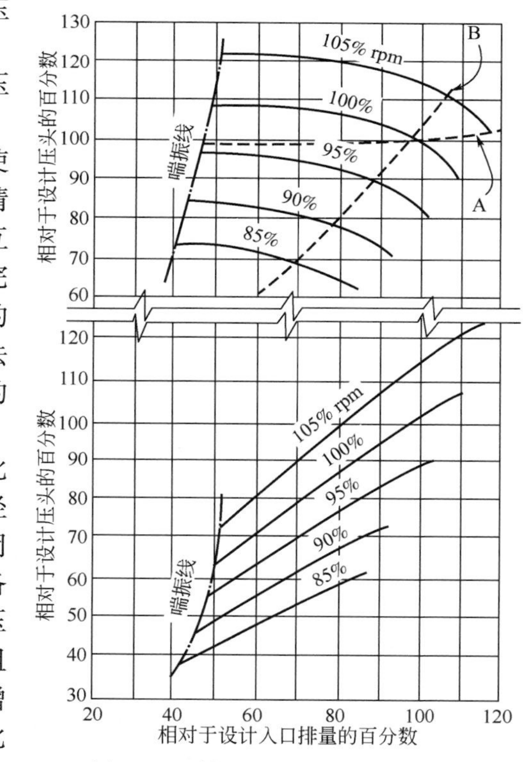

图 6-33　低压缩比压缩机特性曲线

较大，其稳定操作的范围变小。这可由图 6-34 中的喘振线比图 6-33 中的喘振线进一步向右移动看出来。

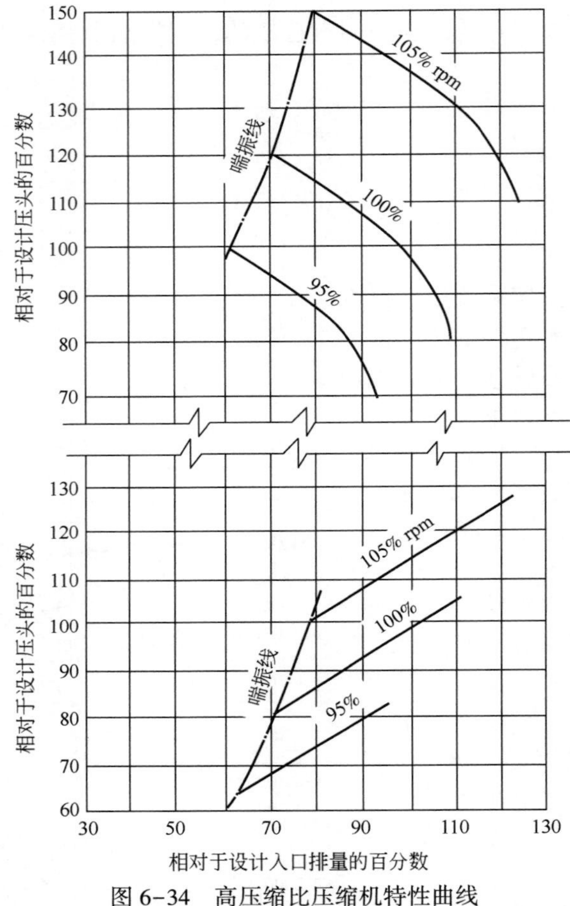

图 6-34　高压缩比压缩机特性曲线

2. 特性估算

图 6-35 至 6-42 可用于估算离心压缩机的特性，这些曲线仅适用于估算，不能代替制造商所进行的逐级选择计算，也不能用以现场数据计算的特性与以制造商数据为基础的预期特性进行比较来确定其偏差。图 6-35 是标准体积流量（SVR）转换成实际流量（IVR）例子。所有离心压缩机都是以标准体积流量（SVR）或实际流量（IVR）为基准的，这样做是因为叶轮对入口容积、压缩比（即压头）和比速度敏感。

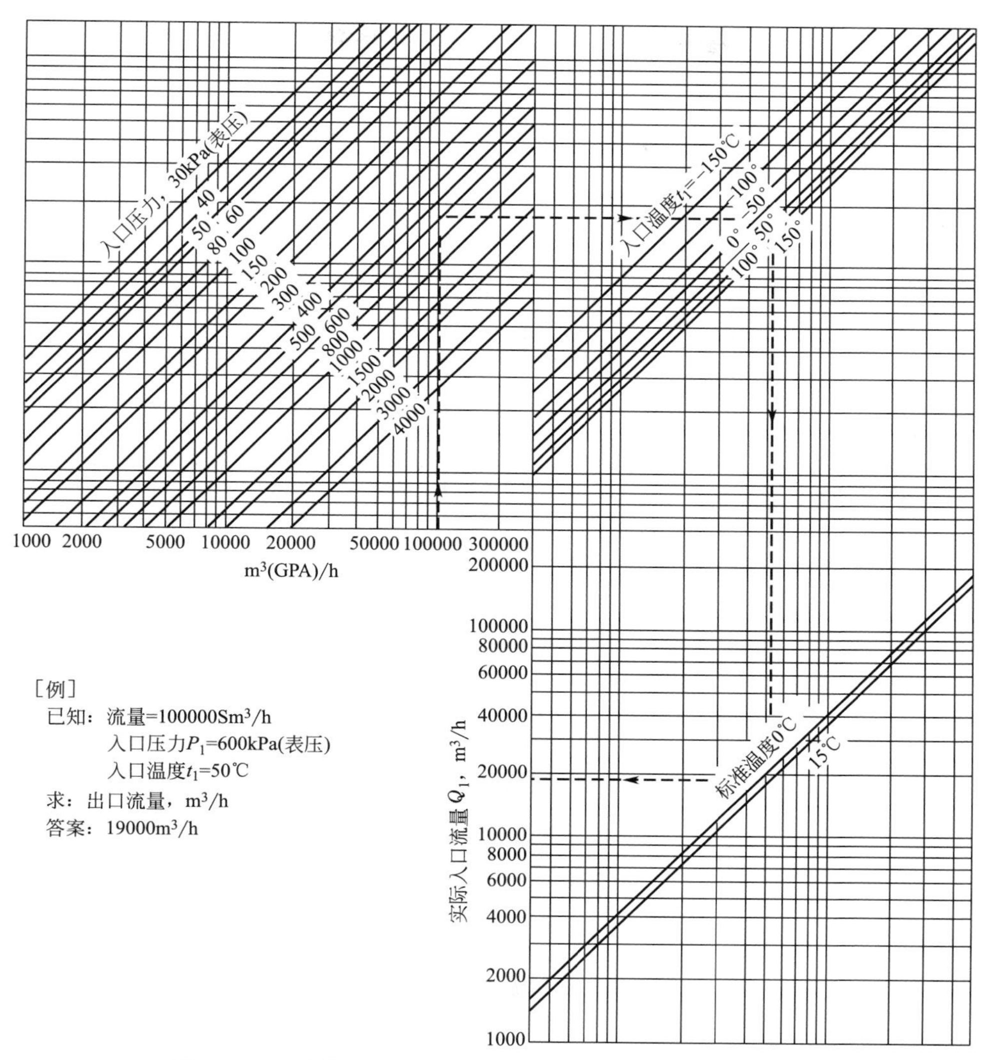

图 6-35　标准体积流量（SVR）转换为实际流量（IVR）$Z=1$

图 6-36 在已知重量流量（kg/h）时求取单位时间的入口（实际）排量的曲线。实际流量和入口流量都是指入口条件下的排量。这些术语经常互换使用。反过来，这条曲线也能用于求取质量流量。

图 6-37 用于确定由给定压缩比后出口温度的近似值。出口温度超过200℃时，会出现机械问题或安全问题，所以，应重新检查和计算这个曲线适

用于效率为60%~75%范围内的压缩机。

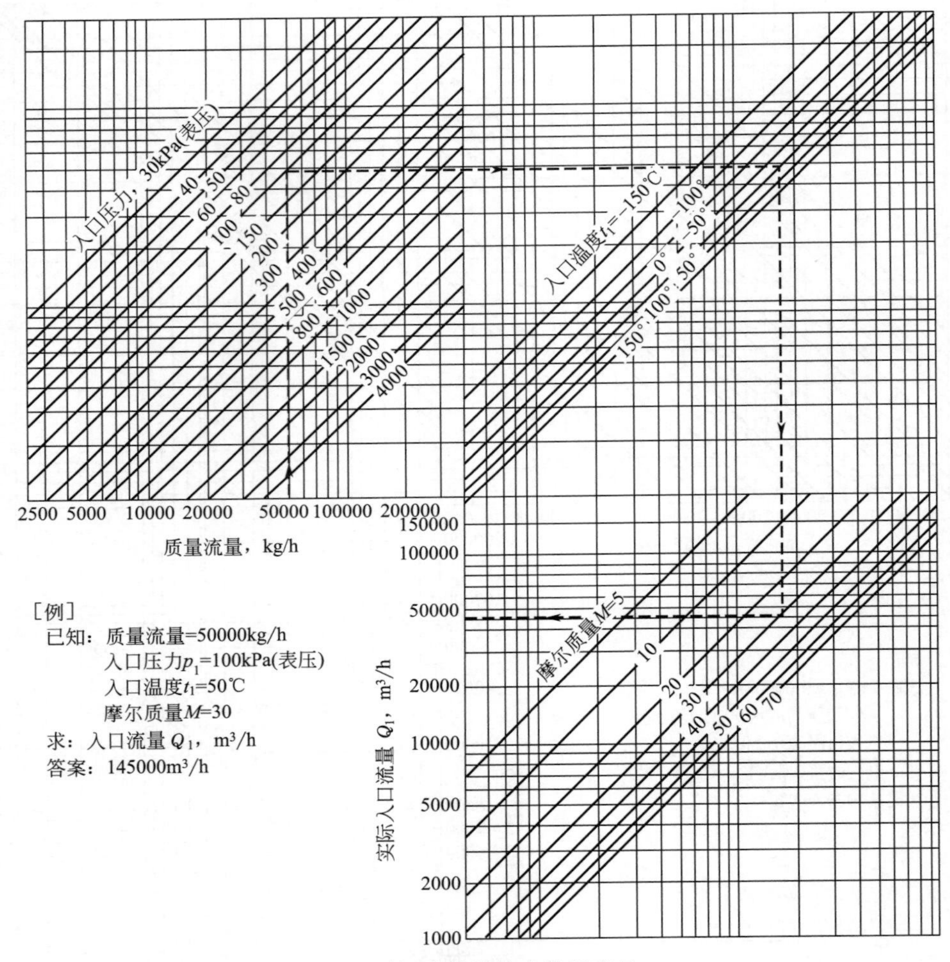

图6-36　质量流量转换为体积流量 $Z=1$

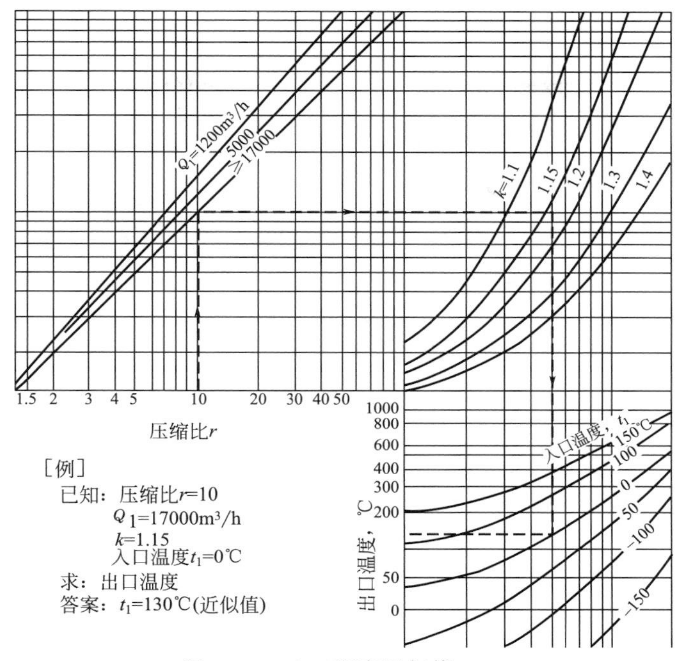

图 6-37　出口温度近似值 $Z=1$

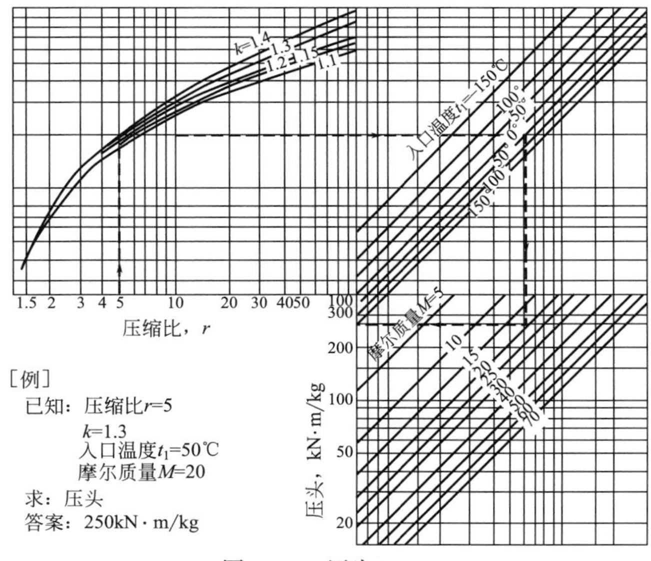

图 6-38　压头 $Z=1$

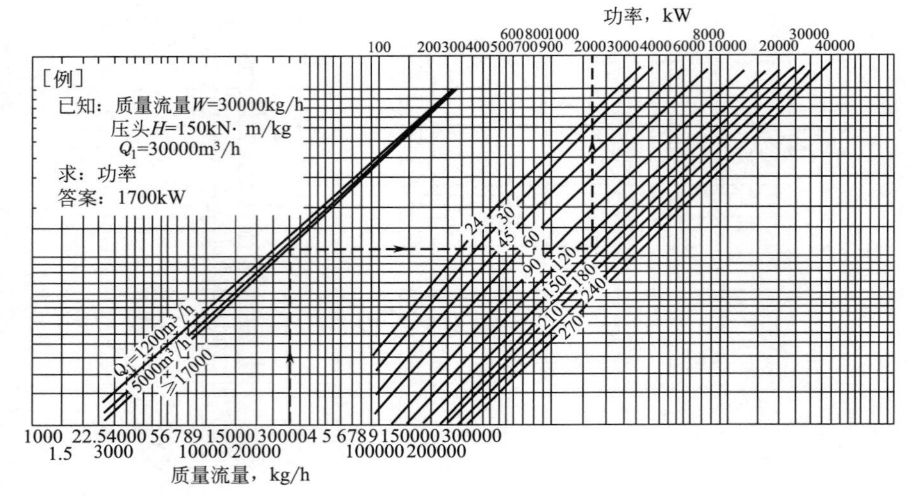

图 6-39　近似功率的确定

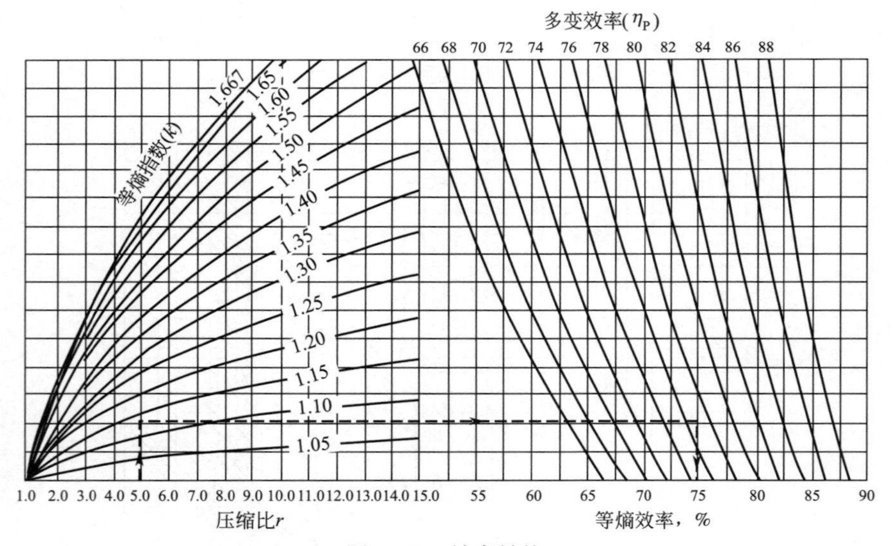

图 6-40　效率转换

壳体序号	最大流量入口，m^3/h	额定速度(rpm)
1	12700	10500
2	33900	8200
3	56000	6400
4	93400	4900
5	195000	3600
6	255000	2800

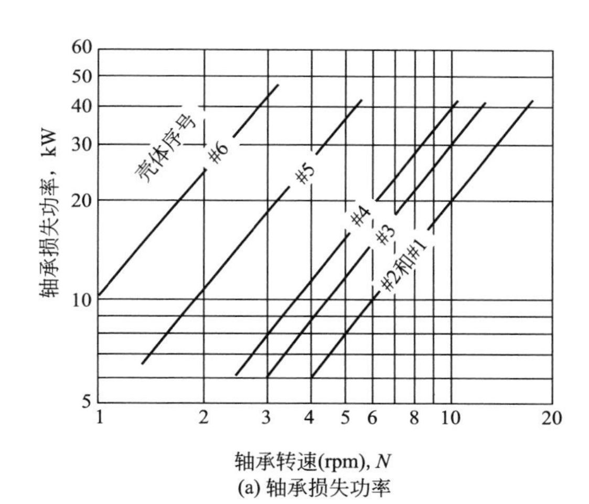

(a) 轴承损失功率

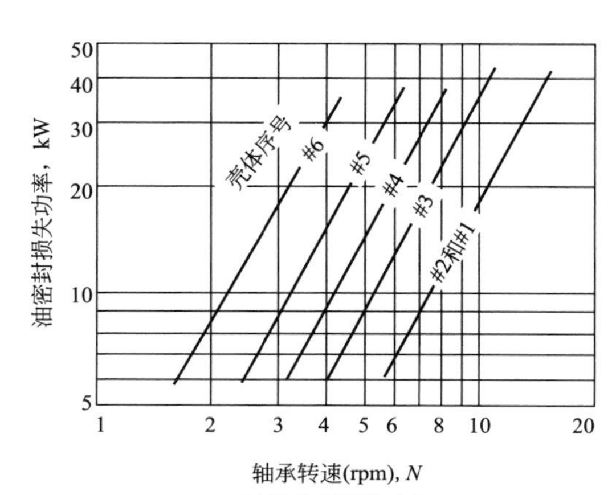

(b) 油密封损失功率

图 6-41　机械损失

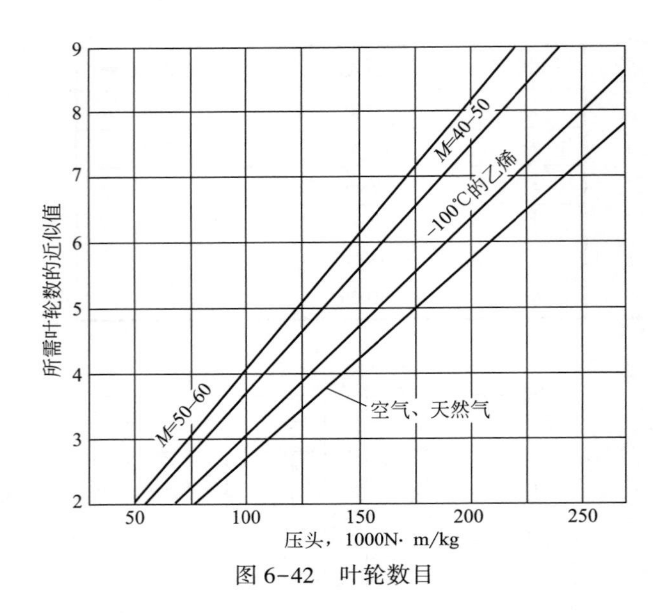

图 6-42　叶轮数目

3. 详细特性计算

当需要比较精确地计算压缩机的压头、气体功率和出口温度时，应使用本节中的公式。这个方法适用于没有 P-H 图的气体混合物。气体特性计算见表 6-13 和表 6-14。

表 6-13　（理想气体）摩尔比热容，kJ/kmole·℃

＊数据来源："selected values of properties of hydrocarbons" API 研究项目 44								
	气体	甲烷	乙炔	乙烯	乙烷	丙烯	丙烷	1-丁烯
	分子式	CH_4	C_2H_2	C_2H_4	C_2H_6	C_3H_6	C_3H_8	C_4H_8
	分子量	16.043	26.038	28.054	30.07	42.081	44.097	56.108
温度,℃	-25	34.301	39.888	38.254	47.131	55.878	64.176	73.359
	0	34.931	42.02	40.906	49.882	59.898	68.783	79.583
	10	35.199	42.778	41.937	50.904	61.459	70.605	81.961
	25	35.717	43.926	45.559	52.666	63.895	73.524	85.663
	50	36.744	45.65	46.115	55.723	67.832	78.561	91.509
	75	37.87	47.235	48.695	58.819	71.789	83.585	97.31
温度,℃	100	39.201	48.72	51.283	62.114	75.762	88.82	103.111
	125	40.529	49.981	53.753	65.294	79.584	93.82	108.493
	150	41.986	51.168	56.214	68.556	83.395	98.838	113.86

续表

* 数据来源："selected values of properties of hydrocarbons" API 研究项目 44								
	气体	顺-2-丁烯	反-2-丁烯	异丁烷	正丁烷	异戊烷	正戊烷	苯
	分子式	C_4H_8	C_4H_8	C_4H_{10}	C_4H_{10}	C_5H_{12}	C_5H_{12}	C_6H_6
	分子量	56. 108	56. 108	58. 124	58. 124	72. 151	72. 151	78. 114
温度,℃	-25	67. 598	77. 329	83. 476	85. 277	101. 897	105. 133	66. 435
	0	73. 268	82. 587	90. 078	91. 27	110. 369	112. 603	74. 06
	10	75. 461	84. 628	92. 69	93. 685	113. 675	115. 565	77. 034
	25	78. 925	87. 823	96. 815	97. 447	118. 792	120. 211	81. 675
	50	84. 508	92. 979	103. 624	105. 326	127. 335	130. 686	89. 224
	75	90. 154	98. 174	110. 408	110. 334	135. 581	136. 16	96. 761
	100	95. 851	103. 387	117. 34	117. 024	144. 029	144. 452	104. 324
	125	101. 323	108. 434	123. 932	123. 326	152. 011	152. 182	111. 321
	150	106. 8	113. 464	130. 521	130. 4	159. 999	161. 448	118. 202
	气体	正己烷	正庚烷	氨	空气	水	氧气	氮气
	分子式	C_6H_{14}	C_7H_{16}	NH_3		H_2O	O_2	N_2
	分子量	86. 178	100. 205	17. 031	28. 964	18. 015	31. 999	28. 013
温度,℃	-25	123. 401	142. 943	35. 626	29. 048	33. 383	29. 131	29. 079
	0	133. 303	154. 539	35. 636	29. 067	33. 474	29. 24	29. 114
	10	137. 144	159. 011	35. 64	29. 078	33. 488	29. 265	29. 092
	25	143. 11	165. 985	35. 645	29. 098	33. 572	29. 361	29. 114
	50	152. 709	177. 141	35. 653	29. 141	33. 678	29. 481	29. 116
	75	162. 308	188. 293	35. 661	29. 196	33. 832	29. 647	29. 14
	100	171. 884	199. 4	35. 67	29. 262	34. 032	29. 87	29. 196
	125	181. 08	210. 046	35. 678	29. 339	34. 207	30. 045	29. 219
	150	190. 194	220. 585	35. 688	29. 429	34. 424	30. 274	29. 279

续表

* 数据来源：“selected values of properties of hydrocarbons” API 研究项目 44								
	气体	氢气	硫化氢	一氧化碳	二氧化碳			
	分子式	H_2	H_2S	CO	CO_2			
	分子量	2. 016	34. 076	28. 01	44. 01			
温度，℃	-25	28. 29	33. 313	29. 087	34. 7			
	0	28. 611	33. 673	29. 123	35. 962			
	10	28. 687	33. 815	29. 105	36. 411			
	25	26. 502	34. 028	29. 146	37. 122			
	50	28. 964	34. 379	29. 15	38. 212			
	75	29. 065	34. 729	29. 193	39. 261			
	100	29. 126	35. 08	29. 263	40. 29			
	125	29. 158	35. 434	29. 319	41. 199			
	150	29. 178	35. 792	29. 405	42. 095			

注：* 除空气外，空气的数据来源：Keenan and Keyes，Thermodynamic Properties of Air，Wiley，3rd Printing 1947. Ammonia - Edw. R. Grabl，Thermodynamic Properties of Ammonia at High Temperatures and Pressures，Petr. Processing，April 1953. Hydrogen Sulfide - J. R. West，Chem. Eng. Progress，44，287，1948.

表 6-14 *k* 值计算

混合气体举例		混合气体分子的计算		摩尔比热容的计算		假临界压力和假临界温度的计算			
组分名称	摩尔百分数 y	分子量 M	$y \cdot M$	摩尔比热容 MC_P（75℃）	$y \cdot MC_P$（75℃）	临界压力，P_C，kPa 表压	$y \cdot P_C$	临界温度 T_C，K	$y \cdot T_C$
甲烷	0. 9216	16. 04	14. 782	37. 870	34. 901	4604	4243. 05	194	176. 0
乙烷	0. 0488	30. 07	1. 467	58. 819	2. 870	4880	238. 14	305	14. 9
丙烷	0. 0185	44. 10	0. 816	83. 585	1. 546	4349	78. 61	370	6. 8
异丁烷	0. 0039	58. 12	0. 227	110. 408	0. 431	3648	14. 23	408	1. 6
正丁烷	0. 0055	58. 12	0. 320	110. 334	0. 607	3797	20. 88	425	2. 3
异戊烷	0. 0017	72. 15	0. 123	135. 581	0. 230	3381	5. 75	460	0. 8
总计：1. 000　$M_{Mix}=17.735$　$MC_{PMix}=40.585$　$P_{CMix}=4600.66$　$T_{CMix}=202.4$ $k=MC_P/MC_V=40.585/(40.585-8.3145)=1.26$									

计算中的所用的压力和温度都是绝对值。除非另外指明，本节中的体积流量均是实际入口条件下的体积流量。

计算入口体积流量：

$$Q=\frac{8.314wT_1Z_1}{MP_1} \tag{6-60}$$

式中　Q——实际条件下的流量，m^3/h；

w——质量流量，kg/h；

T_1——入口温度，K；

Z_1——入口压缩因子；

M——分子量，kg/kmole；

P_1——入口压力，kPa（表压）。

如果假定为等熵压缩（可逆绝热），则：

$$H_{is}=\frac{ZRT}{M}\left[\left(\frac{P_2}{P_1}\right)^{(k-1)/k}-1\right] \tag{6-61}$$

式中　H_{is}——等熵过程压头，kN·m/kg；

Z——压缩因子；

R——通用气体常数，8.134kPa（表压）·m^3/(kmole·K)，213.6kg·m/(kmole·K)，8.314kJ/(kmole·K)；

T——绝对温度，K；

k——气体绝热指数，C_P/C_V；

P_1——入口压力，kPa（表压）；

P_2——出口压力，kPa（表压）。

由于计算不是在叶轮间逐级进行的，计算的压头是整个压缩机产生的，因此，使用平均压缩系数：

$$Z_{avg}=\frac{Z_1+Z_2}{2} \tag{6-62}$$

式中　Z_{avg}——平均压缩因子；

Z_1——入口压缩因子；

Z_2——出口压缩因子。

4. 等熵计算

计算压头：

$$H_{is}=\frac{Z_{avg}RT_1}{M(k-1)/k}\left[\left(\frac{P_2}{P_1}\right)^{(k-1)/k}-1\right] \tag{6-63}$$

上式也可以改写成下述形式：

$$H_{is}=\frac{8.314}{M}\frac{Z_{avg}RT_1}{(k-1)/k}\left[\left(\frac{P_2}{P_1}\right)^{(k-1)/k}-1\right] \tag{6-64}$$

功率可由下式计算：

$$GP=\frac{wH_{is}}{3600\eta_{is}} \tag{6-65}$$

式中　η_{is}——等熵效率，以小数表示。

理论出口温度的近似值可由下式计算：

$$\Delta T_{ideal}=T_1\left[\left(\frac{P_2}{P_1}\right)^{(k-1)/k}-1\right] \tag{6-66}$$

$$T_2^{ideal}=T_1+\Delta T_{ideal} \tag{6-67}$$

实际出口温度近似为：

$$\Delta T_{actual}=T_1\frac{\left[\left(\frac{P_2}{P_1}\right)^{(k-1)/k}-1\right]}{\eta_{is}} \tag{6-68}$$

$$T_2=T_1+\Delta T_{actual} \tag{6-69}$$

5. 多变计算

有时压缩机制造商用多变过程而不用等熵过程来进行计算。多变效率由下式确定（图 6-40 等熵效率与多变效率的转换）：

$$\frac{n}{(n-1)}=\left[\frac{k}{(k-1)}\right]\eta_p \tag{6-70}$$

式中　n——多变指数或摩尔数；

η_p——多变效率效率，以小数表示。

多变压缩的压头和功率方程是：

$$H_p=\frac{Z_{avg}RT_1}{M(n-1)/n}\left[\left(\frac{P_2}{P_1}\right)^{(n-1)/n}-1\right] \tag{6-71}$$

上式也可以改写成下述形式：

$$H_p=\frac{8.314}{M}\frac{Z_{avg}RT_1}{(n-1)/n}\left[\left(\frac{P_2}{P_1}\right)^{(n-1)/n}-1\right] \tag{6-72}$$

$$GP=\frac{wH_p}{3600\eta_p} \tag{6-73}$$

多变和等熵压头的关系由下式表示：

$$H_p=\frac{H_{is}\eta_p}{\eta_{is}} \tag{6-74}$$

实际出口温度的近似值可以采用相似方法按式(6-66)至式(6-69)计算得到，但是应当用 $(k-1)/k$、η_{is} 分别替换 $(n-1)/n$、η_{poly}。

6. 机械损失

当以任何一种方法确定了压缩气体的功率之后，必须加上轴承、密封和增速齿轮箱中的摩擦功率损失。

图 6-41 给出了常用的多级压缩机在不同额定速度时的功率损失值。

轴承和密封的功率损失也可由斯切尔（Scheel）方程粗略算出：

$$\text{机械损失功率} = GP^{0.4} \tag{6-75}$$

使用下式计算制动功率：

$$BP = GP + \text{机械损失功率} \tag{6-76}$$

离心压缩机的机械损失（包括风阻、轴承）通常为总功率的 1%～2%，这对大型压缩机而言是较低的值。对于具有多个且高变速的平行轴齿轮箱，特别是带惰轮的对齿轮箱，变速箱的损失通常为总功率的 2%～3%。

7. 压缩机速度

计算离心压缩机速度的基本公式是：

$$N = N(\text{nominal})\sqrt{\frac{H_{\text{总}}}{(\text{叶轮数目})(H_{\text{最大/叶轮}})}} \tag{6-77}$$

其中叶轮数目是由图 6-42 确定的。

计算每个叶轮的最大压头时，可使用基于分子量的下述公式（使用密度时更精确）：

$$H_{\text{最大/叶轮}} = 45000 - 4500M^{0.35} \tag{6-78}$$

当分子量 $M=30$ 时，计算结果是 30000N · m/kg/叶轮；当 $M=16$ 时，计算结果是 33000N · m/kg/叶轮。

8. P—H（压焓）图

在可以得到要压缩气体的 P—H 图时，应该按下述步骤进行计算。图 6-43 是典型的部分 P—H 图。

对于给定的入口条件，可以知道气体的焓，即 P—H 图上的点 1。单级压缩时，从点 1 开始沿等熵线到要求的出口压力，从而确定了等熵出口状态点（2is）的位置。由这两点确定的等熵焓差可以由下式计算：

$$\Delta h_{is} = h_{2is} - h_1 \tag{6-79}$$

式中　h_{2is}——等熵出口焓，kJ/kg；

　　　h_1——入口焓，kJ/kg。

转变成等熵压头，公式为：

$$H_{is}=\Delta h_{is}(100) \tag{6-80}$$

出口焓为：

$$h_2=\frac{\Delta h_{is}}{\eta_{is}}+h_1 \tag{6-81}$$

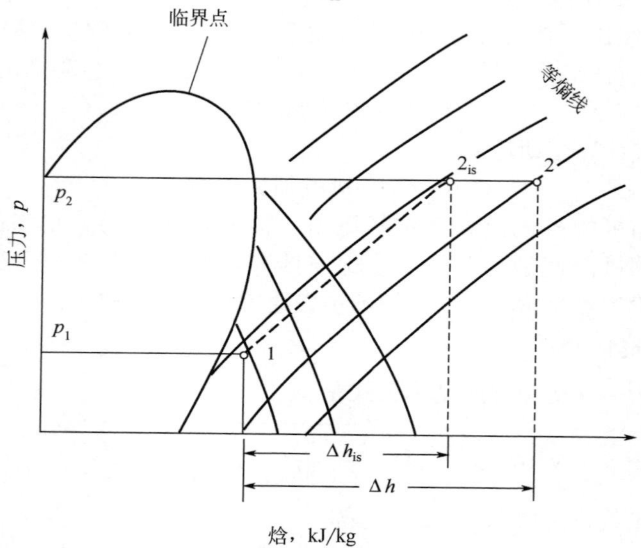

图 6-43　P—H 图

现在实际出口温度可以在 P—H 图上查出。气体压缩功率可由式(6-65)和式(6-73) 算出。

叶轮速度和数目可由图 6-42 估算。

在能得到 P—H 图的情况下，使用 P—H 图计算压缩机的功率和出口温度是最快而又最精确的方法。

第七章　油气藏储气库采出液处理工艺

虽然储气库注气期注入地层的是合格干气，但由于凝析油气藏储气库在地层中残存的凝析油及其他中烃组分的存在，采气期井流物中将会携带重组分，从而使天然气的烃露点升高。为满足外输商品气的烃露点要求，油气藏储气库采出井流物需进脱油处理，储气库脱油主要是控制外输气的烃露点，只需脱除其中的重烃组分。随着注采循环的进行，气藏中的凝析油、重烃和水逐渐减少，采出井流物逐渐变贫，因此凝液及水产量一般呈逐年递减趋势。

第一节　凝液回收系统

一、凝液回收系统的意义

从天然气中回收液烃的目的是：使商品气符合质量指标；满足管输气质量要求；最大限度地回收凝液，或直接作为产品或进一步分离为有关产品。

1. 使商品气符合质量指标

为了符合商品天然气质量指标，需将从井口采出的天然气进行处理：

（1）脱水以满足商品气的水露点指标。当天然气需经压缩方可达到管输压力时，通常先将压缩后的气体冷却并分出游离水后，再用甘醇脱水法等脱除其余水分。这样，可以降低甘醇脱水的负荷及成本。

（2）如果天然气含有 H_2S、CO_2 时，则需脱除这些酸性组分。

（3）当商品气有烃露点指标时，还需脱凝液（即脱油）或回收 NGL。此时，如果天然气中可以冷凝回收的烃类很少，则只需适度回收 NGL 以控制其烃露点即可；如果天然气中氮气等不可燃组分含量较多，则应保留一定量的乙烷及较重烃类（必要时还需脱氮）以符合商品气的发热量指标；如果可以冷凝回收的烃类成为液体产品比其作为商品气中的组分具有更好的经济效益时，则应在符合商品气最低发热量的前提下，最大限度地回收 NGL。因此，NGL 的回收程度不仅取决于天然气组成，还取决于商品气发热量、烃露点指标等因素。

2. 满足管输气质量要求

对于海上或内陆边远地区生产的天然气来讲，为了满足管输气质量要求，有时需就地预处理，然后再经过管道输送至天然气处理厂进一步处理。如果天然气在管输中析出凝液，将会带来以下问题：

（1）当压降相同时，两相流动所需管线直径比单相流动要大。

（2）当两相流流体到达目的地时，必须设置液塞捕集器以保护下游设备。

为了防止管输中析出液烃，可考虑采取以下方法：

（1）只适度回收 NGL，使天然气烃露点满足管输要求，以保证天然气在输送时为单相流动即可，此法通常称之为露点控制。

（2）将天然气压缩至临界冷凝压力以上冷却后再用管道输送，从而防止在管输中形成两相流，即所谓密相输送。此法所需管线直径较小，但管壁较厚，而且压缩能耗很高。例如，由加拿大 BC 省到美国芝加哥的“联盟（Alliance）”输气管道即为富气高压密相输送，管道干线及支线总长 3686km，主管径 914/1067mm，管壁厚 14mm，设计输气能力为 $150\times10^8m^3/a$，工作压力 12MPa，气体热值高达 $44.2MJ/m^3$。

（3）采用两相流动输送天然气。

以上 3 种方法中，前两种方法投资及运行费用都较高，故应对其进行综合比较后从中选择最为经济合理的一种方法。

3. 最大限度地回收天然气凝液

在下述情况下需要最大限度地回收 NGL：

（1）从伴生气回收到的液烃返回原油中时价值更高，即回收液烃的主要目的是为了尽可能地增加原油产量。

（2）从 NGL 回收过程中得到的液烃产品比其作为商品气中的组分时价值更高，因而具有良好的经济效益。

由于回收凝液的目的不同，对凝液的收率要求也有区别，获得的凝液组成也各不一样。目前，我国习惯上根据是否回收乙烷而将 NGL 回收装置分为 2 类：一类以回收乙烷及更重烃类（C_2^+ 烃类）为目的；另一类则以回收丙烷及更重烃类（C_3^+ 烃类）为目的。因此，第五章中所述的以控制天然气水、烃露点为目的的脱油脱水装置，一般属于后者。对于油气藏储气库，一般产品有凝析油和轻烃，凝析油根据其物性确定凝析油稳定（分离出轻组分，降低凝析油蒸气压）方式，轻烃产量也是逐年递减一般不考虑深度处理回收组分，仅达到储运要求。

二、凝析油稳定工艺设计

1. 凝析油稳定的目的和标准

凝析油是地层中处于高压高温条件下呈超临界状态的气藏，开采到地面时，由于压力和温度都降低，发生反相冷凝所凝析出的液体产物，又称天然汽油。凝析油的特点是在地下以气相存在，采出到地面后则呈液态。凝析油到了地面是液态的油，在地层中却是气体，叫凝析气。

不同凝析气田所得凝析油性质有所不同，但组分均较轻，根据来源及回收条件（温度及压力）不同，其组成也有所不同，其主要成分是 $C_5 \sim C_8$ 烃类的混合物，并含有少量的大于 C_8 的烃类以及二氧化硫、噻吩类、硫醇类、硫醚类和多硫化物等杂质，其馏分多在 20～200℃，挥发性好，是生产溶剂油优质的原料。一般呈淡黄色，相对密度为 0.75～0.80。

无论常温分离或低温分离所回收的凝析油，都会溶解有甲烷和乙烷这类极轻的组分，特别是低温分离工艺所获得的液烃，其中所溶解的甲烷和乙烷成分更多。这类烃组分极不稳定，一旦储罐温度升高，且在常压下储存时，甲烷和乙烷以及一部分丙烷和丁烷极易从液烃中逸出。当轻组分逸出时，重组分也有一部分被其携带而出，故未稳定的凝析油在储存和输送过程中容易增大蒸发损失。未稳定凝析油通过稳定处理，可以避免这种不必要的损失，稳定的方法是从未稳定的凝析油中脱除甲烷、乙烷以及部分丙烷、丁烷等易挥发的轻组分。

凝析油稳定的基本目的是脱除凝析油中含有的轻质组分（主要是 $C_1 \sim C_4$），降低凝析油的饱和蒸气压从而降低凝析油的蒸发损耗。从降低凝析油蒸发损耗出发，凝析油中的轻组分脱除越干净越好。但轻组分脱除越多，凝析油产量越低。凝析油稳定的深度通常用其饱和蒸气压恒量，根据《凝析气田地面工程设计规范》SY/T 0605—2008 等规范的规定，稳定凝析油在最高储存温度下的饱和蒸气压的设计值不宜高过当地大气压的 0.7 倍。

2. 凝析油稳定的原理和工艺方法

1）凝析油稳定的原理

凝析油稳定的方法基本上可以分为闪蒸法（一次平衡汽化可以在负压、常压、微正压下进行）和分馏法两类。采用哪种方法，应根据凝析油的性质、能耗、经济效益等因素综合考虑。凝析油稳定工艺设计的出发点是如何在能耗最小的情况下，达到最理想的稳定效果。衡量凝析油稳定效果的好坏，不能只看轻组分的脱除率，而是应从装置的投资和运行费用等多方面进行综合评价。

凝析油稳定，即从凝析油中脱除轻组分，从而降低凝析油蒸气压的过程，其目的是使凝析油在常温常压下储存时减少蒸发损失，保持稳定。因此，如何降低凝析油的蒸气压是凝析油稳定的核心问题。

在同一温度下，相对分子质量越小的组分蒸气压越高，相对分子质量越大的组分蒸气压越低，也就是说轻组分比重组分更容易从液相中挥发出来。分馏法就是通过把凝析油加热到一定温度，利用蒸馏原理，使气液两相经过多次平衡分离，使其中易挥发的轻组分尽可能地转移到气相，难以挥发的重组分保留在液相来实现原油稳定的。

在某一温度下，如果降低压力，也会破坏原来的气液平衡状态，使凝析油中一部分组分挥发出来。此时，轻组分由于饱和蒸气压高率先挥发出来，而重组分挥发出来的数量相对少得多，这样也达到了从凝析油稳定的目的，这就是闪蒸法所利用的原理。

闪蒸法和分馏法都是利用轻重组分挥发度不同来实现从凝析油中分离出 $C_1 \sim C_4$ 组分，从而达到降低凝析油蒸气压的目的。由于稳定要求、凝析油组成和工艺系统不同，这两类方法的工艺参数、设备选型及流程安排也各有不同。

2）凝析油稳定的工艺方法

凝析油稳定的工艺方法包括以下 3 种：

（1）加热闪蒸法：是指凝析油在一定压力条件下进入闪蒸罐，在压力不变的情况下，在容器中加热，进行一次或多次闪蒸以便脱除易挥发性轻烃，从而达到稳定凝析油的目的。

（2）降压闪蒸法：是指凝析油进入容器中进行一次或多次降压，以便脱除易挥发性轻烃，从而达到稳定凝析油的目的。

（3）精馏法：是指利用凝析油中轻、重组分挥发度不同的特点，采用精馏原理将凝析油中轻组分脱除，从而达到稳定凝析油的目的。

闪蒸（平衡汽化）一般为进料以某种方式被加热至部分汽化，经过减压设施，在一个容器的空间内，在一定的温度和压力下，汽/液两相迅速分离，得到相应的气相和液相产物。平衡状态下，油品中所有的组分都同时存在于汽/液两相中，而两相中的每一个组分都处于平衡状态，因此这种分离是比较粗略的。

精馏为在每一个气液接触级内，由下而上的较高温度和较低轻烃组分浓度的气相与由上而下的较低温度和较高轻烃组分浓度的液相互接触进行传质和传热，这样既可以得到纯度较高的产品，而且可以得到相当高的收率，这样的分离效果显然优于平衡汽化和简单蒸馏。

3. 工艺方法的选择

凝析油稳定常用方法的比较见表 7－1。由于凝析油稳定装置的规模、组成、产品及设备材料价格等诸多因素的差异，很难准确地进行定量比较，因此此表仅定性地进行一些比较。从表中大概可以看出每种方法的优缺点。

凝析油稳定方法的选择，原则上应根据未稳定凝析油的性质及外输的具体情况，并参照下列条件进行技术经济比较后确定：

（1）凝析油中轻组分 $C_1 \sim C_4$ 质量分数在 2%以下时，宜采用降压闪蒸法。

（2）凝析油中轻组分 $C_1 \sim C_4$ 的质量分数大于 2%时，可采用加热闪蒸法或精馏法；

（3）当有余热可以利用时，即使凝析油中轻组分的质量分数低于 2%，也可考虑采用加热闪蒸法或精馏法。

表 7－1　凝析油稳定常用方法对比表

	稳定效果	流程复杂程度	操作的难易程度	一次投资
加热闪蒸法	较差	流程简单，增加换热器和加热炉	操作简单，对负荷波动的适应能力较强	较低
降压闪蒸法	较差	流程简单，需要的设备种类和数量少	操作简单，对负荷波动的适应能力较强	低
精馏法	较好	流程较复杂，增加换热器和稳定塔	操作较复杂，对负荷波动的适应能力较差	较高

1）加热闪蒸法

（1）工艺流程。

典型的加热闪蒸法工艺流程如图 7－1 所示。

未稳定凝析油首先与稳定后的凝析油换热，然后加热至稳定温度再进入闪蒸罐进行闪蒸。闪蒸罐采用三相分离器，闪蒸压力、温度根据进料组成、压力和温度而定。三相分离器底部的油相与未稳定凝析油换热后外输或进入稳定凝析油储罐储存，三相分离器产生的闪蒸气进入燃料气系统，三相分离器底部的水相进入含油污水系统进行处理。若一次加热闪蒸凝析油不合格，可采用多次加热闪蒸。

加热闪蒸稳定方法的主要优点是流程简单、设备少、操作简单、施工周期短；主要缺点是能耗较高、分离效果较差。

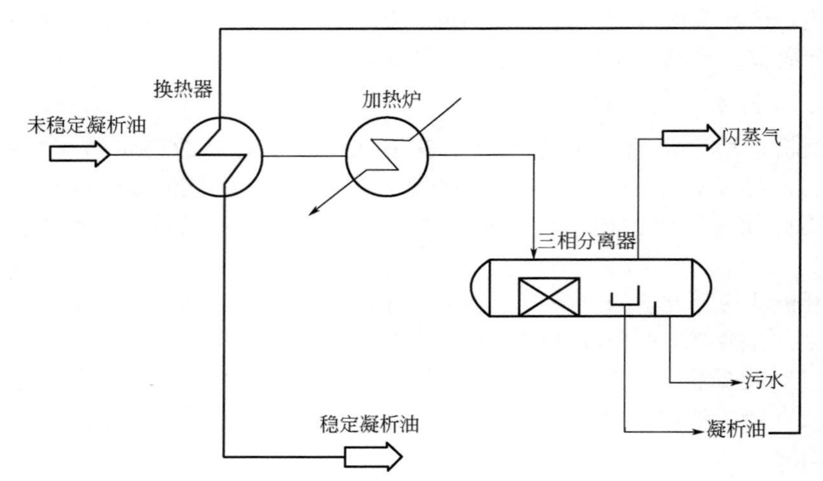

图 7-1　加热闪蒸法工艺流程示意图

（2）工艺设计参数。

加热闪蒸法的主要设计参数有加热炉的加热温度、三相分离器的操作压力及操作温度。这些参数的确定方法为：

① 三相分离器的操作压力应满足闪蒸汽进入燃料气系统的要求；

② 加热炉的加热温度和三相分离器的操作温度由凝析油的进料温度和组成确定。

（3）工艺设备。

加热闪蒸法的主要工艺设备有换热器、加热炉、三相分离器等。其关键设备是三相分离器和加热炉。

（4）应用条件。

若具备以下条件，宜选用加热闪蒸工艺：

① 凝析油中轻组分 $C_1 \sim C_4$ 的质量分数大于 2%。

② 当有余热可以利用时，即使凝析油中轻组分的质量分数低于 2%，也可考虑采用加热闪蒸法工艺。

③ 只要求稳定深度，不要求轻组分收率。

④ 稳定凝析油饱和蒸气压要求不高。

2）降压闪蒸法

（1）工艺流程。

典型的降压闪蒸法工艺流程如图 7-2 所示。

未稳定凝析油经调压后进入三相分离器进行闪蒸，闪蒸压力、温度根据进料组成、压力和温度而定。三相分离器底部的油相经采样合格后进入稳定

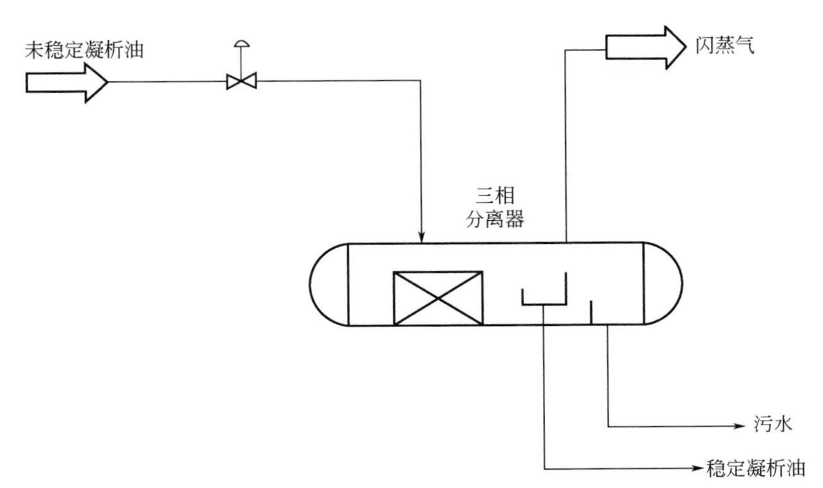

图 7-2 降低闪蒸法工艺流程示意图

凝析油储罐储存，分离器上部的闪蒸汽根据压力进入燃料气系统，分离器底部的水相进入含油污水系统进行处理。当一次降压闪蒸凝析油不合格，则采用多次降压闪蒸。

降压闪蒸法的主要优点是流程简单、设备少、操作简单、施工周期短；主要缺点是分离效果较差。

(2) 工艺设计参数。

降压闪蒸法的主要设计参数是三相分离器的操作压力和操作温度，其确定方法为：

① 三相分离器操作压力就是闪蒸压力，应根据工艺计算结果、凝析油进料压力和闪蒸汽进入燃料气系统的压力要求来确定；

② 三相分离器的操作温度应与凝析油外输温度结合确定，取两者较大值。

(3) 工艺设备。

降压闪蒸法的主要工艺设备有三相分离器和稳定凝析油泵，关键工艺设备是三相分离器。

(4) 应用条件。

若具备以下条件，宜选用降压闪蒸法工艺：

① 原油中轻组分 $C_1 \sim C_4$ 的质量分数在 2%以下。

② 只要求稳定深度，不要求轻组分收率。

③ 稳定凝析油饱和蒸气压要求不高。

3) 精馏法

精馏法是指利用凝析油中轻、重组分挥发度不同的特点，采用精馏原理将凝析油中轻组分脱除，从而达到稳定凝析油的目的。

（1）工艺流程。

典型的精馏法工艺流程如图 7-3 所示。

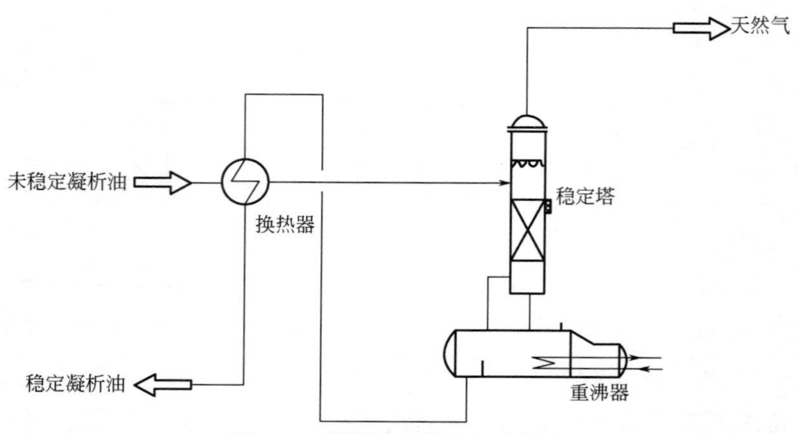

图 7-3　精馏法工艺流程示意图

未稳定凝析油首先与稳定塔底的稳定凝析油进行换热，然后进入稳定塔。稳定塔的操作压力一般为 0.15～0.6MPa，可用导热油或蒸汽给重沸器提供热源，保证塔底温度。稳定凝析油冷至约 40℃后，进入储罐储存或外输。从稳定塔顶出来的气体可进入燃料气系统。

精馏法是目前各种凝析油稳定工艺中较为复杂的一种方法，它可以按要求把轻重组分很好地进行分离，从而保证稳定凝析油的质量。该方法的主要缺点是投资较高、能耗较高以及生产操作较复杂。

（2）工艺设计参数。

精馏法的主要设计参数是操作压力和操作温度，其确定方法为：

① 精馏塔的操作压力应满足不设压缩机闪蒸汽就能够进入低压燃料气系统。

② 精馏塔的操作温度应根据工艺计算确定。一般塔底操作温度为 150～220℃，塔顶操作温度为 70～110℃。

（3）工艺设备。

精馏法的主要工艺设备有稳定塔、重沸器、换热器等，关键设备是稳定塔和重沸器。

（4）应用条件。

若具备以下条件，宜选用精馏稳定工艺：

① 凝析油中轻组分 C_1～C_4 的质量分数大于 2%。

② 当有余热可以利用，同时严格要求稳定凝析油的饱和蒸气压时，即使原油中轻组分的质量分数低于 2%，也可考虑采用精馏稳定工艺。

三、轻烃处理工艺设计

1. 轻烃处理的目的和标准

轻烃用途广泛，国内民用液化气的需要量很大，现仍供应紧张。车用汽油需求量更大，燃料型方案对一些小气田仍可采用。轻质油生产各种工业溶剂的工艺简单，所需精馏的塔径、塔高都较小，可发挥更好的经济效益。对轻烃资源丰富和集中的地方，应建设大中型乙烯厂，不仅可提高经济效益，而且也支援了农业和其他工业的发展。

2. 轻烃处理的工艺方法

1）轻烃回收方法

天然气轻烃的分离回收可在油气田单井进行，也可在回注厂或天然气加工厂进行。但主要是在天然气加工厂中集中进行。

（1）固定床吸附法。

固定床吸附法是一种从湿天然气中回收较重烃类的方法。吸附装置一般只限于加工（3~60）$\times 10^4 m^3/d$ 的小流量天然气。吸附塔中填料以粒状或片状的活性氧化铝或活性炭作为吸附剂，吸附过程一直进行到吸附剂被重烃所饱和为止；然后吸附塔不再进入原料气，而通入少量的 260℃热气流，将烃类脱附并冷凝，最后分离成所需的产品。该法由于不能连续性操作且其产品范围有局限性，因而应用不广泛。

（2）冷油吸收法。

该法是在较高压力下，用通过外部冷冻装置冷却的吸收油（吸收温度一般可达-40℃左右）与原料天然气直接接触将天然气中轻烃洗涤吸收下来，然后在较低压力下将轻烃解吸出来，解吸后的贫油循环使用。采用这种方法，丙烷收率为 85%~90%，乙烷收率为 20%~60%。欲进一步提高丙烷收率，需要用低平均分子质量吸收油，这将使解吸过程中吸收油损失增加。该法广泛用于 20 世纪 60 年代中期，但由于投资和操作费用都高，近年来已被更为先进合理的冷凝分离法所取代。

（3）冷凝分离法。

该法是利用原料中各组分冷凝温度不同的特点，在逐步降温过程中依次将较高沸点烃类冷凝分离出来，是凝析气田开发过程中使用最广的一种方法。

天然气是混合气体，组分中有低沸点组分，也有高沸点组分，高沸点组分一旦与较低沸点组分混合，并不是在其纯组分沸点温度下能将它冷凝的，其冷凝温度与组成有关。因此应对混合气体的露点特性有所了解，具体内容为：

① 混合气体中，任一组分的冷凝温度并不等于其纯组分的冷凝温度。

② 相同压力下，组成不同，其开始冷凝的温度（即露点）也不同。

③ 在混合气中，对于沸点较高的重组分（如丙烷），开始冷凝的温度比纯组分降低了，而且重组分含量越少，开始冷凝的温度越低。这说明冷凝法回收轻烃（如丙烷、丁烷等）需要达到一定低的温度，才能得到一定高沸点组分的收率。

④ 对于沸点较低的轻组分（如甲烷），开始冷凝的温度比纯组分升高了，而且重组分含量越多，开始冷凝的温度越高。

⑤ 一旦冷凝出现，液体中就有低沸点组分。

天然气中含有大量低沸点的甲烷，冷凝分离时主要将丙烷和丁烷等较重的轻烃冷凝下来，大部分的甲烷和乙烷并未冷凝，因此称这种冷凝过程为部分冷凝过程。通常根据天然气的组成以及要求回收液烃的程度不同，天然气的冷凝分离（或称冷冻分离）工艺有浅冷分离与深冷分离之分。所谓浅冷分离，一般指冷冻温度不低于-30℃的分离工艺；当冷冻温度达到-130～-75℃时，称为深度冷冻，或深冷分离。

冷凝分离法最根本的特点是需要提供较低温的冷量，使原料气降温。根据提供冷量的方式不同，可分为以下3种：

① 外加制冷循环方法。

外加制冷循环方法也就是直接冷凝法。由独立的制冷循环产生冷量提供，循环可能是单级的，也可能是逐级串联的。冷冻介质可能是氨，也可能是丙烷、乙烷等，具体选择取决于天然气压力、组分和分离要求等。由于产生冷量的大小与被分离气体无直接关系，因此设计时，可以气源条件和分离要求设置外加制冷循环，产品的收率也可以预先任意给定。对于低压富气（例如油田伴生气）或者是不希望有压力损失的原料气以及凝析气田回注气，该方法有其优越性。但其流程系统复杂、动力损耗大，而且装置投产后提供冷量的温度位固定，所以对原料气气量、压力和组成变化的适应性较差。华北任丘油田油田伴生气回收轻烃采用的就是外加制冷循环工艺。

② 直接膨胀制冷方法。

直接膨胀制冷方法也就是气体绝热膨胀法，这种方法所需冷量由原料气或经过分离后的干气通过串入系统中各种形式的膨胀制冷元件提供，不单独设置冷冻循环系统。所谓膨胀制冷元件，是指能使通过它的气体降低温度的机械设备，最简单的是节流阀（气田常用针形阀），最常用的是膨胀机，包括透平膨胀机、活塞式膨胀机和新型的热分离机（即转动喷嘴膨胀机）。

这种方法工艺流程简单、设备紧凑、启动快，建设投资和运转费用低及制冷过程中最低温度位可以适当调节，因此是当前大力发展的方法。由于该法制冷量大小取决于原料气本身的压力和组成，因此存在一个冷量自身平衡的问题。当原料气中较重烃类含量较大，要得到乙烷、丙烷和丁烷的较高收率，靠自身冷量就难以实现，所以这种方法较适用于有压力能的较贫原料气。

直接膨胀制冷法已为国内油气田广泛采用，四川卧龙河、中坝气田低温集气站、阆中气田液化气站都采用节流阀直接膨胀制冷。中坝气田利用简阳空气压缩机分厂的涡轮膨胀机制冷回收液化气和轻质油，取得了好的收率和经济效益。在大庆油田和中原油田，膨胀机制冷也获得广泛、有效的应用。

③ 混合制冷方法。

混合制冷方法是前述两种方法的组合。冷量来自两部分：一部分由直接膨胀制冷提供，不足部分由外加制冷源提供，因此适应性较大，即使外加制冷循环（一般为丙烷冷冻循环）发生故障，整套装置也能保持在较低收率下继续运转。这种方法的外加制冷循环比外加制冷循环方法容量小、流程简单。混合制冷方法的外加制冷循环主要解决原料气中高沸点重烃的冷凝，而膨胀制冷可以用到较低温度位，以提高乙烷和丙烷收率。

凝析气田轻烃回收方法的选择取决于很多因素，例如气体压力、气体组成、气量及储量等，甚至还因时而异。下面就凝析气田开发过程中轻烃回收工艺过程进行讨论。

2）冷凝分离回收工艺

在凝析气藏开发的轻烃回收工艺中，根据多年来的经验认为，按图 7-4 所示流程可获得较好的回收效果，同时按分离要求不同选择不同的流程。

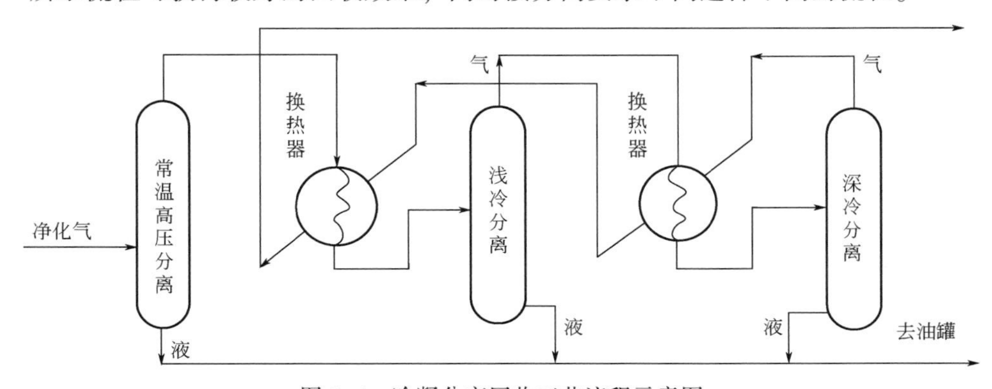

图 7-4 冷凝分离回收工艺流程示意图

在上述回收工艺示意流程图中，深冷分离部分可采用两种工艺，一种为节流膨胀分离，另一种为涡轮膨胀机分离。图 7-5 为使用节流阀制冷回收 NGL 流程示意图。

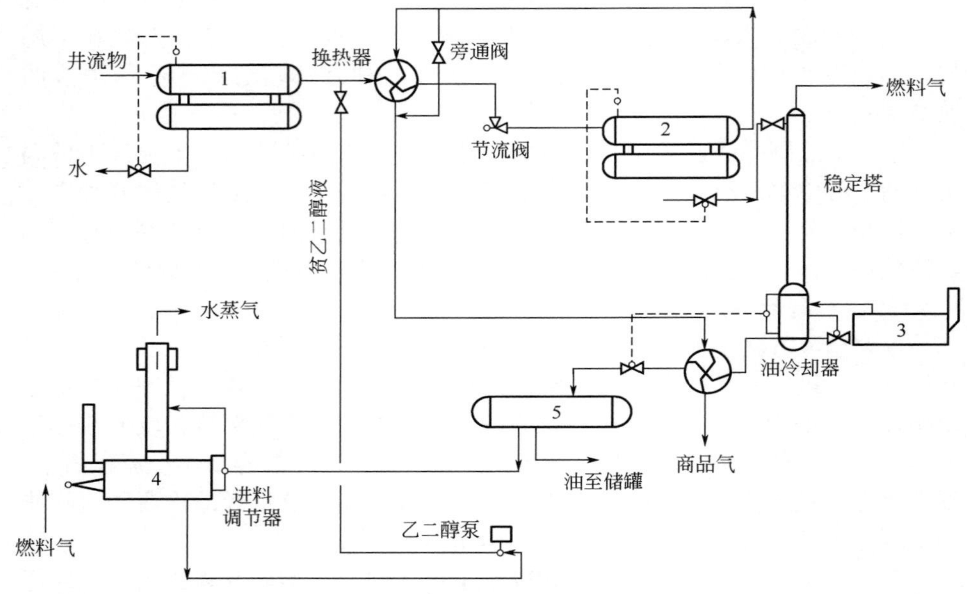

图 7-5 使用节流阀制冷回收 NGL 流程示意图

1—游离水分离器；2—低温分离器；3—蒸气发生器；4—乙二醇再生器；5—醇油分离器

稳定塔顶的甲烷、乙烷和水蒸气可作为燃料气或它用。塔底稳定凝析油和乙二醇混合液经换热器降温后进入三相分离器，在那里完成凝析油和乙二醇的分离。三相分离器分出的凝析油可直接送炼厂或化工厂。三相分离器分出的乙二醇富液，送乙二醇提浓工段。

乙二醇提浓属二元（水和乙二醇）混合物的精馏。由于水和乙二醇沸点相差很远（在 0.101325MPa 时水的沸点为 100℃，而乙二醇为 197℃），而且两者不形成共沸混合物。所以在常压下用一个塔板很少的精馏塔就可以实现乙二醇提浓。提浓塔底出来的乙二醇贫液可冷却后循环使用。

针形阀节流制冷冷凝分离流程适用于高压、含凝析油组分不太富的气田。对于这类气田，开发初期和中期都可采用这一流程回收轻烃。

图 7-6 为典型的从天然气中回收乙烷和重烃的低温涡轮膨胀工艺。该流程含有节流膨胀工艺。

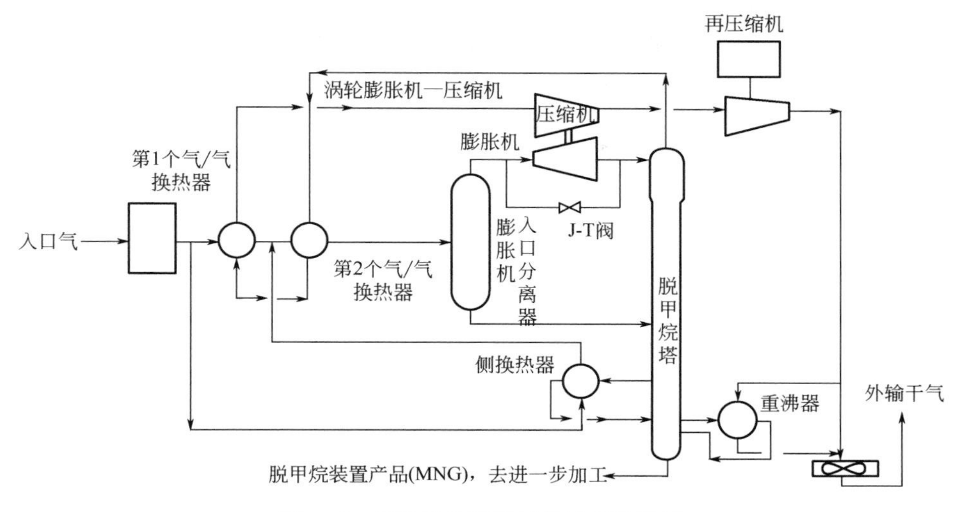

图 7-6　低温涡轮膨胀工艺流程示意图

第二节　凝液储运系统

一、凝液储存系统

凝液属于易燃、易爆的低黏度液体，其密度比水小，且易于汽化，还具有饱和蒸汽压与体积随温度的变化而变化等特性，在输送与储存设计时，应加以注意。

1. 储存系统分类及选择

凝液一般由 $C_1 \sim C_7$ 的组分组成，组成组分的含量将随着采气区块的不同而变化。凝液储存方法有 3 种：常温压力储存、低温压力储存和低温常压储存。

1）常温压力储存

由于凝液蒸汽压比丙烷蒸汽压高，随着处理工艺不同，凝液蒸汽压会有所变化。在大庆地区，常温凝液储罐设计压力（表压）为 1.8MPa 和 2.2MPa，常温凝液储罐重装率为 82%～85%。储罐上通常都安装可指示罐内最高液位的指示计，以确保储罐在任何情况下都有 10%的气相空间，保证储罐的安全。

2）低温常压储存

该储存方法采用压缩机自储罐顶部抽出气态混合烃，然后压缩送到冷凝器冷凝成液体进入储液罐，再用烃泵压回储罐顶部，经节流、喷淋进入储罐，其中一部分液体再汽化，使储罐内混合烃不断冷却，确保储罐内混合烃的温度、压力保持恒定。储存系统要求设置可靠的安全控制系统，避免造成负压。

3）低温压力储存

该储存方法是根据混合烃在0℃时的饱和蒸气压（绝压）为0.99MPa，比50℃时的饱和蒸气压（绝压）2.2MPa低得多的条件，使用外部制冷系统使储存容器保持一个较低的温度。这样，储存容器的壁厚减小。在北方地区，制冷系统运行的时间较短，采用此法更经济。

正确选择储存方式和低温储存相应的制冷设施，对节省工程基础投资和操作费用是十分重要的。决定储存方式的因素有很多，例如储存液体的体积（或质量）、进液速度、进液和输出手段、凝液物性等，针对具体项目要进行技术经济比较后选择合适的储存方法。目前国内常见的方法是常温压力储存。

2. 储存设备选型设计

根据《气田集输设计规范》（GB 50349—2015），天然气凝液、液化石油气和1号稳定轻烃的储罐应选用钢制压力球型罐或卧式罐；2号稳定轻烃常压储存时，应选用钢制浮顶罐或金属制浮舱式内浮顶罐。当采用氮封时，可采用固定顶钢罐。

常温压力储罐由卧式罐及球罐两种形式。一般来讲，当储罐的公称容积大于120m^{3}时选用球罐，小于120m^{3}时选用卧式罐。

1）轻烃储罐设计参数的确定

（1）储罐总容量和个数的确定。

轻烃储罐的总容量决定于储存天数，而储存天数主要决定于起源情况、运输方式和销售情况。

根据GB 50350—2015《油田油气集输设计规范》规定：混合轻油、天然汽油、液化石油气的生产作业罐和储罐的容积应根据产量、运输方式和距离，按设计产量确定。

① 罐储存天数的确定。生产作业罐储存天数为1d。外销产品储罐储存天数：若为管道输送，则为3d；若为罐车运输，运输距离<100km时为3~5d，运输距离>100km时为5~7d。

② 区设计总容量的确定。罐区设计总容量按下式计算：

$$V=nKG/(\rho\phi)$$

式中　V——罐区设计总容量，m^3；

G——年均日产量，t/d；

n——储备天数，d；

K——月高峰系数，取1.2~1.4；

ρ——最高储存温度下轻烃的密度，t/m^3；

ϕ——储罐装量系数取0.8~0.9。

③ 储罐个数的确定。

储罐个数接下式计算：

$$N=V/V_{\mathrm{i}}$$

式中　N——储罐个数，一般不宜少于2台；

V——罐区设计总容量，m^3；

V_{i}——储罐的单体容积，m^3。

（2）设计温度和设计压力的确定。

轻烃储罐的设计温度应根据当地气候条件确定。最高设计温度应考虑当地夏季日光直射的温升值；最低设计温度可取当地极端最低气温。

一般来讲，轻烃储罐的设计温度可取38℃。但需注意轻烃储罐的设计温度与操作温度不同，对于轻烃储罐，当其操作温度超过30℃时，应该采用喷淋冷却或其他降温措施，以保证轻烃压力储罐的壁温不超过50℃。

轻烃储罐的设计压力 p 等于储罐最高操作温度下轻烃的饱和蒸气压力加上机泵加给储罐的压力：

$$p=p_{\mathrm{b}}+\Delta p$$

式中　p_{b}——罐最高操作温度下轻烃的饱和蒸气压，MPa；

Δp——机泵加给储罐的压力，一般取0.3MPa。

压力储罐的设计压力应根据设计温度和轻烃组分或类似条件下的运行经验而定。对于纯组分的液态轻烃可根据图表查出饱和蒸气压；对于多组分的混合轻烃，可根据下式计算出设计温度下的饱和蒸气压：

$$p_{\mathrm{m}}=\sum V_i p_i/100$$

式中　p_{m}——混合轻烃的总蒸气压力，kPa；

p_i——i 组分的蒸气压力，kPa；

V_i——i 组分的体积分数。

对于丙丁烷混合物的液化石油气，当缺乏组分资料时，可按丙烷计算，取1.6MPa；对于1号稳定轻烃，储罐设计压力不得低于0.3MPa(G)。储罐的设计压力见表7-2。

表 7-2　储罐的设计压力　　单位：MPa

轻烃类别	设有固定喷淋装置	不设固定喷淋装置
丙烯	1.9	按当地历年极限气温定
丙烷	1.6	
丙、丁烷各 50%	1.2	
丁烷	0.6	
混合轻烃	液化气 1.6 轻油（1 号）0.6	
当未知液化气组分时	按丙烷计	
当未知轻油组分时	按 1 号轻油计	

根据《城镇燃气设计规范》（GB 50028—2006），液化石油气储罐设计压力应取 1.6MPa，对极端最高气温大于 43℃的地区，其储罐的设计压力应适当提高。

（3）储罐系列。

卧式储罐的壳体由筒体和封头组成。储罐上设有液相管、气相管、液相回流管、排污管及人孔、安全阀、压力表、液位计、温度计等接管。

球形罐是在工厂压制而成，组装后运到现场拼装、焊接的。球形罐的接管及附属设备与大容量卧式罐相同。

常用卧式储罐、球形储罐系列见表 7-3 至表 7-5。

表 7-3　1.6MPa 液化石油气卧式罐系列

公称容积 m^3	几何容积 m^3	最大充装量 t	公称直径 mm	壁厚，mm		总长度 mm	设备总重 kg
				筒体	封头		
2	2.01	0.85	1000	8	8	2740	931.1
5	5.07	2.14	1200	10	10	4704	1848.5
10	10.01	4.22	1600	12	12	5258	3156.8
20	20.11	8.49	2000	14	14	6762	5547
30	30.03	12.67	2200	14	16	8306	7135
50	50.04	21.12	2600	16	18	9900	12659
100	100.01	42.20	3000	18	20	14764	22729
100	100.02	42.21	3200	20	20	13008	23965
120	120.07	50.67	3200	20	20	15498	27957

表 7-4　球形储罐基本参数

公称容积 m³	50	120	200	400	650	1000	2000	3000	4000	5000
内径，mm	ϕ4600	ϕ6100	ϕ7100	ϕ9200	ϕ10700	ϕ12300	ϕ15700	ϕ18000	ϕ20000	ϕ20000
几何容积 m³	52	119	188	408	640	975	2025	3054	4189	4989

表 7-5　1.8MPa 液化石油气卧式圆筒罐系列

容积 m³	设计压力 MPa	设计温度 ℃	材质	规格 mm	设备总重 kg	充装量 kg
5	1.8	-40~50	16MnR	Φ1400×12×3500	2150	2000
5.5	1.8	-40~50	16MnR	Φ1400×12×3900	2250	2300
10	1.8	-40~50	16MnR	Φ1600×12×5000	3350	4000
25	1.8	-40~50	16MnR	Φ2000×14×8112	7000	10000
50	1.8	-40~50	16MnR	Φ2400×16×1112	13000	20000
75	1.8	-40~50	16MnR	Φ2800×20×13000	20300	30000
100	1.8	-40~50	16MnR	Φ2800×12×16680	27000	40000

二、凝液外输系统

储气库凝液外输通常有两种基本方式：装车外输和管道外输。外输系统的选择应当结合储气库周边油气田的特点、环境条件、产量预测和周边已有可利用设施等其他客观条件进行全面的分析和研究，确定出经济合理的外输系统方案。

1. 凝液装车外输系统

1）汽车槽车的选型

目前我国使用的槽车主要有固定槽车、半拖式固定槽车和活动槽车，这些槽车多数是用来装液化气的，也可装 1 号稳定轻烃。稳定凝析油在储存温度下的饱和蒸汽压不超过当地大气压的 70%，可采用常压罐车运输。

根据《稳定轻烃》（GB 9053—2013）要求，1 号稳定轻烃必须采用与该产品饱和蒸汽压相适应的压力槽车运输，若没有这种槽车，可用液化石油气槽车代替。2 号稳定轻烃可用现行的汽油槽车和汽油铁桶拉运。

根据《天然气凝液安全规范》（SY/T 5719—2017）要求，饱和蒸汽压相当于 2 号稳定轻烃的天然气凝液可以用常压罐车或密闭罐车输送，小于或等于 1.8MPa 的其他压力的天然气凝液应用相应压力等级的罐车密闭充装输送。

综上所述，稳定凝析油可采用常压油罐车运输，1 号稳定轻烃必须采用与该产品饱和蒸汽压相适应的压力槽车或液化石油气槽车运输，2 号稳定轻烃可用现行的汽油槽车运输，液化石油气采用液化石油气槽车运输。

2）汽车槽车的工艺计算

（1）汽车槽车数量的确定。

装车站汽车槽车数量的确定除考虑用户自备车辆因素外，还要考虑气候条件、道路等级及车辆维修保养制度等。一般可按下式确定：

$$N = GKX/(TG_i) \tag{7-1}$$

其中

$$G_i = nDK_1\rho VK_2/\tau \tag{7-2}$$

式中 N——汽车槽车数量；

G——液化气或轻油外销量，t/a；

G_i——1 辆汽车昼夜运输量，t；

K——汽车运输不均衡系数，取 1.1-1.3；

X——运输量不均衡系数，取 1.1；

T——汽车年工作天数；

n——昼夜工作班制，取 1~2；

D——台班工作时间，每班为 8h；

K_1——台班工作利用系数，取 0.9；

V——油罐车容积，rn^3；

ρ——轻烃密度，t/m^3；

K_2——槽车装满系数，取 0.8~0.9；

τ——汽车往返一次的时间，h。

（2）装车鹤管设置个数的确定。

装车鹤管设置个数可按下式计算：

$$n = Ft_3/t_4 \tag{7-3}$$

其中

$$F = GK/T\rho VA \tag{7-4}$$

式中 n——装车鹤管设置个数；

F——每天需要装车辆数；

t_3——装车所需时间，取 5min；

t_4——工作班制，一般为 240min；

G——轻烃年外销量，t；

K——汽车运输不均衡系数，取 1.1~1.3；

T——限定汽车年运输天数，连续生产时等于装置开工天加储存天数，间歇生产时等于生产天数加储存天数；

V——油罐车容积，m^3；

ρ——轻烃密度，t/m^3；

A——装满系数，取0.8~0.9。

2. 凝液管道外输系统

液态轻烃的管道输送按其工作压力 p 可分为三级：Ⅰ级管道 $p>4$；Ⅱ级管道 $1.6<p\leqslant4$；Ⅲ级管道 $p\leqslant1.6$。

液态轻烃的管道输送按介质分类有乙烷管线，丙烷、丁烷管线，液化气管线及轻油管线五大类，常见的是液化气和轻油管线。

轻烃的管道设计同其他油品基本相同，目的是在已知管长、流量的条件下确定管径，计算压力降，并由此决定泵的扬程和管道工作压力等级。但在设计时应注意以下事项：

（1）轻烃管线要采用无缝钢管和钢阀件，阀件压力等级应不低于管道设计压力，且最低不低于2.5MPa。当选用非专用阀件时，宜比管道设计压力高一级。

（2）轻烃管线应设有清管球装置。

（3）为防止因输送介质受温度影响，蒸气压增加形成超压危害，应在有可能超压的管线上装有安全阀。

（4）在轻烃管线上装有过滤阀、安全阀、放空阀的部位应采取防震措施。

（5）对于长距离轻烃管线，要设置分段阀门，一般10~20km设一个；对于重要铁路干线、公路干线上的横穿工程要在两侧设置切断阀。

1）工艺计算

（1）确定输送终点压力。

为防止输送管道内产生气相，一般应加0.5~1.0MPa的富余量，其终点压力为：

$$p_2\geqslant(p_1+p_0) \tag{7-5}$$

式中 p_2——管道终点压力，MPa；

p_1——管道输送温度下产品的饱和蒸汽压，MPa；

p_0——管道输送附加压力，取0.5~1.0MPa。

（2）管道水力计算。

$$H=\lambda\frac{Lv^2\rho}{2dg} \tag{7-6}$$

式中 H——管道（直管段加上局部阻力当量长度）摩擦阻力压力损失，MPa；

λ——水力阻力系数；

L——管道长度，m；

v——轻烃平均流速，m/s；

d——管道内径，m；

ρ——输送介质的密度，kg/m^3；

g——重力加速度，$9.8m/s^2$。

注意，管道计算长度应包括管道水平长度和纵向起伏增加的长度。管道计算长度取值，当长度为测量值时，应乘以系数1.05；如为地形图上量取值，应乘以系数1.1~1.2。

另外，管道附件及其流向的改变产生的附加局部阻力，它的当量管道长度为管道长度的5%~10%。

根据《气田集输设计规范》（GB 50349—2015）要求：液化石油气、天然气凝液管道内平均流速应经技术经济比较后确定，设计流速一般选0.8~1.4m/s，最大不应超过3m/s。如管道将来有增加数量的可能，初期流速应选低限值。

在混合摩擦区时，水力阻力系数计算采用下面的公式：

$$\lambda = 0.11\left(\frac{K}{d}+\frac{64}{Re}\right)^{0.25} \tag{7-7}$$

式中 K——当量绝对粗糙度，新无缝钢管取1.5×10^{-4}m；

d——管道内径，m；

Re——雷诺数。

对于地形高差起伏大的管道，应计算由高程差产生的附加压力，按下式计算：

$$h_f = (Z_2 - Z_1)\rho \tag{7-8}$$

式中 h_f——管道计算点的高程差附加压力，MPa；

Z_2——输送端（如液烃泵出口）管道绝对标高，m；

Z_1——计算点管道绝对标高，m；

ρ——输送介质的密度，kg/m^3。

此时管道压力降应为：

$$\Delta p = H - h_f \tag{7-9}$$

式中 Δp——管道压力降，MPa；

H——管道压力损失，MPa；

h_f——高程差附加压力，MPa。

管道起点的压力应为：

$$p_1 \geqslant p_2 + \Delta p \tag{7-10}$$

式中 p_1——管道起点压力，MPa；

p_2——管道终点压力，MPa；

Δp——管道压降，MPa。

（3）管道材质及壁厚的选择。

根据《气田集输设计规范》（GB 50349—2015）要求：稳定轻烃、20℃时饱和蒸汽压小于0.1MPa的天然气凝液管道设计系数 F 除穿跨越管段应按现行国家标准《油气输送管道穿越工程设计规范》（GB 50423—2013）、《油气输送管道跨越工程设计标准》（GB/T 50459—2017）的规定取值外，处于野外地区时应取0.72；站内和人口稠密地区应取0.6；液化石油气、20℃时饱和蒸气压大于或等于0.1MPa的天然气凝液管道的设计系数 F 应按现行国家标准《输油管道工程设计规范》（GB 50253—2014）中液态液化石油气管道确定。

输送产品管道应采用无缝钢管，其壁厚按下式计算：

$$p=\frac{2\delta\sigma_s}{D}F\varphi K_t \tag{7-11}$$

式中 p——管道设计压力工作压力，MPa；

σ_s——管子最低屈服极限，MPa；

D——管外径，cm；

δ——管壁厚，cm；

F——设计系数；

φ——纵向焊缝系数，无缝钢管为1；

K_t——温度减弱系数，当 $t<93.3$℃时，取1。

2）输送泵的选择

选输送泵的原则是：保证工艺要求，如流量、扬程、输送介质及温度等特点；工作安全可靠，要有足够的吸入高度，密封严密、防爆性能良好；便于运行管理，经济耐用。

（1）台数和运行方式。

根据管道通过流量和需要的机泵扬程选择适合的泵，一般采用单泵运行，并设置备用泵。单泵运行流量不足时，也可以采取多泵并联运行。单泵运行扬程不足时，可以采用多泵串联运行。

（2）泵的设计扬程。

泵的设计扬程应为：

$$H=1.05(H_0+H_n+H_y) \tag{7-12}$$

式中 H——泵的设计扬程，m液柱；

H_0——克服管道阻力损失所需要的扬程，m液柱；

H_n——泵出口至泵站外管道的压力降，10m~20m液柱；

H_y——为保持输送余压需要的扬程，40~60m 液柱。

管道设计压力为：

$$p_q = \frac{H\gamma}{D} + p_b \tag{7-13}$$

式中 p_q——起点压力，MPa；

H——泵工作点扬程，m 液柱；

γ——输送温度下产品的密度，kg/m^3；

p_b——输送温度下产品的饱和蒸气压，MPa。

第三节 污水处理工艺

通过物理、化学方法将储气库采出水中油及其他杂质从水中分离出来，使污水得到净化达到符合注水水质标准、回用标准或排放标准要求的工艺技术。在油田习惯将油田采出水称为含油污水。处理目的有 3 个方面：第一，回收、利用水资源；第二，环境保护；第三，回收污水中的石油。一般而言，含有污水经处理后的出路一般有 3 种：处理后回注地层；处理后作为热采锅炉的给水；处理达到国家污水排放标准后，直接排放。目前基本上进行联合调度，优先回注地层，只有当不能回注时，才进行外排处理。

一、含油污水处理工艺

1. 回注

1）注入水水质控制

对油田注入水水质控制主要包括注入性、腐蚀性、配伍性 3 个方面。

（1）注入性。

油田注入水的注入性是指注入水注入地层（储层）的难易程度。在储层物性（如渗透率、孔隙结构等）相同的条件下，悬浮固体含量低、固相颗粒粒径小、含油量低、胶体粒子含量少的注入水易注入地层，其注入性好。地层物性条件差（如渗透率低、孔喉半径小等），注入难度就大。当油田注水水质处理效果较差，注入水中含有较多的悬浮固体、油和胶体粒子时，极易在注水井吸水端面造成沉积堵塞，使注水压力上升甚至注不进水。

（2）腐蚀性。

油田注水的实施过程中，在地面涉及注水设备（如注水泵）、水处理装置（如沉降罐、过滤罐等）、注水管网；在地下涉及注水井油套管等。这些设备、装置、管网等大多是金属材质，因此注入水的腐蚀性不仅会影响注水开发的正常运行，而且还会影响油田注水开发的生产成本。

影响注入水腐蚀性的主要因素见表7-6。由表中可以看出，水的腐蚀性影响因素多并且各种因素之间相互影响。

表7-6 影响注入水腐蚀性的主要因素

因素	描述
pH值	在无氧条件下，水中pH值降低加剧腐蚀；pH值较高时，铁表面被 $Fe(OH)_2$ 或 $FeCO_3$ 所覆盖形成保护膜，从而减轻了腐蚀。但在碱性水样中，特别是水温较高时，会造成垢下腐蚀。在有氧且pH值为6~8时，腐蚀主要影响因素是氧，pH值对腐蚀的影响不大
含盐量	水中含盐量高时，水的导电性能好，加剧腐蚀，主要是氯离子影响
溶解氧	氧是引起腐蚀的主要原因，在含氧量高、温度高、pH值低时，腐蚀将大大加剧
CO_2	CO_2 溶于水会降低pH值，从而加剧腐蚀
H_2S	H_2S 在酸性或中性水中，分解成 S^{2-}，S^{2-} 与 Fe^{2+} 反应生成FeS沉淀，促使阳极反应不断进行，引起比较重的腐蚀
细菌	SRB的繁殖可增加 H_2S 含量，加剧腐蚀
水温	一般而言，水温高，腐蚀速率高
流速	流速越大，腐蚀越严重

（3）配伍性。

注入水注入地层（储层）后，注入水与储层中的地层水、矿物质等接触，将会发生一系列的物理化学作用。如果作用结果不影响注水效果或不使储层的物理性质（如渗透率）变差，则称注入水与储层的配伍性好，否则，注入水与储层的配伍性差。

注入水与储层的配伍性，主要表现为结垢和矿物敏感性两个方面，它们都会造成储层伤害，影响注水量、原油产量及原油采收率。

① 结垢。

油气储层是一个高温、高压且气、液、固多相介质并存的体系。在这样的条件下，注入水自身可能会产生结垢；另外，注入水与储层中的地下水不相容，发生化学作用而产生结垢沉淀。

② 矿物敏感性。

油气层中的黏土矿物在原始的地层条件下，一定矿化度的环境中处于稳

定状态，当淡水进入地层时，某些黏土矿物就会发生膨胀、分散、运移，从而减小或者堵塞地层孔隙和喉道，造成渗透率的降低，此为水敏性。

不同水源的油田注入水矿化度不同，有的低于地层水，有的高于地层水。当高于地层水矿化度的水进入油气层后，可能引起黏土的收缩、失稳、脱落；当低于地层水矿化度的水进入油气层后，可能引起黏土的膨胀和分散。这些都将导致油气层孔隙空间和喉道的缩小及堵塞，引起渗透率下降，从而伤害油气层，此为盐敏性。

2）注入水水质控制指标

油田注水水质控制指标主要有悬浮物、含油量、平均腐蚀率、溶解氧、CO_2、H_2S、细菌等。

（1）悬浮物。

悬浮物（固体）通常是指在水中不溶解而又存在于水中不能通过过滤器的物质。在测定其含量时，由于所用的过滤器的孔径不同，对测定的结果影响很大。《碎屑岩油藏注水水质指标及分析方法》（SY/T 5329—2012）标准规定：油田注水中的悬浮固体是指采用平均孔径 0.45μm 的纤维素脂微孔膜过滤，经汽油或石油醚溶剂洗去原油后，留在膜上不溶于油、水的物质。

悬浮物（固体）的含量以及粒径大小与注入水的注入性密切相关。注入水中的悬浮物会沉积在注水井井底，造成注水地层堵塞，使注水压力上升，注水量下降，甚至注不进水。

不同的储层，对注入水水中悬浮物（固体）的含量以及粒径大小要求也不同。悬浮物颗粒直径和储层喉道直径成什么比例才能使水顺利注入储层，目前说法不一。通常认为悬浮物颗粒直径小于储层孔隙喉道直径的 1/10，没有堵塞作用；在 1/10~1/3 时对地层堵塞最大；大于 1/3 时，在注水井井壁表面易造成堵塞。

从理论上讲，注入水中悬浮物（固体）的含量越低、粒径越小，其注入性就越好，但其处理难度就越大，处理成本也就大大增加。所以，注入水中悬浮物的含量以及粒径大小指标应从储层实际需要、技术可行性与经济可行性 3 方面来综合考虑。

（2）含油量。

注入水中含油产生的危害与悬浮固体类似，主要是堵塞地层，降低水的注入性。

（3）平均腐蚀率。

注水开发过程是一个庞大的系统工程，涉及金属材质的设备、管网、油套管等，数量众多，投资巨大。所以，注入水的腐蚀性直接影响着油田注水生产的正常运行和运行成本。国内外注水开发油田实践表明，减缓注入水的腐蚀性，对于提高油田注水开发的经济效益意义重大。

影响注入水腐蚀性的因素较多，如溶解氧、CO_2、H_2S、细菌、pH 值以及水温等。因此，在某些油田，将溶解氧、CO_2、H_2S、细菌、pH 值以及水温等这些与水的腐蚀性密切相关的因素，单列为注水水质专项指标。

（4）溶解氧。

在油田产出水中仅含微量的溶解氧，但在后续的处理过程中，其与空气接触而含氧。浅井中的清水、地表水含有较高的溶解氧。

含油污水中的溶解氧在浓度小于 0.1mg/L 时，就能引起碳钢的腐蚀。室温下，在纯水中碳钢的腐蚀速率小于 0.04mm/a；如果水被空气中的氧饱和后，腐蚀速率增加很快，其初始腐蚀速率可达 0.45mm/a。

氧在水中的溶解度是压力、温度及含盐量的函数，氧在盐水中的溶解度小于在淡水中的溶解度。然而，在含盐量较高的水中，溶解氧对碳钢的腐蚀将出现局部腐蚀，腐蚀速率可高达 3~5mm/a。

（5）CO_2。

大多数天然水中都含有溶解的 CO_2。油田采出水中 CO_2 主要来自 3 个方面：由地层中地质化学过程产生；为提高原油采收率而注入 CO_2 气体；（3）采出水中 HCO_3 减压、升温分解。

CO_2 在水中的溶解度与压力、温度以及水的组成有关，压力增加溶解度增大，温度升高溶解度降低。当水中有游离 CO_2 存在时，水呈弱酸性。CO_2 分压及温度对水的 pH 值都有影响。相同温度下，CO_2 分压越大，水的 pH 值越低；同一压力下，温度越低，水的 pH 值也越低。

游离 CO_2 在水中产生的弱酸性反应为：$CO_2+H_2O \longrightarrow H_2CO_3$。从腐蚀电化学的观点看，游离 CO_2 腐蚀就是含有酸性物质引起的氢去极化腐蚀。当温度升高时，碳酸电离度增大，腐蚀速度增加；CO_2 分压增大，腐蚀速度也增大。当水中同时含有 O_2 和 CO_2 时，由于 CO_2 使水呈酸性，破坏氧化产物所形成的保护膜，钢材的腐蚀就更加严重。

（6）H_2S。

H_2S 在常温常压下是一种较易溶于水的气体。在油田水中往往含有 H_2S，它一方面来自含硫油田伴生气在水中的溶解，另一方面来自硫酸盐还原菌分解。

含 H_2S 的水具有一定的腐蚀性，而含 H_2S 的盐水腐蚀性更强。H_2S 的腐蚀产物为 FeS，其溶度积很小，是一类难溶沉淀物，含大量悬浮 FeS 的水被称为“黑水”。

（7）细菌。

在适宜的条件下，大多数细菌在污水系统中都可以生长繁殖，其中危害最大的为硫酸盐还原菌（SRB）、腐生菌（TGB）、铁细菌（FB）以及硫细菌。

① 硫酸盐还原菌。

硫酸盐还原菌是一类在厌氧条件下能将硫酸盐还原成硫化物的细菌。硫酸盐还原菌包括脱硫弧菌属中的几种菌和梭菌属中的一种致黑芽梭菌。

酸盐还原菌生长的 pH 值范围很广，一般为 5.5~9，最佳为 7.0~7.5。该细菌的生长温度随品种而异，分中温及高温两种。中温型的为 20~40℃，最适宜的温度为 25~35℃，高于 45℃停止生长，属于该温度生长的菌为硫酸弧菌属中的一种无芽孢脱硫弧菌。高温型的最适宜温度为 55~60℃，属于该温度生长的菌主要是脱硫弧菌属中一种有芽脱斑脱硫弧菌。

硫酸盐还原菌在自然界中普遍存在着，在海水、淡水、土壤和岩石中到处都有。总之，凡在厌氧环境中和适宜的温度下都有可能存在。

绝大多数注水开发的油田集输系统中均存在硫酸盐还原菌，其大量繁殖可使系统 H_2S 含量增加，腐蚀产物中有黑色的 FeS 等存在，导致水质变黑、发臭，不仅使设备、管道遭受严重腐蚀，而且还可能把杂质引入油品中，使其性能变差。同时，FeS、$Fe(OH)_3$ 等腐蚀产物还会与水中成垢离子共同沉积成污垢而造成堵塞。此外，硫酸盐还原菌菌体聚集物和腐蚀产物随注水进入地层还可能引起地层堵塞，造成注水压力上升、注水量减少，直接影响原油产量。

② 腐生菌。

某些特定环境下，很多细菌都可以形成黏膜附着在设备或管线内壁上，也有些悬浮在水中，凡是能够形成黏膜的细菌都称为黏泥形成菌。该菌类为好氧菌，国内习惯叫腐生菌。一般认为腐生菌总数低于 10^4 个/mL 不会引起大的问题。

大多数污水系统中都能满足该菌类对温度及营养的要求，因此出现这类菌的现象很普遍。该菌类多数存在于低矿化度（<5000mg/L）、开式污水处理流程的污水及注水系统中。但在高矿化度或闭式污水及注水系统中，也有此类细菌存在，具体存在部位如下：

在低矿化度含油污水处理系统以及含油污水与地面水或地下水混注系统中。因为这时有溶解于水中的氧气或混注时从清水中带入的氧气，有的含油污水中本来存在糖类、醇类和磷等细菌生长繁殖所需的养料，再加上污水具有适宜细菌生长的温度，特别是混注水的温度一般为 25~35℃，腐生菌便大量繁殖。结果使其形成细菌膜，水中的悬浮物及肉眼可见物大为增加，从而堵塞注水系统及地层。

在开式污水处理的除油罐、缓冲罐及过滤罐中也有此类细菌。白膜为腐生菌，黑色黏状物是硫酸盐还原菌，橘黄色的是铁细菌。

③ 铁细菌。

铁细菌一般生活在含氧少但溶有较多铁质和二氧化碳的弱酸性水中，在碱性条件下不易生长。它们能将细胞内所吸收的亚铁氧化为高铁，从而获得能量，其反应如下：

$$4FeCO_3+O_2+6H_2O \rightarrow 4Fe(OH)_3+4CO_2+\text{能量}$$

上式中以碳酸盐为碳素来源，反应产生的能量很小。它们为满足对能量的需要，必然会有大量的高铁［如 $Fe(OH)_3$］的形成。这种不溶性铁化合物排出菌体后就沉积下来，并在细菌周围形成大量棕色黏泥，从而引起管道堵塞，同时它们在铁管管壁上形成锈瘤，产生点蚀。

④ 硫细菌。

硫细菌为一种好氧细菌。在无氧情况下不能生长，反之，在氧非常多的环境中也不能生长，一般经常在与硫化氢同时存在的微好氧环境中发现。硫细菌特别是硫杆菌属能把硫、硫化物或硫代硫酸盐氧化成硫酸，甚至在局部区域中生成相当于质量分数为10%的硫酸，使 pH 值降到 1.0~1.4，从而对铁管或水泥管产生腐蚀破坏。反应式如下：

$$2H_2S+O_2 \longrightarrow 2S+2H_2O+342.8kJ$$

$$2S+3O_2+2H_2O \longrightarrow 2H_2SO_4+493.2kJ$$

$$Na_2S_2O_3+2O_2+H_2O \longrightarrow NaSO_4+H_2SO_4$$

硫细菌也常与铁细菌共存。硫细菌产生黏质膜也可能堵塞管道，并使水产生臭气。冷却水中硫细菌的控制指标是小于 10^3 个/mL。

注水水质标准是衡量水质好坏的尺度，是水处理和注水管理必须遵守的准则。制定注水水质标准主要依据油藏地质特征、水质情况及水处理工艺水平。首先，合乎水质标准的水能注进油层，注水量能保持相当长一段时间稳定，水对设备和管线腐蚀轻。其次，采用先进的水处理工艺，水处理后能够达到制定的水质标准，经济效益好。总之，制定注水水质标准，要兼顾油田注水开发需要、处理工艺水平和处理成本。

3）注入水水质控制主要指标

辅助性控制指标包括溶解氧、H_2S、侵蚀性 CO_2、总铁、pH 值等：

（1）水质的主要控制指标已达到注水要求，注水又较顺利时，可以不考虑辅助性指标；如果达不到要求，为查其原因可进一步检测辅助性指标。

（2）水中有溶解氧时可加剧腐蚀。当腐蚀率不达标时，应首先检测溶解氧，油层采出水中溶解氧浓度最好低于 0.05mg/L，不能超过 0.10mg/L，清水中的溶解氧要低于 0.05mg/L。

（3）侵蚀性 CO_2 含量等于零时，则水质稳定；大于零时，则水可溶解

$CaCO_3$ 并对注水设施有腐蚀作用；小于零时，有碳酸盐沉淀出现。侵蚀性 CO_2 含量范围为-1~1mg/L。

（4）系统中硫化物的增加是细菌作用的结果。硫化物过高的水可导致水中悬浮物增加。清水中不应含硫化物，油层采出水中硫化物浓度应小于2mg/L。

（5）水的pH值应控制在7±0.5为宜。

（6）水中含二价铁时，由于铁细菌作用可将二价铁转化为三价铁而生成氢氧化铁沉淀；当水中含有硫化物（S^{2-}）时，可生成FeS，使水中悬浮物增加。

2. 回注水处理方法

各种回注水处理方法见表7-7。

表7-7　各种回注水处理方法

方法名称			主要设备	处理对象
分离原理	澄清法	沉淀或气浮法	沉淀池；隔油池	悬浮物；乳化油或浮油
		混凝沉淀法	混凝池和沉淀池；澄清池	悬浮物；乳化油或浮油；胶状物
		浮选（气浮）法	浮选（气浮）池	悬浮物；乳化油或浮油；胶状物
	离心法		离心机；旋流分离器	悬浮物
	过滤或粗粒化法		滤筛；滤池；粗粒化罐	悬浮物；乳化油或浮油
	化学沉淀法		反应池和沉淀池	某些溶解物
	吸附法		反应池和沉淀池；滤池	某些溶解物；乳化油或浮油；胶状物
	离子交换法		滤池	某些溶解物
分离原理	膜析法	扩散渗析法	渗析槽	某些溶解物
		电渗析法	渗析槽	某些溶解物
		反渗透法	渗透器	某些溶解物
		超过滤法	过滤器	悬浮物、浮化油或浮油、胶状物
	电解法		电解槽	某些溶解物
	结晶法		蒸发器和结晶器	某些溶解物
	萃取法		萃取器和分离器	悬浮物、浮化油或浮油、胶状物
	精馏法		精馏器	某些溶解物
转化原理	化学法		物理法	某些溶解物
	生物法	生物膜法	生物滤池和沉淀法	悬浮物、乳化油或浮油、有机物；硫、氰等无机物
		活性污泥法	曝气池和沉淀池	悬浮物、乳化油或浮油、溶解物质
		厌氧生物处理法	消化池	乳化油或浮油、有机物

由上表可以看出：一种污染物往往可以用不同的处理方法予以去除。有的方法去除率较低，处理后还留下一些残留量，但其处理费用较低，如混凝沉降等。反之，有些方法处理效果好，但其处理费用较高，如臭氧氧化、活性炭吸附等。此外，生化法处理污水，其费用较低，但污水中如果含有毒物或污染物浓度过高时，会影响其处理效率。因此可以看出，一种污水如果只用一种方法进行处理，其效果不一定好，而几种方法综合处理才可得到取长补短的效果。如先用混凝沉降法除去大部分污染物后，再用活性炭除去残余的污染物，则要比只用混凝沉降法处理效果好，比只用活性炭处理费用低。这种方法的组合也叫流程设计，只有这样才能以最少的费用获得最大的处理效果。

3. 回注水处理工艺

由于各油田或区块原水物理、化学性质及油珠粒径分布不同，注水水质标准也不同，因此必须合理地对处理工艺进行选择，其原则及方法为：

（1）对原水应进行物理化学性质分析、油珠粒径分布测试、小型试验及模拟试验；

（2）污水处理工艺在满足注水水质标准的前提下，应力求简单、管理方便、运行可靠；

（3）对所采用的工艺必须进行经济技术比较，合理选定。

常用的回注水处理工艺有：

（1）重力沉降处理工艺。

该工艺主要有以下两种：

① 来水⟶一次除油罐⟶粗粒化罐⟶缓冲罐⟶外输泵⟶斜板除油罐⟶过滤⟶回注；

② 来水⟶一次除油罐⟶斜板除油罐⟶缓冲罐⟶外输泵⟶过滤⟶回注。

（2）压力沉降处理工艺。

该工艺主要有以下两种：

① 油站来水⟶一次除油罐⟶二次除油罐⟶缓冲罐⟶外输泵⟶压力滤罐⟶回注；

② 油站来水⟶自然除油罐⟶混凝除油罐⟶缓冲罐⟶压力滤罐⟶回注。

图 7-7 为自然除油—混凝除油—压力过滤流程，目前在国内各油田普遍采用。从脱水转油站送来的原水（要求压力为 0.15～0.20MPa）经自然除油罐除油后，可使污水中含油量由 5000mg/L 降至 500mg/L 以下；再投加

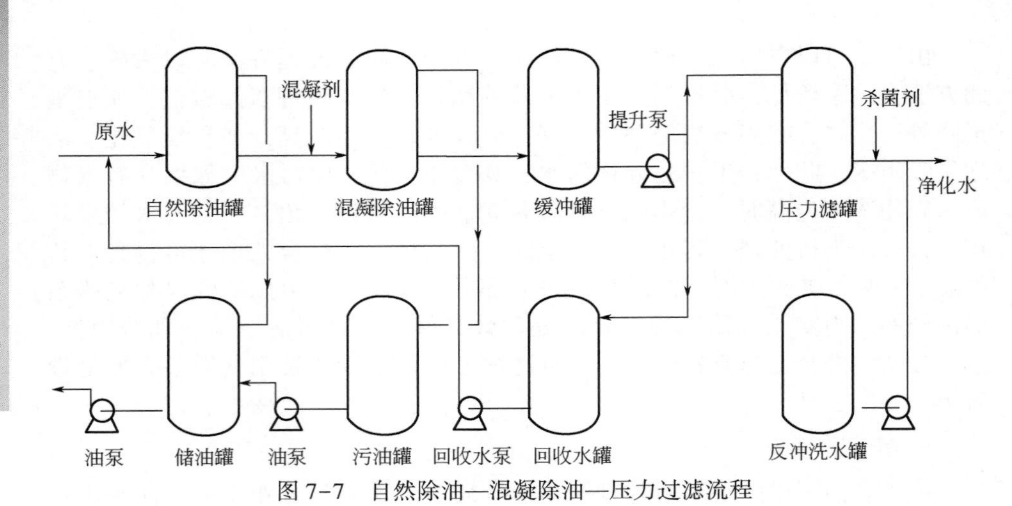

图 7-7　自然除油—混凝除油—压力过滤流程

混凝剂，经混凝沉降进一步除油、除悬浮物后，可使含油量降至 50～100mg/L；同时悬浮物去除率可达 70%～80%，再经石英砂压力过滤罐过滤后，一般可使含油量降到 20mg/L 以下，悬浮物降到 10mg/L，再杀菌便得合格的净化水，用于回注。自然除油罐回收的污油自动进入污油罐，用污油泵送回原油集输系统。混凝除油罐回收的污油也自动进入污油罐，用污油泵送到燃料油罐用作锅炉燃料，若经试验对原油集输系统脱水影响不大，也可以送回原油集输系统。反冲洗回收水用回收泵以一定的比例均匀地加入原水后再进行处理，做到污水不外排。定期人工清除除油罐及沉降罐的污泥。该工艺流程效果较好，对原水含油量变化适应性强。缺点是当设计规模超过 $1\times10^4m^3/d$ 时，压力滤罐数量多，流程相对复杂一些。图 7-8 是传统的压力式除油流程。

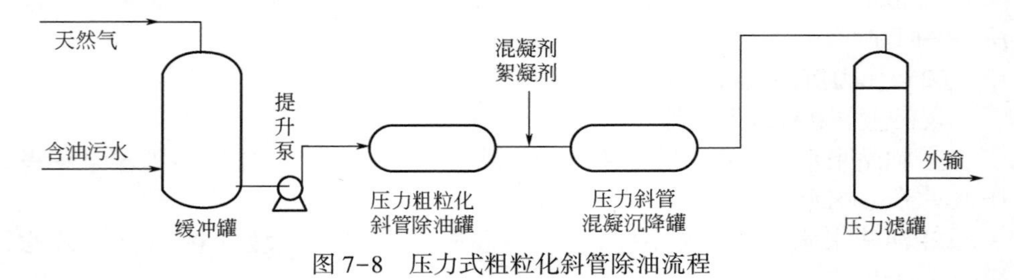

图 7-8　压力式粗粒化斜管除油流程

（3）沉降除油和气浮工艺。

该工艺一般为：注采装置来水⟶一次除油罐（接收罐）⟶气浮选机⟶缓冲罐⟶过滤⟶回注。

（4）水力旋流工艺。

该工艺一般为：注采装置来水⟶水力旋流器⟶回注。采用该工艺的联合站来水经水力旋流处理后，水中含油量可由500mg/L降至30mg/L以下。

（5）深度处理工艺。

该工艺一般为：注采装置来水⟶一、二级沉降除油⟶气浮⟶混凝沉降⟶过滤⟶离子交换柱⟶回用。

4. 外排

1）外排水处理工艺

含油污水进行外排处理时，多采取“隔油⟶絮凝⟶气浮⟶生化处理⟶外排”的工艺流程。其中，前期的隔油、气浮等预处理措施主要是为了去除水中石油类物质，以保证后期生化处理的效果。

2）影响污水生化处理的因素

污水是否可以进行生化处理与其水质有很大的关系，其中主要因素有：

（1）pH值。好氧生物处理的pH值一般应在6~10，好氧微生物经驯化后，对pH值的适应范围较广，但在生产运转过程中，pH值不能波动太大，否则影响处理效果。

（2）温度。好氧法处理污水时，水温一般要求在10~40℃；但经较长时间驯化后，低于10℃或高于40~50℃仍然有较好的处理效果；水温在20~40℃时，处理效果最佳。

（3）养料。对于好氧生物处理，BOD与氮、磷养料的比例一般为100∶5∶1。

（4）有毒物质。多数重金属如铜、锌、铅、铬等离子，对微生物表现出毒性作用，因此必须控制污水中的重金属离子浓度，防止影响处理过程。

（5）进水BOD_5浓度。好氧生物处理构筑物进水BOD_5浓度一般宜小于1000mg/L。因为浓度过高，将导致水中缺氧，影响好氧过程的进行。一般对于活性污泥法BOD_5的下限不宜低于60mg/L，因为BOD_5过低很难维持活性污泥的正常工作，而对于生物膜法几乎没有限制。

污水生物处理技术按所用的微生物种类、微生物的生长方式及反应器的形式可以分为多种类型。从微生物种类看，主要包括好氧微生物、兼性微生物、厌氧微生物和藻类等；处理技术主要分为好氧法、厌氧法和氧化塘技术；从微生物生长方式看，处理技术分为以活性污泥为代表的悬浮生长法和以生物膜为代表的附着生长法；从反应器的类型看，处理技术分为完全混合式、间歇式、推流式、固定床式、流化床式和转盘式等类型。

3）生化处理方法

根据生产应用效果，重点介绍4种在油田中应用较多的生化处理方法。

（1）活性污泥法。

最基本的活性污泥法生化操作系统由反应器、沉淀池以及包括曝气、混合、回流、排出剩余有机体等辅助设备组成。

活性污泥法的主要优点表现在它能以相对合理的费用得到优良的出水水质，但其明显的缺点是可控制性较差，达到预期的水质往往需要复杂的操作技能。提高微生物对环境和水质变化的适应能力、降低生化操作及运转管理方面的复杂性，是革新活性污泥法的主要目的。污水处理工艺流程为：隔油──→活性污泥法处理──→氧化塘处理或隔油──→活性污泥处理──→膜过滤。

（2）生物膜法。

生物膜法主要用于去除水中的溶解性有机质，它的基本原理是通过污水与生物膜的相对运动，使污水与生物膜接触，进行固、液两相的物质交换，并在膜内进行有机物的生物氧化，使污水获得净化。同时，生物膜内微生物不断得以生长和繁殖。

（3）氧化塘法。

组成氧化塘处理系统的单元主要有兼性塘、好氧塘、厌氧塘和熟化塘 4 种，各塘都有其各自的功能。厌氧塘主要用于高浓度污水的预处理，一般处于系统前段；兼性塘和好氧塘主要用于低浓度污水的处理或在厌氧塘之后对 BOD 物质进一步降解；熟化塘用于去除病原体。

氧化塘可以用于处理各种污水，与活性污泥法相比，氧化塘法具有投资少、运行费用低、运行管理简单的优点。研究表明，氧化塘投资费用是活性污泥法的 1/2～1/3，运行费用是活性污泥法的 1/3～1/5，不足之处在于，它需要比活性污泥法更大的占地面积。

（4）厌氧消化法。

普通厌氧消化池借助于消化池内的厌氧活性污泥来降解有机污染物。作为处理对象的污泥或污水从池子上部或顶部投入池内，经与池中原有的厌氧活性污泥混合和接触后，通过厌氧微生物产生 CH_4 和 CO_2 为主的气态产物——生物气（习惯称沼气）。工艺流程为：混凝──→气浮──→过滤──→厌氧处理──→沉淀吸附──→外排。

5. 含油污水主要特点及处理难点

储气库含油污水具有和建库前油气藏污水相似的性质。通过对含油污水的分析，储气库含油污水概括起来有以下特点：

（1）含有复杂和多样的有机物质，COD 值波动较大，由于水中含有添加的油性物质和各种添加试剂，因此 COD 值在几百到几万的范围内变化。

（2）一般含盐量较高，离子成分复杂。

（3）在 40~60℃的高水温下产生变化。

（4）水质不稳定，容易受到外界的干扰，具有腐蚀或结垢倾向。

（5）富含 H_2S，CO_2 等溶解气体。

（6）混合在污水的污染物可能是非常小或非常大的，这取决于天然气田。气田开采时，添加剂的使用将直接导致高含量的污染物。

（7）具有不同程度的乳化效果和一些富含蜡质组分。

（8）每日量的污水处理是比较小的和不稳定的。

（9）含有乙醇、破乳剂、腐蚀抑制剂、发泡剂和其他人造药物。这些特点可以概括为一个高污染的含油污水气体，它的高波动性、高耐腐蚀性、高复杂性，给污水处理工艺的设计带来了极大的困难。

通过分析各种含油污水的污染指数发现，因为它们有不同的成因，所以并没有相似之处。含油污水里石油物质主要包括了石油和天然气的成分，产生于油水分离过程中的浮动，包括了分散油、乳化油、溶解油和其他固体物质，COD 和 BOD 等可以被认为是有机物质的参考，同时还包括了废水悬浮物。含油污水主要污染物是石油和悬浮物等实体单元，可以使用一个不同的粒度特征材料，例如使用膜分离技术，随后利用催化氧化技术处理含油污水中的石油物质。但对含油污水预处理的时候，需要确保分离膜的影响，并使用适当的孔隙大小和膜材料，并制定合理的工作温度和压力，是一个非常有难度的技术，已成为含油污水的处理难点。

二、含油污水处理设备选型

在三段式常规污水处理流程中，立式除油罐（或称调储罐）为第一段处理设备；混凝沉降、斜管沉降罐、波纹板沉降池、粗粒化罐、气浮机、旋流分离器等为第二段处理设备，根据油田情况进行选配；压力过滤罐为第三段处理设备。经三段处理后，一般能达到中、高渗透率地层注水水质要求。对低渗透率地层，尚需在三段式下游增加精细处理设备。

1. 立式除油罐

立式除油罐也称自然除油罐，是油田使用最广的含油污水处理初级设备，以分离原水中的原油为主，降低污水含油量。若进罐的原水内添加絮凝剂，则该罐称立式混凝除油罐。

1）结构和原理

立式除油罐的结构如图 7-9 所示。原水经进水管流入配水室，加絮凝剂

除油时原水流入中心反应筒使絮凝剂与原水充分进行反应。之后，原水经配水管和向上喇叭口流入罐内水层。原水中粒径较大的油粒上浮至油层，粒径较小的油粒随水向下流动，与在污水中向上浮升的油滴不断碰撞、聚结成大油粒而加速上浮，并入油层。除油罐分出的原油溢流进入罐周边的集油槽内，经出油管流出除油罐，进原油净化装置处理。

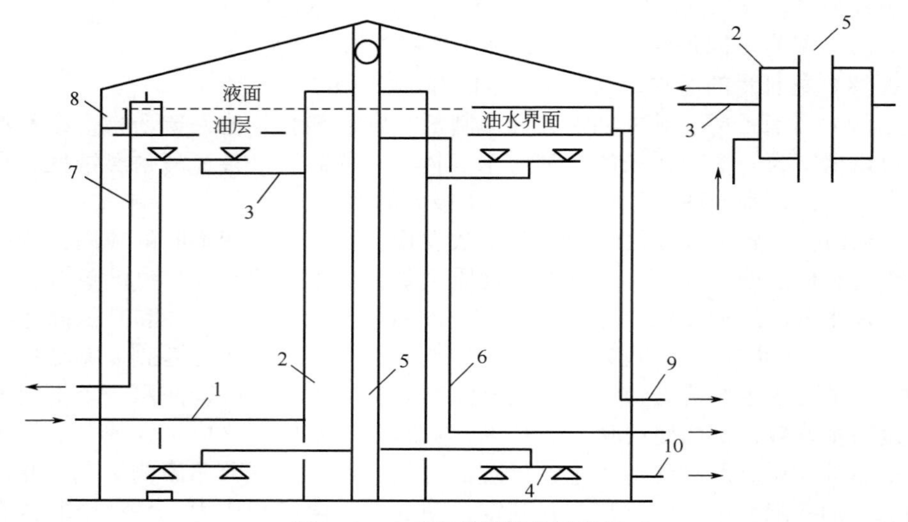

图 7-9　立式除油罐结构示意图

1—进水管；2—中心反应筒或配水室；3—配水管；4—集水管；5—中心柱管；6—出水管；7—溢流管；8—集油槽；9—出油管；10—排污管

夹带微粒残余油的污水由设在罐底部的向下喇叭口收集，经中心柱管流出除油罐。当原水流量大于罐的出水和出油流量之和时，罐内液面上升。液面淹没倒 U 形溢流管顶部并继续上升时，经沉降除油的超量污水由溢流管流出罐体，确保不发生溢罐事故。溢流管、中心柱管都有开孔与罐内气体空间相连通。有些除油罐在上罐壁设有出水箱（图中未画出），出水箱内有水堰板，控制罐内油水界面高度，还设有溢流堰板替代倒 U 形溢流管；有的除油罐则把出水堰板和溢流堰板设在罐中央。根据原油的性质，有的除油罐在油层和集油槽内还设有加热盘管，以保持原油有良好的流动性。

原水内的固体悬浮物由于形状、粒径、密度等各异，以各种不同的速度在水内沉降。在沉降过程中，不同沉降速度的悬浮物相互碰撞、聚结成较大粒径的颗粒并改变其密度。若和粉尘、黏土等聚结，则密度和沉降速度增加；若和上浮的有机物聚结，则密度和沉降速度减小，悬浮物的密度可在 1.03～

2.6。因而，经沉降罐处理后原水内的部分悬浮物沉降于罐底，部分并入油层，其余随澄清后的污水流出沉降罐。

立式除油罐的污水顶部有原油层，油层上方用天然气覆盖，隔绝污水与空气的接触，避免污水内增加溶解氧含量。罐内压力较高时，通过呼吸阀溢出的气体进入气柜；罐压较低时，由气柜向除油罐补气。

立式除油罐的优点是：罐容较大，污水在罐内有足够的滞留时间，有利于油滴、机械杂质和水的重力分离；利用油、机械杂质和水的密度差进行重力分离，无须外加能量。其缺点是：储罐不耐压，需用气柜保持储罐密闭，增加了系统的复杂性；油的运动反向和水相反，使油水分离效率降低；机械杂质虽和水的流动方向相同，但由于油水流速很慢，流经罐底附近出水喇叭口时易被水带出储罐，故油、机械杂质和水的分离效率较低。胜利东辛采油厂，对图 7-11 所示除油罐进行改造，在罐的半圆周范围内进水，另半圆周范围内收水，罐内污水呈水平流动，水的出水质量有明显提高，说明立式除油罐内流体流动方向不尽合理。

2）工艺计算

（1）罐径计算。

设罐截面面积为 A，则

$$A=A_1+A_2 \tag{7-14}$$

式中 A_1——污水的过水截面积，m^2；

A_2——中心反应筒的横截面积，m^2。

加絮凝剂的原水在反应筒内上升流速约 4~5mm/s，反应时间约 6~10min，据原水进罐流量和反应筒内水的上升流速可初步确定所需的 A_2；不加絮凝剂的立式除油罐，由于仅有配水室和中心柱管，可近似取 A_2 为 0。

A_1 可由下式计算：

$$A_1=\frac{Q}{3.6v} \tag{7-15}$$

式中 Q——原水进罐流量，m^3/h；

v——污水在罐内的下降流速，自然除油时取 0.5~0.8mm/s，混凝除油时取 1.0~1.6mm/s。

按式(7-14) 求得 A 后，即可求出立式除油罐的罐径为：

$$D=\sqrt{\frac{4A}{\pi}} \tag{7-16}$$

式中 D——除油罐直径，m。

在上述计算中，近似认为污水流通截面上各点的秒相同。计算机模拟罐内流场表明，罐径越大罐截面上的流速越不易均匀，甚至出现滞留区、局部漩涡区等，影响除油效率。因此，罐进、出水部件布局和机械设计的优化是除油罐设计极重要的组成部分。

（2）罐高计算

罐高指罐壁高度，罐高 H 从上向下由以下几部分组成：

$$H=H_1+H_2+H_3+H_4+H_5 \tag{7-17}$$

式中 H_1——罐壁高度和安全装液高度之差，取 0.5~0.8m；

H_2——设计油层高度，取 1.5~2.0m；

H_3——配水喇叭口顶至油层底部的高度，取 0.1~2.0m；

H_4——除油罐有效分离高度，m；

H_5——罐底污泥区高度，取 1.2~1.5m。

除油罐有效分离高度 H_4 指配水和集水喇叭口端部间的高度，计算式为：

$$H_4=\frac{QT}{A_1} \tag{7-18}$$

式中 Q/A_1——表面负荷率，重力沉降时取 $0.6m^3/(m^2 \cdot h)$，混凝沉降时取 $1.0m^3/(m^2 \cdot h)$；

T——污水在罐内的有效停留时间，重力沉降时取 2.5~3.5h，混凝沉降时取 1.5~2.0h。

罐径和罐高除根据上述经验式计算外，还应根据锥顶罐的系列尺寸进行适当调整。若已知污水处理量，沉降罐罐容过大，将提高出水质量、减轻下游处理设备的负荷，但占地和投资增大；反之，节省占地和投资，但出水质量下降。因而，沉降罐的设计实质上是经济和水质间的某种优化搭配。

污水处理厂应设多座沉降罐，一台罐清泥，检修时不影响污水处理的连续进行。

（3）配水和集水。

配水和集水头的数量、布局关系到水在罐截面上的流速分布和除油效率。经多年探索和改进，配水头和集水头常采用喇叭口梅花点分布式。梅花点分布指以配水（集水）管端部为圆心，以一定半径在水平面上作圆，在圆周上均匀地设多个（一般为 4~8 个）配液喇叭口，每个喇叭口的经验管辖面积为 $2.5 \sim 7.5m^2$。

配水、集水管管径由经验流速 0.2~0.6m/s 确定，重力沉降采用较小流速，混凝沉降用较大流速，选定流速后即可确定管径。流经中心反应筒、集水和配水管的水流速度按一定速度梯度递减。

2. 斜板除油罐

在沉降罐内，上浮速度大于污水平均向下流速的油粒将上浮至液面与水分离，小于污水流速的油粒被水带走。对原水做水平流动的隔油池，油珠上浮速度与污水通过过水断面水平平均速度之比，间接反应油珠上浮至液面与污水流过隔油池所需的时间之比，该比值反映除油设备的分离效率。沉降罐和隔油池的分离效率定义为：

$$\eta=\frac{vA_1}{Q} \tag{7-19}$$

与式(7-18) 联合，得：

$$\eta=\frac{vA_1}{Q}=\frac{vT}{H_4} \tag{7-20}$$

式中　η——沉降罐分离效率；

v——某一粒径油珠的上浮速度，由斯托克斯公式计算；

T——污水在罐内的停留时间，h；

H_4——沉降罐的有效高度，m。

由式(7-19) 和式(7-20) 可知，增加油珠上浮面积 A_1、减小油珠的上浮高度 H_4 均能提高沉降罐的分离效率，这就是所谓的“浅池理论”。根据浅池理论，若用平行板组将过水空间分为多层，板间的距离很小，污水通过板组时油珠上浮面积增加了若干倍，浮升很小高度（即浮升高度缩小了若干倍）就与上层板面接触而被分离，这就是斜板除油原理。此外，用倾斜的管束代替斜板组件也能取得较好的除油效果。

斜板除油装置可分为立式和平流式两种，分别称为立式斜板除油罐和波纹板隔油池（CPI）。我国油田常用立式斜板除油罐。

1）立式斜板除油罐

在立式除油罐中心反应筒中部与罐内壁间加设一层倾角为45°~60°的斜板组即为立式斜板除油罐。含油污水从配水管喇叭口流出后，先在斜板组上方的分离区进行重力分离，较大的油珠颗粒上浮、并入原油层。污水向下通过斜板组，利用浅池理论油水得到进一步分离。斜板组分出的大粒径油珠沿倾斜的板面浮升，流出斜板组组件，并向上浮升至顶部的原油层。流出板组的污水在斜板组下方集水区流入集水管，并流出除油罐。

斜板长期浸泡在污水中，要求斜板的材质不软化、不变形、耐油、耐腐蚀，常用聚丙烯、聚氯乙烯或玻璃钢制造。斜板常做成瓦楞形或波纹形，以利于排油和排放机械杂质。斜板长度为1750mm，宽度为650~750mrn，厚度为1.2~1.5mm，每块板有6~11个纵向波纹。为安装和检修方便，把斜板拼装成斜板组块，板间距为 80～100mm，组块排列在除油罐内的钢支架上。

斜板的水平投影表面负荷率为 0.55～0.72m^3/(m^2·h)，最大不超过 1.0m^3/(m^2·h)。污水在罐内停留时间为 1.3～2.0h，水的向下流速为 1.0～1.6mm/s。实践证明，在除油效果相同的条件下，斜板除油罐的污水处理能力比立式除油罐可提高 1.0～1.5 倍。

2）波纹板隔油池

隔油池是油田较早使用的一种原水除油构筑物，为钢筋混凝土矩形池体。

原水经堰板均匀流入隔油池后，由于过水断面很大，水流速度减慢，依靠油、水、机械杂质的密度差，从污水中分出 150μmn 的油滴和机械杂质。浮在液面的油层由撇油器收集，并定期清除沉在池底的油泥，这种隔油池在我国早期开发的油田上仍依稀可见。在隔油池内水流方向与油珠浮升、机械杂质下沉方向垂直，对油、水、泥的分离较立式沉降罐有利。在上述隔油池内加设两组向内倾斜 45°的纵向平行板增加分离有效面积、缩短油滴的上浮距离，这种平行板隔油池（PPI）能分离 100μm 的油粒，提高了除油效果。现今，用波纹板取代了平板，发展为如图 7-10 所示的波纹板隔油池。这种隔油池在西方文献中频繁出现。

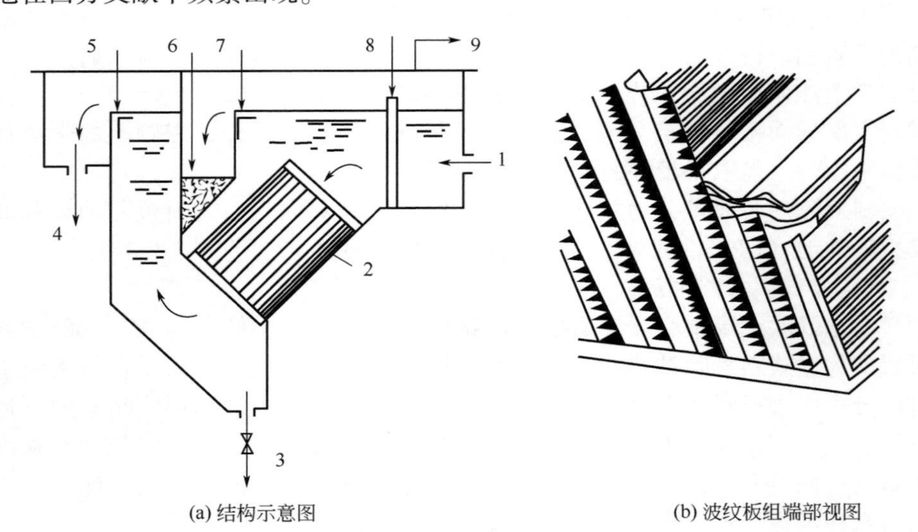

(a) 结构示意图　　(b) 波纹板组端部视图

图 7-10　波纹板隔油池

1—污水入口；2—波纹板组；3—排污；4—净化水：5—水堰；
6—油室；7—油堰；8—配流筛；9—气出口

进入隔油池的原水经配流筛均匀地分配至波纹板组的各流道。从上向下经过斜板组的污水在斜板中进行油、水、泥的分离。板组捕集的原油浮升至板组上方的油层，经可调堰板流入油室。流出板组的污水分出油泥后，经可调堰板流入水室，板组组合件与水平面呈45°倾角，板间距为20~30mm。

3. 粗粒化除油罐

“粗粒化”是指含油污水通过填充物层时，使分散油珠由小变大的过程。根据斯托克斯公式，油珠在水内的浮升速度与油珠粒径的平方成正比，因而粗粒化处理后更容易用重力分离法将油除去。粗粒化除油是粗粒化及油水沉降分离过程的总称。混凝和粗粒化都使油珠粒径变大，混凝使用化学法而粗粒化则采用物理方法。

油珠粗粒化机理大致有两种观点，即润湿聚结和碰撞聚结。当污水流经亲油性粗粒化充填材料时，油珠润湿充填材料并黏附后续油珠，在充填材料上形成油膜。在浮力和水力冲击下油膜自充填材料上脱落，在水相中形成粒径较大的油珠从水中分出，同时充填材料表面也得到一定更新。聚丙烯塑料球及无烟煤为亲油材料，用作粗粒化填充物时就属于润湿聚结。当污水流经疏油材料时，两个或多个油珠同时与材料壁面碰撞或油珠间相互碰撞，其冲量使它们合并为较大油珠，从而达到粗粒化目的，如蛇纹石及陶粒用作粗粒化材料时的聚结就属于碰撞聚结。事实上，这两种聚结常在除油罐内同时发生，只是以一种聚结形式为主而已。

粗粒化材料按外形分为粒状和纤维状两类，前者可重复使用，后者适合一次性使用。国内的粗粒化装置主要采用3~5mm的粒状材料。按材质分为天然和人造两类，天然材料有无烟煤、蛇纹石、石英砂等，人造材料有聚酯、聚丙烯、聚乙烯、聚氯乙烯等。部分粗粒化材料的物性见表7-8。

表7-8　部分粗粒化材料物性

材料名称	湿润角	相对密度	湿润角测定条件
聚丙烯	7°38′	0.91	水温44℃；介质为净化后含油污水；湿润剂为原油
无烟煤	13°18′	1.60	
陶粒	72°42′	1.50	
石英砂	99°30′	2.66	
蛇纹石	72°9′	2.52	

某些经加工后的板材能使油珠粗粒化，这种板称为聚结板。常用的聚结板材有聚氯乙烯、聚丙烯塑料、玻璃钢、碳钢和不锈钢等。

粗粒化除油由油珠粗粒化和油水重力沉降分离两个过程组成，有的装置

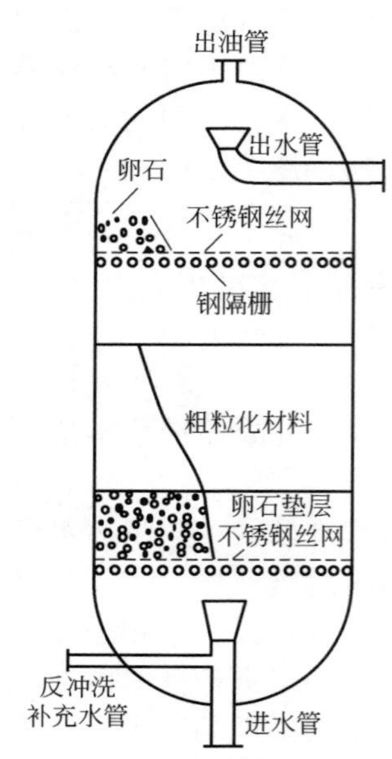

图 7-11　粗粒化罐结构示意图

将上述两过程分别在两个容器内完成，有的在同一容器内完成。只完成粗粒化过程的粗粒化罐常为立式罐，结构与压力滤罐类似(图 7-11)，其下游应设卧式油水分离罐完成油水重力分离过程。图 7-12 所示的粗粒化除油罐为粗粒化和沉降分离合一设备，在同一容器内分别完成粗粒化和重力分离过程。

4. 旋流分离器

1）结构和原理

旋流分离器是 20 世纪 80 年代开发的污水除油设备，其结构如图 7-13 所示。在污水除油旋流器的壳体内安装有多根（数十根）并联的旋流管，含油污水进入旋流器，经旋流管进行油水分离后，污油和经除油后的水由各自的出口流出。

旋流管是旋流器实施油水分离的关键部件。污水切向进入旋流管的圆筒造涡段形成旋转运动。污水流入大锥段时，流道截面迅速收缩，流体获得很大的角加速度，加速旋转。流体流入小锥段时，截面缓慢收缩，增加的角动量补偿流体与管壁的摩擦损失，使流体保持高速旋转。流体进入直管尾段后，由于摩擦流体的旋转速度逐渐减弱，但增加了流体在旋转流场内的停留时间。由于油水密度不同，在离心力场内密度大的水甩向器壁，密度小的油珠运移至旋流管中心形成油芯，由此实施油水分离。水由底流口流出，在底流口背压下，旋流管中心处形成的油芯（实为油浓集的油水混合物）反向从圆筒造涡段一端的溢

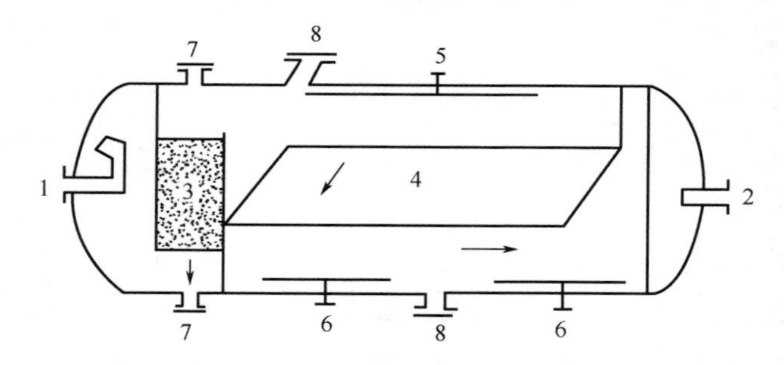

图 7-12　粗粒化除油罐

1—进水口；2—出水口；3—粗粒化段；4—蜂窝斜管组件；5—排油口；6—排污口；7—维修人孔；8—拆装斜管人孔

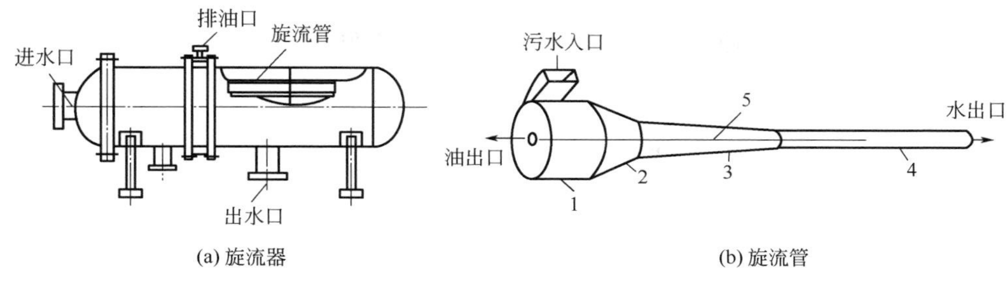

(a) 旋流器　　(b) 旋流管

图 7-13　旋流器和旋流管

1—圆筒造涡段；2—大椎段；3—小锥段；4—直管尾段；5—油芯

流口流出，使油水得到迅速分离。

旋流管大锥段与小锥段相交处的内径称为旋流管的名义直径。旋流管早期的直径有 60mm 与 35mm 两种，长度在 1.5~2.0m 范围内。由于油珠在小直径旋流管内由器壁移至管中心的距离短，分离效果好，现今旋流管的直径一般等于或小于 35mm。

在离心力场下，油珠向旋流管轴心的径向速度 V_r 很小，仍用斯托克斯公式描述，用向心加速度 α 代替重力加速度 g，得

$$V_r=\frac{d^2\alpha(\rho_w-\rho)}{18\mu_w}=\frac{d^2(\rho_w-\rho)V_t^2}{18\mu_w r} \tag{7-21}$$

式中　α——向心加速度，m/s^2；

ρ_w——水密度，kg/m^3；

ρ——油密度，kg/m^3；

V_r——油珠的回转半径，m；

V_t——回转半径 r 处的切向速度，m/s。

向心加速度与重力加速度之比称为弗劳德离心准数或离心因素。旋流器的弗劳德离心准数随通过旋流管的流量而变化，大致在 1000~2000 范围内，即油珠的径向沉降速度千倍于重力沉降速度。图 7-14 为软件对旋流管内弗劳德离心准数沿管长变化的模拟计算结果。由图可知，在大锥与小锥接合部位的弗劳德离心准数最大。由于径向加速度约为重力加速度的 1000 倍以上，故可忽略重力对油水分离的影响，无论旋流器是立式或卧式安装，或安装在晃动的海洋平台上都不影响油水分离效果。

旋流管内腔体积除以旋流管流量为流体在旋流管内的停留时间，常为 1~2s。与其他除油设备相比，旋流分离器占地小、质量轻（约为其他除油设备的 20%），是一种高效、快速的油水分离设备，特别受海洋石油开采的青睐。

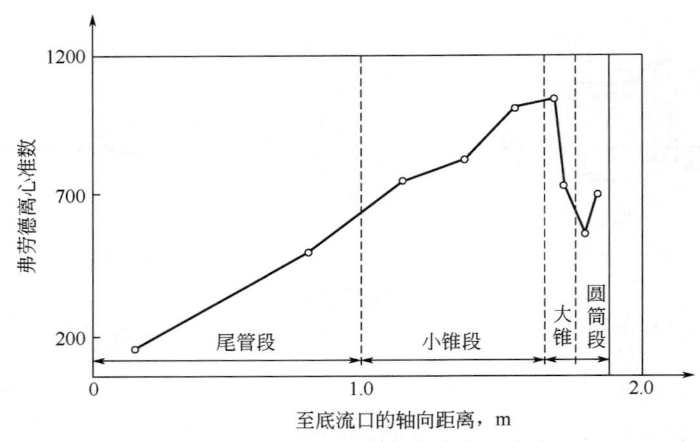

图 7-14　旋流管内弗劳德准数的变化

由于旋流管长期与高速流动的污水接触，污水中不宜含有砂等坚硬的磨蚀物质，旋流管的材质应有较好的耐磨、耐腐性能，常用不锈钢、陶瓷、聚氨酯等制作。旋流管的直径决定了它的污水处理量，一根 35mm 旋流管的典型流量为 100~200m^3/d，旋流器的污水处理量由器内并联的旋流管数确定。改变旋流器内并联旋流管的根数，可适应污水流量的变化。

与其他污水除油设备相似，旋流器也是一种不完全油水分离设备，即经旋流器处理后排出水中仍含少量原油，油中仍带有污水。若入口污水含油量≤1000mg/L，处理后水的含油量一般可降至数十 mg/L（如 50mg/L），对水内固体悬浮物含量的降低不明显。用排水口背压或入口与排水口的差压控制溢流口的流量，溢流流量常为入口流量的 1.5%~3%。经旋流器处理后的水一般达不到回注水质标准，后续流程中需进一步脱油、脱除悬浮物。

东部老油田油井产液的水含率普遍超过 90%，旋流器还能实施产液的油水初分离，这种旋流器称预分旋流器。预分旋流器的构造与污水除油旋流器极为类似，但溢流口孔径较大，应能排出 1.5~2.5 倍旋流器的人口油量。预分旋流器出口水的油含量应能为下游污水处理设备所接受，如≤1000mg/L。预分旋流器入口流体内油含率的大幅波动，造成溢流和底流质量的不稳定，分离质量急剧恶化，是制约预分旋流器广泛使用的瓶颈。

2）除油效率和能耗

除油旋流器的除油效率定义为：溢流口排出油量除以入口油量，可用下式表示：

$$\eta=\frac{Q_iC_i-Q_wC_w}{Q_iC_i}=1-\frac{Q_wC_w}{Q_iC_i}\approx1-\frac{C_w}{C_i} \tag{7-22}$$

式中　Q_i、Q_w——入口、水出口流量，m^3/h；

C_i、C_w——入口、水出口的体积含油浓度。

除油旋流器的溢流流量仅为入口流量的1.5%～3%，近似计算除油效率时可认为$Q_i=Q_w$。

室内测定的某旋流管Q_i—η的关系如图7-15所示。由图可知，旋流器有高效流量范围区，流量过小，除油效率降低。

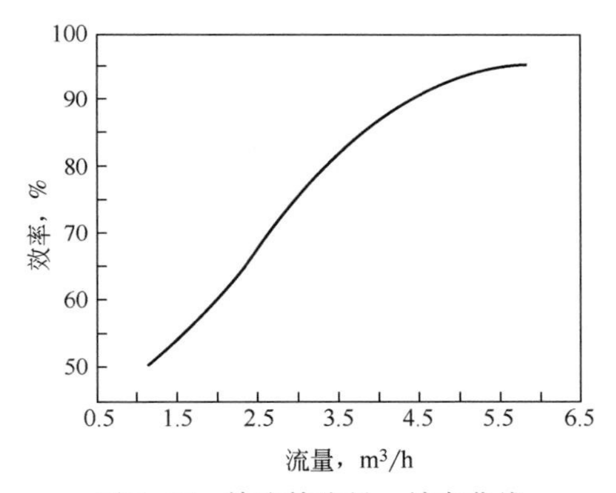

图7-15　旋流管流量—效率曲线

若一种原水内油滴粒径较大，另一种原水内的油粒径较小，用同一旋流器处理时显然前者效率高，后者效率低。因而，除油效率不能确切反应旋流器本身的分离性能和结构的好坏，故还常用粒级效率表示旋流器的分离性能。粒级效率定义为溢流口排出油水混合物内某粒径的浓度与入口流体内该粒径浓度之比，室内测定的粒级效率如图7-16所示，曲线反应不同

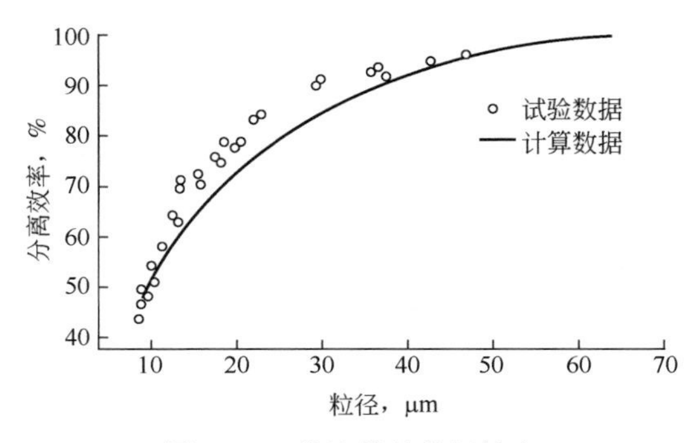

图7-16　旋流管的粒级效率

粒径油滴的分离效率。图中分离效率50%所对应的粒径称为分割粒径，即有50%的概率被分离，以 d_{50} 表示，图中 d_{50} 约为9μm。在同等试验条件下，旋流管 d_{50} 越小，表示管的结构和分离性能越好。粒级效率和分割粒径也是条件性指标，如果污水性质改变，粒级效率曲线和 d_{50} 也随之而变。

油珠径向沉降速度式(7-21) 可用来分析影响旋流器除油效率的各种因素。现选择某些影响因素进行分析，其余读者可自行分析：

(1) 油水密度差旋流器是依据油水密度差进行工作的，一般要求油水密度差大于50kg/m^3 时，才能有效地使用旋流器进行除油。但重质原油的表面张力大，油滴不易破碎，粒径较大。因而，不能得出密度差越大，油水分离效果越好的结论。

(2) 油粒粒径是影响分离效率的最重要因素。在旋流器上游流程设计中应尽量缩短流程，减少对油水混合物的搅拌，以免油粒破碎、难以分离。需要增压时，应采用对油水混合物搅拌程度较低的单螺杆泵或往复泵。

(3) 进口油含量旋流器人口污水含油浓度越高，除油效率越高。但底流排出水的含油浓度略有升高。几台旋流器并联工作时，应注意使各台旋流器进口的油水负荷均匀。

(4) 分离温度对分离效率有双重影响。温度提高，油水密度差增大，水的黏度降低，有利于油水分离。另外温度提高，原油的表面张力下降，油滴容易破碎，不利于油水分离。表7-9是用同一根旋流管在A、B两油田的实验数据，说明了温度和油水密度差的双重性质。

表7-9 A、B油田除油旋流管实验数据

油田	水温,℃	油密度，kg/m^3	试验组数	C_i（mg/L）	C_u（mg/L）	除油率,%	表面张力，mN/m	
							30℃	60℃
A	52.5	873.1	14	513.7	129.5	74.8	29.75	27.22
B	58	927.2	7	2377	48	98.0	32.32	29.80

注：C_i——入口含油浓度；C_u——底流口含油浓度。

应强调指出：各种影响旋流器除油效率的因素是相互联系的，应综合考虑。例如，同一台旋流器在处理高温、低密度原油时的除油效率不一定高于低温、高密度原油，原因是高温、低密度原油的表面张力较小，容易破碎成小粒径油珠。

由于油粒粒径分布是影响除油效率的最重要因素，又难于在现场测定，因而在确定使用旋流器前应进行旋流管单管现场试验至关重要，可正确确定可能获得的除油效果。

旋流器（管）人口与底流口的典型压降为0.25~0.30MPa，其值与处理量大小有关。旋流管底流口需保持一定的背压，以迫使油芯反向流动，从溢流口排出的油水混合物流至污油罐，压力接近大气压。旋流器出水口典型的背压约为0.25~0.30MPa。这样，旋流器入口压力至少在0.5MPa以上，才能保持较好的油水分离效果。旋流器能耗可用下式表示：

$$W=\frac{Q\Delta p}{3.6} \tag{7-23}$$

式中　W——能耗，kW；

Q——旋流器入口流量，m^3/h；

Δp——压降，MPa。

旋流器入口至底流口以及入口至溢流口的压降不同，能耗不同，两者之比约为0.6∶1.0。故在操作中应控制溢流量为入口流量的1.5%~3%，增大溢流量无助于除油效率的提高，反而增加污水处理的能耗和费用。能耗大是旋流器的主要缺点之一。

由于旋流器具有占地少、质量轻、流程易于密闭、需二次处理的液量（溢流量）少、安装方式不受限制、化学剂用量少等优点，我国已有约10%的采出水用旋流器处理，已成为污水处理的一种常规设备。

5. 气浮机

在污水内设法形成许多小气泡，并使油珠和悬浮物黏附于气泡上，就可加速水和杂质的分离过程，提高水的净化质量，这一工艺称为气浮。

1）气浮原理

各种液体都具有表面能，其表达式为：

$$W=\sigma F \tag{7-24}$$

式中　W——表面能，J；

σ——表面张力，N/m；

F——液体表面面积，m^2。

表面能是储存在液体表面的位能，有自发减少到最小的趋势。两种互相不溶液体接触界面之间也存在界面张力，如水与油之间的界面张力可表示为：

$$\sigma_{wo}=\sigma_w-\sigma_o \tag{7-25}$$

式中　σ_{wo}——油水接触的界面张力，N/m；

σ_w——水和空气的表面张力，N/m；

σ_o——油和空气的表面张力，N/m。

两种液体接触界面的界面能等于界面张力乘以界面面积。同样，界面能也有自发减至最小的趋势，若水中油珠或油中水珠的内相体积相同，圆球的

表面积最小，所以在静态下这些颗粒都呈圆球形。

当把空气通入含有分散油的污水中，油粒具有黏附到气泡上的趋势，以降低其界面能。油滴及机械杂质黏附到气泡上的倾向用它们的润湿性或与水的接触角 θ 表示，θ>90°的物质称疏水性物质，如图 7-17 的物质 B 所示，容易被气泡黏附；θ<90°的称为亲水性物质，如物质 A，不易被气泡黏附。

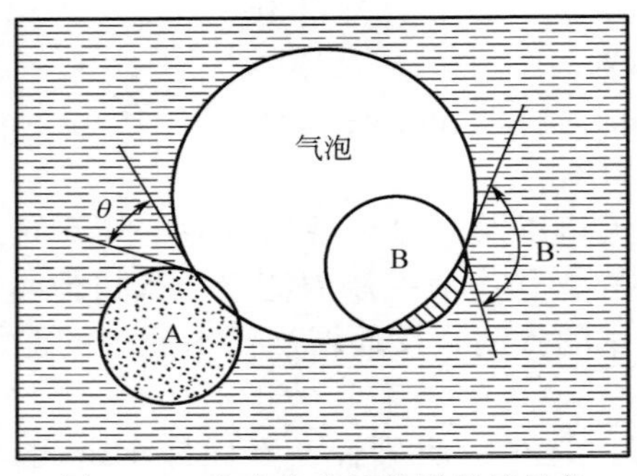

图 7-17　亲水和亲油物质的接触角

当气泡与颗粒 x 共存于水中时，在未黏附之前，颗粒 x 和气泡单位面积上的界面能各为 σ_{wx} 和 σ_{wg}，这时单位面积上界面能之和为：

$$W_1=\sigma_{wx}+\sigma_{wg} \tag{7-26}$$

如前所述，因界面能有自发降低的趋势，当颗粒黏附在气泡上时（图 7-18），界面能便减少为：

$$W_2=\sigma_{gx} \tag{7-27}$$

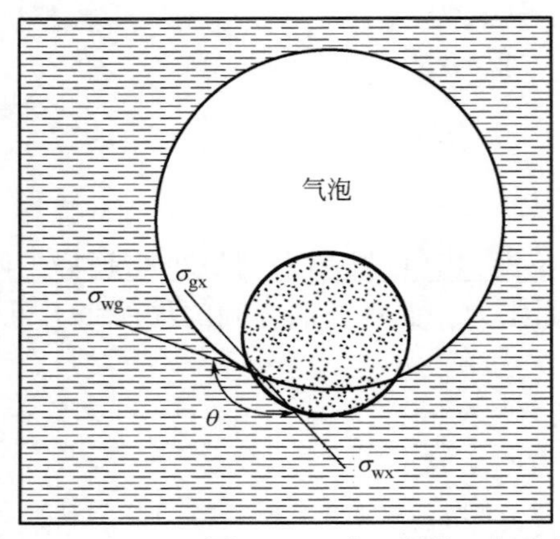

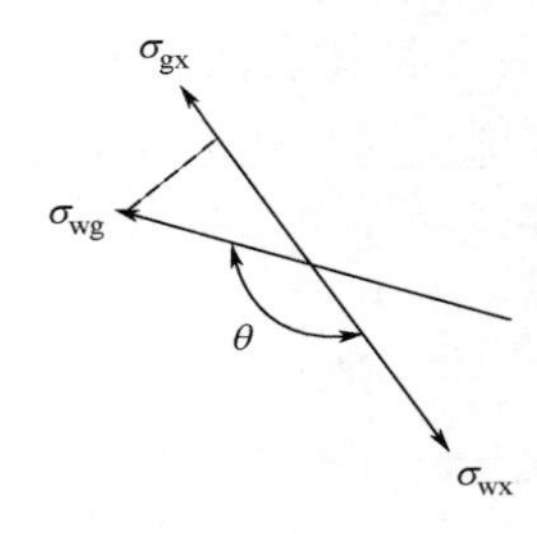

图 7-18　水—颗粒—气泡间的表面张力

单位面积上界面能的减少值为：

$$\Delta W=W_1-W_2=\sigma_{wx}+\sigma_{wg}-\sigma_{gx} \tag{7-28}$$

当颗粒 x 处于平衡状态时，σ_{wx}、σ_{wg} 和 σ_{gx} 的关系为：

$$\sigma_{wx}=\sigma_{wg}\cos(180°-\theta)+\sigma_{gx} \tag{7-29}$$

代入式(7-25) 得：

$$\Delta W=\sigma_{wg}(1-\cos\theta) \tag{7-30}$$

式中　σ_{wx}——水与颗粒之间的界面张力，N/m；

σ_{wg}——水与气之间的界面张力，N/m；

σ_{gx}——气与颗粒之间的界面张力，N/m。

式(7-30) 说明：$\theta\to 0$ 时，$\Delta W\to 0$，这种物质不能气浮；$\theta\to 180°$，$\Delta W\to 2\sigma_{wg}$，这种物质容易被气浮。例如油珠为疏水性物质，$\theta>90°$，油珠黏附气泡后，在水中的浮升速度可增加数百倍之多，这就极大地加快了油水分离过程。

为提高气浮对亲水性悬浮物和乳化油的分离能力，常在水中添加浮选剂和混凝剂等活性物质，使悬浮颗粒表面具有疏水性，乳化油破乳成为分散油，使这些杂质黏附在气泡上去除。

归纳上述气浮原理以及现场的实践经验，有效的气浮必须具备以下必要条件：（1）在水中形成大量直径 15~30μm 的气泡，直径越小提供的黏附表面积越大，浮选效果越好；（2）被分离物应具有疏水性，能吸附在气泡上浮升。用气浮处理油田污水时，应尽量采用天然气或其他惰性气体，避免污水和空气（O_2）接触而增加水的腐蚀性。

2）气浮类型

按污水内形成气泡的方法，气浮大体上可分为 4 大类：溶气气浮法、诱导气浮法、电解气浮法和化学气浮法（表 7-10）。其中，溶气气浮和诱导气浮在污水处理中使用较多。下面对叶轮诱导气浮机、射流诱导气浮机和溶气气浮机的结构及原理进行简要介绍。

表 7-10　气浮类型

名称	方法	气泡成因
溶气浮法	加压溶气浮法	加压下，使气体溶解于污水内，在常压下释放气体形成小气泡
	真空气浮法	减压下，使溶于水中的气体释放形成小气泡
诱导气浮法	机械鼓气气浮法	迫使气体通过许多孔隙产生气泡
	叶轮气浮法	叶轮转动产生负压吸入气体，依靠剪切力使气体变成小气泡

续表

名称	方法	气泡成因
诱导气浮法	射流气浮法	依靠水射器的作用使污水内产生微小气泡
	填料气浮法	气体通过填料层可形成微小气泡
电解气浮法	电解气浮法	选用惰性电极使污水电解产生气泡
	电絮凝气浮法	选用可溶性电极（如 Fe、Al 等）在阳极上产生微小气泡，在阴极上产生有混凝作用的离子
化学气浮法	化学气浮法	在物质之间的化学反应产生微小气泡

（1）叶轮诱导气浮机。

图 7-19 为叶轮气浮单元，污水经 4 个串联气浮单元处理后得以净化。电动机带动星形转子旋转，转子中心形成真空。气体经控制阀（图中未画）、进气孔进入造涡管和转子，液体由转子下方进入转子。在离心力作用下，混合后的气液混合物经分散器破碎成小气泡喷向水中，黏附油和悬浮物浮升至液面形成浮渣。浮渣经刮渣器和堰板流入浮渣箱，完成该单元的水处理过程，进入下一气浮单元。污水在每个气浮单元的停留时间约为 1min，在气浮机内的总停留时间为 4~6min，可去除 0.25~20μm 的油珠。

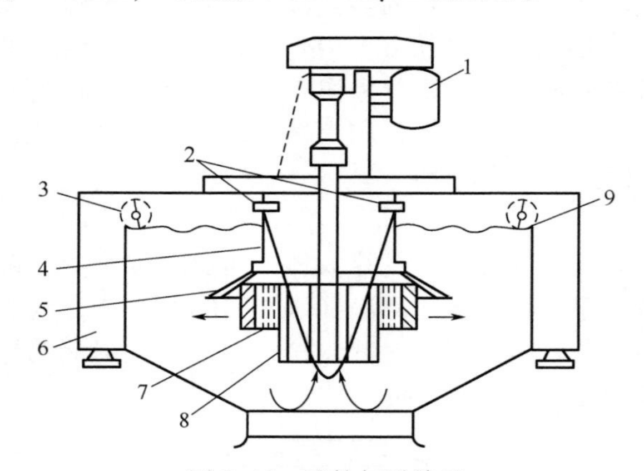

图 7-19　叶轮气浮单元

1—电动机；2—进气孔；3—刮渣器；4—造涡管；5—分散器罩；6—浮渣箱；7—气泡分散器；8—星形转子；9—浮渣堰

诱导气浮必须和投加有效气浮剂结合，不加化学剂时除油率仅 50%~70%，加高效气浮剂后，除油率可达 90%~95%，悬浮物去除率约 80%~90%，出口水含油可小于 50mg/L。但装置的结构较复杂，需有安全防爆措施，有运动部件，易损坏，能耗也较大。

叶轮诱导气浮适合于原油密度大于0.9g/cm^3，油粒粒径较小、乳化较严重的场合。处理温度一般低于50℃。在我国由叶轮气浮处理的采出水约占总采出水量的20%以上。

（2）射流诱导气浮机。

图7-20为射流诱导气浮机示意图。部分处理后的水经循环泵增压后，送入4个文丘里射流器。水在射流器内高速流动时，射流器的吸入室形成负压，气体进入吸入室。气、水混合物高速通过混合段时，气体破碎成小气泡。气泡在气浮室内上浮，黏附油和悬浮物，浮至液面。经4级浮选后的净化水越过溢水堰进入水室，并由出水管线排出。浮渣进入油槽，由管线送入污油罐。与叶轮气浮相比，射流浮选装置的运动部件少、结构紧凑、维护简单、占地和投资少、能耗少一半左右；但溶气数量少，分离效果相对较差，且调节困难。

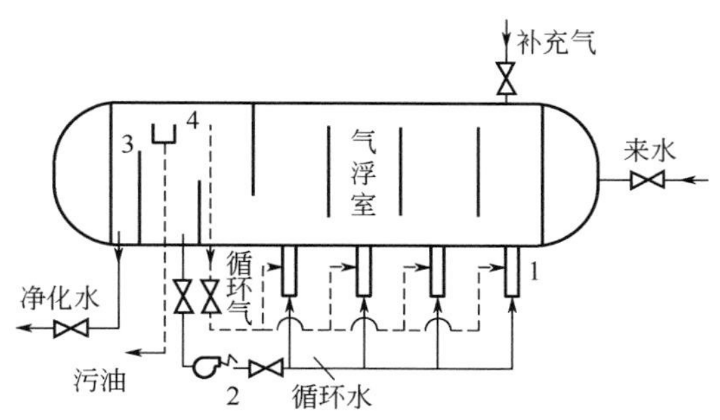

图7-20　射流诱导气浮机

1—射流器；2—循环泵；3—溢水堰；4—油槽

（3）溶气气浮机。

如图7-21所示，气浮罐的部分净化水经泵增压（0.8MPa）后，进入射流器，与射流器吸入的气体形成气水混合物，进入溶气罐。在溶气罐压力

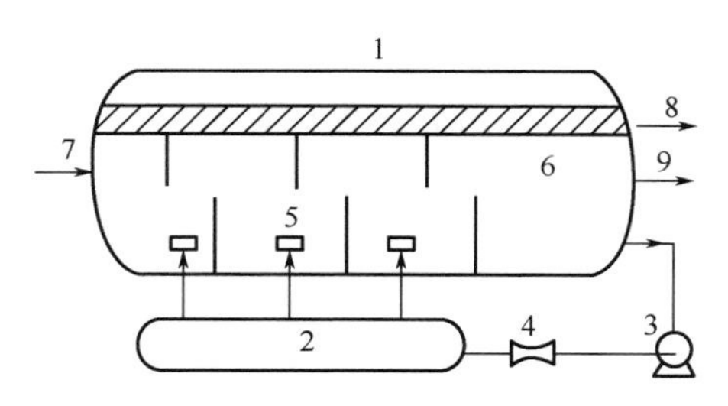

图7-21　溶气气浮机

1—气浮罐；2—溶气罐；3—循环泵；4—射流器；5—释放器；6—收油槽；7—进水管；8—出油口；9—出水口

(0.45MPa) 下，气体溶入水内。溶有气体的水进入压力接近常压的气浮罐，释放出溶解气泡并携带油珠和悬浮物浮升至液面，从出油口流出，净化水从出水口流出。

6. 过滤罐（器）

在压差作用下，污水流过一定厚度的由多孔粒状物质（称为过滤介质或滤料）组成的滤床，使水中杂质截留于滤料表面或滤料孔隙内，使水得到净化，这一工艺称过滤。过滤不但能除去水中的悬浮物，还能除去油、细菌、藻类、化学剂等，常用于悬浮物浓度低、多数粒子粒径大于10μm 的污水，是常规三段水处理流程的末级处理工艺。为提高过滤效果，常和混凝技术结合，以减少滤后水内油及悬浮物含量，使水的浊度降低。

过滤分为两大类：滤饼过滤和深层过滤（图 7-22）。滤饼过滤时，大于或接近于滤料孔隙的油珠和悬浮固体以架桥方式在滤料表面形成初始层，其孔隙比滤料孔隙更小能截留更小的颗粒，逐步在初始层上形成一定厚度的滤饼，滤饼对污水的阻力远大于滤料本身的阻力。深层过滤时，污水中的杂质截留于滤料内部的孔隙中，滤料为污水的主要阻力。随过滤的持续进行，滤床压降增大至最大允许值时，需用净化水进行反冲洗，清除滤料截留的污水杂质，恢复滤床活性。

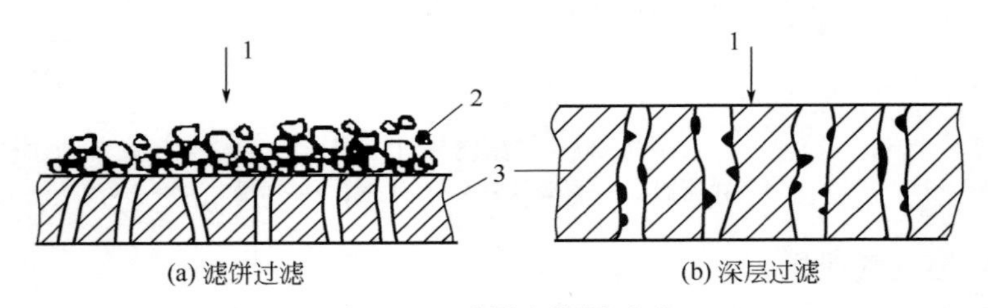

图 7-22　滤饼和深层过滤

1—污水；2—滤饼；3—过滤介质

除以上分类外，现场还按流体通过滤层的驱动力，分为用于开式系统的重力式和用于密闭系统的压力式过滤。按流体通过滤层方向，可分为下向流、上向流、双向流等。按所采用的滤料和层数，可分为硅藻土、石英砂、金刚砂、石榴石、无烟煤、核桃壳、双滤料（煤和砂）、多滤料等。

1）压力过滤罐

压力过滤罐的结构简单、造价低廉，是脱除污水悬浮物使用最广的设备。图 7-23 为压力过滤罐的典型结构，直径为 0.6~3.2m（增量为 0.2m），高度为 4.2~6.5m，处理量为 5~200m^3/h。如图示，滤料堆放在垫层上，垫层放在支撑物上。垫层可分 3~4 层，从上向下粒径增大，如为 2~4mm、4~8mm、

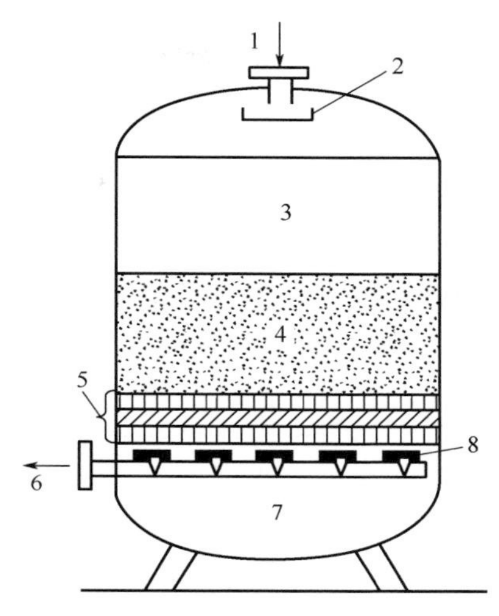

图 7-23　压力过滤罐

1—进水口；2—布液筛板或配水筛管；3—空间；4—滤料层；5—卵石或石榴石垫层；6—滤后水出口；7—底垫层；8—集水筛管

8~16mm 等，其作用是防止滤料流失并在反冲洗时提高布水的均匀性。过滤罐以下流方式工作时，污水从上向下流经滤料层，滤后水流出过滤罐。经过一段时间运行后，由于截留在滤料上的悬浮物增多及细菌繁殖等原因，过滤压降增大、效率下降，需要进行反冲洗。为减少反冲洗频率并保证滤后水的水质，应严格控制过滤罐进水水质，尽量使污水的含油、含悬浮物数量降低（如规定含油少于 50mg/L）。

滤料是决定过滤效果的关键。在选择滤料时，要求滤料具有以下性质：(1) 有足够的机械强度，防止滤料的破碎和流失；(2) 有很好的化学稳定性，不增加水内的有害物质，有较好的抗腐性；(3) 滤料颗粒外形应接近球形（球形滤层的孔隙率大，能容纳较多杂质)，表面粗糙，有较大比表面积吸附和截留悬浮物；(4) 滤速高；(5) 再生容易，要求滤料具有亲水性，反洗时带出悬浮杂质，恢复滤床活性；(6) 价格合理，货源充足等。在较长一段时间内，石英砂和无烟煤为油田过滤罐常用的滤料。近年来，滤料的发展很快，开发了性能更好的核桃壳、陶粒、涤纶纤维球、涤纶纤维束等新型滤料。

(1) 常规压力过滤罐。

为阐述方便，把用石英砂、无烟煤等作为滤料的称为常规压力过滤罐，其他过滤罐（器）的名称常用滤料名称命名，如核桃壳过滤罐、纤维球过滤罐、活性炭过滤器等。

常规过滤器采用单一滤料石英砂时，滤料层厚度约为 0.5~0.6m，粒径在 0.2~2.0mm 范围内。由滤后水的水质要求选择滤料粒径。小粒径滤料的比表面积大（如石英砂粒径为 0.3~0.15mm 时，比表面积为 174cm^2/g；粒径为 2.5~1.2mm 时，比表面积为 25.5cm^2/g)，净化水质量高，但在给定过滤压降下的允许滤速（即表面负荷率）小，过滤周期短，反冲洗频繁。污水从上向下流经匀质滤层时，会在滤层表面截留较大、较多的悬浮物并形成滤饼，只有较小粒径的悬浮物才能穿透进入表层滤料，不能充分发挥整个滤床的吸附能力。若粒径选为 0.5~0.7mm，相应的滤速仅为 6m/h。石英砂过滤器因其孔隙率、滤速低，过滤周期短，反洗、再生能力差，现已基本淘汰。

双滤料过滤采用深层过滤方式。常用相对密度和粒径不同的石英砂（相对密度为2.6）和无烟煤（相对密度为1.4~1.6）为滤料。上层无烟煤的粒径为1.0~1.5mm、厚为0.5m，下层石英砂的粒径为0.5~0.7mm、厚为0.2m。污水向下流经滤床时，由于无烟煤粒径较大，悬浮物可较深地穿透滤床，充分发挥滤床的吸附、截留能力，即滤层孔隙内油和悬浮物的充满程度较高。反冲洗时，由于无烟煤和砂的密度差，使冲洗结束后的滤床仍能保持原始分层状态，不产生过厚（<0.05m）的煤、砂混杂层。与单滤料相比，双滤料滤床的工作周期长2~3倍，滤速可达18m/h。在双滤料基础上，底部再加一层粒径为0.25~0.5mm、厚为0.1m的磁铁矿（相对密度为4.7），构成多滤料滤床，可进一步将滤速提高至30~40m/h。在一定污水处理量下，滤速大意味着所需的滤罐直径小或滤罐数量少。

上向流双滤料过滤罐的污水由下向上流过滤床。污水先经粗滤料层截留大粒径悬浮物，后经细滤料层截留小粒径悬浮物，滤速可达18m/h。上向流滤床工作时，由于流体流动使滤床膨胀，随过滤时间的延长过滤压降增加较慢。为防止上向流动的污水使滤料层松动，滤料表层上方设置隔栅，限制滤床的过度膨胀。

双向流过滤指从过滤器顶部和底部同时进水，经滤料过滤后由过滤罐中部出水。双向过滤罐相当于两座过滤罐合一，罐的下半部分为上流式过滤，上半部分为下流式过滤，设计滤速达20~30m/h。上向流使滤床松动，其流速应大于下向流流速，两者之比约为1.5∶1。

上向流过滤罐虽能增加滤速，但难以避免流量突然增大时滤料的膨胀和流失，也难以根据过滤罐压降确定适宜的反冲洗时间；双向流过滤的滤料粒级配置较难，两股流体的流量也很难调节合适，因而这两种过滤罐的使用也已逐渐减少。

过滤罐工作时的入口压力约为0.5MPa，为避免悬浮物穿透滤床而影响滤后水的水质，过滤罐压降达到25~50kPa时应停止过滤，进行反冲洗，反冲洗周期一般为12~24h。反洗时，先反向通入天然气（或压缩空气）使滤床松动、膨胀，然后用天然气（或空气）与水的混合流体反向流经滤罐，压降为正常工作压降的1.5~2.0倍，当滤床体积向上膨胀约40%~50%时停止反冲洗过程，反冲洗时间约为15~20min。要求反冲洗水的水温不低于40℃，以便清除滤料截留的含油杂质。为强化反洗效果，可在反洗水内添加高效清洗剂。

压力过滤罐的净化性能除与滤料性质有关外，还随进料水质和沿罐截面配水的均匀程度、滤速、反洗周期和强度等因素有关，下列数据仅作参考。一般要求进水含油量和悬浮物含量≤30~40mg/L，滤后水含油量一般≤10mg/L，悬浮物含量≤6mg/L。由于双滤料过滤器的过滤性能较好，有时串联在普通过滤器后起精滤作用，一般能满足中、高渗透率油藏回注水的水质要求。

（2）核桃壳过滤罐。

核桃壳是20世纪80年代末由国外引进的一种新型滤料，由野生厚皮山核桃壳经脱脂、研磨、去皮、烘干、筛分等工序制成。粒径有0.5~0.8mm、0.8~1.2mm、1.2~1.6mm、1.6~2.0mm四种规格。核桃壳的相对密度为1.3~1.4，滤料的机械强度较高，核桃壳本身带有孔隙、比表面积大、吸附能力强，有较强的亲水性、反洗再生好。

滤层采用单一粒径级配，深床过滤方式，无承托层，滤床高度为1.0~1.5m，下流式工作。因滤料的优良性质、过滤能力很强，设计滤速可达20~30m/L。

滤料相对密度略大于水，可用机械搅拌进行滤料再生。搅拌浆由滤罐上方的电机带动，利用浆叶与滤料以及滤料间的摩擦从滤料上脱去吸附物。还可用反洗泵从罐顶部抽取滤料和水的混合物，增压后送入搓洗管，用旋流法洗涤后由过滤罐底部返回滤罐。使再生反冲洗水量大为降低，仅为4~12L/(m^2·s)，为过滤水量的1%~2%。

大庆油田曾对气浮和核桃壳过滤器串联流程进行过试验，流程如图7-24所示。通过一个月的试验，测出流程各关键点的平均参数见表7-11。

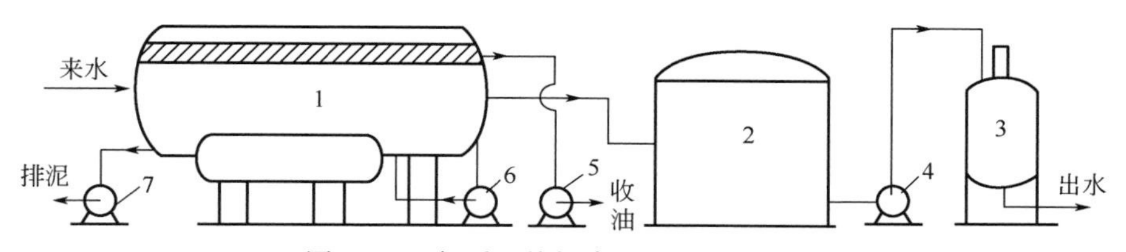

图7-24　气浮和核桃壳过滤器串联流程

1—气浮罐；2—缓冲水罐；3—核桃壳过滤罐；4—增压泵；5—收油泵；6—循环泵；7—排泥泵

表7-11　气浮及核桃壳过滤器的处理效果　　单位：mg/L

来水		气浮出水		滤后水	
油含量	悬浮物	油含量	悬浮物	油含量	悬浮物
298	26	81.3	17.8	4.4	5.2

目前，核桃壳过滤器的选用比例在我国已占50%以上，随核桃壳过滤器的推广使用也暴露出许多问题。核桃壳的产品质量无统一标准，除制造厂商设计和质量管理问题外，核桃壳本身的问题有：①易破碎、泥化，滤料的损

耗率较大；②核桃壳颗粒的外形无法控制，随机性大，形状不同的颗粒易堵塞筛管，导致过滤器截面上流速不匀，过滤效率下降；③污水含油过高时，污油易在滤料表面板结、形成“油盖”，增大过滤压降，降低过滤效率；④反冲洗滤料时必须加高效除油清洗剂；⑤使用寿命短，停运率高。由于上述使用和制造的问题，核桃壳滤料的前途不容乐观，说明任一种成功的新滤料必须经历时间的考验。

核桃壳属天然果壳滤料，其孔隙率一般无法更改，一旦滤料污染严重就必须更换新滤料。我国石油工作者正在开发新型人造微孔陶瓷滤料，以石英砂、氧化铝、碳化硅或莫来石等为骨料，掺和一定量的黏结剂、成孔剂，经过高温焙烧制成。初步测试表明，该滤料耐磨、耐腐、外形规则、颗粒均匀、孔隙率高而可调（达 45%～65%）、比表面积大、使用寿命长。当粒径为 0.8～1.5mm 时，获得较好的过滤和再生性能。

2）深度净化设备

对低渗透和特低渗透率的油藏，使用压力过滤罐后仍达不到回注水质标准，应在常规污水处理流程下游增设深度净化装置。随着科技进步和材料工业的发展，用于深度净化的水处理设备越来越多，以下仅简要介绍某些深度净化设备。

（1）纤维球（束）过滤罐。

涤纶是一种聚酯纤维，具有无毒、耐酸碱、耐磨等性质，可用涤纶纤维制成纤维球或纤维束。纤维球（束）有很好的弹性，用作过滤罐滤料时，在外压和水流压力下，上层滤料受压小、孔隙大，下层滤料受压大、孔隙小，这就构成了合理的粒径配比，滤速可达 20～30m/h，还延长了过滤周期。

涤纶具有亲油性，污水中的有机物被纤维球（束）吸附后成为油团，很难用反冲洗方法使这种被油污染的纤维球恢复活性。因而，需对纤维进行改性处理，使其具有亲水性。

纤维球（束）过滤罐工作时，由滤料压紧装置的压板对滤料施加一定压力，将滤料压实，使滤料的比表面积大幅上升，有效地拦截污水的悬浮颗粒。反洗时，上提压板，由反洗泵增压的反洗水使滤料松动。再开启搅拌机，用机械搅拌使松动的纤维球得以清洗、恢复活性。

设计和操作良好的纤维球过滤罐，当进水含油、含悬浮物≤20mg/L 时，滤后水的含油≤2mg/L、悬浮物≤1.5mg/L，COD 下降约 60%。

（2）烧结滤芯过滤器。

由粉末材料（陶瓷、玻璃砂或聚乙烯、聚氯乙烯等）烧结成具有不同微孔平均孔径的成型过滤管，并组装成过滤器，如图 7-25 所示。污水进入过滤器筒体后，由滤管外围向滤管内流动，经集液管盒后流出过滤器。这种过滤器能除去污水中粒径为 1～5μm 的悬浮物，常设在压力过滤罐下游。过滤器内滤管的数量可在 40～200 根范围内，以适应不同流量的需要。

由聚乙烯（PE）烧结的过滤管和在聚乙烯基础上增加优质渗银活性炭后烧结的（PEC）过滤管的外形尺寸为 31mm×19mm×1000mm（外径×内径×长度）。渗银活性炭的作用是杀菌，因而 PEC 过滤管兼有过滤、杀菌、防止滤管内滋生细菌的作用。滤管的孔径为 40～200 目，相应的微孔平均孔径为 42～50μm 和 5～15μm、过滤精度为≤6.0μm 和≤1.0μm。水质接近城市供水标准时的净化能力为 0.40～0.58$m^3/(m^2 \cdot h)$。过滤器的初始压降为 0.02MPa，随滤出物在过滤管表面形成的滤饼厚度的增加，压降逐步增加，过滤精度相应提高。当压降升至 0.2MPa 时，停止过滤，用压力为 0.4～0.6MPa 的压缩空气反向吹扫过滤管，使过滤管再生。过滤管的使用寿命为 2～3 年。

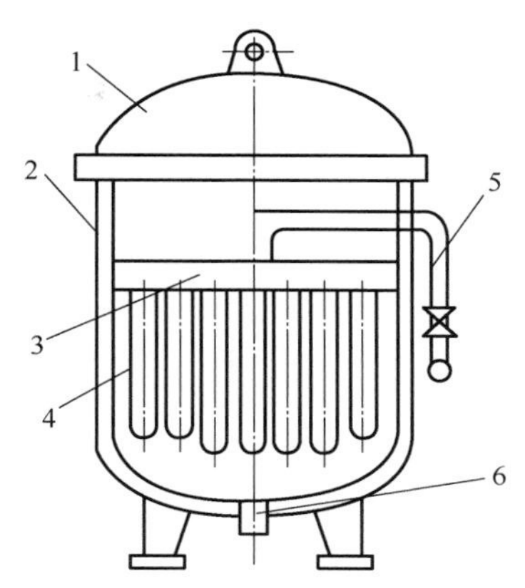

图 7-25 滤芯过滤器

1—封头；2—筒体；3—集液管盒；4—过滤管；5—滤后水出口及汇管；6—排污口

（3）陶瓷膜过滤器。

陶瓷超滤膜主要由 Al_2O_3、TiO_2 或 ZrO_2 等无机材料制造，由载体层、过渡层和膜层组成。载体层和过渡层由固态粒子烧结法制成，膜层由溶胶—凝胶法制作。超滤薄膜的孔径很小（可控制小于 0.05μm），并有很强的亲水性。薄膜以筛分原理进行水和杂质的分离，当被处理的水流过膜管时，小于膜孔的水迅速通过膜孔流至管外，大于膜孔的油珠和悬浮物被截留。由于膜的亲水性，小于膜孔的乳化油珠和溶解油也被膜孔拦截，与水分离。

过滤器的操作压力约为 0.3MPa，反洗压力为 0.5～0.8MPa，反洗时间为 3s，反洗周期为 15min，膜通量为 0.86$m^3/(m^2 \cdot h)$。曾用陶瓷膜过滤器对油罐含油底水进行过长期试验，膜过滤器上游设污水预处理器改善进入陶瓷膜过滤器的水质。经该装置处理后，原水含油量从 230～570mg/L 降为 3mg/L，COD 从 300～960mg/L 降至 70mg/L 以下。

（4）活性炭过滤器具。

活性炭是一种具有很大比表面积的孔性物质，比表面积一般在 1000m^2/g 以上，孔径为 10～10^5A，主要依靠物理吸附分离水中的杂质。

工业上广泛使用活性炭固定床吸附装置，其结构与压力过滤罐相似。在承拖层上方，堆放 2～3m 厚的活性炭，构成吸附过滤器，滤速为 3～10m/h，

反冲洗强度为 4~12L/(s·m^2)。也可在承托层上装一层厚 0.2~0.3m 的细滤料，在滤料上装厚 1.0~1.5m 的活性炭，对污水中的杂质既有吸附作用又有过滤作用，滤速一般为 6~12m/h。

随低和超低渗透率油藏的开发以及各种强化采油方法的实施，油田采出水的处理难度和要求也越来越高，现有的处理技术和设备很难完全满足油田污水处理的要求。我国科技工作者正在开展基于各种原理水处理方法的试验研究，例如：采用电絮凝法；采用化学剂使油和悬浮物形成致密悬浮泥层，并在专用设施内用悬浮泥层为过滤介质的悬浮污泥过滤法使水净化；多级有机高分子低压膜处理稠油采出水等。这些新技术正处于先导试验阶段或中试阶段，初步试验结果都展现良好前景，但仍需经历时间和实践的进一步检验。

第八章　油气藏储气库辅助配套系统

第一节　化学药剂系统

化学试剂注入系统（Chemical injection unit）广泛用于世界石油开采和加工工业。用空气/气体驱动系统向油井、气井和管道中定量加注化学药剂，用来解堵解冻，使油（气）井恢复正常工作，也可以用来向高压反应釜定量输送反应原料。

化学剂注入系统的作用是使用化学剂注入系统在高压或低压下以精确的注入量往返回或注入流体中注入液态化学剂。往返回流体中注入的化学剂通常为甲醇、防腐剂、除氧剂、钻井液添加剂（烧碱和液态聚合物）和消泡剂。化学剂注入系统是一种比较简单的系统，它的吸入端为气动柱塞泵，该泵与化学剂的容器相连接。而它的排出端则直接与管线相连接。

在储气库的实际应用当中，按照注入介质的不同，化学药剂注入系统主要分为水合物抑制剂注入系统和缓蚀剂注入系统。

1）水合物抑制剂的作用即为抑制天然气在开采、输送以及处理中形成水合物的化学物质，抑制剂分为热力学抑制剂和动力学抑制剂。

（1）常见的热力学抑制剂有醇类（如乙二醇、甲醇）和电解质（如 $CaCl_2$）。向天然气中加入这类抑制剂后，可改变水溶液或水合物相的化学位，从而使水合物的形成条件移向较低的温度或较高的压力范围。目前，在天然气工业中多用甲醇和乙二醇作为抑制剂。

本章节将着重对甲醇注入系统进行介绍。

（2）动力学抑制剂是一些水溶性或水分散性的聚合物。它们在水合物成核和生长的初期中吸附在水合物颗粒的表面上，从而防止颗粒达到临界尺寸(在这种尺寸下，颗粒的生长在热力学上是有利的)，或者使已达到临界尺寸的颗粒缓慢生长。但是由于动力学抑制剂大多处在试验阶段，且水合物的抑制效果相比热力学抑制剂较为一般，因此并未大规模应用于储气库工艺当中。

2）天然气中普遍含有 H_2O、H_2S、CO_2 等腐蚀性物质，在集输、储运过

程中对井口管线设施等造成严重的腐蚀破坏，注入缓蚀剂是应用最普遍且具有良好经济性的腐蚀抑制措施。

缓蚀剂按物质组成可分为无机缓蚀剂和有机缓蚀剂。

（1）无机缓蚀剂（如铬酸盐、亚硝酸盐）为成膜型缓蚀剂，可通过增加挥发性提高气相保护性能。但由于无机缓蚀剂在应用时用量较大，毒性较强而逐渐被禁用。

（2）有机缓蚀剂分子是由电负性较大的 O、N、S、P 等原子为中心的极性基与 C、H 原子组成非极性烷基所组成。这些性能不同的基团在金属的表面起到不同的作用，即极性基能够牢固吸附在金属表面，非极性基能有效地覆盖全部金属表面。目前国内外所使用的缓蚀剂基本上都是吸附型缓蚀剂，如有机胺、有机胺盐、咪唑林衍生物及其季胺盐等。缓蚀剂主要应用于储气库的井口、井下套管和地面管道的防腐。在储气库的实际应用当中，缓蚀剂注入主要采用预膜工艺和正常加注工艺。

化学药剂注入系统流程示意图如下所示。

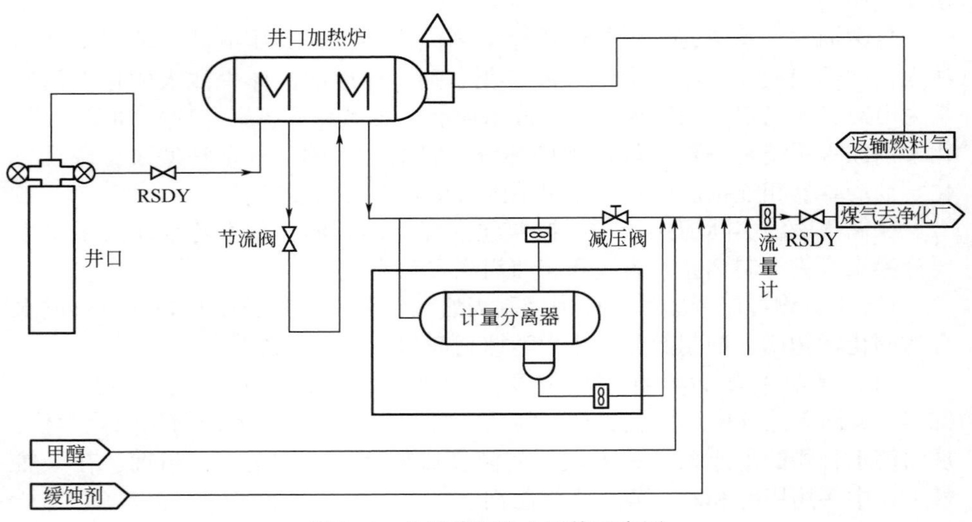

图 8-1　化学药剂注入系统示意图

一、甲醇注入系统

在一定的温度和压力条件下，地下储气库注采气系统不可避免地会在系统内的不同环节或部位形成水合物。集气系统形成水合物的环节，一是在井场和集气站对天然气进行节流降压，气体膨胀产生急剧温降时形成水合物；

二是在采气管线和集气管线因气体输送产生温压降和温降的过程中，管线内形成水合物。预防天然气水合物形成的方法有很多，在井口设小型加热炉，将天然气加热、注抑制剂、降低天然气水合物形成温度、管线保温、脱水。其中，在气井中注入适量水合物抑制剂的方法较为普遍。

水合物抑制剂的作用原理是：利用其吸水性以降低天然气中水蒸气的浓度，从而降低水合物形成的冰点。天然气水合物抑制剂包括：甲醇、乙二醇、二甘醇等。

1. 水合物抑制剂的对比筛选

1）常用水合物抑制剂的简介

（1）热力学水合物抑制剂

有机天然气水合物热力学抑制剂（简称有机防冻剂）是目前广泛采用的一种防止水合物形成的化学剂。在天然气中加入防冻剂后，可以改变水溶液或水合物相的化学位，从而使水合物的现场条件移向较低的温度或较高的压力范围。常见的水合物抑制剂有甲醇、甘醇类有机化合物。

储气库中的气井所产天然气在有压力能可以利用的情况下，需要采用节流膨胀制冷方法脱出天然气中的水和重烃后才能外输去下游的处理装置或用户。为了在节流膨胀制冷过程中不至生成水合物，需要在节流膨胀制冷前喷入水合物抑制剂，用抑制剂防止天然气水合物形成，广泛使用的天然气水合物抑制剂有甲醇和甘醇类化合物，如甲醇、乙二醇、二甘醇、三甘醇。所有这些化学抑制剂都可以回收和再次循环使用。

在大多数情况下，回收甲醇的经济性是很差的。甲醇由于沸点较低，脱水性能好，挥发性好等特点，宜用于较低温度的场合，温度高时损失大，通常用于气量较小的井场节流设备或管线。因而，天然气储气库的采集气系统也常用间歇或连续喷注甲醇的方法来防止因井口节流温降和环境冷却而生成水合物的危害，甲醇富液经蒸馏提浓后可循环使用。甲醇可溶于液态烃中，其最大质量浓度约3%。甲醇具有中等程度的毒性，可通过呼吸道、食道及皮肤侵入人体，甲醇对人中毒剂量为5~10ml，致死剂量为30ml，空气中甲醇含量达到39~65mg/m^3·h，人在30~60min内即会出现中毒现象，因而，使用甲醇作为水合物抑制剂时应注意采取安全措施。

甘醇类水合物抑制剂（常用的主要是乙二醇和二甘醇）无毒，沸点较甲醇高，蒸发损失小，价格便宜，分散性好等优良特性而使用最为普遍，一般都回收、再生后重复使用，适用于处理气量较大的井站和管线，但是甘醇类防冻剂黏度较大，在有凝析油存在时，操作温度过低时会给甘醇溶液与凝析油的分离带来困难，增加了凝析油中的溶解损失和携带损失。甘醇类化合物

虽然可以用来防止水合物的形成，但却不能分解和溶解已经形成的水合物。相反，甲醇可在一定程度上溶解已有的水合物。

（2）动力学水合物抑制剂

动力学抑制剂（KHI）主要是水溶性聚合物，与传统热力学抑制剂通过改变水合物生成的动力学条件不同，KHI 的抑制作用主要是通过高分子的吸附作用，高分子侧链集团进入水合物笼形空腔，并于水合物表面形成氢键，从而吸附在水合物晶体表面，从空间上组织客体分子（气体分子）进入水合物空腔，使水合物以很小的曲率半径绕着或在高分子链之间生成，从而降低水合物晶体的成核效率、延缓乃至阻止临界晶核的生成、干扰水合物警惕的优先生长方向、影响水合物警惕定向稳定性，从而延缓或抑制水合物晶核的生长速率，使水合物在一定流体滞留时间内不至于生长过快而发生堵塞。水合物形成抑制时间取决于动力学抑制剂的效能、药剂加量及水合物形成的推动力（过冷度）。系统所处的过冷度越高，需要的动力学抑制剂用量就越大，控制水合物形成的时间就越短。目前动力学抑制剂使用的最高过冷度只有 10~12℃，在更高的过冷度条件下，必须与热力学抑制剂联合使用才经济、有效。动力学水合物抑制剂优点是不要求有液态烃（油）相存在，因此，KHI 产品可使用于储气库工艺系统的水合物控制。

2）注甲醇和注乙二醇工艺对比

储气库项目中甲醇和乙二醇作为高效的热动力抑制剂的应用较为普遍，甲醇、乙二醇的抑制效果对比见表 8-1 和表 8-2。

表 8-1　甲醇和乙二醇适用性及优缺点对比

项目	甲醇	乙二醇
分子式	CH_3OH	$CH_2CH_2(OH)_2$
相对分子量	32.04	62.07
（101.3kPa,24℃）相对密度	0.7915	1.1088
与水溶解度(20℃)	完全互溶	完全互溶
绝对黏度(20℃),mPa·s	593	21.5
性质	无色易挥发、易燃液体	甜味无臭、黏稠液体
适用性	①不宜采用脱水方法;②采用其他水合物抑制剂时用量多,投资大;③使用临时设施的地方;④水合物形成不严重,不常出现或季节性出现;⑤温度较低;⑥管道较长	气体的脱水防止水合物的形成,温度较高
同浓度下抑制效果	温降最大	温降次之

续表

项目	甲醇	乙二醇
优点	适用性强,效果好	凝固温度最低,在烃类气体中具有溶解性
缺点	一会发,加入量大(包括气相损失及液相损失两部分)	在凝析油中含芳香烃时损耗大,以细小液滴注入

表 8-2　甲醇和乙二醇抑制效果对比

项目	甲醇		乙二醇	
×%	摩尔分率 n	Δt	摩尔分率 n	Δt
5	0. 0287	2. 0	0. 0150	0. 6
10	0. 0583	4. 2	0. 0312	1. 8
20	0. 1232	—	—	5. 0
30	0. 1941	17. 2	0. 1105	9. 5
40	0. 2725	30. 0	0. 1620	15. 2

在表 8-2 中，甲醇和乙二醇两种抑制剂在相同条件下所做的水合物形成温度降实验结果表明，质量浓度相同的两种抑制剂，甲醇的抑制效果要优于乙二醇。因此，采用井口注甲醇是更为经济合理的方案。

2. 水合物冻堵分析及预防

天然气水合物是天然气与水在一定条件下形成的类似于冰的笼形晶体水合物（Clathrate Hydrate），俗称“可燃冰”。又称水化物，是白色结晶固体，类似松散的冰或致密的雪。水合物的颜色跟气流的杂质有关，气流纯净呈白色，气流脏时呈灰色。当水合物置于大气中可见气泡冒出，若用水冲洗，很快溶解。水合物是在一定压力和温度下，天然气中的某些组分和液态水生成的一种不稳定的具体非化合物性质的晶体。甲烷水合物的分子式为 $CH_4 \cdot 16H_2O$，乙烷水合物的分子式为 $C_2H_8 \cdot 18H_2O$。

在气流流速和方向改变的地方，如弯头、阀门、孔板和其他局部阻力大的地方，以压力的脉动、流向的突变，特别是节流阀、分离器入口、阀门关闭不严等处气体节流的地方，由于焦耳-汤普逊效应而使气体温度急剧降低，会促使水合物形成。

1）水合物形成的条件

（1）液态水是形成水合物的必要条件

来源有地层水和地层条件下的气态水。这些气态的蒸汽随天然气产出时温度的下降而凝析成液态水。

(2) 低温是形成水合物的重要条件

气流从井底流到井口，并经过节流阀、孔板节流降压而引起温度下降，低于天然气露点温度时，为生成水合物创造了条件。

(3) 高压也是形成水合物的重要条件

对于组成相同的天然气来讲，压力越高越容易形成水合物。

(4) 其他条件

气体流向改变引起的搅动如孔板、弯管及晶体的存在、含盐量和固体产物等，此外，高速流、压力波动、气体扰动、酸性气体的存在和水合物晶核的诱导都能加速天然气水合物的形成。

在同一温度下，当气体蒸汽压升高时，形成水合物的先后次序分别是硫化氢→异丁烷→丙烷→乙烷→二氧化碳→甲烷→氮气。

2) 水合物井堵原因分析

造成气井水合物堵塞的原因主要有：

(1) 气井产量低，气井所产液在油管内易于形成液体的环状流而造成井筒内的节流现象，导致井筒内的水合物堵塞；另外产气量小易造成管线内气流的携液能力差，液体易于聚集到低洼处而对气流造成节流效应而已造成水合物堵塞（甚至冰堵），这也是低产井易于反复出现油管和采气管线水合物交替堵塞的主要原因。

(2) 新投产井易堵塞，由于生产初期井口压力较高、井底较脏、生产不平稳等因素影响，水合物堵塞频次相对较高。经过多年对气井井堵情况进行分析，结果表明，频繁出现水合物冻堵现象的是产量低、产液量较大、生产不平稳的气井。

(3) 对于处于山区的气井，采气管线起伏程度大，需要设置的弯头数量增多，降低了气流的携液能力，易产生水合物堵塞。

(4) 个别气井管线太长，或采气管线相对产量较粗，气流温度损失较大，易于造成低洼处积液而出现水合物堵塞。

3) 甲醇防冻堵的原理及优点

由于甲醇的羟基团形式类似于水分子，根据相似相溶原理，天然气中的水分极易溶于甲醇中，改变水分子间的相互作用，降低界面上的水蒸气分压，从而提高了水合物生成压力或降低了水合物生成温度，达到抑制水合物形成的目的。

通过注入水合物抑制剂，天然气中的水分溶于抑制剂中，改变水分子之间的相互作用，从而降低界面上的水蒸气分压，达到提高水合物生成压力或降低水合物生成温度，达到抑制水合物的结晶和生长的目的。甲醇是抑制水合物最常用的化学剂，将足量甲醇注入集输管线中，可降低天然气水合物生成温度。甲醇可适用于任何操作温度，甲醇通常用于制冷过程或气候寒冷的场所。

甲醇同其他抑制剂相比具有许多优点：

① 水合物生成温度降低幅度大；

② 沸点低，蒸汽压力高；

③ 水溶液凝固点低，在水中的溶解度高，水溶液的黏度小；

④ 可再生，低腐蚀性，易得价廉。

气井实际生产中，水合物堵塞管线后使用甲醇进行解堵，甲醇的消耗量远远大于气井正常加注量，造成较大的甲醇浪费。合理注醇既能保证气井正常生产，又能减少甲醇的相对消耗量。

4）注醇工艺应用现状

防止采气井管线中水合物的形成需加注甲醇防冻剂外，在实际生产中，当采气井管线或油管中出现堵塞现象后，需采用加大注醇量的方式消除已生成的水合物，但其用量应是具体情况而定，并通过实践摸索。这是因为：一方面水合物堵塞程度难以掌握，从气流中开始出现微量水合物到导致管线中水合物堵塞，时间难以确定，而发现时间的早晚对解堵时甲醇用量有较大的差别；另一方面出现水合物段塞的密度和长度有很大的随机性，用醇量的多少难以计算；再则水合物的形成位置难以准确定位，尤其对穿越大沟以及焊接小角度弯头较多的采气管线。

采气井集输流程的作用是将天然气采出的天然气输往天然气集气站，其流程范围从采气树节流阀到集气站汇管。气井采出物不仅是天然气，而且含有油、水及沙、岩宵等固体杂质，同时有些油中含有蜡，并且气井产出流体压力普遍较高。

节流降压产生节流效应使天然气的温度降低，天然气在输往处理站的过程中温度的散失，都会导致天然气的温度低于形成水化物的临界温度，在流程中产生水化物冻堵管线。当含蜡流体温度降到析蜡温度以下时，会导致蜡的析出，堵塞管线。因此，井口采用何种方法来预防水合物形成和析蜡，是工程技术人员研究的课题。

气井甲醇的加注工艺是根据气井水合物生成位置而定。如果采气管线中易形成水合物就采取地面注醇工艺，即给气井采气管线内加注甲醇（见图 8-2 中流程 1）；如果油管中易形成水合物就采取油管注醇工艺，即给气井油管内加注甲醇（见图 8-2 中流程 2）。目前气田内采取的注醇工艺基本上确保了气井在冬季生产过程中的连续平稳生产，但仍呈现出两个问题：（1）水合物易严重堵塞井口和集输管线；（2）注醇消耗量过大。

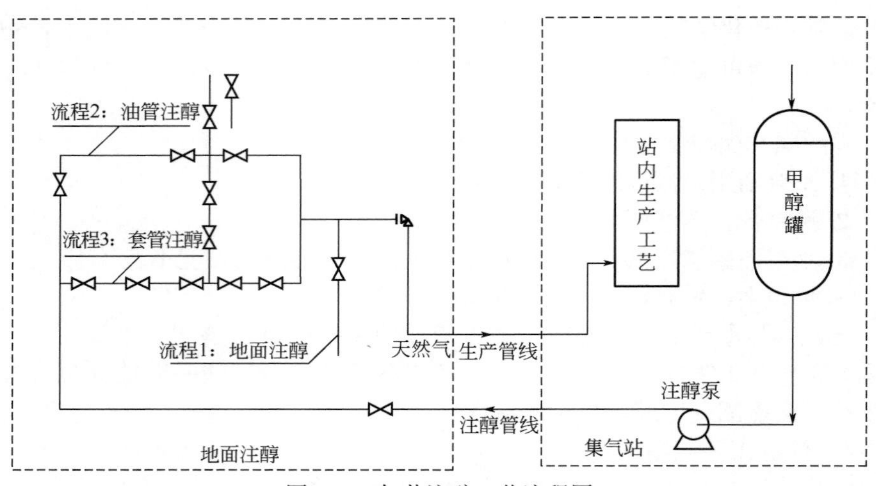

图 8-2　气井注醇工艺流程图

5）注醇方案优化

为了减少气井水合物堵塞频次，降低气井甲醇消耗量，经过现场调研和论证，为了减少气井水采用注醇管线向气井油套环空内加注甲醇（见图 8-2 中流程 3）。甲醇沿油管外壁流到喇叭口、沿技术套管内壁流到气层段，与从地层产出的天然气一起通过油管进入采气管线被输至集气站，气井套管注醇工艺井筒内流程见下图。

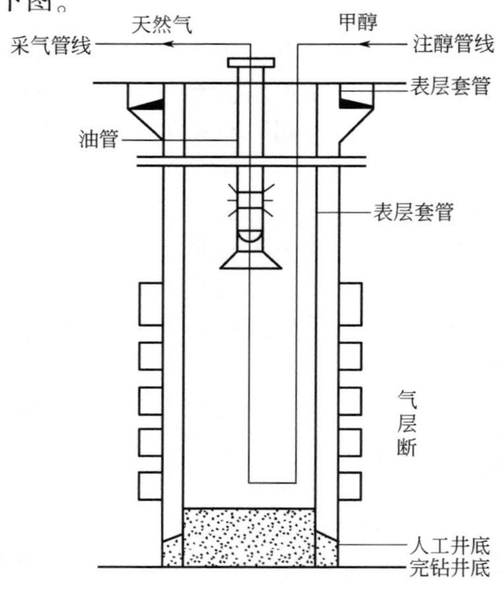

图 8-3　套管注醇工艺井筒内流程示意图

从气井采取套管注醇工艺流程中可以看出以下特点：

（1）甲醇与天然气接触充分。

具有较高温度的气层段（3000m，地温90℃）可将从油、套管环空流下的甲醇气化变成雾状（甲醇沸点64.5℃），这使得甲醇与天然气的接触方式从原来的液—气接触变成了气—气接触；同时，套管注醇工艺还使甲醇与天然气的接触面积增大了120倍，即接触面积从原来的注醇管线截面积（$380mm^2$）变为油套环空截面积（$46000mm^2$）。接触方式的改变和接触面积的增大使得甲醇与天然气的接触更加充分。

（2）接触点提前可避免管道中形成天然气水合物。

套管注醇工艺相当于把甲醇与天然气的接触点从原来井口提前到了气井的喇叭口和气层段，带着地层热量的甲醇再由观众上升时，可有效防止气井在生产过程中因地层水蒸气凝析或地层水能量减少而发生在离地面不远的油管堵塞。

（3）甲醇可获得地层能量有助于破坏采气管线中水合物生成。

甲醇在油套环空中下行时，其温度从环境温度升到地层温度，再从油管中随天然气上升到井口时，其温度又降至天然气井口气流温度。由于气井井口气流温度在冬季均高于环境温度，因此甲醇在井筒中的一下一上流动相当于利用地层能量对甲醇进行了一次加热。对于同一口气井来说，套管注醇工艺中甲醇在进采气管线时的温度就比地面注醇工艺中甲醇进采气管线时的温度高、能量大，进而可有效减少气井采气管线中水合物的生成。

3. 设备选型及计算

1）注醇撬

注醇撬应用于储气库的井口防冻堵，具有设备简单、制造安装周期短、对正常的运行影响小、取得的防冻效果较好等特点。方便适用于井场井口的正常注醇和周期性注醇工况。

（1）注醇撬工作原理

注醇撬的核心是活塞式计量泵，由活塞式计量泵的往复云顶，实现甲醇的加注。活塞式计量泵主要由点击和活塞泵两部分组成。电机经过联轴器带动活塞泵做往复运动，当活塞向后死点移动时，泵容积腔逐步形成容积真空，在大气作用下，将吸入阀打开，液体被吸入；当活塞向死点移动时，此时吸入阀关闭，排除法打开，液体被排出泵外，使泵达到吸排的目的，进而实现甲醇的加注。

注醇撬装置主要由底座、活塞式计量泵、防爆接线箱、安全阀、压力表、观察孔、储液罐、液位计组成，此外还有用于向储液罐添加药剂的一个防爆

抽液泵。

加装注醇撬与增设天然气加热炉等其他防冻措施相比具有的优点：

① 注醇工艺设备和流程简单（图 8-4）；

② 设备制造和安装周期短；

③ 注醇工艺和设备投资少。

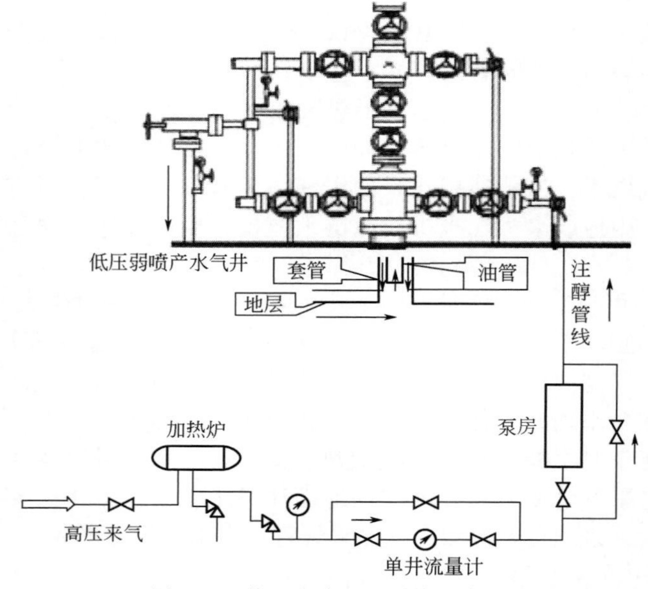

图 8-4　井口防冻工艺系统示意图

2）甲醇泵

（1）泵的选型原则

① 使所选泵的型式和性能符合装置流量、扬程、压力、温度、汽蚀余量和吸入扬程等工艺参数的要求。

② 必须满足介质特性的要求。

对输送甲醇这样易燃、易爆、有毒介质的泵，要求轴封可靠并且要求无泄漏，如磁力驱动泵、隔膜泵、屏蔽泵。

甲醇对金属具有一定的腐蚀性，要求对流部件采用耐腐蚀性材料，如不锈钢、特殊碳钢等。

③ 机械性方面要求可靠性高、噪声低、振动小。

④ 经济上综合考虑到设备费、运转费、维修费和管理费的最低总成本。

（2）甲醇泵选型

甲醇泵可选的泵类型有多种，主要有气动隔膜泵、离心泵、磁力泵或屏蔽泵。由于甲醇是甲 B 类液体，易燃、易爆，具有毒性，采用隔膜泵和屏蔽泵这类零泄露的输送泵是较为合理的。

若从泵型上考虑经济就优先用气动隔膜泵，相对于其他几种泵，它的效率较高，送的流体比较稳定，较少紊流，能保证流体中结晶的稳定性，并且可以输送危险高毒性强腐蚀强的介质。但气动隔膜泵的缺点则是能耗较高，对扬程、流量和介质的温度有一定要求（由于隔膜材质的原因，一般气动隔膜泵的使用介质温度要求低于 100℃），最大流量一般只能到 $50m^3/h$，如果选气动泵，甲醇注罐时间就会比较长。另外隔膜泵容易损坏，维修成本高。

若选离心泵用作甲醇泵，因不连续工作，采用一般化工离心泵（防爆），因甲醇对许多非金属有很强的溶解能力，必须考虑到机封材料要能够耐甲醇溶胀。甲醇和 MBTE、混合芳烃、汽油等油类的物性不一样，进货前需评估机泵、流量计、液控阀、电动阀等设备的密封材料的材质是否满足要求，选型不对容易融掉密封垫圈，发生泄漏。一般来讲，如果一定要采用离心泵，需要采用双端机械密封，并需要周期性检查和选择更换密封装置。

磁力泵与离心泵没有很大的差别，磁力泵是无机械密封，绝对无泄漏的离心泵，只是动力传输的方式不同，是无泄漏泵的首选之一（另一为电动屏蔽泵），甲醇是低沸点的易燃易爆且有毒的介质，采用屏蔽泵是一种良好的选择，但是磁力泵的效率比离心泵要低得多，并且磁力泵易烧坏，可靠性略差。

屏蔽泵用作甲醇泵较好的地方在于，它能控制出口流量的大小，与有密封泵相比，省去了维修和更换密封的麻烦，也省去了联轴器，因而零件数量少，可靠性高；结构紧凑，占用空间小，对底座和基础的要求低，没有联轴器的对中问题，安装容易且费用低，日常维修工作量少，维修费用低；能在真空系统或："真空"与"正压"交替运行的情况下正常运转而无泄漏，可以在高真空度情况下从真空槽中把物料送至其他容器中；使用范围广，对于高温、高压、极低温、高熔点等各种工况均能满足要求。与双端机械密封的离心泵相比，效率略低，可以满足使用要求。

综合考虑，在油气藏储气库工艺中选用隔膜泵或屏蔽泵作为甲醇注入泵最具经济性和合理性。

（3）合理注醇量的计算方法

注入天然气系统中的甲醇，一部分与管线中的液态水混合，形成甲醇的水溶液，一部分与气体混合（防止气相中形成水合物）。计算甲醇注入量时，需要考虑气相和液相中的甲醇量。

即如下式所示：

$$W=W_1+W_g \quad (8-1)$$

式中 W_1——液相中所需的甲醇量，kg/d；

W_g——甲醇的气相蒸发量，kg/d。

① 液相溶液中甲醇的最低浓度

当确定出水合物形成的温度降（ΔT）后，可按 Hammerschmit 公式计算水溶液中抑制剂的最低浓度 X（质量百分数）。

$$\omega=\frac{M\Delta T}{K+M\Delta T}\times100\% \quad (8-2)$$

$$\Delta T=T_2-T_1 \quad (8-3)$$

式中 ω——未达到给定的天然气水合物形成温度降，抑制剂在液相水溶液必须达到的最低浓度，质量百分数；

ΔT——根据工艺要求而确定的天然气水合物现场温度降，℃；

M——甲醇分子量为 32.04；

K——抑制剂常数，甲醇为 1297；

T_1——未添加抑制剂时，天然气在管道或设备中最高操作压力下形成的水合物温度，℃；

T_2——天然气在管道或设备重的最低操作温度，亦即要求加入抑制剂后天然气不会形成水合物的最低温度，℃。对于节流过程，则为天然气节流后的温度。

② 液相中甲醇注入量计算：

$$W_1=\frac{\omega}{100C-\omega}[W_w+(1+C)W_G] \quad (8-4)$$

式中 W_1——液相中甲醇注入量，kg/d；

W_G——甲醇气相蒸发量，按浓度为 C 的甲醇用量计；

W_w——单位时间内系统产生的液态水量，mg/m³；

C——注入的甲醇浓度，mg/m³；

ω——液相中必须具有的最低的甲醇浓度。

③ 甲醇气相蒸发量

$$W_g=0.93\frac{\alpha\omega}{C}Q\times10^{-6} \quad (8-5)$$

式中 C——甲醇浓度，mg/m³；

Q——天然气流量（$P=0.101325$MPa，$t=20$℃），m³/d；

α——甲醇在每立方米天然气中的克数与在水中质量浓度的比值，由图 8-5 可查的，即：

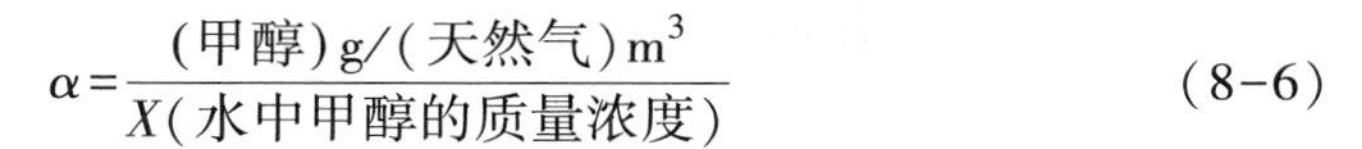

$$\alpha=\frac{(\text{甲醇})\,g/(\text{天然气})\,m^3}{X(\text{水中甲醇的质量浓度})} \tag{8-6}$$

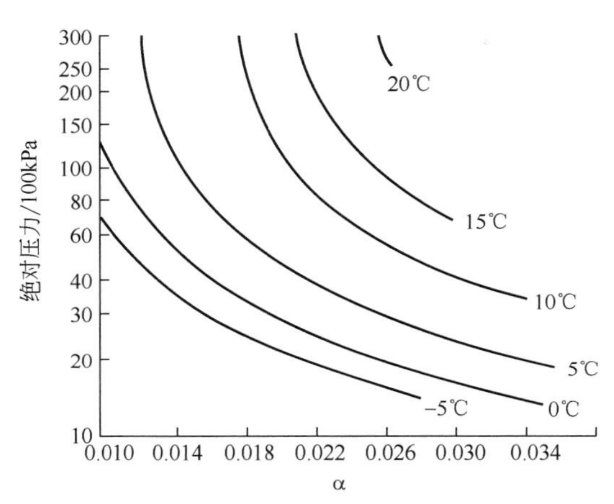

图 8-5 α 与压力和温度关系曲线

4. 注甲醇举例计算

已知某气井天然气产气量为 86000m³/d，已知天然气水露点为-23℃，露点降为 4.5℃，甲醇密度为 0.8g/cm³，求得该气井甲醇每天的注入量。

答：根据已知条件，抑制剂常数 K 取 1297，甲醇分子量取 32.04g/mol。

甲醇浓度取 100%。

由式(8-2) 得到 $\omega=10.0043$

根据露点查表得出日输天然气的含水量 $W_w=860$kg/d。

由图 8-5 查得 $\alpha=28$

由式(8-5) 得到

$$W_g=0.93\frac{\alpha\omega}{C}Q\times10^{-6}=0.2240\text{kg/d}$$

再由式(8-4) 得到

$$W_1=\frac{\omega}{100C-\omega}\left[W_w+(1+C)W_G\right]=95.6012\text{kg/d}$$

最后由式(8-1) 得出甲醇总注入质量：

$$W=W_1+W_G=95.83\text{kg/d}$$

已知甲醇密度为 0.8g/cm³，总注入体积为：

$$V=W/\rho=119.78\text{L/d}$$

二、缓蚀剂注入系统

1. 缓蚀剂注入系统概述

缓蚀剂是一种化合物或化合物配方，向环境介质中加入少量的这种物质，就能显著地降低金属的腐蚀速率。

加注缓蚀剂是减缓酸性气田井下及地面管道、设备电化学腐蚀，延长使用寿命的主要技术措施之一。防腐机理是缓蚀剂膜将钢材表面与腐蚀介质隔离开来，防止腐蚀介质对钢材表面产生化学腐蚀。早在60年代开发四川威远气田时，就曾经对缓蚀剂加注做过一些试验研究，取得了一些成果。

2. 缓蚀剂加注工艺设计方案

1）缓蚀剂加注工艺原理概述

缓蚀剂加注工艺由两部分组成，其一是预膜工艺，第二是正常加注工艺，预膜工艺的目的是要在钢材表面形成一层浸润保护膜。对于液相缓蚀剂这层浸润膜是为正常加注提供缓蚀剂成膜条件；对于气相缓蚀剂这层浸润膜就是一层基础保护膜。预膜工艺所加注的缓蚀剂量一般为正常加注量的10倍以上。预膜工艺一般在新井或新管线投产时，或正常加注了一个星期以后才采用，对于采气井一般采用高压泵灌注预膜，对于管线则采用在清管球前加一般缓蚀剂挤涂预膜。

正常加注工艺包括：滴注工艺、喷雾泵注工艺和引射注入工艺。

（1）滴注工艺

滴注工艺的原理：设置在井口（或管线）上面高差1m以上的高压平衡罐内的缓蚀剂，依靠其高差产生的重力，通过注入器，滴注到井口油套管环形空间（或管道内）。滴注工艺流程简单，操作方便，特别适合用于加注气相缓蚀剂，只要滴到井下（或管道内）即可。缺点则是高差有限，加注动力不足，很容易产生气阻及中断现象，造成缓蚀剂滴注困难（图8-6）。

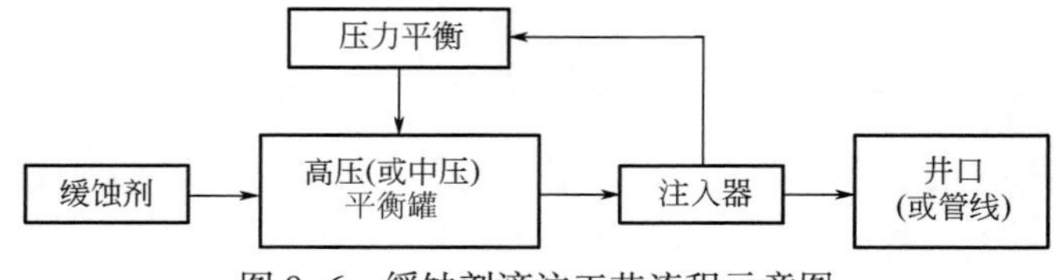

图8-6　缓蚀剂滴注工艺流程示意图

（2）喷雾泵注工艺

喷雾泵注工作原理：缓蚀剂贮罐（高位罐）内的缓蚀剂灌注到高压泵

内，经过高压加压送到喷雾头，缓蚀剂在喷雾头内雾化，喷射到井口油套管环形空间（或管道内），雾化后的缓蚀剂液滴比较均匀充满了井口油套管环形空间（或管道内），这些液滴能够比较均匀地附着在钢材表面上，形成保护膜。喷雾泵注工艺的技术关键是喷雾头，其雾化效果好坏决定了缓蚀剂的保护效果（图 8-7）。

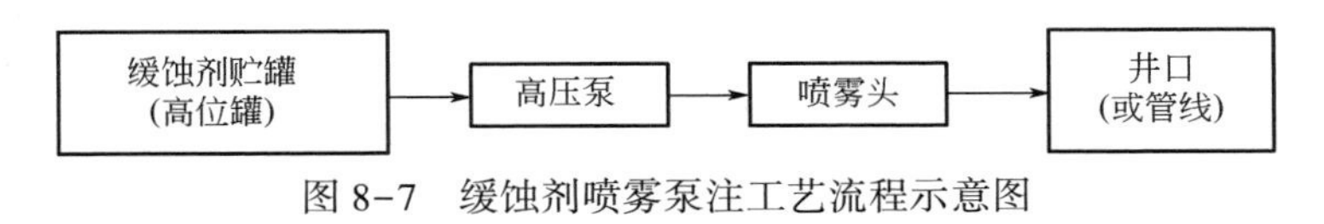

图 8-7 缓蚀剂喷雾泵注工艺流程示意图

（3）引射注入工艺

引射注入工艺特别适用于有富余压力的井口集气管线。

引射注入工作原理：贮存在中压平衡缓蚀剂罐内的缓蚀剂，在该罐与引射器高差所产生的压力下滴入引射器喷嘴前的环形空间，缓蚀剂在喷嘴出口高速气流冲击下与来自高压气源的天然气充分搅拌、混合、雾化并送入注入器然后喷到管道内。经过引射器雾化后的缓蚀剂液滴比较均匀地悬浮在管道中，均匀地附着在管道内壁，形成液膜来保护钢材表面（图 8-8）。

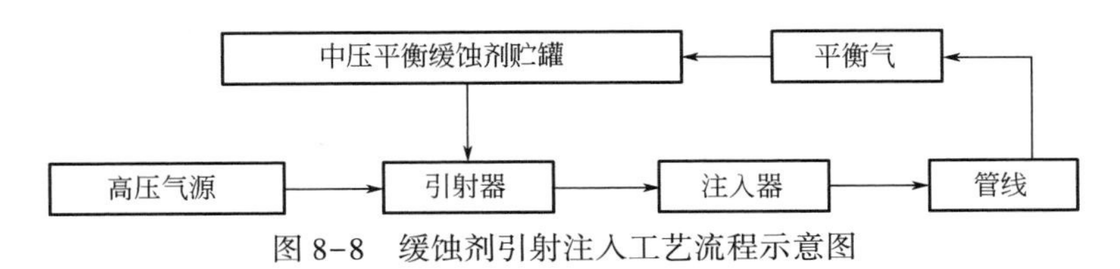

图 8-8 缓蚀剂引射注入工艺流程示意图

2）缓蚀剂加注系统工艺流程设计

按照工艺类型的不同，加注系统工艺可以分为以下五种类型。

（1）井口条式罐滴注系统

本系统是在原井口条式罐滴注系统基础上改造而成。原系统条式罐为水平放置由于安装误差，罐内缓蚀剂往往无法流尽，罐的有效容积得不到充分利用。此外，罐底与井口油套管注入口之间的高差仅为 1m 左右（图 8-9）。

以四川某气田为例，该系统是在原井口条式罐滴注系统基础上改造而成。原系统条式罐为水平放置由于安装误差，罐内缓蚀剂往往无法流尽，罐的有效容积得不到充分利用。

（2）井口球形罐滴注系统

酸性气田储库各个井口需要加注的缓蚀剂是比较大的，特别是深井和大产量气井缓释剂加注量相当大，因此，有必要尽量加大高压平衡罐。流程如图 8-10 所示。

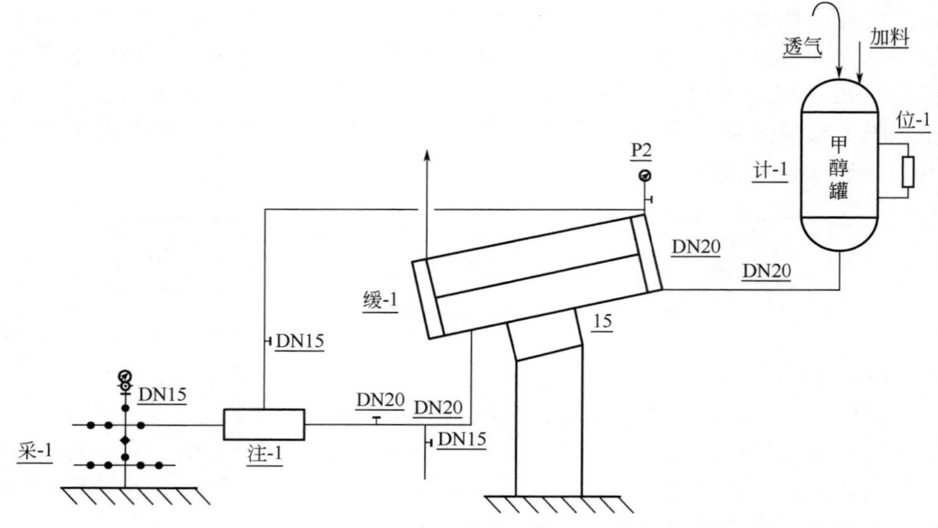

图 8-9　井口条式罐滴注系统工艺流程示意图

采-1：采气井口；缓-1：高压平衡罐；计-1：计量罐；
注-1：缓蚀剂注入器；位-1：液位计

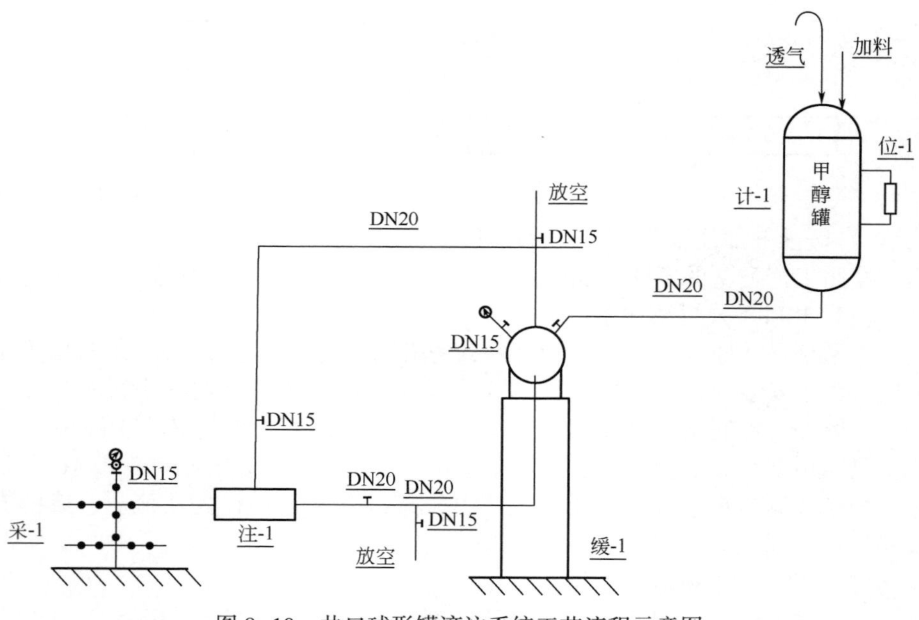

图 8-10　井口球形罐滴注系统工艺流程示意图

采-1：采气井口；缓-1：高压平衡罐；计-1：计量罐；
注-1：缓蚀剂注入器；位-1：液位计

（3）集气站喷雾泵注系统

对于液力成膜型缓蚀剂，滴注无法成膜，对于扩散成膜型缓蚀剂，滴注时成膜效果也比喷雾泵注时要差得多。因此，在某些井口比较集中的站场采用了集气站喷雾泵注系统，其工艺流程图如图 8-11 所示。

（4）管线引射注入系统

该系统在水套加热炉一级节流阀前抽出一部分经过水套加热炉加热的高压天然气，作为引射器的动力气，将缓释剂贮罐内的缓蚀剂引射到管道内，工艺流程如图 8-12 所示。

（5）清管器预膜加注工艺

利用特殊智能的清管器投加缓蚀剂，目前在加拿大及 Shell 公司所管辖的高含硫气田应用十分成功。清管器前后压差在 0.2～1.0MPa 时能达到清管、洗管、防腐的目的（图 8-13、图 8-14）。

上述加注工艺系统比较见表 8-3。

表 8-3 加注工艺系统比较表

序号	工艺系统名称	加注动力	优缺点
1	井口条式罐滴注系统	高差产生的重量	优点：1. 利用缓蚀剂自重，不需要外加动力； 2. 利用现有条形罐，投资少； 3. 流程及方法简单。 缺点：1. 缓蚀剂未雾化，成膜效果差； 2. 易堵塞。
2	井口球形罐滴注系统	高差产生的动力	优点：1. 利用缓蚀剂自重，不需要外加动力； 2. 球形罐体积大，重量轻； 3. 流程及方法简单。 缺点：1. 缓蚀剂未雾化，成膜效果差； 2. 易堵塞
3	集气站喷雾泵注系统	电泵产生的动力	优点：1. 喷雾后缓释效果良好； 2. 适用于井口，也适用于管线； 3. 泵注可靠性高。 缺点：1. 要消耗电能。
4	管线引射注入系统	井口高压气作动力	优点：1. 引射器雾化效果好，缓蚀效果好； 2. 利用气井富余压力，不需要外加动力； 3. 当井口无富余压力时，本系统可以很方便地改为滴注。 缺点：1. 受井口压力是否有富余限制，受喷头影响较大。
5	清管器加注法	利用清管器前后压差作动力	优点：1. 涂抹均匀，缓释效果较好； 缺点：1. 成本工艺较高

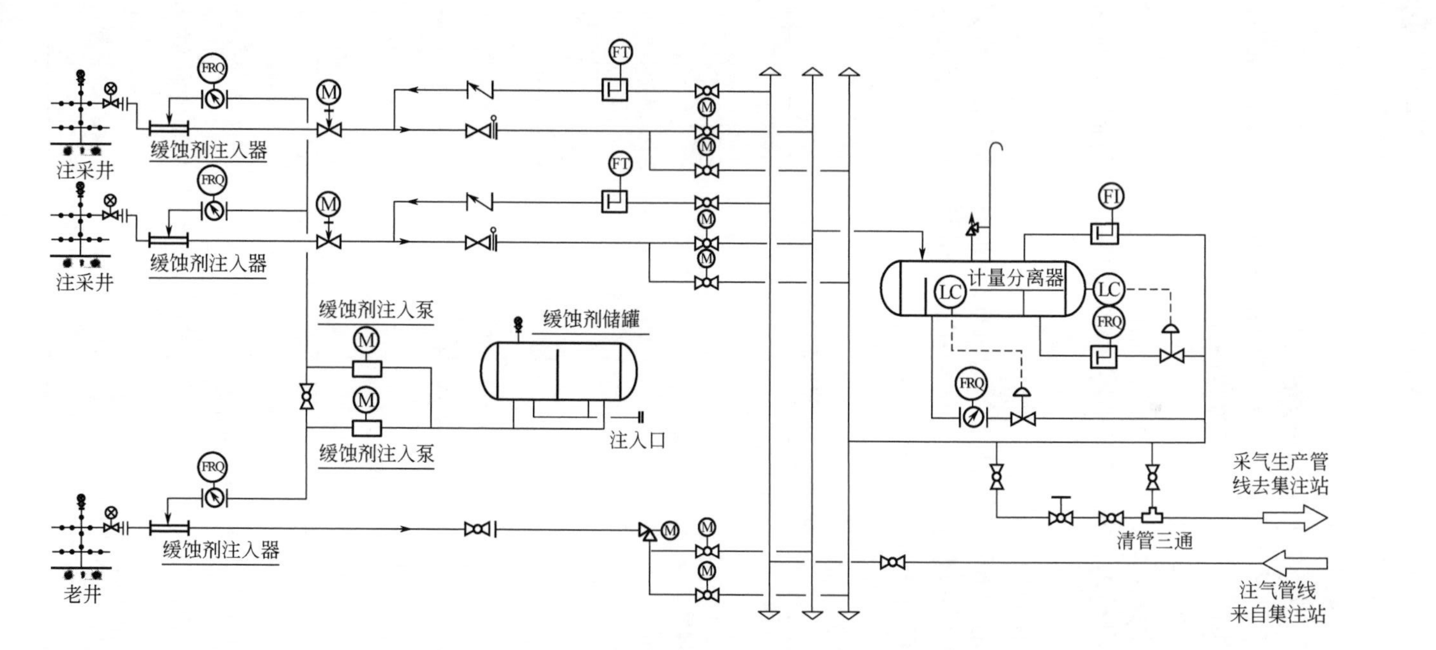

图 8-11　井场缓蚀剂泵注系统工艺流程示意图

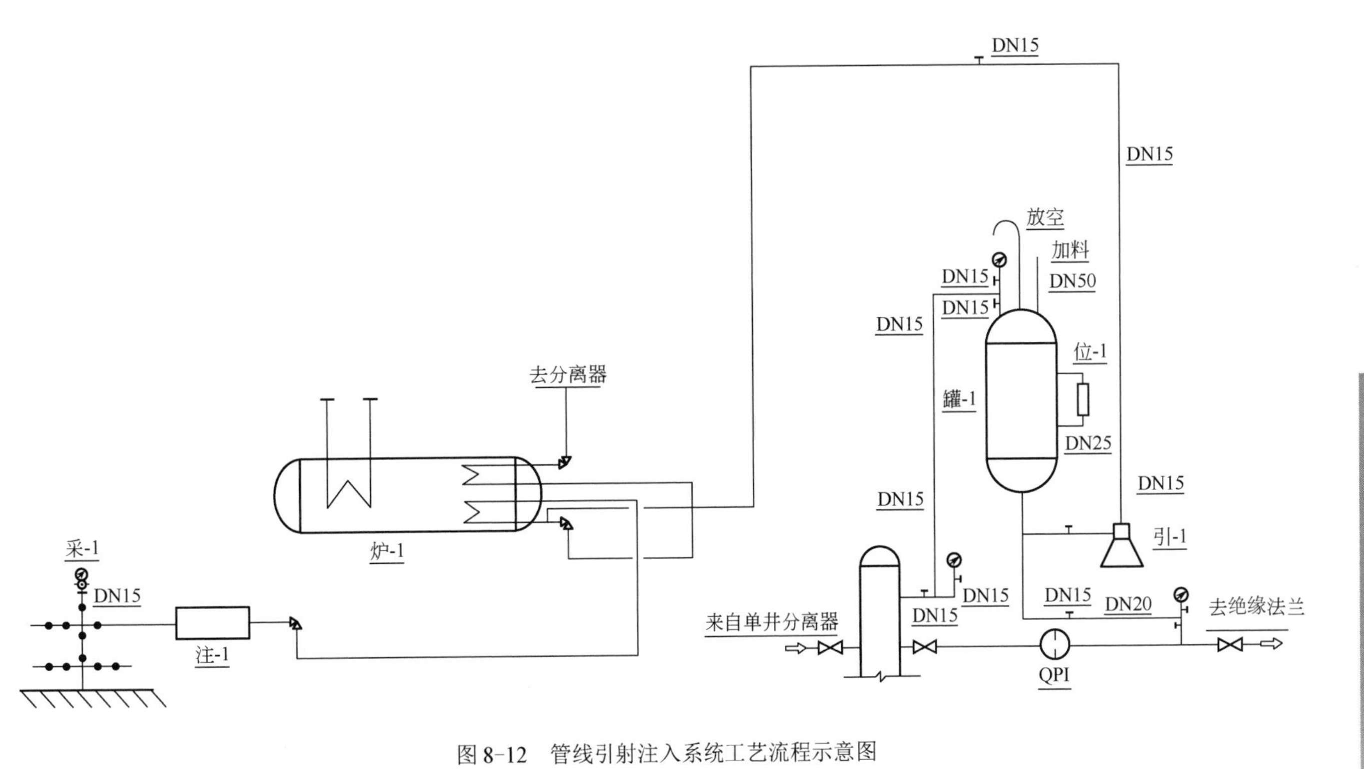

图 8-12　管线引射注入系统工艺流程示意图

采-1：采气井口；炉-1：水套加热炉；罐-1：缓蚀剂储罐；引-1：引射器；汇-1：汇管；位-1：液位计；QPI：流量计

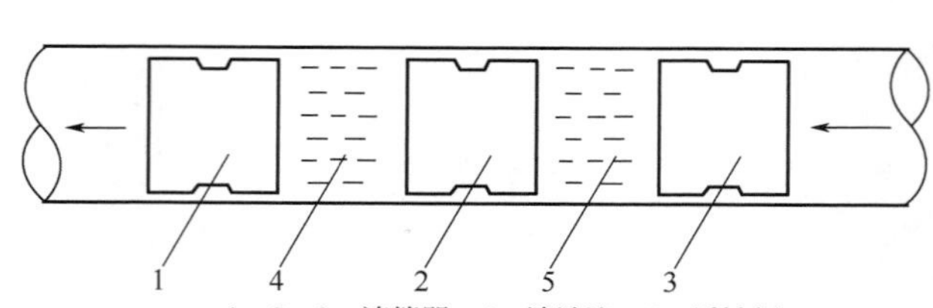

1，2，3—清管器，4—清洗液，5—缓蚀剂

图 8-13　清管器预膜加注工艺工艺流程示意图

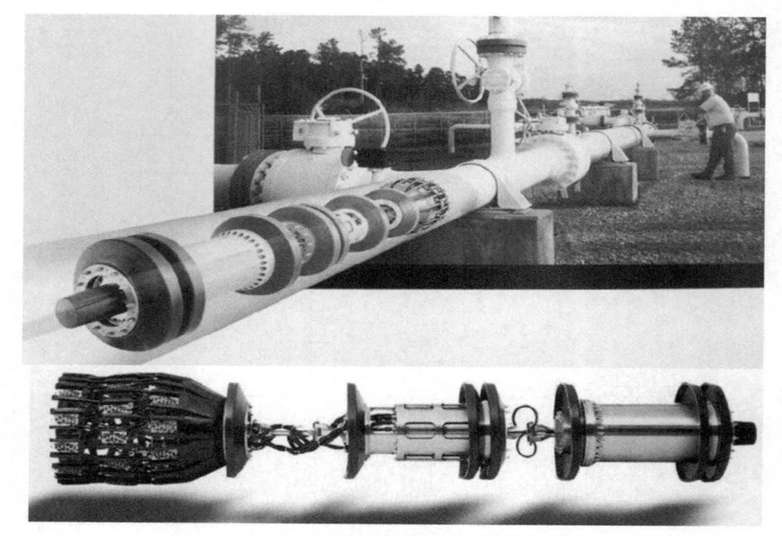

图 8-14　预膜加注智能清管器示意图

3. 加注量计算

1）液相缓蚀剂在天然气环境中加注量计算

液相缓蚀剂在天然气环境中加注量与缓蚀剂液膜厚度 μ 成正比。从成膜理论分析来看，缓蚀剂液膜厚度可以使缓蚀剂分子加上载体分子直径的 1 倍以上，即缓蚀剂及载体分子均匀覆盖在钢材表面上，形成一个受到引力的薄膜，这个膜除了构成膜所必须那些分子外，没有多余的分子存在，显然在工程上不可能按分子直径确定膜厚而是按实验或经验数据来确定。

井下管系缓蚀剂加注公式推导如下：

设油管内外壁、套管内壁表面完全形成规定缓蚀剂膜厚时所需要的缓蚀剂量为 Q_L（m^3）：

$$Q_L = Q_T + Q_O + Q_I \tag{8-7}$$

式中　Q_T——套管内表面积，m^2；

Q_O——管外表面积，m^2；

Q_I——管内表面积，m^2。

$$Q_T = \pi d_T h_1 \tag{8-8}$$

式中　d_T——套管内径，mm；

h_1——井深，m。

$$Q_O = \pi d_O h_1 \tag{8-9}$$

式中　d_O——套管外径，mm；

h_2——管长度，m。

$$Q_O = \pi d_r h_1 \tag{8-10}$$

式中　d_r——管内径，mm。

对于集输管线，为了维持缓蚀剂膜厚所需要的缓蚀剂量为

$$Q_J = Q_F \mu' \tag{8-11}$$

式中　Q_F——管线内表面积，m^2；

μ'——膜厚度，20μm，为美国 AMOCO 公司推荐值。

2）液相缓蚀剂在液体腐蚀介质中或气相缓蚀剂在天然气环境中的计算

液相缓蚀剂在液体腐蚀介质中，或气相缓蚀剂在天然气环境中，与液相缓蚀剂在天然气环境中所处的状态不一样。它们不存在液膜问题，需要靠加进一定数量的缓蚀剂，气相缓蚀剂要维持一定的分压，液相缓蚀剂要保持一定浓度，缓蚀剂分子扩散到钢材表面吸附或其他作用以达到减缓钢材表面腐蚀。

每日加注量 Q_d（m^3）：

$$Q_d = Q_L + Q_G \tag{8-12}$$

式中　Q_L——液相缓蚀剂含量，m^3；

Q_G——气相缓蚀剂含量，m^3。

$$Q_L = \varepsilon Q_e \tag{8-13}$$

式中　ε——液相中缓蚀剂浓度；

Q_e——单井日产液量，m^3/d。

$$Q_G = \varphi G \tag{8-14}$$

式中　φ——采出天然气中缓蚀剂残余浓度；

G——单晶日产气量，m^3/d。

3）膜的维持时间

缓蚀剂附着在油套管壁上形成了一层保护膜，这层膜在气流运动下处于动态平衡状态，应根据相关资料来获取动态平衡维持时间。

第二节　供热系统

一、导热油系统

1. 导热油系统概述

油气藏储库中的导热油加热系统是将有机热载体（导热油）直接加热，并通过高温油泵进行强制性液相循环将加热后的导热油输送到用热设备，再由用热设备出油口回到热油炉加热，形成一个完整循环的加热系统。导热油加热系统具有操作压力低、运行可靠、加热效率高、出口温度控制精确等特点。

2. 导热油系统典型工艺流程

1）导热油系统典型工艺流程 a

此系统多为小功率加热系统，热油炉一般为卧式。流程图 8-15 所示。

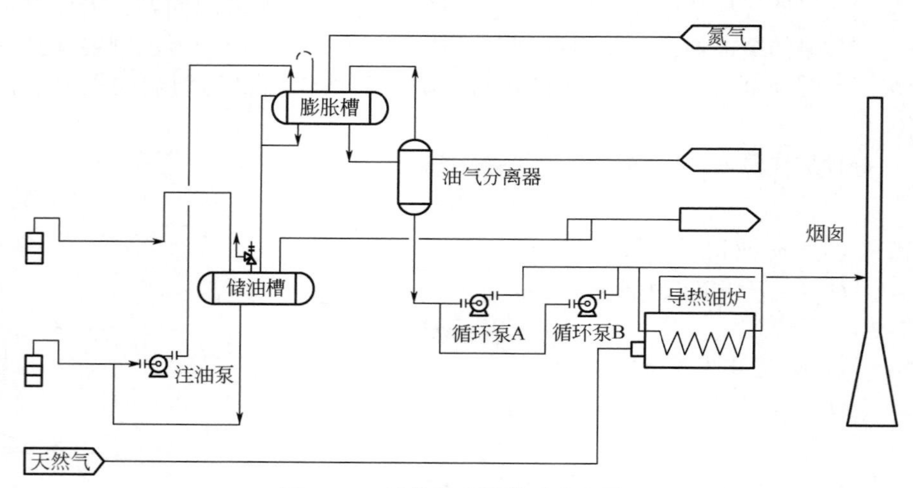

图 8-15　导热油系统典型流程图 a

2）导热油系统典型工艺流程 b

与 a 系统流程相比，该导热油系统取消了油气分离器，回油总管到膨胀槽的膨胀管一般为两路，两路中间的回油总管上设置切断阀（调试时微开，正常操作时全开），此阀前的膨胀管上设置切断阀（调试时全开，正常操作时微开，此管道内介质为气液两相，一般设置在回油总管高点位置），流程如图 8-16 所示。

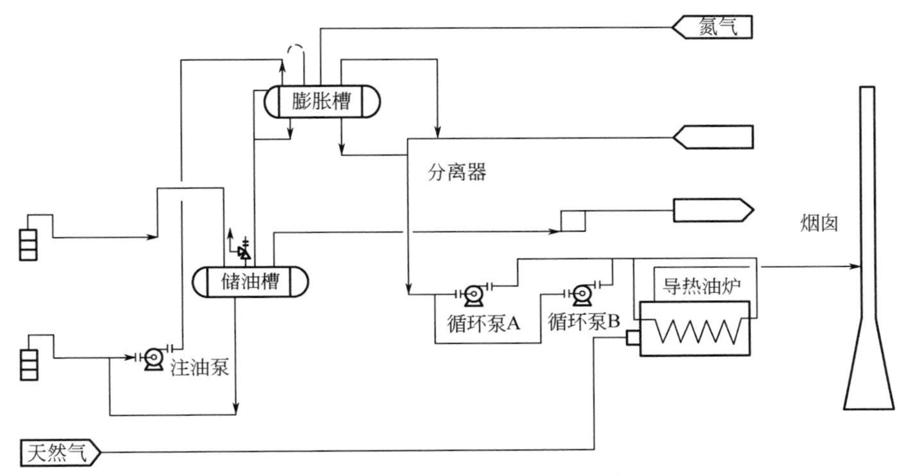

图 8-16　导热油系统典型流程图 b

3）导热油系统典型工艺流程 c

此系统多为大功率加热系统，为节省占地面积，通常选择立式加热炉并设置余热回收系统。热油输出总管为统一温度，用户可根据需要掺入冷油以调节到所需要的温度。此类型热油系统装填量很大，若要求全部热油可以通过重力自流至储油槽，储油槽需设置在地下造成土建费用增加。为节省土建费用，可将储油槽设置在地上，通过分区设置热油排放槽并增加液下泵的方式将热油泵送到储油槽中，流程如图 8-17 所示。

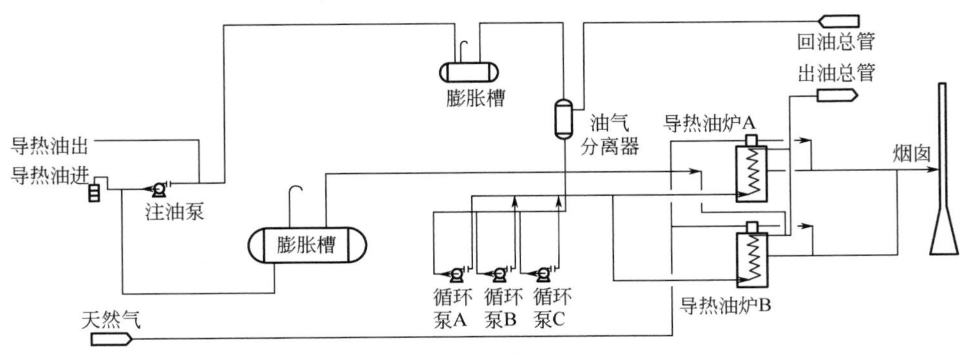

图 8-17　导热油系统典型流程图 c

4）导热油系统典型工艺流程 d

在多热用户的系统中，若各用热系统所需热油压力不一致，且要求压力的调节精度很高，为保证用户区的压力稳定，可以考虑设置热油缓冲罐，且为每一级用户单独设置供油泵的方式。流程如图 8-18 所示。

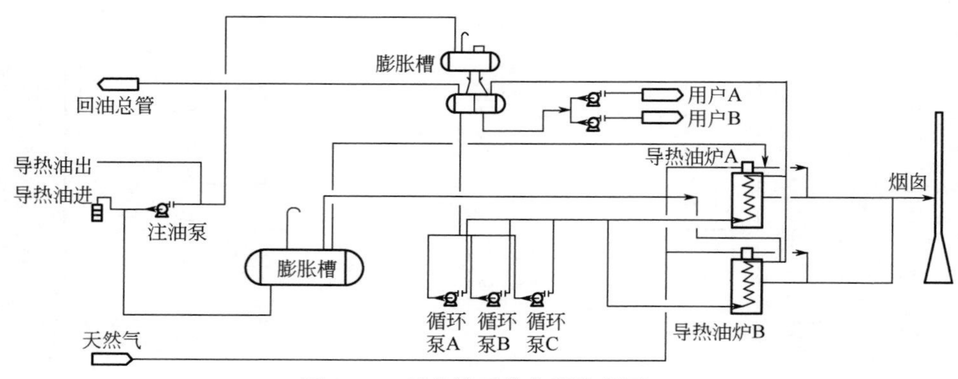

图 8-18　导热油系统典型流程图 d

5）双温位供热系统流程

双温位供热系统，即为根据油气处理站场中多个热用户的两个用热参数对热源进行梯级利用的一种供热系统。在热源负荷和进、出口温度允许的条件下可拓展为多温位供热系统，即采用同一热源来满足多个热用户不同热温度和热要求的供热系统。该供热系统具备设备少、占地面积小、投资少、节能等因素，因此被越来越多地用于不同温位需求的多用户供热系统。

以某轻烃回收装置为例，其用热单元主要是再生气加热器、脱乙烷塔塔底再沸器、脱丁烷塔塔底再沸器。

整个供热系统主要由导热油炉、燃烧器、膨胀罐、储油罐、热油循环泵、供热管网和热用户组成。其加热原理是燃料经燃烧器充分燃烧后产生的高温火焰和烟气，通过辐射和对流方式加热炉管中的导热油，热油达到设定的温度后在朱循环泵的驱动下将热能带出，一部分以液相方式直接输至再生气加热器加热再生气，另一部分则通过温度控制流量调节阀与回流低温热油混合降温达到低温位用户用热温度后进入脱乙烷和脱丁烷塔塔底再沸器进行公益换热，其中低温位系统设独立的热油循环泵提供系统循环动力。该系统中各工艺用热设备内的导热油以自身的显热方式与用户进行换热、梯级利用后，经热油主循环泵回输至导热油炉继续加热，形成一个完整的闭合回路，往复循环使用。导热油炉受热膨胀时的体积增加量由膨胀罐来吸收，储油罐主要是用来存储系统导热油和接收膨胀罐溢流出的大热有。双温位导热油供热系统组成及工艺流程图如图 8-19 所示。

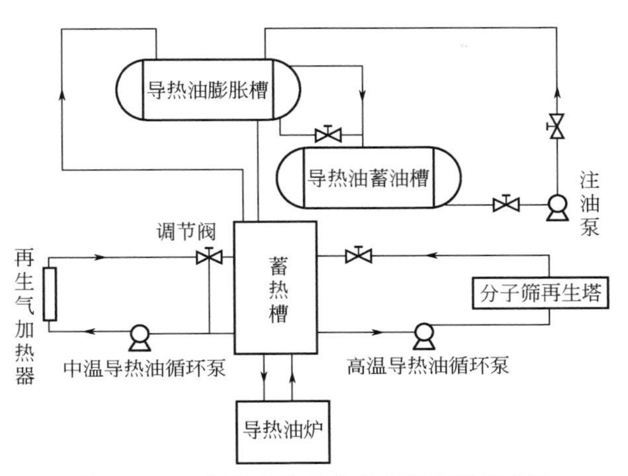

图 8-19　双温位导热油供热系统流程示意图

3. 导热油系统设备

储气库导热油系统一般包括热油炉、储油槽、膨胀槽、油气分离器、导热油循环泵、注油泵等设备及安全仪表、管道等。

1）热油炉

热油炉是整个热油系统的核心设备，导热油在炉内被加热到指定温度，然后通过循环泵送往用热设备。根据用热设备的负荷要求，热油炉可以设置为单台或多台，根据设备布置的要求，可以选择卧式炉或立式炉。为提高热油炉的热效率，通常设置空气预热器回收烟气的余热。

2）储油槽

储油槽作为系统内导热油卸放时的储存设备，它的容积一般不小于整个系统油量的 1.2 倍。储油槽通常位于整个热油系统的最低点，以保证系统停车时，系统内的导热油能全部回到储油槽中。

3）膨胀槽

膨胀槽是用来吸收系统内导热油膨胀量并确保系统内充满导热油的设备。膨胀槽一般设置在整个热油系统的最高点，且确定其安装高度时应考虑热油循环泵的允许汽蚀余量，为提高导热油的使用寿命，膨胀槽上通常设置氮封系统。

4）油气分离器

油气分离器用于分离回油中的气体介质，此气体介质被分离后进入膨胀槽，当压力较高时通过膨胀槽顶部的安全阀排出。

5）循环泵

循环泵是保证导热油在系统中循环的重要设备，循环泵的选择除考虑系统热油的流量及系统压降外，需特别注意避免发生气蚀。

6）热油缓冲罐

当导热油系统工艺较为复杂或者导热油系统供热用户较多时，应考虑设置缓冲罐，并未每一级供热用户单独设置供油方式。

7）热油系统的安全控制仪表

热油系统的安全控制仪表主要由以下几种：

（1）加热炉出口温度变送器——保证供热用户的用热温度，避免超温；

（2）加热炉进出口压差变送器——保证加热炉内热油的流量，保护加热炉炉管安全；

（3）膨胀槽液位变送器——保证系统中全部充满热油，保护热油回路中的转动设备及热交换设备；

（4）热油炉出口安全阀——防止超压；

（5）燃烧器允许启动信号——保证热油炉的安全；

（6）燃气压力高低报警——保证燃烧安全及稳定。

4. 导热油系统设备选型计算

1）导热油炉负荷的确定

根据工艺用热负荷，选择导热油炉，考虑供热能力的可靠性，取

$$Q_{炉}=1.2\sum(Q_{H用}+Q_{L用}) \tag{8-15}$$

式中 $Q_{炉}$——导热油炉额定负荷，kW；

$Q_{H用}$——高温位用热负荷，kW；

$Q_{L用}$——低温位用热负荷，kW。

2）热油主循环泵的选择

热油循环泵的选择至关重要，关系到整个供热系统运行的成功与否。从图 8-19 双温位导热油系统流程图中可以看出，热油主循环泵的流量分流为两部分，一部分是高温位热用户的用油量，另一部分为通过温控流量控制阀的掺油量。选择热油主循环泵流量公式可表示为：

$$Q_H=1.2(Q_{hu}+Q_{掺}) \tag{8-16}$$

根据系统供需热平衡，计算出确保低温位系统运行时恒温供油所需高温热油的掺油量。

$$Q_{掺}=\frac{Q_{L用}}{3600\rho_{lh}(h_{hg}-h_{lh})} \tag{8-17}$$

$$H_H=H_h+H_{hu}+H_{炉}+\Delta H \tag{8-18}$$

式中　Q_H——热油主循环泵流量，m^3/h；

Q_{hu}——高温位用的导热油量，m^3/h；

$Q_{掺}$——给低温位系统的掺油量，m^3/h；

$Q_{L用}$——低温位用热负荷，kW；

ρ_{lh}——低温位系统回油温度下的密度，kg/m^3；

h_{hg}——导热油炉供油温度流体热焓值，kJ/kg；

h_{lh}——低温位系统回油温度流体热焓值，kJ/kg；

H_H——热油主循环泵扬程，m；

H_h——高温位系统管线压力损失，m；

H_{hu}——高温位用热设备压力损失，m；

$H_{炉}$——高温位用热设备压力损失，m；

ΔH——系统运行安全余量，视管网大小而定，一般取5~10m。

3）热油辅循环泵的选择

$$Q_L = 1.2 \times \frac{Q_{L用}}{C_p \rho (t_1 - t_2)} \tag{8-19}$$

$$H_L = H_l + H_{lu} + \Delta H \tag{8-20}$$

式中　Q_L——热油辅循环泵流量，m^3/h；

$Q_{L用}$——低温位用热负荷，kW；

C_p——导热油平均比热，kJ/(kg·℃)；

ρ——导热油平均密度，kg/m^3；

t_1，t_2——低温用户进、出口温度，℃；

H_L——热油辅循环泵扬程，m；

H_l——低温位用热管线压力损失，m；

H_{lu}——低温位用热设备压力损失，m；

ΔH——系统运行安全余量，视管网大小而定，一般取5~10m。

4）膨胀罐的选择

膨胀罐在整个系统中起到吸收导热油受热膨胀量、补充添加导热油、排除系统中气体、保持泵入口处一定压力和紧急停炉时置换炉内热油的作用，是导热油炉系统中的重要安全装置。其容积的确定，与整个供热系统的容油量有关。依据劳动部《有机热载体炉安全技术监察规程》中21条第2款规定膨胀罐容积不小于系统内导热油在工作温度下受热膨胀而增加容积的1.3倍。故选择的膨胀罐容积可公式化为：

$$V_{容} \geqslant 1.3(\Delta V_H + \Delta V_L) \tag{8-21}$$

式中　$V_{容}$——膨胀罐容积，m^3；

ΔV_H——高温位系统热油膨胀量，m^3；

ΔV_L——低温位系统热油膨胀量，m^3。

二、水套炉系统

1. 水套炉系统概述

水套加热炉是为满足储气库注采井口工艺的特殊需要而设计的一种专用加热设备，主要是将注采天然气加热到工艺要求的温度，以便进行输送、沉降、分离、脱水和初加工。在储气库中起到井口加热的作用。

标准水套加热炉系统主要由水套、火筒、烟管、烟囱、走油盘管及燃气燃烧控制系统等组成（标准配置更安全、环保、高效），如图 8-20 所示。

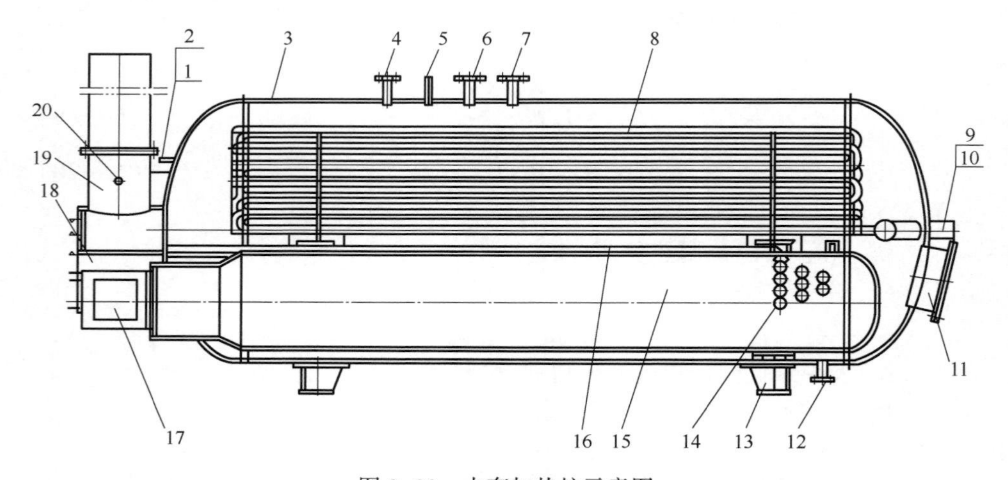

图 8-20　水套加热炉示意图

1—温度变送器安装口；2—液位开关安装口；3—壳体；4—加液口；5—压力表安装口；6—放空口；7—安全阀安装口；8—加热盘管；9—被加热介质进口；10—被加热介质出口；11—人孔；12—排污口；13—鞍座；14—烟管；15—火筒；16—烟管；17—燃烧器；18—烟箱；19—烟囱；20—烟囱温度计安装口

1）优点

相比管式加热炉和火筒式加热炉，水套加热炉由于采用受热火筒对水加热，热水再对走油盘管进行加热，避免了因为直接加热造成的结垢、腐蚀以及焦化作用，如果走油盘管发生穿管，油气泄漏时水套加热炉更为安全，能有效避免因盘管穿管后油气直接和明火接触，引发着火爆炸。

2）缺点

（1）和更先进的相变加热炉相比，水套加热炉传热效率偏低，仅 70%～

85%，而相变加热炉能达90%以上；

（2）水套加热炉运行中水容易蒸发，水套炉需要及时进行补水。

2. 水套加热炉系统原理流程

水套炉加热原理：天然气在火筒中燃烧后，产生的热能以辐射、对流等传热形式将热量传给水套中的水，使水的温度升高，水再将热量传递给油盘管中的原油，使油获得热量，温度升高（图8-21）。

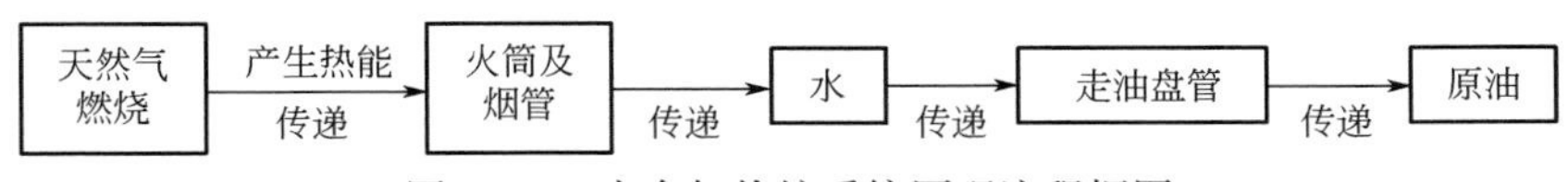

图8-21　水套加热炉系统原理流程框图

如图8-22所示，当可燃气体由控制程序控制进入燃烧器的燃烧头内，由一次风与可燃气体混合，点火燃烧，二次风助燃，实现充分燃烧，目前常用进口德国“威索”、意大利“利雅路“这两种控制系统。

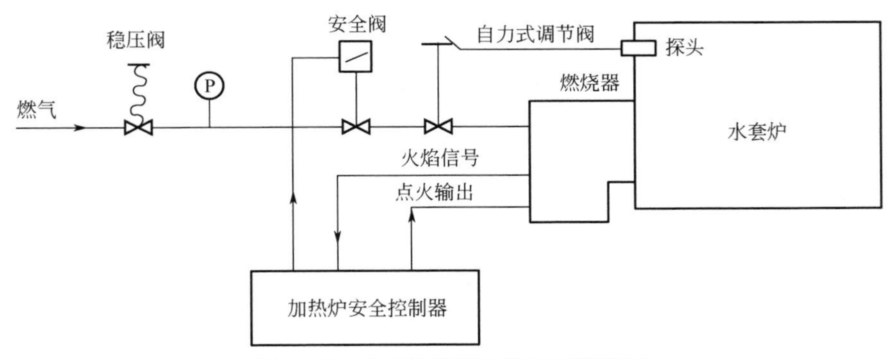

图8-22　水套炉控制系统原理流程图

3. 水套炉系统设备

1）设备分类

（1）按水套炉燃烧方式分为微正压燃烧水套加热炉和负压燃烧水套加热炉。

（2）按水套炉所用燃料来分类，可分为天然气水套加热炉、煤气水套加热炉、煤粉水套加热炉、燃油水套炉等；

（3）按照一台水套炉对应井数的不同，可分为单井式和多井式水套炉。

2）多井水套炉

储气库在注采气过程中，因各井产量、压力、井口气体温度等差异，需在各井口设置天然气加热炉。该方法虽工艺简单，但投资增加，管理及操作

难度加大。而多井式天然气加热炉摒弃了早先方法的缺憾，每台加热炉可同时对2口井至10口井的产物分别进行加热，每口井的换热盘管根据自身产气的压力、流量及温度参数分别设计。天然气的加热温度可通过调节加热炉燃料量和助燃风量来控制，整个控制过程由控制系统自动完成，其实质是通过调节水浴温度以达到天然气所需加热温度。如此，采用多井式天然气加热炉，不仅可减少加热炉数量，简化操作管理工序，提高设备利用率，而且降低了集输投资费用。

本节规定的多井水套加热炉适用壳体设计压力不宜大于0.44MPa，盘管设计压力不宜大于32MPa，被加热介质为天然气，燃料为液体或气体的加热设备。

（1）炉型分类。

多井水套加热炉指油气藏储库各注采井口来气分别在壳体的独立盘管中，由中间载体水或水蒸气中加热，而中间载热体水或水蒸气由伙同直接加热的火筒式加热炉。按壳体承压不同分为承压多井水套炉、常压多井水套炉和真空多井水套炉，考虑到天然气升温后的出口温度通常不高，因此宜优先选用常压多井水套炉和真空多井水套炉，且热负荷不大于1600kW。

① 承压多井水套炉：壳体在承压下工作的水套炉。

② 常压多井水套炉，壳体在常压下工作的水套炉。

③ 真空多井水套炉，壳体在负压下工作的水套炉。

（2）结构组成。

典型多井水套加热炉一般由火筒、火管、盘管、炉壳、燃烧器系统烟囱阻火器、烟囱防雨罩、节水器和省煤器等组成。

① 火筒。

火筒由火管和烟管组成，在多井水套加热炉中，具有燃烧室功能，且主要传递辐射热的元件称为火管；与火管相连通，且主要进行对流换热的元件称为烟管。

② 火管。

火管一般由一根或多根U形管形成，每个U形管的一端为燃烧端，烟气通过另一端垂直烟囱排出。对于较大的加热炉，火管的第一管程直径较大，返回管程的多路烟管则汇合到共用烟囱中。火管是受火焰辐射热和接触高温烟气的受压条件，是火筒与中间加热介质和接触的部件。

③ 盘管。

被加热的介质通过一根或多根管子组成的蛇形管称为盘管。盘管的典型排列形式可有单程盘管、分程盘管或螺旋盘管。盘管也可被认为是一排管子，单程盘管一般是只有单一流程的蛇形管。这种盘管也可布置成具有两条或多条平行的流程以减少压降，但它仍被视为是单程盘管。分程盘管可设计成两个压力等级，并允许在两段盘管之间安装节流装置。必要时分程盘管采用两级加热，以减少盘管内水合物的形成。多井水套加热炉的多路盘管可用于在同一加热炉内加热一种以上井口气或井液。

盘管面积即为传热面积，通常按管子的外表面积计算。

④ 燃烧器系统。

加热炉的燃烧需要一个按特定的燃料种类设计的燃烧器系统，该系统可设计成自然通风或是强制通风。燃烧器系统包括点火附件，入口阻火器及其他供选择的燃烧器附件。

4. 水套炉系统通用设备选型计算

在储气库工艺系统中，水套加热炉热力计算的目的是根据给定的加热炉的热功率、被加热介质的种类与参数、燃料资料和选定的炉型结构、燃烧器形式等条件，计算确定个传热面的面积与主要结构尺寸以及燃料的消耗量、空气体积、烟气体积等数据，主要包括燃烧计算、热平衡计算及各传热元件的热力计算，现主要介绍天然气加热炉烟气侧火管、烟管及加热盘管的热力计算。

1）火管计算

火管传热计算的主要任务是确定火管壁面的吸热量和火管出口烟气温度。火管传热过程主要是高温火焰和火管壁面之间的辐射传热，因为高温烟气在或管内的流速较小，对流传热较弱，计算时可以忽略。天然气加热炉辐射传热模型采用零维模型，零维模型主要适用于小型炉的设计计算。天然气加热炉的功率和结构尺寸都比较小，一般功率不会超过1600kW，钢耗量为7t/MW左右，属于小型加热炉。

火管辐射换热量的计算式采用罗波—伊万斯辐射模型经验公式，

$$Q_r = C\frac{A_{ft}}{B_c}\left[\left(\frac{T_l}{100}\right)^4 - \left(\frac{T_b}{100}\right)^4\right] \tag{8-22}$$

式中 Q_r——按辐射热方程计算的火管传热量，kJ/kg；

A_{ft}——火管受热面面积，m^2；

B_c——计算燃料消耗量，kg/s；

C——热管辐射系数，$kW/(m^2 \cdot K^4)$，一般取 4.4×10^{-3} ~ 4.6×10^{-3}；

T_c——火管出口烟气温度，K，K 可取火管外侧的介质温度。

在进行火管的热力计算时，通常先估取火管的出口烟温，然后用计算的烟气放热量与辐射传热量的误差来校核其是否合理。

2）烟管计算

天然气加热炉的烟管主要传递对流热，但由于烟气中含有大量的三原子气体，辐射热在换热份额中占有一定的比重，不能忽略，所以，烟气内平时进行着对流换热和辐射换热。因为烟气在管内流动，管外是载热介质，根据传热原理可知，管外侧换热系数是管内气相换热系数的20倍以上，传热热阻几乎全部位于气体一侧。烟管总传热系数的大小取决于烟气侧的换热情况，所以，烟管的热力计算主要是计算出管内烟气侧的对流换热系数和辐射换热系数。一般烟气在烟管内的流动呈过渡状态流动。目前，对管内换热试验关联式的研究已经十分成熟，所以管内烟气侧的对流换热系数计算公式采用Gnielinski 公式。

$$\alpha_c = 0.0214\frac{\lambda}{D_{ist}}(Re^{0.8}-100)Pr^{0.4}\left[1+\left(\frac{D_{ist}}{L_{st}}\right)^{0.7}\right] \tag{8-23}$$

式中 α_c——烟气对管壁的对流换热系数，W/(m^2·K)；

λ——烟气在平均温度下的导热系数，W/(m^2·K)；

D_{ist}——烟管内径，m；

L_{st}——烟管长度，m。

辐射换热系数的计算式为

$$\alpha_f = 5.1\times10^{-11}\alpha_{sm}T_{st}\left[1+\left(\frac{T_W}{T_{st}}\right)^2\right]\left(1+\frac{T_W}{T_{st}}\right) \tag{8-24}$$

式中 α_f——烟气对管壁的辐射换热系数，W/(m^2·K)；

α_{sm}——烟气黑度；

T_{st}——烟气平均温度，K；

T_W——烟管灰污壁面温度，K。

3）盘管计算

与烟管相比，盘管内的传热过程比较简单，传热介质加热盘管内流动的被加热介质，传热热阻也主要集中于气侧，而气侧的被加热介质一般在盘管内呈过渡流或紊流流动，所以，当被加热介质呈过渡流状态流动时，其换热系数可采用 Gnielinski 公式进行计算；当被加热介质呈紊流流态流动时，其换热系数的计算公式为

$$\alpha_c = 0.0214\frac{\lambda}{D_{ist}}Re^{0.8}Pr^{0.4}\left[1+\left(\frac{D_{ist}}{L_{st}}\right)^{0.7}\right] \tag{8-25}$$

最后计算出的盘管吸热量分别于设计负荷及火管、烟管的放热量之和相比较，来校核整个系统的换热量。

第三节　放空系统

地下储气库地面工程主要包括井场、集注站、分输站等站场，其中井场与集注站之间通过注采集输管道相连接，集注站与分输站之间通过双向输气管道连接。地下储气库放空系统具有地面设施多，装置规模大，压力等级高，瞬时泄放量远大于平均泄放量等特点。

目前国内外有关地下储气库放空设计可采纳的标准规范中，国内标准主要有《石油天然气工程设计防火规范》（GB 50183—2015）、《输气管道工程设计规范》（GB 50251—2015）、《泄压和减压系统指南》（SY/T 10043—2002、《油田油气集输设计规范》（GB 50350—2015）等；国外标准主要有美国标准《Pressure-Relieving and Depressuring System》（API 521）和欧洲标准《Gas Supply systems—Gas pressure regulating stations for transmission and distribution—Functional requirements》（EN 12186）。

一、泄放系统及火炬设计

泄放系统主要是由各个独立的泄压装置组成。它包括火炬管路系统、火炬分离器，以及点火、喷嘴、密封装置和用于无烟燃烧的蒸汽喷射装置等。

基于地下储气库放空特点，其放空系统设计仍以国内相关规范以及欧洲标准 EN 12186、美国标准 API 521 等规范为依据，合理设置安全仪表系统及超压泄放设施。地下储气库上下游的设计压差大，根据 EN 12186 规定一般设置两级压力安全系统。

注采井一般设置地下与地上双重保护系统，当地上切断阀失效时，井下紧急切断阀可提供紧急切断功能，有效防止下游管线超压，实现地下及地上双切断。井场内一般不设置安全阀及放空筒（火炬），设备检修放空采用就地放空方式。

集注站内设施多，且注气期与采气期不同期运行。安全仪表系统采用四级关断以实现关断及放空，通过泄放系统和非泄放系统的不同组合设置，来保障整个系统的安全。其中一级关断为火灾关断，此级将关断所有生产系统，连锁 BDV（泄放阀）放空，实施紧急放空泄压，保证在火灾工况下系统及设施的安全性；二级关断为工艺系统关断，此级关断生产系统，但不进行放空；三级关断为单元关断，此级仅关断发生故障的单元系统，不影响其他系统；

四级关断为设备关断，此级只关断发生故障的设备，其他设备不受影响。

火灾情况下一级关断时，一般只发生 BDV 泄放，而一旦 BDV 出现故障，系统可能出现超压，即导致 PSV（安全阀）泄放。二、三、四级关断不连锁 BDV 放空，当系统出现超压时通过 PSV 进行泄压，保证在异常工况下系统及设施的安全性。注气、采气装置进出站管线均设置紧急切断阀（ESDV），ESDV 之间设置 SBDV（安全泄放阀）。当有多套装置时，各装置按不同时放空考虑，在各装置间设置 ESDV，一套装置发生事故时仅切断并放空该装置内天然气，其他装置保压，若分装置放空时放空量仍然很大，可采用分区放空。集注站高压放空汇管与低压放空汇管设置需考虑放空允许背压。

泄放系统连接的放空火炬系统是石油化工装置正常生产、运行的重要保证，其自身的安全设计更为重要，每套装置具有其特有的工况，应因地制宜地设计出相应的火炬装置放空系统，以使气体畅通、顺利排出，保证装置安全、正常运转。

一般习惯上按支撑结构将火炬分为高架火炬、地面火炬等。火炬类型的选择和所需特殊设计性能受到多种因素的影响，其中包括项目所在地的总图布置、空间可利用率、火炬所处理的气体的性质（即组分、气量和压力级别）、经济性（包括一次投资和操作费用）、环境保护的要求以及公共关系等。

1. 高架火炬

目前使用最普遍的火炬系统是高架火炬，即采用竖立的火炬筒体将燃烧器（也称火炬头）高架于空中，火炬气通过火炬筒体进入燃烧器，燃烧后的烟气直接进入空气中，扩散至远处。高架火炬系统主要包括：分液罐、密封罐（或气体密封器）、火炬管道、火炬筒体、燃烧器、长明灯及点火器、检测长明灯的热电偶、蒸汽消烟系统、点火设施等。

火炬筒体是一根前端连接火炬头，后端与压力泄放系统相连的管线，尺寸通常与集管尺寸相同，并通常使用工业化标准尺寸制造；火炬头直接安装在火炬筒体上，是火炬系统中气体进行实际燃烧的部件；长明灯用于点燃离开火炬头的气体，为了保证最大的可靠性，长明灯必须保持一直燃烧的状态；阻火装置是为了防止空气经过火炬头进入火炬筒体引起爆炸的装置，因为当空气和可燃气体以非均匀方式混合时，混合物就可能处在爆炸范围内；点火盘由空气和气体管线、混合室、火花间隙点火器和有关控制仪表组成；分液罐是为了将送往火炬的气体中的液体分离出来，以防止发生“火雨”现象。

当处理量较高时一般采用高架火炬，而且高架火炬也有利于燃烧产物的扩散，应用比较普遍。根据火炬筒体的支撑型式高架火炬可分为以下 3 类。

（1）自支撑式。自支撑式高架火炬（图 8-23）的火炬塔一般是最符合要求的，但也是最贵的，因为在各种预期的条件下（风、地震等），需要大量材料保证其结构的完整性，并且要求有足够大的区域用于基础设施和满足地面热辐射安全高度。一般限制（经济比选）火炬塔高为60~90m。

图8-23　自支撑式高架火炬

（2）拉线支撑式。拉线式高架火炬（图8-24）的塔架最便宜但要求的区域最大，这是由拉绳的半径所要求的。典型的拉绳半径等于火炬臂总高的一半。已经使用的拉绳支撑式火炬塔的高度是180~245m。

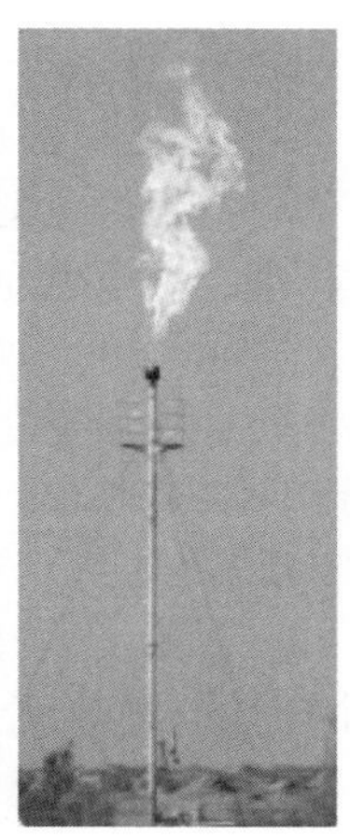

图8-24　拉线式高架火炬

（3）塔式支撑。塔式高架火炬（图8-25）仅用于较大火炬塔且自支撑式无法实现，或可使用的区域排除了使用拉绳设计的可能。某些支撑塔的设计允许火炬管和火炬头放倒在地面上，或放在可移动的台车上，以便于检查和维修。当多个火炬管安装在同一火炬塔上时，这种可把火炬管放倒的设计特别有用。在某一地区，当可使用的区域有限时，可使用多火炬管塔。

图 8-25　塔式高架火炬

2. 地面火炬

近年来随着国外生产工艺的引进，储气库总体布置呈现大型化、集中化趋势，作为事故泄放系统必不可少的一部分，火炬系统也有了很大的变化，从原来只有高架火炬到地面火炬、高架火炬共同发展。地面火炬系统可保证气体需要排放时能够及时、安全、可靠地放空燃烧，保证在运行过程中实现低噪声无烟燃烧。

地面火炬组成部件除有一般火炬所有的燃烧器、引火器及其点火器和火焰探测器、分液罐、易燃易爆气体探测器、密封、管道、烟尘消除控制系统、辐射防护设备外，还有封闭体和燃气管。

地面火炬有以下特点：

（1）热辐射小，防辐射隔热罩的热辐射值低（一般低于 1.58kW/m^2），可大大降低防护区的面积。

（2）检修方便，除防辐射隔热罩有一定高度外，其余设施均在地面上。

（3）最大限度地降低了对周围环境的空气污染、光污染和噪声污染，提高了火炬操作的安全性。

（4）占地面积小，地面火炬周围最小无障碍区的半径为 76～152m，但应设围墙以确保安全。

（5）由于燃烧发生在地面，不会产生火雨。

二、泄放量的确定

关于泄放量的确定，不同的设计院遵循的思路及原则不同，但泄放量不应是集注总站处理量的全量是大家的共识。

根据储气库的自动化设置水平，储气库的放空系统由站外和站内两部分组成，其中站内的放空主要分为两部分：火灾等事故状况下站内 BDV 系统的放空；站内 ESDV 失效时，设备超压工况下安全阀的泄放。下面分别讨论这两种工况下的最大放空量。

1. 站外放空量

根据储气库工艺流程和自动化设计水平，站外的放空为事故状况下，井口部分采气树的 ESDV 失效时造成管线超压时的放空。放空通过进站处的生产采气和计量采气管线的安全阀进行放空。生产管线的最大放空量的选取原则如下：

（1）当生产管线负责小于或等于 5 口井时，最大放空量取最大产量井的产量。

（2）当生产管线负责 5 口井以上时，取单井产量最大的 2 口单井的产量之和。

还有一种思路参照《天然气放空系统设计导则》中的调压集气站安全阀放空量确定原则进行计算，当生产管线负责 2 口井时，最大放空量取最大产量井的产量；当生产管线负责 3 口井及以上时，最大放空量按 2 口单井正常采气过程中最大采气规模考虑。

2. 站内放空量

1）BDV 系统

根据 API 521 设计原则：火灾事故状况下，站内 ESDV 紧急切断，所有的 BDV 同时放空，且应在 15min 内将站内设备压力降至 0.69MPa。根据这一设计原则，BDV 系统的最大放空量为站内所有设备（包括注气压缩机）的放空量，为了合理设计放空系统的放空规模，最大放空量取 15min 内放空的平均值。考虑到 BDV 放空初期放空量总量较大，在计算放空火炬直径时马赫数取 0.4，计算放空立管直径时马赫数取 0.6。

2）站内安全阀的放空

站内安全阀的起跳是由于事故状况下，ESDV 故障无法正常切断，造成设备超压时的放空。所以安全阀的放空量的选择与站外部分一致：取最大产量的 2 口单井的放空量。

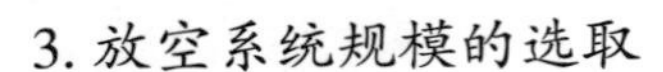

3. 放空系统规模的选取

一般认为最大放空系统规模应是可控的，可以通过设置泄放逻辑进行控制。管线放空控制模式有两种：一种模式为分区延时，即不设置调节阀，全通径放空阀，放空时放空阀全开；另一种放空模式为全开加调节，即放空阀+调节阀（节流截止放空阀）。放空时间基本控制在 15min，放空气量基本维持不变。

以某储气库为例，采气总放空气量初期达到 $5838\times10^4m^3/d$，超过总站的全量放空。平均放空气量为 $2193\times10^4m^3/d$，末期放空气量仅为 $519\times10^4m^3/d$，初期放空量接近总站全量放空的 2.66 倍，是末期的 11.25 倍。而放空系统必须满足初期的放空要求，因此必须对放空系统进行必要的控制措施，以降低放空规模。

① 采用分区、延时放空后，最大放空总量为 $2923\times10^4m^3/d$，规模降低接近 1/2，实施难度较小。

② 采用调节放空，最大放空总量为 $1631\times10^4m^3/d$，规模降低至 1/4～1/3，也大大低于分区延时放空，但调节阀调节方式（检测出口压力或检测流量）和精度存在困难。

由于安全阀的放空和 BDV 放空一般不会同时发生，所以系统最大放空量取站外系统、BDV 系统、站内安全阀放空量及采气处理装置的不合格气放空量中的最大值。

每个处理装置不合格气量为单体装置处理量。对于多列处理装置站场，为了合理控制放空系统规模，不宜考虑全厂站天然气均不合格，可参照单气田多列处理装置安全阀放空量的确定方式，即取正常生产最大处理量的 50%。

三、安全阀的选型设计

安全阀是启闭件受外力作用下处于常闭状态，当设备或管道内的介质压力升高超过规定值时，通过向系统外排放介质来防止管道或设备内介质压力超过规定数值的特殊阀门。安全阀计算的目的是控制压力不超过规定值，对人身安全和设备运行起重要保护作用。

安全阀有好几种分类方法，例如按国家标准分类、结构分类、动作原理分类和阀瓣开启高度分类等，但在石油化工装置中常用的安全阀只有以下几种：

（1）先导式安全阀：一种依靠从导阀排出介质来驱动或控制的安全阀，该导阀本身应是符合标准要求的直接载荷式安全阀。

（2）平衡波纹管式安全阀：平衡式安全阀的一种，它借助于在阀瓣和阀盖间安装波纹管的方法，将普通式安全阀的背压影响降低到最小。

（3）通用式安全阀（弹簧直接荷载式安全阀）：分为全启式和微启式两种。全启式安全阀的阀瓣可以自动开启，其实际排放面积不取决于阀瓣的位置，一般用于排放介质为气体的条件下。微启式安全阀的阀瓣可以自动开启，其实际排放面积取决于阀瓣的位置，一般用于排放介质为液体的条件下。

（4）封闭弹簧式安全阀：安全阀弹簧罩（阀盖）是封闭的，弹簧不与大气接触。

（5）不封闭弹簧式安全阀：安全阀弹簧罩（阀盖）不封闭，弹簧可与大气接触。

在石油石化生产装置中，一般只选用弹簧式安全阀或先导式安全阀。

《输气管道工程设计规范》（GB 50251—2015）中“3.4.4 输气管道的安全泄放”提出：

（1）压力容器的安全阀定压应小于或等于受压容器的设计压力。

（2）管道的安全阀定压（p_0）应根据工艺管道最大允许操作压力（p）确定，并应符合下列规定：

① 当 $p \leqslant 1.8\text{MPa}$ 时，管道的安全阀定压（p_0）应按照下式计算：

$$p_0 = p + 0.18\text{MPa}$$

② 当 $1.8\text{MPa} < p \leqslant 7.5\text{MPa}$ 时，管道的安全阀定压（p_0）应按下式计算：

$$p_0 = 1.1p$$

③ 当 $p > 7.5\text{MPa}$ 时，管道的安全阀定压（p_0）应按下式计算：

$$p_0 = 1.05p$$

④ 采用 0.8 强度设计系数的管道设置的安全阀，定压不应大于 $1.04p$。

1. 安全阀的计算

安全阀的计算包括确定安全阀介质为气体及液体的临界流动压力、临界流动压力比，并根据计算，确定喷嘴面积、喉部直径。

1）介质为气体

当安全阀的进口压力不变而降低出口压力，使 $p_2/p_1 \leqslant \delta_x$ 时，进一步降低出口压力而流量却不再增加，此时流量称为临界流量，δ_x 称为临界流动压力比。

临界流动压力比仅与气体的绝热系数有关，可用下式计算：

$$\delta_x = \left(\frac{2}{k+1}\right)^{\frac{k}{k-1}} \tag{8-26}$$

其中 $$k=C_p/C_v$$

式中 δ_x——气体介质的临界流动压力比；

k——气体的绝热指数；

C_p——介质的定压比热，J/(m³·℃)；

C_v——介质的定容比热，J/(m³·℃)。

在已知 δ_x 之后，安全阀出口的临界流动压力可用下式计算：

$$p_x=p_1\delta_x \tag{8-27}$$

式中 p_x——安全阀出口的临界流动压力，MPa（绝）；

p_1——安全阀进口压力，MPa（绝）；

δ_x——气体介质的临界流动压力比。

气体介质的临界流动压力比 δ_x 也可以查图 8-26 确定，一般 $\delta_x=0.5\sim0.6$。

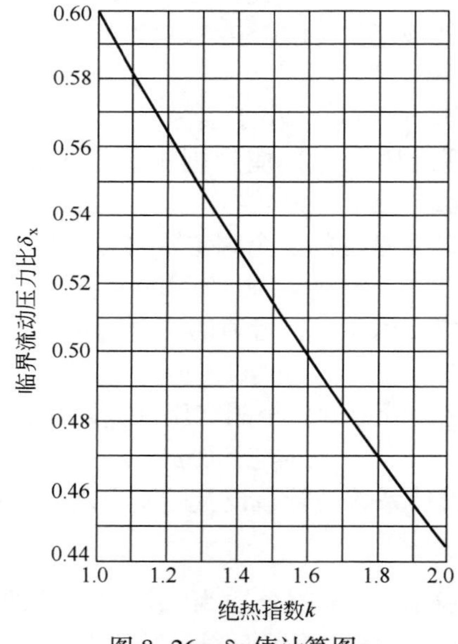

图 8-26 δ_x 值计算图

当 $p_2\leqslant p_x$（或 $p_2/p_1\leqslant\delta_x$）时，喷嘴面积用于下式计算：

$$A=\frac{G}{CHp_1}\sqrt{\frac{ZT_1}{M}} \tag{8-28}$$

其中 $$C=387\sqrt{k\left(\frac{2}{k+1}\right)^{\frac{k+1}{k-1}}} \tag{8-29}$$

式中 A——喷嘴面积，cm²；

G——最大泄放量，kg/h；

C——系数；

H——流量系数，由制造厂给出，一般取=0.9~0.97；

M——气体分子质量；

T_1——进口处介质温度，K；

Z——进口处气体压缩系数；

k——气体的绝热指数。

C 值还可查图 8-27。Z 值可由介质的对比压力 p_n 和对比温度 T_n 查图 8-28。

p_n 和 T_n 可按下式计算：

$$p_n = p/p_{kp} \tag{8-30}$$

$$T_n = T/T_{kp} \tag{8-31}$$

式中　p——气体介质的绝对压力，MPa；

p_{kp}——气体介质的临界压力，MPa（绝）；

T——气体介质的绝对温度，K；

T_{kp}——气体介质的临界温度，K。

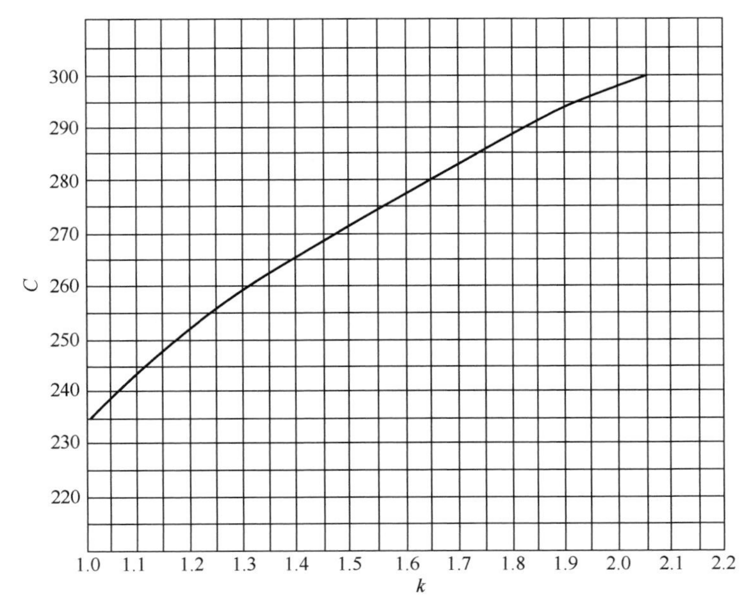

图 8-27　C 值计算图

当 $p_2>p_x$（或 $p_2/p_1>\delta_x$）时，喷嘴面积可用下式确定：

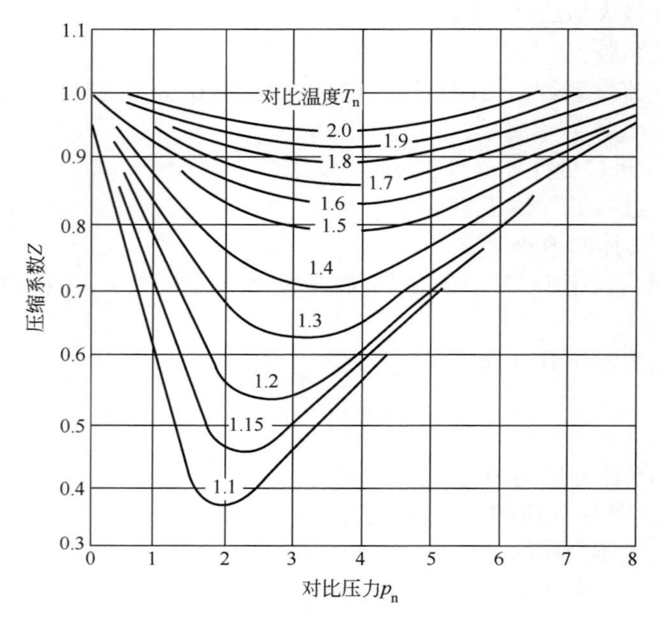

图 8-28　天然气的压缩系数

$$A'=A/f \tag{8-32}$$

式中　A'——在 $p_2>p_x$ 情况下所需的喷嘴面积，cm^2；

A——按临界流动状态计算得到的喷嘴面积，cm^2；

f——喷嘴面积校正系数，查表 8-4。

表 8-4　喷嘴面积校正系数

p_2/p_1	f	p_2/p_1	f	p_2/p_1	f	p_2/p_1	f
0.55	1.00	0.68	0.96	0.78	0.87	0.88	0.70
0.60	0.995	0.70	0.95	0.80	0.85	0.90	0.65
0.62	0.99	0.72	0.93	0.82	0.81	0.92	0.58
0.64	0.98	0.74	0.91	0.84	0.78	0.84	0.49
0.66	0.97	0.76	0.89	0.86	0.75	0.96	0.39

2）介质为液体

当介质为液体时，喷嘴面积可用下式计算：

$$A=\frac{Q}{2.2K_rK_m}\frac{1}{\sqrt{p_1-p_2}} \tag{8-33}$$

式中　A——喷嘴面积，cm^2；

Q——液体流量，m^3/h；

K_m——液体密度校正系数，查图 8-29 确定；

K_r——液体黏度校正系数，由查表 8-5 确定；

p_1——进口压力（排放压力），MPa（绝）；

p_2——出口压力，MPa（绝）。

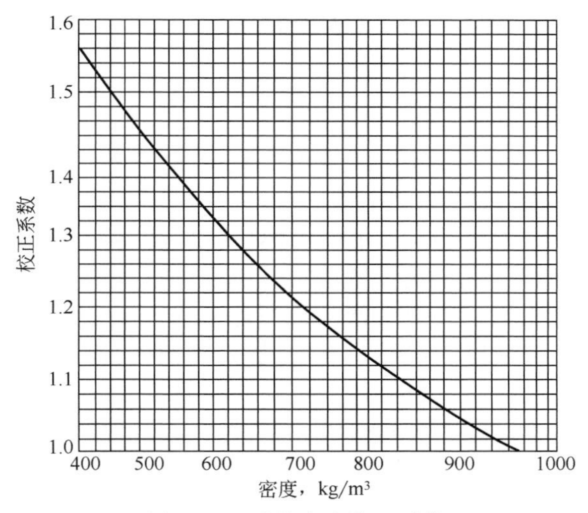

图 8-29　液体密度校正系数

表 8-5　液体黏度校正系数

液体黏度，mm^2/s	35 以下	35~70	70~140
校正系数 K_r	1. 00	0. 90	0. 75

2. 安全阀的选用

1）选定喷嘴面积

按照本节有关公式计算出所需喷嘴面积后，选用适合喷嘴面积的安全阀，如果所需喷嘴面积较大，可选用两个或两个以上的安全阀，并使其面积总和等于或大于计算所需喷嘴面积。

全启式安全阀的喷嘴面积可用下式计算：

$$A=0.785d_0^2 \tag{8-34}$$

式中　A——全启式安全阀的喷嘴面积，cm^2；

d_0——全启式安全阀的喉部直径，cm。

2）确定工作压力级

安全阀的开启压力（或整定压力）可通过弹簧预紧缩量进行调整，但每根弹簧都只能在一定的开启压力范围内工作，超出该范围就需要另换弹簧。同一公称压力的安全阀，按弹簧设计的开启压力范围，可划分为不同的工作压力级。选用安全阀时，应根据所需的开启压力值，确定阀门工作压力级。

四、放空分液罐与阻火器的选型设计

1. 放空分液罐

泄压气流的温度通常处在可能发生冷凝的露点附近，并且在超压工况下某些系统可能泄放液体或者两相流体。

根据现行标准要求，进入火炬的可燃气体应经凝液分离罐分离出气体直径大于300um的液滴，因此需设置放空分液罐进行气液分离。放空分液罐通常设立在火炬基础附近，并负责回收液态烃或水，避免液塞。放空分液罐可降低由筒体中溢出的液体燃烧而引发的风险。所有的火炬管线应当朝放空分液罐倾斜以除去冷凝液。避免液体积聚在火炬管线中。如果液体积聚不可避免，则需要采用适当措施除去积聚液。通常放空分液罐坐落于火炬与工艺区域之间。

放空分液罐可能与火炬筒外部相垂直，设置在自立式火炬筒的底部，或者横卧于火炬筒的外部。放空分液罐内部不允许安装破坏和堵塞泄放路径的组件。

放空分液罐主要根据《石油化工企业燃料气系统和可燃性气体排放系统设计规范》中公式进行计算：

放空分液罐（卧式罐）：

$$D_1 = 1.11 \times 10^{-2} \sqrt{\frac{KQT}{K_1 p v}} \tag{8-35}$$

$$L_1 = K_1 D \tag{8-36}$$

$$V = \sqrt{\frac{4 g d_L (\rho_L - \rho_G)}{3 \rho_G C}} \tag{8-37}$$

$$C(R_e^2) = \frac{1.307 \times 10^7 d_L^3 (\rho_L - \rho_G) \rho_G}{\mu_G^2} \tag{8-38}$$

式中　D_1——卧式分液罐直径，m；

Q——标况下气体流量，m^3/h；

K——单流式分液罐，K 取 1；

K_1——系数，取 2.5~3；

T——操作条件下得气体温度，K；

p——操作条件下得气体压力，kPa；

v——液滴沉降速度，m/s；

g——重力加速度，取 9.8m/s^2；

d_L——液滴直径，取 300×10^{-6}~600×10^{-6}m；

ρ_L——液体的密度，kg/m^3；

ρ_G——气体的密度，kg/m^3；

M——气体相对分子质量；

R——气体常数，取 8314N·m/(kg·K)；

C——液滴在气体中得阻力系数；

L_1——进出口管得距离，m。

2. 阻火器

根据现行标准要求，火炬系统还必须采取防止回火的措施，储气库一般选用管道式阻火器设置于放空分液罐与火炬筒体之间管线上作为防回火措施。

阻火器由一种能够通过气体的、具有许多细小通道或者缝隙的材料组成。当火焰进入阻火器后，被阻火原件分成许多细小的火焰流，由于传热效应（气体被冷却）和器壁效应，使得火焰流猝灭。

阻火器的选用一般根据介质在实际工况下的 MESG 值来选用合适规格的阻火器，国标中，将爆炸性气体混合物按最大试验安全间隙（MESG）分为不同的技术安全等级，见表 8-6。

表 8-6　MESG 分级表

级别	最大试验安全间隙（MESG），mm
ⅡA	MESG≥0.9
ⅡB	0.5<MESG<0.9
ⅡC	MESG≤0.5

各种介质的 MESG 值与工作压力、工作温度及安装位置距点火源的距离和配管情况有关，但标准状况（1bar、20℃）下由标准试验装置测得的 MESG 值可在有关资料中查到。对于有多种可燃性气组成的混合气，选用阻火器要进行试验，以确定混合气体的 MESG 值。若没有试验条件，则按混合气各组分中最小的 MESG 值来确定阻火器。

在初步选好阻火器的型号后，需根据管内介质的流量查阅阻火器产品资

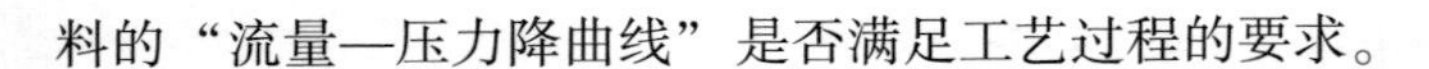
料的“流量—压力降曲线”是否满足工艺过程的要求。

五、热辐射的确定

1. 规范关于辐射热的描述

（1）API 521 与 GB 50183 有关辐射热的描述相同，见表 8-7（GB 50183—2004 第 124 页）。

表 8-7　火炬设计允许辐射热强度（未计太阳辐射热）

允许辐射热强度 Q,kW/m^2	条件
1.58	操作人员需要长期暴露的任何区域
3.16	原油、液化石油气、天然气凝液储罐或其他挥发性物料储罐
4.73	没有遮蔽物，但操作人员穿有合适的工作服，在紧急关头需要停留几分钟的区域
6.31	没有遮蔽物，但操作人员穿有合适的工作服，在紧急关头需要停留 1min 的区域
9.46	有人通行，但暴露时间必须限制在几秒之内能安全撤离的任何场所，如火炬下地面或附近塔、设备的操作平台。除挥发性物料储罐意外的设备和设施

（2）SH 3009—2013 中 9.1 允许热辐射强度也有关于辐射热的规定。

① 按最大排放负荷计算火炬设施安全区域时，允许热辐射强度不考虑太阳热腐蚀强度。

② 按装置开、停车的排放负荷核算火炬设施安全区域，此工况下的允许热辐射强度应考虑太阳热辐射强度。

③ 厂区居民区、公共福利设施、村庄等公众人员活动的区域，允许热辐射强度应小于等于 1.58kW/m^2。

④ 相邻同类企业及油库的人员密集区域、石油化企业内的行政管理区域的允许热辐射强度应小于等于 2.33kW/m^2。

⑤ 相邻同类企业及油库的人员稀少区域、厂外树木等制备的允许热辐射强度应小于等于 3.00kW/m^2。

⑥ 石油化工厂内部的各生产装置的允许热辐射强度应小于等于 3.20kW/m^2。

⑦ 火炬检修时其塌架顶部平台的允许热辐射强度不应大于 4.73kW/m^2。

⑧ 火炬设施的分液罐、水封罐、泵等布置区域允许热辐射强度应小于或等于 9.00kW/m^2，当该区域的热辐射强度大于 6.31kW/m^2，应有操作或检修人员安全躲避场所。

装置开工、停工期间由于操作不稳定或下游装置不能同步开车，会有大量的可燃性气体连续数天排放到火炬燃烧。因此，太阳的热辐射是否叠加到火炬产生的热辐射中，在不同的工况下应该区别对待。

2. 辐射热选择

（1）火炬热辐射强度要求在距火炬筒体中心 3m，离地高 2m 距离以外的范围人员可自由活动；当放空量达到最大时，热辐射强度不超过 4.73kW/m^2。

（2）厂外树木等植被的允许热辐射强度应小于等于 3.00kW/m^2。

图 8-30 为 DNV phast 软件模拟火炬辐射热计算结果。

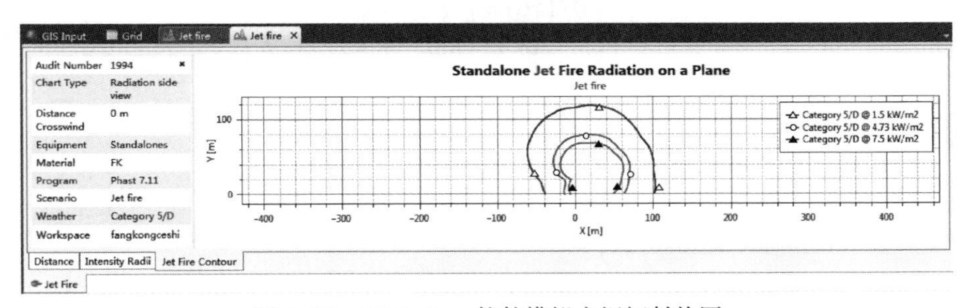

图 8-30　DNV phast 软件模拟火炬辐射热图

六、火炬计算

火炬高度与火炬筒中心至油气站场各部位的距离有密切关系，热辐射计算的目的是保证火炬周围不同区域所受热辐射均在允许范围内。国内外标准中的计算方法有 3 种：

（1）美国石油学会标准 API 521《泄压和减压系统导则》中的简单逼近法；

（2）美国石油学会标准 API 521《泄压和减压系统导则》中比较特殊的 Brzutowski 和 Somrner 逼近法；

（3）《石油化工可燃性气体排放系统设计规范》（SH 3009—2013）提出的计算方法。

以上 3 种计算方法的主要差别是选择的火焰中心位置不同。

1. 简单逼近法

简单逼近法主要是根据生产实践中对火焰的观察和判断，利用数学方法回归而产生的。它主要考虑了风速、风向对火焰中心位置的影响。

1）计算条件

（1）视排放气体为理想气体；

（2）对管道发生事故时，原料或产品气体需要全部排放时，按最大排放量计算，马赫数取 0.5；

（3）计算火炬高度时，按现行标准确定允许的辐射热强度。太阳的辐射热强度约为 0.79～1.04kW/m^2，对允许暴露时间的影响很小。

（4）火焰中心在火焰长度的 1/2 处。

2）计算方法

（1）火炬筒出口直径。

火炬筒出口直径为：

$$d=\left[\frac{0.1161W}{mp}\left(\frac{T}{KM}\right)^{0.5}\right]^{0.5} \tag{8-39}$$

式中 d——火炬筒出口直径，m；

W——排放气质流率，kg/s；

m——马赫数；

T——排放气体温度，K；

K——排放气绝热系数；

M——排放气体平均分子质量；

p——火炬筒出口内侧压力（绝压），kPa。

火炬出口内侧压力比出口处的大气压略高。简化计算近似为等于该处的大气压。

（2）火焰长度及火焰中心位置。

火焰长度随火炬释放的总热量变化而变化，可按图 8-31 确定。

火炬释放的总热量为：

$$Q=H_{\mathrm{L}}W \tag{8-40}$$

式中 Q——火炬释放的总热量，kW；

H_{L}——排放气的低发热值，kJ/kg。

风会使火焰倾斜，并使火焰中心位置改变。风对火焰在水平和垂直方向上的影响，可根据火炬筒顶部风速与火炬筒出口气速之比，按图 8-32 确定。

火焰中心与火炬筒顶的垂直距离 Y_{c} 及水平距离 X_{c} 按下列公式计算：

$$Y_{\mathrm{c}}=0.5\left[\sum(\Delta Y/L)L\right] \tag{8-41}$$

$$X_{\mathrm{c}}=0.5\left[\sum(\Delta X/L)L\right] \tag{8-42}$$

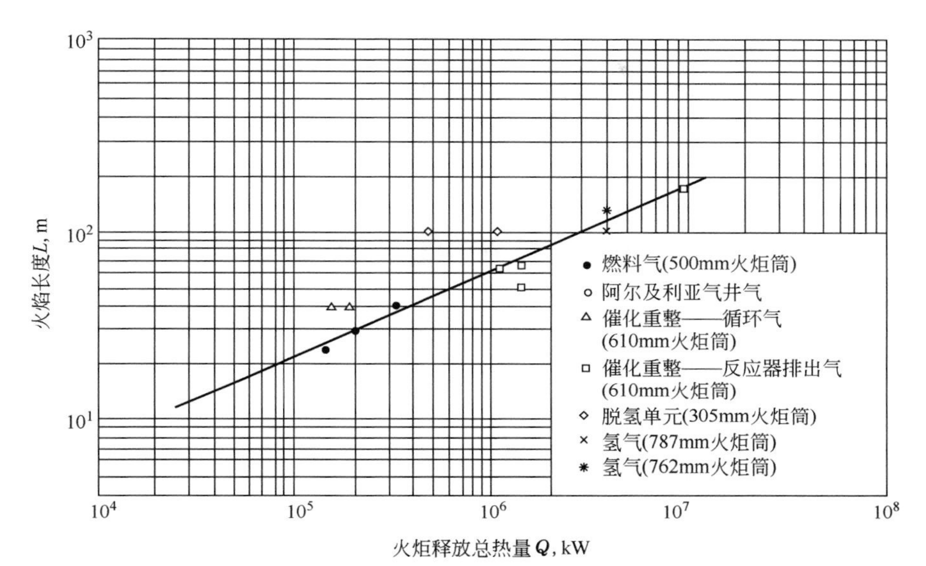

图 8-31 火焰长度与释放总热量的关系

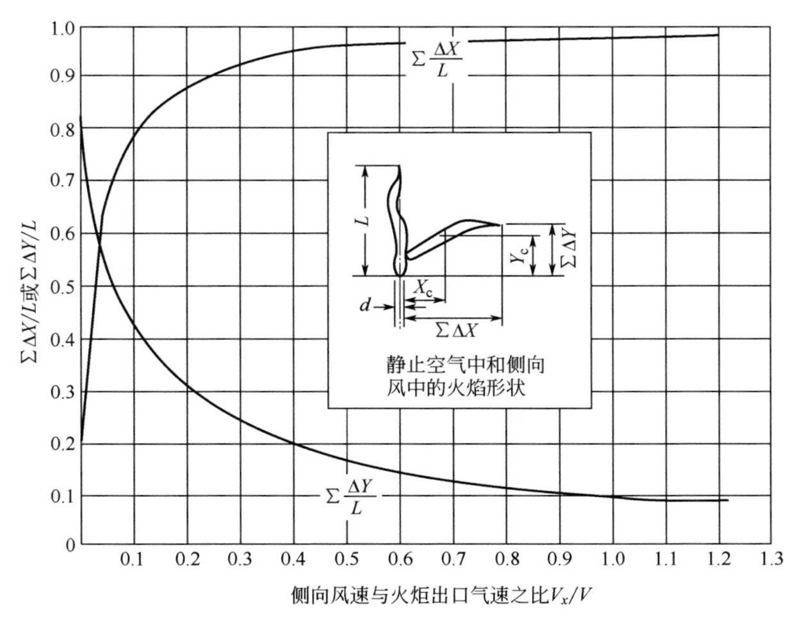

图 8-32 由侧向风引起的火焰大致变形

(3) 火炬筒高度。

火炬筒高度计算公式为:

$$H=\left[\frac{\tau FQ}{4\pi q}-(R-X_{c})^{2}\right]^{0.5}-Y_{c}+h \tag{8-43}$$

式中 H——火炬高度，m；

Q——火炬释放总热量，kW；

F——辐射率，可根据排放气体的主要成分按表 8-8 取值；

q——允许辐射热强度，kW/m^2；

Y_c、X_c——火焰中心至火炬筒顶的垂直距离及水平距离，m；

R——受热点至火炬筒的水平距离，m；

h——受热点至火炬筒下地面的垂直高差，m；

τ——辐射系数。

τ 与火焰中心至受热点的距离及大气相对湿度、火焰亮度等因素有关，对明亮的烃类火焰，当上述距离为 30~150m 时，可按下式计算:

$$\tau=0.79\left(\frac{100}{r}\right)^{1/16}\left(\frac{30.5}{D}\right)^{1/16} \tag{8-44}$$

式中 r——大气相对湿度,%；

D——火焰中心至受热点的距离，m。

表 8-8 不同排放气体的辐射率

燃烧器直径，mm		5.1	9.1	19.0	41.0	84.0	203.0	406.0
辐射率 F（F=辐射热/总热量）	H_2	0.095	0.091	0.097	0.111	0.156	0.154	0.169
	C_4H_{10}	0.215	0.253	0.286	0.285	0.291	0.280	0.299
	CH_4	0.103	0.116	0.160	0.161	0.147		
	天然气（CH_4 含量为 95%）						0.192	0.232

2. Brzutowski 和 Somrner 逼近法

该方法除了考虑了风速、风向对火焰中心位置的影响外，还考虑了气体温度、分子质量、低爆炸极限浓度等多个因素影响。

Brzutowski 和 Somrner 逼近法把火焰长度的确定，建立在侧风向喷流混合及受火焰倾斜量限制的火炬气爆炸浓度下限研究的基础上。火炬的末端作为一个点考虑，在此点上空气重火炬气的浓度达到倾斜极限。火焰倾斜量是气体对风的相对动量的函数，名义火炬中心定义为火焰轨迹的中点，其简化假设几何模型如图 8-33(a) 所示。火炬高度的计算及热辐射系数的取值与简单逼近法的简化计算法完全相同。

简单逼近法的精确计算法是对 Brzutowski 和 Somrner 方法的简化，简化之处仅是将名义火焰中心由火焰轨迹的中点改为火焰末端与火炬出口连线的中点，其简化假设几何模型如图 8-33(b) 所示。具体计算方法参见相关标准。

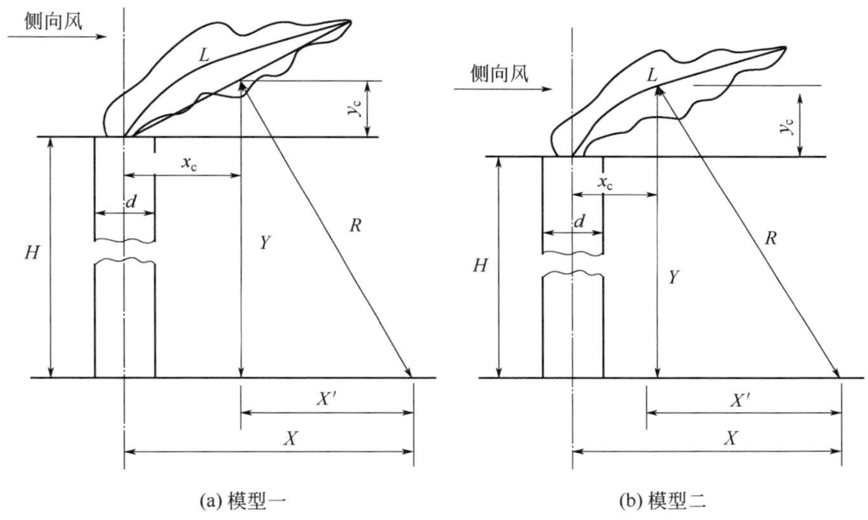

(a) 模型一　　(b) 模型二

图 8-33　非刚性火焰几何模型

3. SH 3009—2013 计算方法

SH 3009—2013《石油化工可燃性气体排放系统设计规范》的火炬高度计算方法是采用了 JOHN F. STRAITZ Ⅲ和 RICARDO J. ALTUBE 的高度预测假设模型，采用 G. R. Kent 的火焰长度计算公式，热辐射系数取定值 0. 2。

JOHN F. STRAITZ Ⅲ和 RICARDO J. ALTUBE 在其文章 *Flare: Design and Operation* 中提出了将火炬做刚性体，名义火焰中心定义在火焰长度的下 1/3 处。而 G. R. Kent 在文章 *Practical Design of Flare Stacks* 中提出，假设火炬燃烧产生的热量在火焰长度方向上均匀释放，沿火焰方向积累并形成辐射。刚性火焰几何模型如图 8-34 所示。

该方法的具体计算方法参见相关标准。

4. 三种计算方法比较

以某项目为例，放空火炬筒直径和高度分别以简单逼近法、Brzutowski 和 Somrner 逼近法、SH 3009—2013 计算方法进行计算。

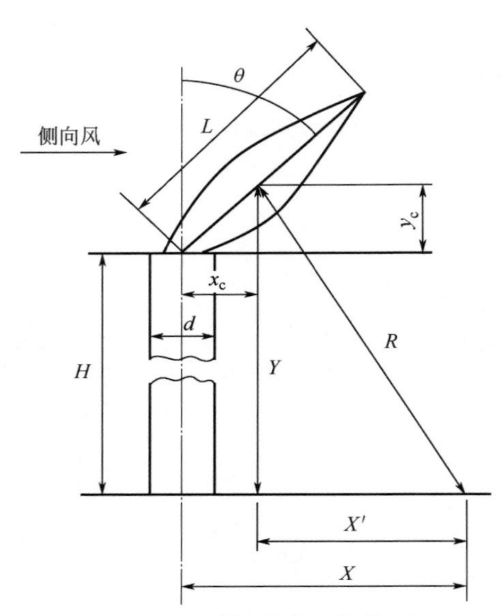

图 8-34　刚性火焰几何模型

计算结果如下：

（1）火炬筒体直径为 DN300。

（2）筒体高度见表 8-9。

表 8-9　三种方法计算出的筒体高度

计算方法	热辐射强度，kW/m^2		
	4.73	3.2	3
简单逼近法	92m	142m	144m
Brzutowski 和 Somrner 逼近法	88m	124m	123m
SH 3009—2013 计算方法	88m	133m	123m

结果分析：API 521 的简单逼近法最保守；Brzutowski 和 Somrner 逼近法为 API 521 精确计算法；SH 3009—2013 的计算结果介于两者之间。

国内火炬供货商大部分依据 SH 3009—2013 进行计算，所以建议在设备订货过程中以 Brzutowski 和 Somrner 逼近法计算值为火炬高度最小值进行规定。

七、火炬配套系统

燃料气为长明灯及其他点火装置提供燃料用气，每一路长明灯都接独立的燃料气管线。

氮气用于流体密封气以及燃烧器的吹扫，主要起到防止回火和安全吹扫的作用。压力不宜过低，一般为0.77~0.8MPa。

为防止放空气燃烧不完全导致的黑烟，国内多采用注蒸汽的方法带入空气，引蒸汽主要有以下几个作用：(1) 喷射蒸汽携带大量空气，改变火焰中心缺氧状态，使火炬气燃烧充分；(2) 降低未燃烧火炬气的温度，防止烃类裂解生成不易燃尽的炭粒；喷射的蒸汽在高温下与烃类分解出的游离碳发生水煤气反应，促进完全燃烧，实现无烟燃烧。

第四节 排污系统

排污系统是保障储气库安全生产必不可缺的系统之一，该系统主要是收集和处理来自生产设备正常和非正常状态下排放的流体，也收集雨水及含油污水。储气库的排放系统分为开式排放和闭式排放两个系统，它们之间既独立又有联系，下面一一进行阐述。

一、开式排污系统

开式排污系统也叫重力式排污系统，主要是收集各处与大气相通的水、污水和污油，例如收集橇块底部排出的液体，或是从设备低点排空阀排出的液体。

1. 排放源

进入开始排放系统的排放源包括含油污水和非含油污水

1) 含油污水

含油污水来自生产、公用系统，经收集后在开式排放罐进行初步的分离，然后将收集的污油打入生产系统或闭式排放罐内，对收集来的污水经沉降处理达到排放标准后排走。

2) 非含油污水

非含油污水是不含油的，主要是处理后的生活污水，设备冷却水、冷凝水、反冲洗水以及雨水。该种污水可不采用任何处理设备，只需用管子将各排放口连接，最后汇集到一个总管直接外排。

在这根总管外排之前，一般也设有一根支管与开式排放罐相连，以备当受到油的污染时可以排进开式排放罐进行处理。

2. 流程设计

开式排放系统一般由各设备的开式排放口、开式排放管线、水封、开式排放管汇、开式排放罐和开式排放泵组成。来自各个设备开式排放的液体由于是依靠自身重力自流进入开始排放处理设施的，所以要求该系统的配管上必须有水封以防互窜。

开式排放管汇又分为含油污水排放管汇和非含油污水排放管汇。在较大的厂区，一般会要求对不同危险等级区域的开式排放管线进行分区设置。

开式排放系统的基本流程是：来自含油污水排放管汇的污水进入开式排放罐，在罐内进行沉降分离，污油通过开式排放泵打入闭式排放罐或生产系统，分离出的合格污水通过溢流管线排出；来自非含油污水排放管汇的污水不进入开式排放罐直接排走。开式排放系统的基本流程如图 8-35 所示。

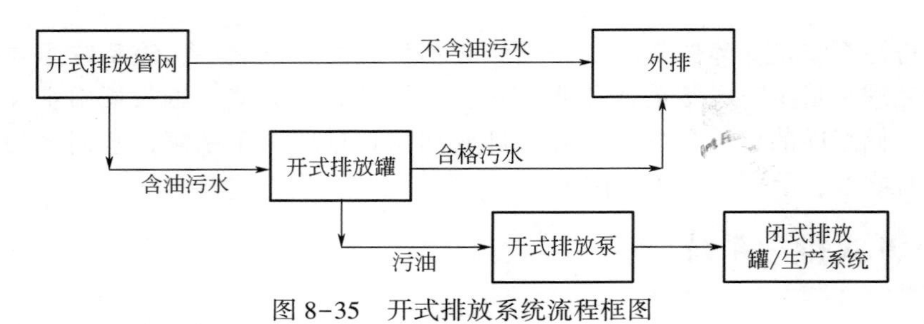

图 8-35　开式排放系统流程框图

3. 参数选取

开式排放系统由于收集的是各处与大气相连的污水，因此是在常压下工作，但操作温度应保证高于原油的凝点或浊点，若环境温度低于操作温度，可考虑在罐内加热源（电加热或热油加热）。

开式排放罐的容积取决于各路含油污水源的排放速度和排放时间，通常情况下，开式排放罐的容量取决于该地区的瞬间最大降雨量和排放面积等因素。常规的考虑为一年一遇最大降雨量，持续排放时间为 10~15min。

一般来说，开式排放罐是一个常压两相分离器。而开式排放泵的排压取决于下游设备的操作压力，其排量通常根据开式排放罐内集油箱的大小而定。

二、闭式排污系统

闭式排污系统是全封闭的，是带压流体进入的排放系统，它的作用是将生产和公用系统中带压排放的气液混合物进行收集和处理，分离出的含水污油通过闭式排放泵返回原油处理流程，分离出的气体去火炬系统烧掉或放空。

闭式排放系统接收的是从压力容器排放出的流体，同时又与火炬系统相连，因为该系统是完全封闭和带压的，压力容器内的液体通常是依靠重力和高差自流到闭式排放罐内。

1. 排放源

闭式排放系统所收集到的污油、污水主要来自以下设备：管汇、加热器、分离器、外输泵、清管器发送及接收装置、火炬分液罐、开式排放泵等。

2. 流程设计

闭式排放系统有以下作用：

（1）接收生产管线、容器等设备在异常状态下安全泄压排出的液体；

（2）接收生产设备停运后带压排放的流体；

（3）将接收的流体进行气液分离，气体送至火炬烧掉或放空，液体回收至处理系统。

闭式排放系统主要由闭式排放罐和闭式排放泵组成，罐内设有液位控制开关，液位的高低可控制闭式排放泵的启停，其基本流程如图 8-36 所示。

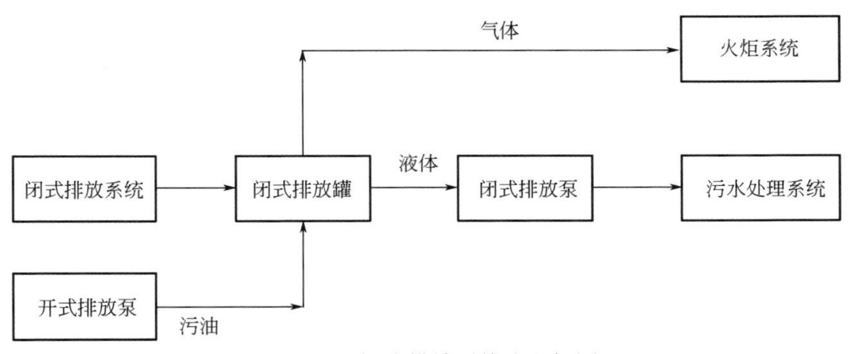

图 8-36　闭式排放系统流程框图

该闭式排放罐为一立式两相分离器，各处排放的带压流体经管汇汇集后进入罐体，罐顶部设有气体排放管口，将分离出的气体排放到火炬系统，而分离出来的液体则从罐底部的出口管线进入闭式排放泵再外排。正常运行时，当液位升到设定的高液位值时，泵自动打开，将罐内液体泵出，当液位降低

到低液位值时，自动停泵。

闭式排放罐的操作温度应保证高于原油的凝点或浊点，所以为了维持正常的操作温度，闭式排放罐内可以安装电加热器或热介质盘管。

3. 参数选取

（1）闭式排放罐的操作温度应保证高于原油的凝点或浊点，因此为了维持正常的操作温度，闭式排放罐内可以安装电加热器或热介质盘管。

（2）闭式排放罐通常为微正压操作，操作压力应低于所有闭式排放源的压力，但不能低于火炬分液罐的操作压力。这是因为在闭式排放罐内分离出来的气体还要通过火炬分液罐进入火炬系统，故闭式排放罐的操作压力一般与火炬分液罐的操作压力相等，或高于火炬分液罐操作压力10kPa左右，在120~150kPa，很少超过400kPa。

（3）人工泄放一个最大容器时，若闭式排放罐在接收来液的同时无法将收集的液体排出，而只能存储在闭式排放罐中，对于这种工况，要求闭式排放罐的有效容积（实际容积的90%以下）能容纳一个最大的容器的排放量。

（4）闭式排放罐兼做火炬分液罐或冷放空分液罐时，闭式排放罐就成为一个具有闭式排放功能的气液两相分离器，其设计方法和选型可参考两相分离器的设计方法，同时还要兼顾闭式排放的工程。

第五节　燃料气系统

储气库工程一般地处偏远，不便于依托已有的热源设施。通常都采用系统中的天然气自供热，自给自足。

一、燃料气的用途及主要用户

1. 井场水套炉

采气期，储气库由于某些井口采出气节流后会形成水合物，或是采出油温度低于凝点温度，因此会在井场节流阀前设置水套炉。燃料气燃烧后产生热量传递给水套炉内的导热介质（水）。

2. 站内导热油加热炉

导热油是站内工艺系统的重要热源，主要包括各种类型分离器、乙二醇再生系统、三甘醇再生系统等。

3）放空系统

放空系统燃料气的作用主要为长明灯、点火系统提供燃料。

4）排污系统

储气库集注站（注采站）内排污罐等容器中，常引一股燃料气给容器增压，代替外输泵提高污水等外输压力。

5）燃气驱动式压缩机、发电机等

当储气库不具备供电条件或者经过经济比选，燃气驱动压缩机在投资和运行维护上更具有经济优势时，天然气可作为燃驱压缩机、发电机等的燃料。

6）生活用气

站上工作人员的生活用气主要包括生活点厨房燃气灶用气、燃气热水器用气，冬季北方取暖锅炉用气等。

二、燃料气的质量要求

1. 燃气发动机、发电机对燃料气的一般要求

天然气作为燃料首先必须满足各燃料用户对其得质量要求，不同的供货商以及同一个供货商不同型号的发动机对燃料都有不同的要求，为了合理地确定燃料的使用量和技术要求，应与发动机厂商进行磋商。瓦克夏公司对其发动机使用天然气的质量要求进行了简单说明，可作为前期设计的参考资料(表 8-10)。

表 8-10　瓦克夏发动机燃料气质量要求

热值要求	根据不同型号发动机确定
热值变化率	低位发热值变化率小于 5%/min
进气压力	根据不同型号发动机确定
进气温度	-29～60℃
最小瓦克夏抗爆指数（WKI）	根据不同型号发动机确定
H_2 含量限制	≤12%
H_2S 含量限制	≤50μg/BTU
总硫含量限制	≤9μg/BTU（对于所有含催化剂的瓦克夏发动机）

续表

热值要求	根据不同型号发动机确定
氨含量限制	≤1.4μg/BTU
氯化物含量限制	≤8.5μg/BTU
硅氧烷及其他硅结构化合物含量限制	≤0.26μg/BTU
固体颗粒物粒径限制	≤5μm
允许水分/含水量	1. 燃料气系统中不应含有液态水；2. 对于没有预燃烧室的发动机，燃料气湿度可以达到100%；3. 对于含有预燃烧室的发动机，燃料气湿度应小于50%
允许液态烃含量	燃料气系统中不应含有液态烃
其他	燃料气中，压缩机润滑油应<1.5μg/BTU（气态），粒径≤0.3μm
	燃料气中不应含有甘醇

注：（1）最低发热值要求为34.01MJ/Nm^{3}LHV或33.42 MJ/Nm^{3}SLHV；

（2）瓦克夏公司自主开发了用于评价燃料气抗爆能力的参数瓦克夏抗爆指数（WKI），WKI使用9种混合气体矩阵来更加准确的计算燃料气的抗爆性能，同时考虑了惰性气体的存在。燃料气必须满足WKI值最低要求，不同型号的发动机，其WKI值也不同。

（3）设计时应与设备厂商结合，需给设备厂商提供燃料气组成、组成变化范围、温度、压力等条件，以便设备厂商计算和判断燃料气是否合格。

2. 索拉燃气轮发动机对燃料气的质量要求（表8-11）

表8-11 索拉燃料气质量要求

燃料气体积比（1220/WOBBE Index）	0.9-1.1
燃料质量比（21500/LHV Btu/lb）	<5
氢含量	<4%（体积）
可燃性极限比	对于Saturn机型，大于2.2； 对于Centaur和Mars，大于2.8
在设计点空气温度等于压缩机排放温度的化学计量火焰温度	>3600°F
总颗粒物	<30ppmw x（LHV/21500）
最大颗粒尺寸	10μm
燃气供应温度	在燃料撬座边缘供应压力下，对于液体天然气，超过露点温度+50℉，而对于水，超过露点温度+20℉，直到限值200℉，且不低于-40℉

续表

燃料气体积比（1220/WOBBE Index）	0. 9-1. 1
硫含量限制	10000ppmw FEC
钠+钾	0. 5ppmw FEC
钒	0. 5ppmw FEC
铅	1ppmw FEC
钙+镁	2ppmw FEC
氟	1ppmw FEC
氯	0. 15 weight percent 或 1500ppmw FEC

注：（1）对于气体燃料 H2S 含量有超出 3000ppmw，液体燃料硫含量超出 2000ppmw FEC，需要更高等级的严苛环境下工作的零部件和设备。

（2）特定场合要求更高的硫浓度水平（>10，000ppmw FEC），须经索拉有针对性的技术评估。

（3）下述污染物通常不会存在，除非所供应的空气、燃料或水受异常或事故污染。但是，如果发现的浓度水平超过 0. 5ppmw FEC 燃料当量，要求采取特殊处理和预防措施。

Mercury 汞-Cadmium 镉-Bismuth 铋-Arsenic 砷-Indium 铟-Antimony 锑-Phosphorous 磷-Boron 硼-Gallium 镓。

（4）浓度超过 0. 5ppmw FEC 燃料当量的任何其他痕量元素应提供给索拉进行讨论和审查。

3. 明火加热器对燃料气的一般技术要求

与发动机、发电机相比，明火加热器对燃料气的要求并不十分严格，许多设备厂商对明火加热器所使用的燃料气不做要求，只是在提供各用户时，保证温度、压力等参数与设备相匹配既可。

三、燃料气系统的工艺设计

1. 燃料气量的确定

燃料气的用量应根据用户的类型及需求来确定，不同类型用户燃料气用量的确定方法见表 8-12。

2. 燃料气的来源

储气库工程中，燃料气的用量通常较大，一般选用处理合格的管道气，此外油气藏类型的储气库可以回收利用凝析油、稳定轻烃等的闪蒸气作为燃料气使用，使用甘醇脱水方案的储气库也可以回收利用甘醇闪蒸罐的闪蒸气作为燃料气使用。

表 8-12　不同类型用户燃料气用量确定方法

井场水套炉、站内导热油加热炉	工艺模拟计算得到供热的总热负荷，根据导热介质的热效率、燃料气的热值折算得到
放空火炬长明灯	一般由设备厂商提供
排污罐等排液动力源	该类型用户一般为间歇操作，根据给定时间内排出罐内液体的体积可以计算得到
燃驱压缩机、发电机	根据模拟计算压缩机、发电机运行工况、所需总负荷，提交给设备厂商后由其计算燃料气用量

3. 工艺设计

来自管道的天然气先通过加热器加热至一定温度后，经计量、调压后分输给各用户，调压后的燃料气进入各用户燃烧设备前一般再调压一次，以匹配其压力要求（图 8-37）。

1）压力

来自管道的天然气压力一般较高（4～10MPa），需经两级调压后才可供各用户使用，燃料气的供气压力应根据用户的要求来定，由于各用户的压力要求不能完全一致，一般以压力要求最高的用户作为一级调压的参考，再考虑一定的管输压降即可确定一级调压的压力值。二级调压一般在用户端的燃烧设备前，压力值根据各用户要求确定。

2）温度

天然气经过调压后，温度会降低，压降越大，温降越大，很可能产生水合物，同时为保证下游用户的供气温度，一般在调压前设置电加热器来提高燃料气的温度，以保证调压后燃料气不会因产生水合物而冻堵设备管线。

天然气经过加热器的温度应根据调压的压力降以及燃料气的露点共同确定，首先根据压降计算出调压后的温降，再结合露点要求，确定加热器后的天然气温度，进而根据天然气的流量确定加热器的热负荷。

加热器的形式有多种选择，水浴式、电加热形式、水套炉等，储气库工程中燃料气加热器的热负荷一般较小，电加热器是比较常用的形式。

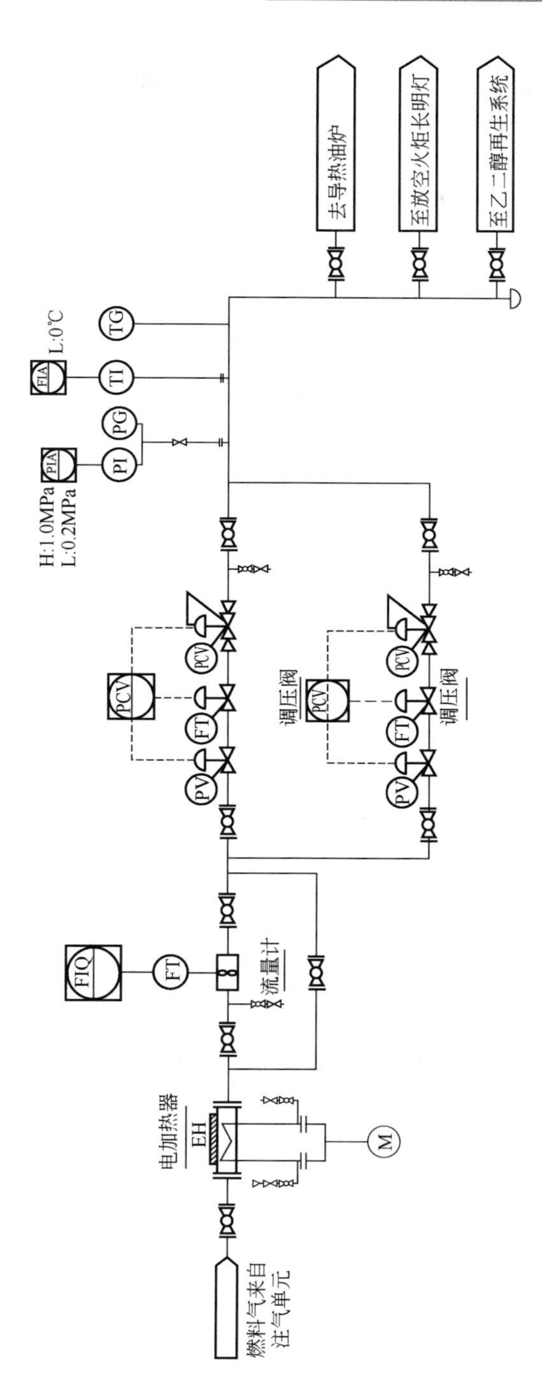

图 8-37　储气库工程燃料气系统典型工艺及自控流程图

第六节　仪表供气系统

储气库的生产运行离不开仪表供气系统，仪表供气系统的负荷包括气动仪表、气动执行机构、电/气转换器等气动设备和正压防爆通风用气、仪表修理车间气动仪表调试检修用气、仪表吹洗用气等。仪表气源应采用洁净、干燥的压缩空气。应急情况下，可采用氮气作为临时性气源。

一、仪表风用量的确定

1. 计算依据

仪表风用量即气源装置设计容量的计算主要根据《仪表供气设计规范》（HG/T 20510—2014）中4.1条款来确定。

气源装置设计容量即产气量，工艺吹扫用气应独立设置，不得从仪表空气管上取气。仪表总耗气量计算，宜采用汇总方式计算，也可以采用下列简便的方法估算仪表耗气总量：

（1）每台控制阀耗气量为0.7~1.5Nm^3/h；

（2）控制室气动仪表每台耗气量为0.5~1.0Nm^3/h；

（3）现场气动仪表每台耗气量为1.0Nm^3/h；

（4）切断阀的耗气量要根据气缸容积和每小时大约动作次数估算；

（5）正压通风防爆柜耗气量根据制造商提供的数据估算。

仪表气源装置容量应按下式计算：

$$Q_{v1}=Q_{v2}(2+A) \tag{8-45}$$

式中　Q_{v1}——气源装置供气设计容量，Nm^3/h；

Q_{v2}——各类仪表耗气总和，Nm^3/h；

A——供气管网泄漏系数，取0.1~0.3。

气源装置中应设有足够容量的储气罐，储气罐容积应按下式计算：

$$V=Q_{v1}tp_0(p_1-p_2) \tag{8-46}$$

式中　V——储罐容积，m^3；

Q_{v1}——气源装置供气设计容量，Nm^3/h；

p_1——正常操作压力，kPa(A)；

p_2——最低送出压力，kPa(A)；

p_0——大气压力，通常取 101.33kPa(A)；

t——保持时间，min。

保持时间 t，应根据生产规模、工艺流程复杂程度及安全联锁自动保护系统的设计水平来确定。当有特殊要求时，应由工艺专业提出具体的 t 值；没有特殊要求，可以在 15~20min 内取值。

2. 计算示例

已知：某储气库工程共采用了气动调节阀 82 个，耗气量 $2Nm^3/h$，气动轨道式球阀和气动球阀共 59 个，耗气量为 $3Nm^3/h$；压缩机 6 台，压缩机主电动机启动前初次吹扫耗风量为 $30Nm^3/h$，正常运行耗风量为 $1.5Nm^3/h$，用于仪表风的压缩空气为 $17Nm^3/h$。

可以算出，采气期仪表风用量为　$82\times2+59\times3=341(Nm^3/h)$；注气期仪表风用量为　$18.5\times14=259(Nm^3/h)$。

故可以考虑总的用气量 $Q_c=341(Nm^3/h)$，气源装置设计计算容量 $Q_s=341\times2.2=750.2(m^3/h)$。

考虑到仪表风干燥撬自身的消耗，气源装置设计计算容量 $Q_s=750.2\times1.15=862.73(Nm^3/h)$。

最终选用两台排量为 $15Nm^3/min$ 的空压机（出口压力为 1.0MPa），一开一备使用。仪表风系统的规模为 $15Nm^3/min$。

二、仪表风质量要求及工艺流程

1. 仪表风质量要求

以露点限制气源中湿含量是工程设计中最普遍适用的方法，仪表气源中只允许少量水蒸气存在，这些水蒸气一旦低温冷凝，会使管路和仪表生锈，降低仪表工作可靠性，在高寒地区甚至会产生冻结，危及控制系统的安全。因此，仪表气源中湿含量的控制应以不结露为原则。一些气源装置制造商，常用常压露点作为装置干燥能力的技术指标，使用时注意换算。供气系统气源操作压力下的露点，应比工作环境或历史上当地年（季）极端最低温度至少低 10℃。图 8-38 为仪表空气露点换算图。

仪表空气含尘粒径不应大于 3μm，含尘量应小于 $1mg/m^3$。油含量应小于 1mg/L。

2. 仪表风工艺流程

1）气源装置工艺流程图

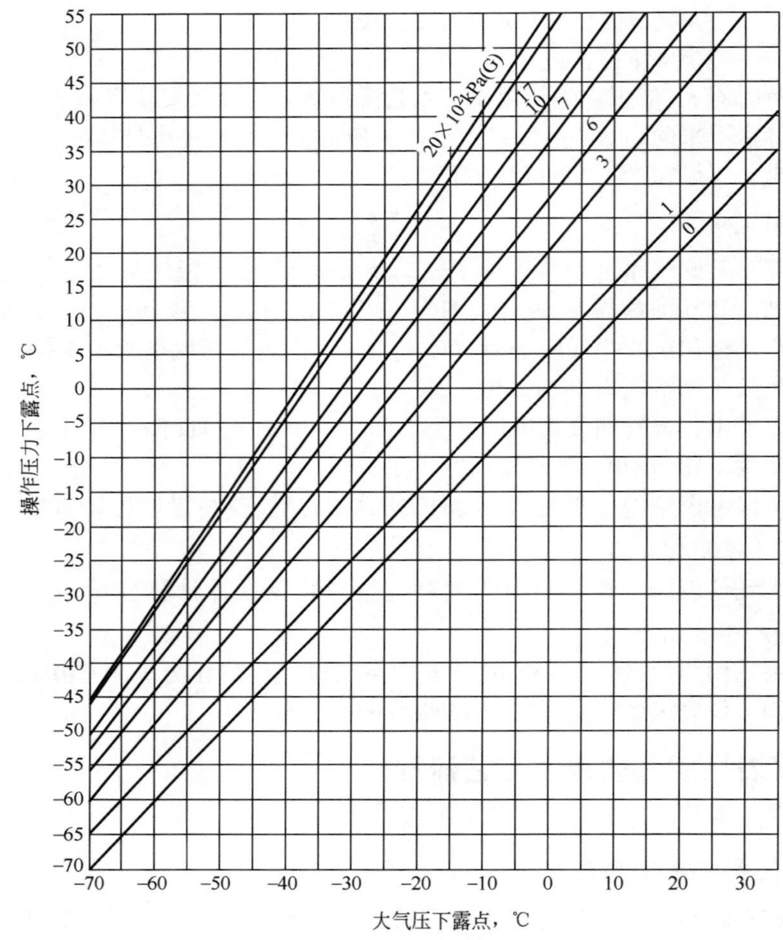

图 8-38　仪表空气露点换算图

仪表空气系统的气源装置工艺流程如图 8-39 所示。仪表空气系统的主要流程是：常压空气经过空气压缩机增压后进入压缩机橇自带的冷却器冷却，冷却后的压缩空气进入缓冲罐，稳压、去除冷却下来的油水混合物后经两级过滤进入脱水单元，干燥的压缩空气经过滤进入仪表风缓冲罐稳压，进入下游供气管网。

2）现场仪表供气流程

（1）单线供气流程。对分散布置或者耗气量波动较大的供气点宜采用单线供气流程（图 8-40）。在不影响相邻负荷用气的情况下，对耗气量波动大的用气点，可在气源总管上取源。

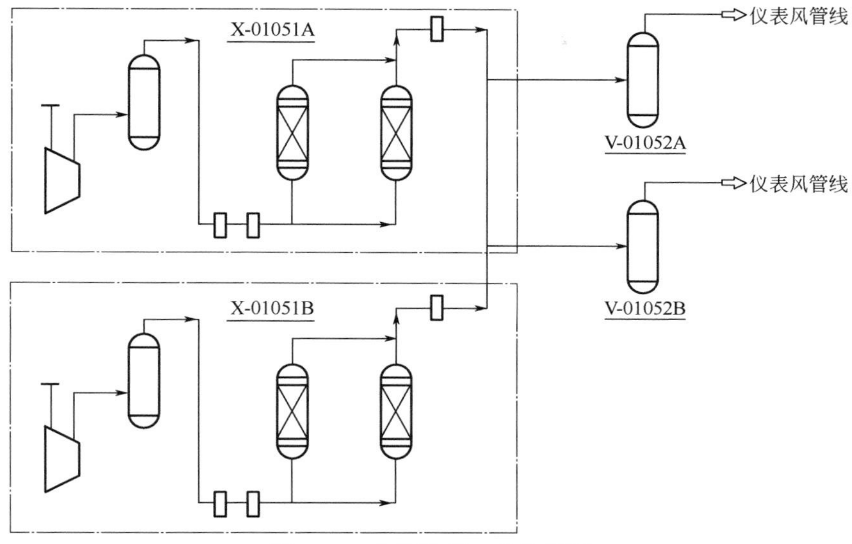

图 8-39　气源装置工艺流程图

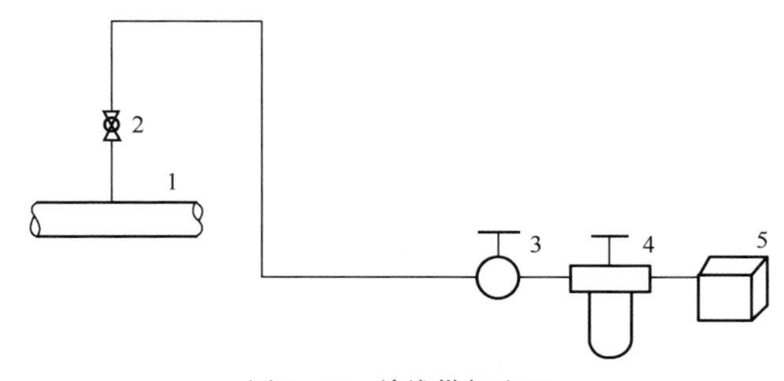

图 8-40　单线供气流程

1—气源干管；2—气源截止阀；3—气源球阀；4—空气过滤器减压阀；5—现场用气设备

（2）支干式供气流程。对多台仪表或仪表布置密集的场合，宜采用支干式供气流程，由支干引至供气点（图 8-41）。对多台仪表或仪表布置密集的场合，可采用支干方式供气，由支干引至空气分配器或供气点（图 8-42）。

（3）环形供气流程。当供气管网对多套装置的仪表供气时，可将供气管网首尾相接，形成环形配管（图 8-43）。

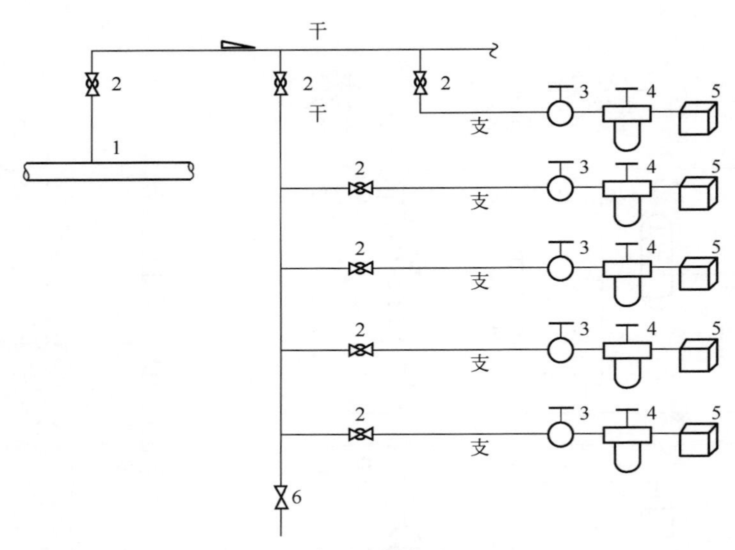

图 8-41　支干式供气流程（一）

1—气源干管；2—气源截止阀；3—气源球阀；4—空气过滤器减压阀；5—仪表供气点；6—排污阀

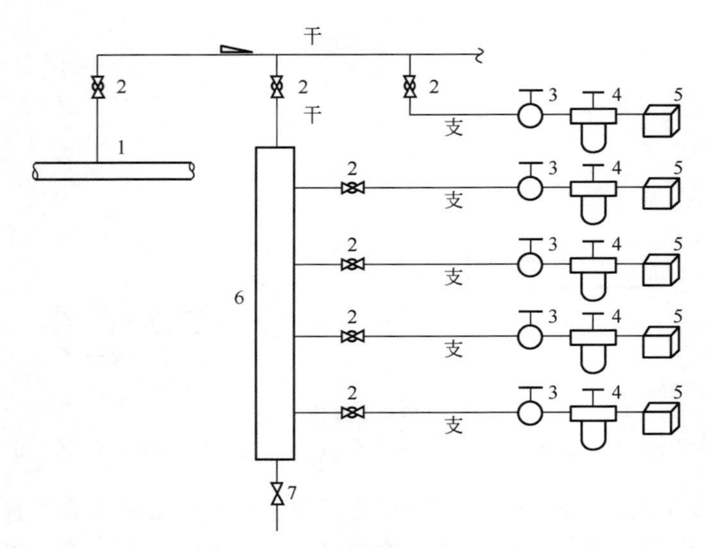

图 8-42　支干式供气流程（二）

1—气源干管；2—气源截止阀；3—气源球阀；4—空气过滤器减压阀；
5—仪表供气点；6—空气分配器；7—排污阀

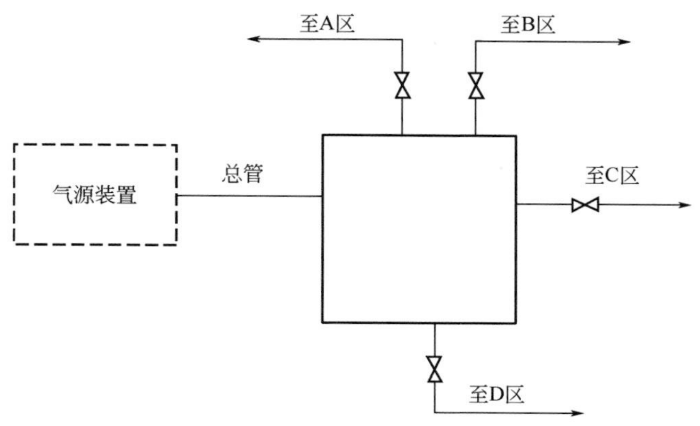

图 8-43　环形供气流程

3）控制室供气流程

控制室供气流程如图 8-44 所示。控制室的总气源应并联安装两组空气过滤器及减压阀，每组容量应按总容量选取。

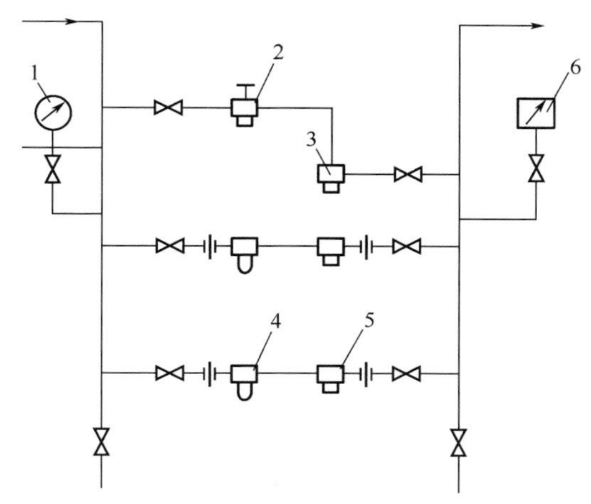

图 8-44　控制室供气流程

1—压力表；2—气动定值器；3—大功率安全阀；4—大功率空气过滤器；5—大功率减压阀；6—压力开关

控制室内应设有供气系统的监视与报警仪表，应设有气源总管压力指示和压力低限报警，控制室的第二气源不得使用氮气。过滤减压装置引出侧，应安装压力控制器和安全排放阀，排放口应设在室外。对供气压力为 140kPa（G）的供气系统，供气系统起跳值为 160~200kPa(G)。

三、仪表供气系统设备选型

仪表供气系统的气源装置一般由设备厂商成橇提供，习惯上称为空气压缩机橇。空气压缩机橇主要包括空气压缩机组、压缩机出口分离器、干燥器、前置过滤器、高效除油过滤器、粉尘过滤器、安全泄放设备、排污放空等附属设备、压缩空气系统的仪表控制箱、机组控制盘、电力联柜接线箱，橇座之间的仪表和电力电缆等。

1. 空压机

喷油螺杆式空压机成为当今空气压缩机发展的新主流，具有优越而且可靠的性能，其振动小、噪声低、效率高、无易损件，具有活塞式压缩机（同等排气压力下）无可比拟的优点。阴阳转子间以及转子与机体外壳间的精密配合，不断向压缩室和轴承注入润滑油，减小了气体回流泄漏，提高了效率；又因只有转子的相互啮合，无活塞等件的往复运动，减少了振源，降低了噪声。其独特的润滑方式带来了以下优点：

（1）凭借系统内压缩气体产生的背压，不断向压缩室和轴承注入润滑油，简化了复杂的机械结构。

（2）注入的润滑油可在转子之间形成油膜，副转子可直接由主转子带动，无须借助高精密度的同步齿轮。

（3）喷入的润滑油可以增加气密的作用。

（4）润滑油可以降低因高频压缩所产生的噪声。

（5）润滑油可吸收大量的压缩热，因此单级压缩比即使高达 16，也可使排气温度不致过高，主机能控制在设计温度下工作，转子与机壳之间不会因热膨胀超过设计间隙而产生摩擦。

喷油螺杆式空压机，是一种双轴容积式回转型压缩机。进气口开于机壳的上端，排气口开于下部，一对高精密度主（阳）、副（阴）转子水平且平行装于机壳内部，主（阳）转子有 5 个形齿，而副（阴）转子有 6 个形齿。主转子直径大，副转子直径较小。齿形呈螺旋状，两者齿形相互啮合。主、副转子两端分别由轴承支承定位。

电动机与主机的传动方式是：采用弹性联轴器直接传动，弹性联轴器以一套联轴器（主动端、从动端、传递动力面间由弹性体隔开）将电动机与主机结合在一起，再经一组高精度增速齿轮将主转子转速提高，达到设计转速。

2. 干燥器

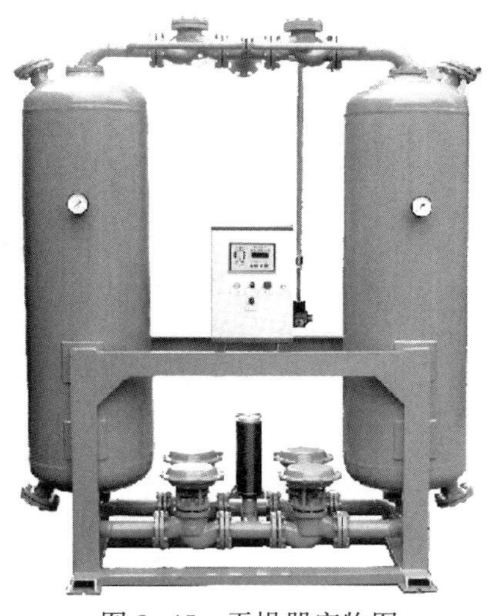
图 8-45　干燥器实物图

图 8-45 干燥器实物图。其工艺流程是：当饱和状态的压缩空气经气动阀进入 A 塔吸附干燥处理，出口空气含水降至露点温度为-40～-20℃（已经为干燥成品空气），85%干燥空气经单向阀至成品空气管线（或再经除尘过滤器至用户），另一部分干燥空气（再生气）通过限流孔板截流进入 B 塔对吸附过的吸附剂进行吹扫再生，经气动阀通过消声器排至大气，此为半个周期，为 5min。下半周期则由 B 塔进行吸附干燥，A 塔进行吹扫再生，一个周期时间为 10min。

干燥器的工作条件与技术指标是：进气温度为 0～45℃；进气含油量≤0.1ppm；工作压力为 0.6～1.0MPa（G）；压力损耗≤0.02MPa（G）；设计成品气常压水露点≤-40℃；再生气量≤15%；干燥剂使用活性氧化铝或分子筛；再生方式为无热再生；工作方式为两吸收筒交替连续工作；周期 T 为 10min；控制方式——微电脑自动控制，安装方式——室内，无基础要求。

3. 消声器

消声器是一种允许气流通过而使噪声降低的装置，能够降低气流通道上的空气动力性噪声，是吸附干燥器最末端的一个部件。由于再生废气排出时带有一定压力，排气速度较快，会引起气体振动并产生强烈的排气噪声，一般可达 80～100dB。这种噪声使工作环境恶化，人体健康受到损害，工作效率降低。按有关规定，在排气噪声大于 75dB 时，就要采取消声措施。在吸附干燥器中，消声器的工作条件十分恶劣，再生排气中带有大量粉尘和水气，在温度条件适宜时会有凝结水积聚，很容易造成消声器堵塞。消声器也是吸附干燥器中的一个易损部件。

4. 油过滤器

压缩空气中一般含有油雾粒子和气态的油蒸汽分子。分子筛、活性氧化铝等吸附剂对它们是没有吸附能力的，黏附在吸附剂表面的油膜，将很快使其“中毒”而失去吸附活性。所以压缩空气在进入吸附塔前应将所含的油分先行除去。对油雾粒子可用高效除油雾过滤器除去，对油蒸汽则需用活性吸附过滤器清除。一般要求进塔空气含油量不大于 0.1mg/m^3 即可，装一只除油

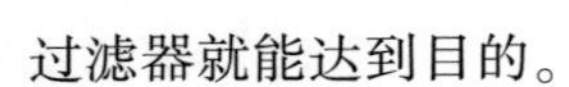

过滤器就能达到目的。

四、工艺参数的确定

1. 压力

根据设计中气动仪表的选型要求，可供选用的气源装置送至装置各界区的压力范围宜为500~700kPa(G)。规定的压力下限值为气源装置送至装置各界区的最低压力，若低于此规定值时，应设置声光报警并采取相应安全措施。考虑到仪表风系统的压力损失，一般空压机出口压力为600~1000kPa(G)。

2. 温度

仪表空气的温度应满足气动仪表选型要求。环境温度应低于40℃，避免不必要的高温跳车，而且环境温度越高，空压机的输出空气量越少；另外环境温度必须高于5℃，控制在水的凝点温度以上。空压机为发热设备，尤其是风冷式，厂房通风十分重要。依外界风向来考虑加装抽排风设备是必需的。其抽风量须大于空压机循环风扇或冷却风扇的风量，冷却空气入口的面积须足够。也可在空压机顶部的排风扇出口处加装导风罩，将空压机排出的热空气从导风管中抽走，以维持室温在5~40℃。

环境温度过高对吸附干燥器的影响是多方面的，主要表现为（1）使吸附剂平衡吸附量下降，影响吸附效果；（2）吸附干燥器用的电子程序控制器里面有很多IC电路，特别是装有大功率元件的微热再生干燥器，本身有热量要散发，在环境温度过高或通风条件不好时，容易引起控制失准，严重时会使电路元件损坏；（3）高温潮湿环境下也会影响控制气动阀的电磁线圈寿命缩短。

环境温度过低给吸附干燥器带来的影响有时比环境温度高时还要严重，主要表现为（1）再生排气中携带的大量水分在排出时遇冷结露，乃至结冰，使再生排气通气通道堵塞，导致吸附干燥器工作程序大乱（这是最主要的影响，所以排气部位出师的凝结水一定要及时清除），特别是消声器部位最容易引起冰绪，要注意观察和保养。（2）过低的环境温度会给无热再生干燥器的脱附操作带来困难。

3. 安全供气

仪表供气管网压力低应报警，压力超低宜连锁。仪表气源装置在送出总管上可设置在线露点仪，信号送控制室。备用气源的作用是当工作气源失压时，不致使送出压力突然下降，维持气源在短时间内不致中断，仪表仍能正常工作，留有足够时间对气源故障造成的生产事故进行处理和维修，确保工艺生产过程的安全。气源备用方式有备用空压机、备用储气罐和备用辅助气源三种，可由工程设计选用。备用辅助气源备用方式，不是要去所有装置都要采用，只有十分必要时才考虑，对大多数工程来讲，前两种备用方式中选择一种就可以了，如果备用气源为氮气源，其泄漏点或排放点处不得有氮气积聚。

4. 供气总管规格及盘后配管

供气总管分整体和组合两种结构形式。当总管很长时，应采用组合式安装较为方便。总管直径一般为40~50mm，材质有不锈钢和黄铜两种。总管水平安装时，其坡度应大于3/1000，并在下游侧最低点装设排污阀。盘后的供气配管，宜用ϕ6mm×1mm 不锈钢管。在每个供气支路上，应设置仪表气源阀，气源阀的设置应有10%~20%的备用数量。

5. 供气系统管路

供气管路宜架空敷设，而不宜在地面或者地下敷设。在管路敷设时，应避开高温、放射性辐射、腐蚀、强烈振动及工艺管路或设备物流排放口等不安全环境。若难以避开时，应采用相应的措施确保人身和设备安全，并符合现行行业标准《仪表配管配线设计规范》（HG/T 20512—2014）的要求。当供气系统需要在供气总管或干管引出气源时，取源部位应设在水平管道的上方，并应在取源部位接管处安装气源截止阀。在供气系统配管设计时，应设置排污点，并应在干管最低点和末端设排污阀，排污阀宜选用球阀。在接表端配管处，应配备空气过滤器减压阀做净化和稳压处理。在供气点布置集中的场合，可采用空气过滤器减压阀进行集中净化稳压处理，设一组备用，并联运行。单独供气过滤减压时，气源阀应安装在空气过滤器减压阀的上游侧，并靠近仪表端。当采用集中过滤减压时，气源阀应安装在空气过滤器减压阀的下游侧每个支路的配管上，而后再接用气仪表。供气系统采用不锈钢管时，宜采用焊接式或法兰式连接阀门、焊接管件。供气系统采用镀锌钢管时，宜采用镀锌螺纹连接管件，不应采用焊接连接。在供气系统设计时，供气总管、干线或气源分配器上，应留有10%~20%的备用供气点。备用点宜采用阀门或堵头。在供气总管或干管末端，应用盲板或丝堵封住，不应将管路末端焊死。

6. 配管材质与管件选择

供气系统的总管和干管配管，可选用不锈钢管或镀锌钢管，气源球阀下游侧配管宜选用不锈钢管。气源球阀上游供气系统配管管径最小宜为1/2in。供气系统配管管径选取范围应符合表8-13的规定。特殊供气点（例如用气量较大的活塞式切断球阀等）的供气点数，应由设计另行确定。

表 8-13　供气系统配管管径选取范围

管径，mm	NPS	½	¾	1	1½	2	3
	DN	15	20	25	40	50	80
供气点数		1~4	5~10	11~25	26~80	81~150	151~300

气源球阀下游侧配管规格的选择应根据仪表选型确定，常用的不锈钢管规格为 ϕ12mm×1.2mm、ϕ10mm×1mm、ϕ8mm×1mm 或 ϕ6mm×1mm。

第九章　油气藏储气库试运投产

第一节　投产准备

投产准备是基本建设的重要组成部分，为投产创造必要的条件，进而为生产奠定基础。

投产准备工作应贯穿于工程建设项目始终。在初步设计批复后，组织编制《投产试运方案》，将投产准备与试运工作纳入工程建设项目总体统筹控制计划中。

一、组织准备

建设项目在初步设计批复后，建设单位要适时组建投产准备机构，编制《投产准备工作纲要》，根据工程建设进展情况，按照精简、统一、效能的原则，负责投产准备工作。

应根据总体试运方案的要求，及时成立以建设单位领导为主，总承包（设计、采购、施工、监理）等单位参加多位一体的投产领导机构，统一组织和指挥有关单位做好联动试运、投料试运工作。

二、人员准备

1. 定岗定员

（1）建设单位应在股份公司初步设计批复确定的项目定员基础上，编制具体定员方案、人员配置总体计划和年度计划，适时按需配备人员；

（2）主要管理人员、专业技术人员应在工程项目开工建设后及时到位；

（3）操作、分析、维修等技能人员以及其他人员应在投料试运半年至1年前到位。

2. 人员培训

（1）建设单位应根据储气库的特点和投产试运的要求，紧密结合项目实

际，制定培训管理办法。以能力建设为重点，坚持四项作风教育与业务培训相结合、理论培训与生产实践相结合、课堂培训与现场练兵和仿真培训相结合，分层、分类开展培训。

（2）管理人员经培训后应具备较强的组织管理、团队建设和沟通协调能力，以适应试运指挥和生产管理的需要。

（3）专业技术人员经培训后应具备解决实际问题的能力、技术管理和创新能力，能指导投产试运和解决生产过程中的技术疑难问题，在投产试运中发挥技术骨干作用。

（4）技能操作人员经培训应熟悉装置工艺流程和设备、仪表性能，掌握操作要领。班组长等技能操作骨干，还应具备现场管理、生产操作调整及事故判断和应对能力。

三、技术准备

技术准备包括以下 6 项：

（1）生产技术文件：物料平衡图、能量平衡图、工艺及仪控流程图、操作规程、工艺卡片、工艺技术说明、安全技术及职业健康规程、分析规程、检维修规程（检维修作业指导书）、设备运行规程、电气运行规程、仪表及计算机运行规程、控制逻辑程序、联锁程序及整定值、应急预案、生产运行记录表等。同时应设计、编制、印刷好岗位记录和技术资料台账。

（2）综合技术资料：企业和装置介绍、全厂原材料和三剂手册、产品质量手册、润滑油手册、“三废”排放手册、设备手册及备品备件表、专用工具表等。

（3）管理文件：各职能部门制定以岗位责任制为中心的技术的计划、财会、技术、质量、调度、自动化、计量、科技开发、机动车辆、安全、消防、环保、档案、物资供应、产品销售等管理制度。

（4）培训资料：工艺、设备、仪表控制等方面基础知识教材，专业知识教材，实习教材，主要设备结构图，工艺流程简图，安全、环保、职业健康及消防、气防知识教材，国内外同类装置事故案例及处理方法汇编，计算机培训机资料及软件等。

（5）引进装置技术准备：除需翻译、编制上述生产技术资料、综合性技术资料、管理文件、培训资料外，还应编制物资材料的国内外规格对照表。

（6）试运方案：股份公司重点建设项目，总体试运方案由股份公司各油气田公司组织预审后，报股份公司审查、批准；股份公司建设项目和油气田公司重点建设项目的总体试运方案，由油气田公司组织国内油气甲供专家和相关消防、劳动、环保等部门审查，由油气田公司批准；其他建设项目的总体试运方案，由建设单位组织审查、批准；联动试运和投料试运方案，由建设单位组织审查，建设单位负责人批准，并报上级部门备案。

四、物资准备

建设单位必须对原料、三剂、化学药品、润滑油（脂）、标准样品、备品配件等的供应单位进行深入的调查，确认所供应物资的品种、规格符合设计文件的要求，可以确保按期、按质、按量、稳定供应。投产所需要的各项物料已采购完毕且运到现场，所需物料见表 9-1。

表 9-1　投产试运物料样表

类别	序号	规格型号	数量及单位	准备情况		采办负责人	跟踪/落实人	备注
				已配备	预计配备时间			
化工原材料	1							
	……							
备品配件	1							
	……							
工器具	1							
	……							
消防气防通信器材	1							
	……							
安全防护器材	1							
	……							
劳动保护用品	1							
	……							
其他物资	1							
	……							

五、资金准备

建设单位应根据初步设计概算中各项投产准备费用标准，编制年度投产准备资金计划，应纳入建设项目的投资计划之中，确保投产准备资金来源。

建设单位在编制总体试运方案时，还应编制大机组试运、联动试运等阶段的费用计划，投料试运阶段的费用计划，从投料到年终试运成本控制计划及各阶段的流动资金计划。

六、外部条件准备

1. 试运许可条件

建设单位应落实劳动安全、消防等各项措施，主动向地方政府呈报、办理包括压力容器、安全阀等必要的报用审批手续。

2. 厂外公共设施

建设单位应根据厂外公路、铁路、码头、中转站、防排洪、工业污水、废渣等工程项目进度与有关管理部门衔接。

3. 水电气通信

建设单位应根据与外部签订的供水、供电、供气、通信等协议，并按照总体试运方案要求，落实水、电、气、通信的开通时间、使用数量、技术参数等。

4. 应急演练

HSE 应急预案编制完成并经过演练，企业地方联动预案已演练。

5. 三修维护条件

建设单位需依托社会的三修（即机修、电修、仪修）维护力量及社会公共服务设施，应及时与依托单位签订协议或合同。

第二节　投产前验收

投产前应验收管道、压力容器、工艺设备等完成了强度试压和气密性试压；验收管道系统、静设备、动设备、炉类设备等在按照设计文件规定内容和施工及验收规范的规定完成了全部安装、试压吹扫。

一、设备和管道系统验收

管道系统在按照设计文件规定内容和施工及验收规范的规定完成了全

部安装工作后，按表9-2所列技术文件、施工记录及报告逐项进行验收检查。

表9-2　管道系统（资料）检查表

序号	检查内容	检查情况	检查单位	检查时间	备注
1	管道元件检查记录；管道元件和材料的合格证、质量证明文件或复验、试验报告				
2	碳钢和低合金钢抗SSC性能评价报告				
3	耐蚀合金及其他合金抗SSC、SCC、GHSC性能评价报告				
4	安全阀校验报告				
5	阀门试验记录				
6	管道弯管加工记录				
7	管道焊接检查记录				
8	焊缝返修检查记录				
9	管道安装记录				
10	管道隐蔽工程（封闭）记录				
11	管道补偿装置安装记录				
12	管道支吊架安装记录				
13	管道静电接地测试记录				
14	磁粉检测报告				
15	渗透检测报告				
16	射线检测报告				
17	超声检测报告				
18	管道热处理报告				
19	硬度检测、光谱分析及其他理化试验报告				
20	安全保护装置安装检查记录				
21	管道系统压力试验和泄漏性试验记录				
22	管道系统吹扫和清洗记录				
23	管道防腐、绝热施工检查记录				

续表

序号	检查内容	检查情况	检查单位	检查时间	备注
24	管道安装竣工图、设计修改文件及材料代用单				
25	无损检测和焊后热处理的管道，管道轴测图上应准确标明焊缝位置、焊缝编号、焊工代号、无损检测方法、无损检测焊缝位置、焊缝补焊位置、热处理和硬度检验的焊缝位置等				

静设备在按照设计文件规定内容和施工及验收规范规定的标准完成了全部安装工作后，按表9-3所列技术文件、施工记录及报告逐项进行检查。

表9-3 静设备（资料）检查表

序号	检查内容	检查情况	检查单位	检查时间	备注
1	竣工图				
2	设备基础复测记录				
3	开箱检验记录				
4	立式设备安装检验记录				
5	卧式设备安装检验记录				
6	塔盘安装检验记录				
7	设备填充检验记录				
8	催化反应器附件安装检验记录				
9	催化再生器附件安装检验记录				
10	隐蔽工程记录				
11	空冷式换热器构架安装记录				
12	安全阀调整试验记录				
13	垫铁隐蔽记录				
14	设备耐压/严密性试验报告				
15	基础沉降观测记录				
16	工程变更一览表				
17	合格焊工登记表				
18	无损检测人员登记表				
19	排板图				
20	现场组焊压力容器焊接材料一览表				

续表

序号	检查内容	检查情况	检查单位	检查时间	备注
21	现场组装记录				
22	设备开孔接管检查记录				
23	现场组焊设备焊接工作记录				
24	压力容器外观及几何尺寸检验报告				
25	设备热处理报告				
26	设备无损检测报告				
27	球形储罐焊后几何尺寸检查记录				
28	焊接接头表面质量检查记录				
29	压力容器产品试板力学性能和弯曲性能检验报告				
30	焊工分布图				

动设备在按照设计文件规定内容和施工及验收规范规定的标准完成了全部安装工作后，按表9-4所列技术文件、施工记录及报告逐项进行检查。

表9-4　动设备（资料）检查表

序号	检查内容	检查情况	检查单位	检查时间	备注
1	设备（零件、部件）、材料、加工件和成品的出厂合格证、检验记录或试验资料				
2	设备安装水平、间隙等实测检查记录				
3	重要焊接工作的焊接评定、检验记录、焊工考试合格证复印件				
4	隐蔽工程质量检查及验收记录				
5	地脚螺栓、无垫铁安装和垫铁灌浆所用混凝土的配合比和强度试验记录				
6	设计修改的有关文件				
7	试运转各项实测检查记录				
8	质量问题及其处理的有关文件和记录				
9	其他相关资料				

炉类设备在按照设计文件规定内容和施工及验收规范的规定完成了全部

安装工作后，按表9–5所列技术文件、施工记录及报告逐项进行检查。

表9–5 炉类设备（资料）检查表

序号	检查内容	检查情况	检查单位	检查时间	备注
1	现场安装文件：基础验收文件；安装记录；试压记录；移交检查记录				
2	烘炉记录				
3	试运行记录				
4	化验、试验、检验报告等				
5	检验批施工质量验收记录				

二、电气系统

（1）储气库电气系统应在施工单位按照规范要求安装、施工并通过验收后，对电气系统进行逐项核实确认无问题，即具备投产试运条件。

（2）所有设备技术档案及试验记录应交处理厂存档备案。

（3）电气操作人员应对各台设备进行全面的视检，合格后方可投运。

（4）电气设备试运行前提是：外电源已正常供电，设置有双电源供电的处理厂已实现双电源、双回路供电。

三、仪表自控系统

1. 现场仪表

（1）检测校验用的仪表必须符合国家计量法的有关规定，经授权的计量检定机构检定合格，并在检定有效期内使用。

（2）单台检测和控制仪表应在施工单位按照规范要求安装、施工并通过验收后，按照相关要求逐项进行核实确认，方可进行系统联校。

2. 联锁、报警系统

1）联锁保护功能

联锁保护系统既能保护装置和设备的正常开、停、运转，又能在工艺过程出现异常情况时，按规定的程序保证安全生产，实现紧急操作（切断或排放）、安全停车、紧急停车或自动投入备用系统。

紧急停车及安全联锁系统装置通常由电气、电子设备组成。

关于非仪表专业的执行器（机构），联锁保护系统则以改变接点状态提供电信号，或改变电磁阀状态提供气、液信号或改变电磁铁状态提供位移或机械力。

2）联锁、报警系统校验

（1）联锁、报警系统校验检查表见表9-6。

表9-6 联锁、报警系统校验检查表

序号	阶段	项目	是否执行		检查情况	检查单位	检查时间	备注
			是	否				
1	校验前	按“联锁保护系统的管理与操作”之“管理”的规定，备齐有效图纸、联锁设定值一览表等有关资料和备品备件，落实联锁工作制度中的有关规定						
2		对所有重要联锁保护系统，都必须会同有关人员对每个回路逐项确认签字后，方可投入使用						
3		凡与联锁保护系统有关的仪表、设备与附件等，一定要保持有明显标记						
4		凡是紧急停车按钮、开关，一定要设有适当护罩						
5		检查试验消声（确认）按钮、信号灯、声响是否正常						
6		查看联锁系统各部件的状态有无异常						
7		检查联锁保护系统的器件、开关、端子、电缆线、信号灯、仪表等各处标记是否清晰						
8		检查联锁保护装置内的联锁程序的运行状态，以及事故打印机的工作情况是否正常						
9		检查执行器及其附件、检测元件以及取样连接、接线盒、穿线管的完好情况						
10		检查检测元件及引压管线的伴热保温、受潮等情况是否正常						

续表

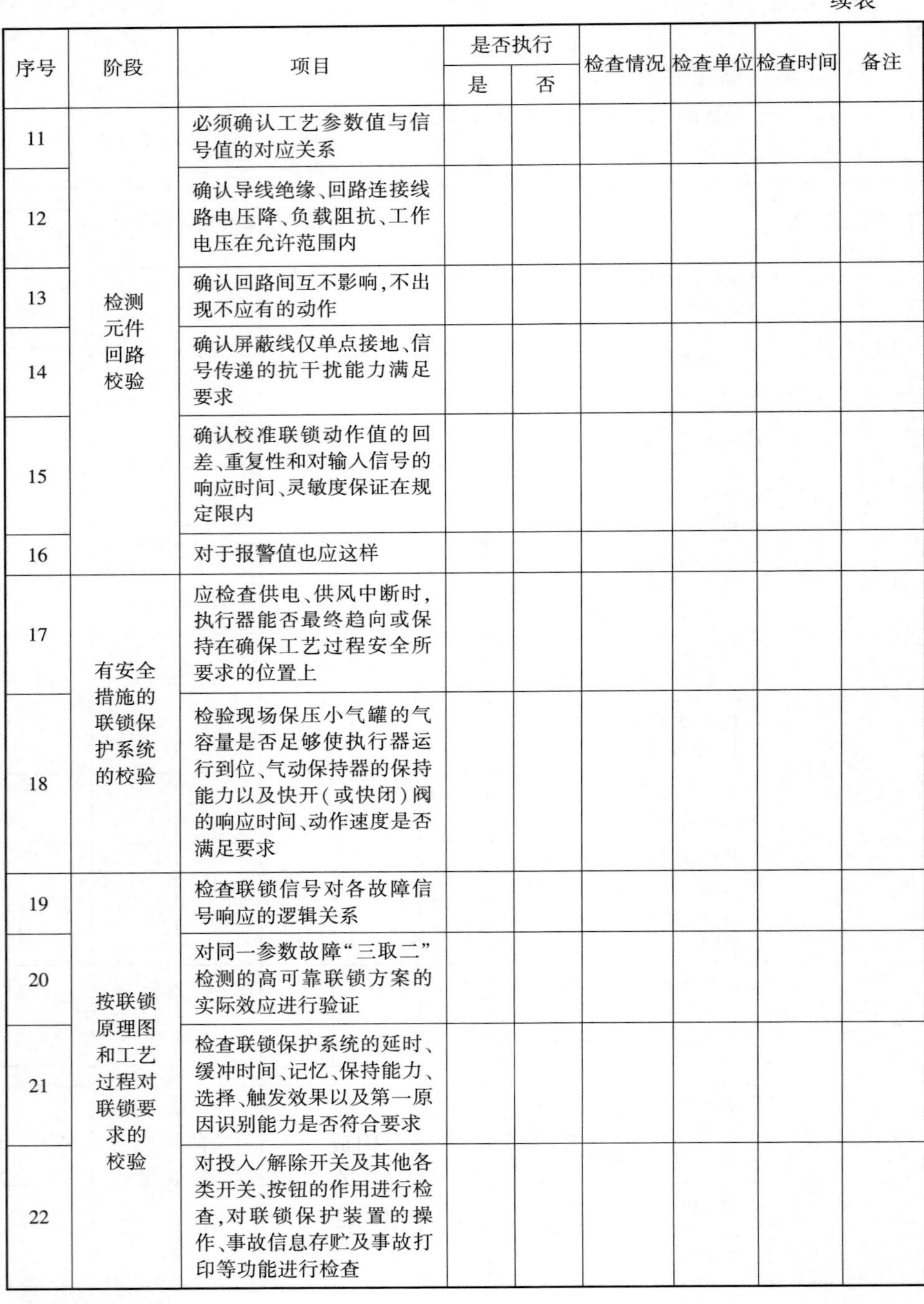

序号	阶段	项目	是否执行		检查情况	检查单位	检查时间	备注
			是	否				
11	检测元件回路校验	必须确认工艺参数值与信号值的对应关系						
12		确认导线绝缘、回路连接线路电压降、负载阻抗、工作电压在允许范围内						
13		确认回路间互不影响,不出现不应有的动作						
14		确认屏蔽线仅单点接地、信号传递的抗干扰能力满足要求						
15		确认校准联锁动作值的回差、重复性和对输入信号的响应时间、灵敏度保证在规定限内						
16		对于报警值也应这样						
17	有安全措施的联锁保护系统的校验	应检查供电、供风中断时,执行器能否最终趋向或保持在确保工艺过程安全所要求的位置上						
18		检验现场保压小气罐的气容量是否足够使执行器运行到位、气动保持器的保持能力以及快开(或快闭)阀的响应时间、动作速度是否满足要求						
19	按联锁原理图和工艺过程对联锁要求的校验	检查联锁信号对各故障信号响应的逻辑关系						
20		对同一参数故障“三取二”检测的高可靠联锁方案的实际效应进行验证						
21		检查联锁保护系统的延时、缓冲时间、记忆、保持能力、选择、触发效果以及第一原因识别能力是否符合要求						
22		对投入/解除开关及其他各类开关、按钮的作用进行检查,对联锁保护装置的操作、事故信息存贮及事故打印等功能进行检查						

续表

序号	阶段	项目	是否执行		检查情况	检查单位	检查时间	备注
			是	否				
23	对于非仪表专业的执行器的联锁保护系统的校验	检查输出给执行器的接点状态、电信号、气信号、液压信号、电磁铁状态是否合理						
24		协助有关单位对执行器进行联锁动作联校						
25	其他	通过对报警信号灯、联锁保护装置的报警总图显示、预报警信号的查看,对照当时工艺过程变化情况加以分析,了解联锁保护系统是否响应及时合理,运行是否正常可靠						
26		对重要联锁回路进行检查,由示值及其趋势判断是否与工艺过程相符,来了解检测元件的运行有无异常						
27		按装置投产或设备投运的过程检查信号灯所显示的运行状态与投运步骤是否吻合						
28		联锁继电器的绝缘、吸合电流电压、吸合释放速度,接点表面电弧痕迹、动作响应频率等应做全面检查,必要时应做接点过载能力的						
29		联锁保护系统的校验都应有详细记录,并存档妥善保管						

(2)仪表系统联校。

仪表系统联校,主要是检验仪表回路的构成是否完整合理,能否可靠运行,信号传递能否满足实际生产要求,并对存在的问题进行处理,对回路进行调整和校正的过程。仪表回路在投入使用前必须进行联校。仪表系统的联校按测量回路的联校、控制回路的联校进行。

关于在线分析仪表、安全仪表（有毒有害气体报警器、可燃气体报警器）等特殊仪表的联校，可参考本节相应部分的内容，并结合系统的实际特点和要求，制定具体的实施细则分步骤进行。

仪表系统联校准备包括：

① 联校回路当中的仪表必须是单体检验或检定合格，并具有有效的校验单或检定合格证书。严禁未经单体校验或检定的仪表直接安装。

② 根据有效的图纸、资料对所需联校的回路系统进行核对、检查。

③ 按照仪表联校需要（精度、量程），准备联校时所需的标准仪器、信号发生器、其他设备、工具、材料。

④ 仪表系统的联校按测量回路的联校、控制回路的联校进行。

四、通信系统的检查与确认

通信系统主要包括场区的电视监控系统、语音通信系统、计算机网络系统、卫星通信系统 4 信个子系统。

1. 电视监控系统的检查与确认

（1）检查确认集注站内综合办公区域、工艺装置区、压缩机房和集注站围墙各摄像机工作正常；

（2）检查确认各井场各摄像机工作正常；

（3）检查确认中控室内的监控主机及显示器工作正常。

2. 语音通信系统

（1）检查确认广播呼叫对讲系统工作正常，系统内台式主控话站及所有室外壁挂防爆话站能够正常工作；

（2）检查确认无线防爆对讲系统工作正常，各无线防爆对讲机能够正常工作；

（3）检查确认各公网电话工作正常，能够正常进行语音通信。

3. 计算机局域网系统

（1）检查确认 10M/100M 以太网交换机工作正常；

（2）检查确认集注站内各计算机终端能够互相通信，正常使用网络。

4. 卫星通信系统

检查确认卫星通信系统工作正常。

第三节　试运投产

根据储气库运行特点，系统投产试运分为两部分：第一部分是注气系统投运；第二部分是采输系统投运。在系统投产前，先投运公用工程及辅助生产设施各装置。

一、公用工程

1. 给水、消防系统

（1）启运工业水泵，确认运行正常，确认工业水供应至各用水点，并冲洗工业水管网，冲洗后，对工业水管网试压无泄漏。

（2）启运消防水泵，确认运行正常，确认消防水供应至各用水点，并冲洗消防水管网，冲洗后，对消防水管网试压无泄漏。

（3）空氮系统运行后投运新鲜水系统、消防水系统各仪表，检查调校各仪表正常。

2. 空氮系统

（1）若空气压缩机需要，打开循环水进系统总阀。

（2）启运空气压缩机，确认运行正常，工厂风输送至各用户点，并吹扫管网，吹扫后，对工厂风管网试压无泄漏。

（3）启运仪表风干燥系统，待储罐压力达到工作压力后向管网送气。同时打开管网低点排液阀及末端阀门排气吹扫，直到排出的压缩空气露点达到工艺要求，并对仪表风管网试压检漏。

（4）关闭管网低点排液阀及末端阀门，仪表风系统处于待用状态。

（5）按操作手册开启制氮系统，并储存到氮气储罐中。如是液氮装置需要提前生产储存足够液氮备用。氮气输送至各用户点。

3. 燃料气系统

（1）将系统内氮气泄压至微正压。

（2）缓慢打开燃料气进气阀，并打开各处末端甩头，置换燃料气系统内的氮气，置换合格后，关闭末端甩头，系统压力升至设定值待用。

4. 锅炉蒸汽系统

（1）启用锅炉软水系统；

（2）启动计量泵，将配制好的药液打入给水泵的进口管线，随锅炉给水注入锅炉内煮炉；

（3）锅炉试压；

（4）置换捡漏、点火；

（5）锅炉升压；

（6）暖管、送气。

5. 导热油系统

1）系统导热油充装

（1）开启系统导热油管线上所有需供热管线、设备阀门（排污阀和高点排气阀不开）。

（2）开启系统所有泄油阀。

（3）将油桶连接到导热油加注装置，并启动注油泵进行导热油加注。

（4）当系统缺油指示灯灭后注油工作完成。

2）系统冷循环

（1）在控制柜上启动热油循环泵。

（2）在系统管道高点排气甩头下引软管对管道进行排气至有稳定液流流出后关闭。

（3）系统缺油指示灯亮时停循环泵，按注油操作对系统进行充装。

（4）重复以上步骤直至所有排气点排气完成。

（5）初次运行应采用较细的过滤器，并及时对过滤器进行清理。

3）热态调试

（1）在控制柜上启运燃烧器，并按照温升曲线逐步对系统进行升温。

（2）温度达到100℃后进行恒温。

（3）通过膨胀罐顶部对系统内水蒸气进行排放。

（4）当导热油循环泵出口压力稳定后，继续对系统升温至设计温度。

（5）升温过程中对管道系统进行检查，及时对渗漏的地方进行热紧。

4）投运

加热炉经过冷态和热态调试后即可投入正常运行，并启动氮封系统。

二、辅助生产设施投运

1. 火炬放空系统

（1）确认燃料气已经供应至高、低放空火炬点火器；

（2）可采用多种点火方式（如电点火、外传点火、内传点火等），点燃高、低压放空火炬长明灯；

（3）仪表调试运转正常并按设定值投入自动运行。

（4）适量引入燃料气至火炬分子封，形成微正压隔离空气。

2. 乙二醇系统

（1）中控室操作人员设定乙二醇再生塔底重沸器加热温度，设定闪蒸分离器排压调节阀的压力。

（2）待轻烃分离器Ⅰ富乙二醇水液位达标后开始向乙二醇再生装置进料，闪蒸分离器的液位开始上升。

（3）闪蒸分离器液位达到50%左右时，开启密封气阀门给闪蒸分离器加压，富乙二醇进入再生塔。

（4）根据生产气量设定泵量，并维持乙二醇再生塔底重沸器、贫富换热器及闪蒸罐液位。

（5）运行期间，每天化验一次乙二醇再生后的纯度以保证生产安全。

三、系统投运

1. 注气系统投运

注气系统投运包括注气压缩机空载试运行、压缩机加载试运行、正式投运3部分。

在氮气、天然气置换完成，注气系统充压及检漏工作完成后，中控室操作岗向指挥组汇报，具备投运条件。中控室操作岗接到指挥组可以投运的指令后，通知投产井场操作岗人员准备注气，然后开始注气系统投运。

2. 采输系统投运

采输系统投运是指：在氮气、天然气充压检漏完成后，中控室向指挥组汇报已具备投运条件；中控室接到指挥组可以投运的指令后，通知分输站做好接气准备，集注站、储气库群准备采气。具体内容包括：

（1）中控室确认采输系统气相ESD全部处于屏蔽，打开状态；液相调节阀根据要求设定好参数，并处于自动（DCS的所有控制参数的设定值），同时确保初始状态为关闭；提前向生产分离器、预冷分离器加入适当底水。

（2）中控室通知投产单井现场操作人员倒通采气井的注醇流程，开始注醇（关闭本井场未投产单井的调节阀）。打开采气树生产阀门，控制双向调节阀使阀后压力，经计量分离器计量后进站。

（3）中控室通知集注站收球筒现场操作人员缓慢开启相应井场收球筒生产球阀，进入烃水露点控制单元进行天然气净化处理，同时开启甲醇泵，在

绕管式换热器前注入甲醇；天然气经外输阀组调压控制在8MPa后进入双向收发球筒。若发现冻堵现象及时注甲醇处理。

（4）中控室通知集注站现场操作人员缓慢开启电动球阀的平衡阀，待压力平衡后中控室开启电动球阀，关闭平衡阀。

（5）中控室通知分输站现场操作人员缓慢开启进站电动球阀平衡阀，待压力平衡后中控室开启电动球阀，关闭平衡阀；现场操作人员缓慢开启电动球阀。

（6）根据配产要求，调节双向调节阀开度，待生产稳定后按指令投产其他井场；中控室做好外输调压工作，同时通知分输站做好调节计量阀组准备，确保计量准确。

（7）采气装置区分离器液位建立后投运低压气及轻烃处理装置、凝析油处理装置以及污水处理及注水系统；生产出的低压天然气直接外输，稳定凝析油、轻烃经增压泵增压后进罐储存，根据产量适当安排车辆外运。

（8）由于初期投产时天然气产量低，凝析油处理装置投运600t/d的装置；投运初期，凝析油要通过回流线反复稳定，待凝析油处理装置的温度场建立后倒入正常流程。根据实际生产情况适当开启高压注水泵向地层回注污水。低压气及轻烃处理装置投运初期要适时注入甲醇。

第四节　试运投产安全措施

一、安全技术措施

1. 安全教育和培训

在新装置投产以前必须对员工进行安全教育和安全知识培训，让职工懂得安全生产的重要性，学习各种安全知识，熟练掌握各种消防器材的性能和使用方法，熟练掌握储气库的工艺流程和消防设施的布置情况及紧急情况的处理方法。所有生产运行人员须取得上岗资质。

2. 站内悬挂安全警示牌

在储气库投产前，生产装置的安全警示牌必须就位，标明“严禁烟火”“安全生产”等安全生产警示。

3. 安全检查

（1）HSE 组负责组织在投产前进行安全检查工作。

（2）装置进气升压后，对现场阀门、法兰使用肥皂水检查，对泄漏点立即紧固，不能紧固处理的，对该管线泄压，更换垫片处理。

（3）在集注站中央空旷地区及大门口设立风向标，当站场内发生天然气泄漏事件时，现场指挥人员根据风向疏散人员。

（4）投产过程中，安全消防人员携带可燃气体检测仪在现场，若发现漏点，立即上报投产指挥小组。

（5）重要监控点为进站阀组、收发球筒、采气装置、储罐区及压缩机场房等区域。

（6）定期到放空区域查看放空分液罐的液位，液位超过一半时就把液放到密闭排放罐中去。

（7）检查所有 ESD 系统、火焰检测、硫化氢检测系统、可燃气体检测系统、消防系统、放空火炬系统、防静电接地、防雷接地系统工作正常。

4. 严格执行进站制度

进入站内的人员劳保穿戴整齐，并且佩戴安全帽、护目镜，严禁携带火种进入站内，进站车辆必须戴防火帽，填写进站登记表，经主管领导同意后，按规定线路进站。

5. 防火协调动作方案

（1）一旦发生火灾，现场指挥人员立即组织各岗位人员按照应急预案进行处理。对于初起火灾，中控室操作岗按下进站 ESD，切断进站气源，打开紧急放空阀，进行站场紧急放空，开启消防泵；现场人员接好消防水龙带，开启消防栓，向火源及相邻装置、管线喷水；同时集注站操作岗拿起灭火器，站在上风口，拔出灭火器保险销，开启灭火器，迅速进行扑救。

（2）一旦出现大型火灾，立即按下全站 ESD 切断按钮（响应一级 SIS 连锁紧急切断系统），并立即拨打“119”电话报火警，现场指挥人员立即组织各岗位人员按照安全预案的撤离路线迅速撤离火灾现场，以确保人身安全。由现场指挥配合消防车和消防警力进行火灾扑救。

（3）灭火后，由站长负责组织人员，听从现场指挥，对火灾现场进行清理，如果具备继续投产的条件，则继续进行投产。

二、环保技术措施

（1）投产时污油、废水等通过管线排入站内密闭排放系统，统一处理，严禁直接外排。

（2）注意对站内生产情况进行检查，避免跑、冒、滴、漏情况的出现，废棉纱集中处理，严禁污染周围环境。

（3）放空时，注意监控火炬点燃情况，确保放空天然气完全燃烧，以免污染环境。

（4）疏通雨水收集通道，确保雨水经集聚、沉降，有控制性地排放。

（5）签订垃圾处理协议（含生活垃圾）、安全评价报告和环境影响评价报告，做到安全环保三同时。

三、重大风险分析及控制措施

（1）电气操作过程中，可能触电、漏电、误接等操作，造成人员伤害及着火，控制措施如下：

① 电气操作人员必须经过认真培训考核，持证上岗；

② 操作前，由专业人员对电气系统进行仔细确认；

③ 操作过程中，监护人员必须到位，必须悬挂醒目的操作提示标示；

④ 操作结束后，经专业人员对电气系统详细核对，确认无误后，方可进行送电操作。

（2）天然气充压过程中可能发生泄漏，造成爆炸着火，控制措施如下：

① 充压操作人员充压时，处于上风口，操作要缓慢，禁止全开充压阀，充压期间检漏人员离开现场，撤到安全区域；

② 达到充压压力后，关闭充压阀门，检漏人员确认无漏气声音后方可进入现场，检漏时严禁正对法兰和可能的泄漏点；

③ 如发生泄漏，充压操作人员立即关闭充压阀门，撤离现场到上风口的集合点；

④ 如发生泄漏或者爆炸，中控室人员立即按下 ESD，撤到集合点；

⑤ 确保设备管线的安全阀处于正常投用状态；

⑥ 员工操作严格按照投产方案进行，严禁违章操作。

（3）氮气置换过程中可能发生泄漏，造成人员窒息，控制措施如下：

① 置换过程中，人员站在上风口；

② 置换过程中，人员远离法兰面与排污点；

③ 大量泄漏时，立即通知液氮车操作人员停止充氮。

（4）氮气置换时，液氮车出口至加热器间的管线与设备可能造成人员的冻伤，控制措施如下：

① 液氮车操作人员必须戴防护手套；

② 非液氮车操作人员严禁进入液氮车操作区域。

（5）车辆交通安全控制措施如下：

① 所有车辆必须由专职司机驾驶；

② 定期对司机进行安全教育；

③ 车辆行驶前，必须系好安全带；

④ 定期对车辆进行维护保养，确保车况良好；

⑤ 严禁酒后驾驶，疲劳驾驶，严禁超速、超载；

⑥ 特长、特宽、特重物品运输时，按有关规定进行固定并办理相关的运输手续。

（6）高低压分界点控制措施如下：

① 检查确认高低压分界点的保护措施工作正常；

② 分界点的管线材质符合设计要求。

（7）人员操作不当，控制措施如下：

① 所有员工必须经过上岗培训考核；

② 所有操作必须执行操作确认制，即一人操作，一人监护确认。

（8）设备失效控制措施如下：

① 员工按照规定对设备进行巡检；

② 员工对设备的工艺参数进行监控；

③ 定期对设备进行维护保养。

（9）甲醇防火防爆控制措施如下：

① 按照站场设备管理规定定期对甲醇罐、管线进行巡检；

② 定期对甲醇设备、阀门进行保养。

（10）乙二醇防火控制措施如下：

① 按照站场设备管理规定定期对乙二醇罐、管线进行巡检；

② 定期对乙二醇设备、阀门进行保养；

③ 严格控制乙二醇存放温度，避免因温度超高引起自燃。

第五节　应急预案

应急预案分为两个部分：第一部分是注气系统应急预案；第二部分是采输系统应急预案。

一、注气系统应急预案

1. 压缩机入口管线出现爆裂、泄漏

（1）按下 ESD 切断按钮，压缩机紧急停车；

（2）操作人员先对入口管线进行放空；

（3）向投产指挥小组进行汇报；

（4）保护现场；

（5）通知抢修队伍，按程序进行抢修，紧固泄漏点或对爆裂管线进行处理。

2. 压缩机出口管线爆裂、泄漏

（1）按下 ESD 切断按钮，压缩机紧急停车；

（2）操作人员先对出口管线进行放空；

（3）向投产指挥小组进行汇报；

（4）保护现场；

（5）通知抢修队伍，按程序进行抢修，紧固泄漏点或对爆裂管线进行处理。

3. 井口采气树出现泄漏

（1）压缩机按照操作规程停车；

（2）操作人员先关闭单井井下安全阀、注气阀门和采气树主阀门，对出口管线进行放空；

（3）向投产指挥小组进行汇报；

（4）保护现场；

（5）通知抢修队伍，按程序进行抢修。

4. 法兰垫片出现渗漏

泄压后，用扳手紧固泄漏点；如果不能紧固，按照正常投产程序，上报投产指挥小组，暂停投产工作，对泄漏管线法兰泄压，更换垫片。

5. 安全阀启跳

（1）首先判断安全阀启跳部位容器、管线的压力是否超限，如果超限，要分析是否有流程不通的地方或其他原因，找到原因及解决办法后方可重新投产。

（2）如果安全阀启跳部位管线的压力没有超限，要重新校验安全阀。上报投产指挥小组，暂时停止投产，待安全阀重新校验、安装完毕后，继续投产。

6. 站场出现火情

（1）判断火情出现的部位和大小，对初起小火灾，立即停止投产，找出着火的原因，解决问题后方可重新投产。

（2）如果火势猛烈、用现场灭火器难以扑灭，立即按下 ESD 全站停产按钮（响应一级 SIS 联锁紧急切断系统），压缩机紧急停车，拨打“119”火警，现场人员迅速撤离。

二、采输系统应急预案

1. 采气管线爆裂、泄漏

（1）按下 ESD 切断按钮，切断两端的气源；

（2）操作人员先对出口管线进行放空；

（3）向投产指挥小组进行汇报；

（4）保护现场；

（5）通知抢修队伍，按程序进行抢修，紧固泄漏点或对爆裂管线进行处理。

2. 井口采气树出现泄漏

（1）操作人员先关闭单井井下安全阀、注气阀门和采气树主阀门，对出口管线进行放空；

（2）向投产指挥小组进行汇报；

（3）保护现场；

（4）通知抢修队伍，按程序进行抢修。

3. 法兰垫片出现渗漏

泄压后，用扳手紧固泄漏点；如果不能紧固，按照正常投产程序，上报投产指挥小组，暂停投产工作，对泄漏管线法兰泄压，更换垫片。

4. 安全阀启跳

（1）首先判断安全阀启跳部位容器、管线的压力是否超限，如果超限，要分析是否有流程不通的地方或其他原因，找到原因及解决办法后方可重新投产。

（2）如果安全阀启跳部位管线的压力没有超限，要重新校验安全阀。上报投产指挥小组，暂时停止投产，待安全阀重新校验、安装完毕后，继续投产。

5. 站场出现火情

（1）判断火情出现的部位和大小，对初起小火灾，立即停止投产，找出着火的原因，解决问题后方可重新投产。

（2）如果火势猛烈、用现场灭火器难以扑灭，立即按下 ESD，压缩机紧急停车，拨打“119”火警，现场人员迅速撤离。

第十章 实践经验及建议

1. 采气汇管至生产分离器管线为10MPa，误关闭生产分离器A/B入口电动球阀后，易造成超压爆管

问题描述：单井管线设计压力32MPa，采气生产球阀至永22生产分离器入口电动球阀的管线及入口电动球阀均为10MPa。采气期间，误关闭生产分离器入口电动球阀和单井管线ESD高压感应塞关闭失效后，会造成该段管线压力直接升至单井管线压力，造成该管段超压爆管。

处理方案：储气库设置生产分离器，并且入口均设置有电动阀。电动阀为故障保位，即发生故障时阀门为开状态。一方面若出现节流阀失效，单井管线上设有压力感应塞，总管上设有压变可连锁ESDV阀关断；另一方面不应考虑两个电动阀同时误操作，若出现超压可通过生产分离器上PSV阀进行泄放，此时安全设置为ESDV+PSV，满足安全设计要求。为防止生产分离器A/B入口电动球阀人为误操作，可将阀门设置为锁定常开状态。

2. 储气库脱硫塔存在脱硫剂板结现象，更换脱硫剂时卸剂困难

问题描述：在几年生产过程中，脱硫装置顶部存在较为严重的板结现象，造成卸剂困难、施工工作量增加、卸剂作业周期延长、风险增大。在每次卸剂作业时，单塔中约1/4的脱硫剂能够自由流出，而剩余3/4的脱硫剂出现的板结现象，需要用高压水冲洗的方式卸剂。卸剂过程中发现脱硫塔底部脱硫剂未参与反应，影响脱硫剂的使用效率。

处理方案：影响脱硫剂板结的根本原因是进塔内的气体中含有油水，脱硫剂粉化，在压力作用下，致使脱硫剂发生板结。目前可采取措施为在脱硫装置入口增设聚结过滤器，将进入脱硫装置天然气中的游离油水进行分离。

3. 无法判断脱硫装置是否发生偏流，建议设置流量检测

问题描述：两套脱硫装置单塔未设置流量计，生产运行中无法判断是否发生了偏流，当发生偏流，影响脱硫剂使用。

处理方案：可设置外夹式流量计或在线流量计，外夹式流量计只能采用进口，若立管安装只能安装在由下向上的管道上；在线流量计可选用孔板式。由于目前脱硫塔入口阀门为球阀，不能进行气量调节，需将该球阀更换为旋塞阀。

4. 燃料气系统设置自力式调节阀门，在 PCV 阀后系统超压联锁关断自立式关断阀，但仅有一道保护措施，具有超压风险

问题描述： 自力式调节阀前端设计压力为 10MPa，阀后设计压力为 1.6MPa，自立式调节阀 PCV 阀故障开将导致下游系统超压。

处理方案： 调压阀后设有压力高报警，同时该阀可自动关断联锁关断燃料气单元入口气动阀，将在 ESD 系统实现该功能。可在调压阀组后增设安全放空阀组。

5. 甲醇管线存在冻堵和泥污堵塞，管径偏细，维修过程宜造成管线损害

问题描述： 甲醇注入口在管线底部接入，采气过程中携带污泥，长期将管线堵塞，管线太小，阀门维修过程中，易对管线造成损害，如焊口撕裂、管线变形。

处理方案： 将甲醇主入口改为顶部接入。

6. 乙二醇塔顶换热器换热效果差

问题描述： 冬季采气乙二醇系统运行期间，塔顶换热器换热效果差，导致水蒸气进入闭式排放罐，部分会窜入低压放空管线，水蒸气在低压放空管线内冷凝后析出液体，液体在低点聚集，在低温下易发生冻堵，导致无法放空，引发超压风险。从现场情况来看，换热器流通不畅，内部存在堵塞现象。

处理方案： 对塔顶换热器拆开后进行吹扫，查看是否堵塞；为保证不影响生产更换一台易拆检的换热器。

7. 闭排管线堵塞

问题描述： 根据储气库运行经验，生产分离器底部存在泥污。若含泥污，分离器排液过程中可能存在堵塞闭排管线，导致闭排管线超压风险。

处理方案： 可通过对生产分离器进行拆检，观察内部污泥情况。若含有污泥，对排污管线进行吹扫，定期清理排污罐。

8. 乙二醇塔顶换热器管线出口温度指示增设高、低报警

问题描述： 乙二醇塔顶换热器若将蒸汽温度冷得太低，将导致换热器及管道冷凝堵塞；若换热效果不好，温度过高，蒸汽进入下游系统，冬季生产过程中蒸汽在管道中冷凝冻堵。

处理方案： 建议乙二醇塔顶换热器出口现有的温度指示增加低报警，低温报警设定值为5℃，高报警值设定值为70℃，在控制系统实现该功能。

9. ESDV、BDV 阀门在关断或开启后出现报警，无法消除

处理方案： 可利用阀位反馈信号设置阀门开、关报警，并设置人工确认消除报警，即已经确认的报警消除，但保留报警记录。此工作需协调集成商

对系统软件功能进行相应修改。

10. 单台主变容量设计不满足4台压缩机组运行

问题描述：站内主变容量为20MVA，一台压缩机启机时容量约为12MVA，当单台主变运行时，压缩机启机过程中会造成其他运行中的压缩机组差动电流报警而停机。而当两台主变同时运行时，该报警停机的次数大幅度降低。

处理方案：不能因为电动机差动保护误动作就得出主变容量不满足压缩机组运行的结论。大功率电动机启动运行期间，发生差动保护误动作现象比较普遍，主要原因有差动保护二次回路负荷过大、差动保护装置抗不平衡电流能力差、差动保护动作电流和动作时间整定不合适、差动CT选型问题等，以上这些原因都有可能造成差动保护误动作。建议做好压缩机启动、运行各种参数记录，最好安装录波装置记录电动机启动过程中差动CT各相电流变化情况，以便明确差动保护误动作的真正原因，从而采取相应措施，彻底根除差动保护误动作问题。

压缩机组所配套电动机、软起动控制柜为压缩机供货商配套产品，其电动机差动保护装置，以及差动CT、电缆等也是由压缩机供货商统一供货，解决差动保护误动作问题，要求压缩机组供货商提出解决方案。

11. 压力容器放空管线阀组，节流截止放空阀后端，检修阀门为低压等级，误关闭检修阀门后，易造成管线超压爆管

问题描述：集注站各设备放空管线阀组节流截止阀前管线及阀门均为10MPa设计，但截止阀至后端检修阀门间压力等级为1.6MPa，在误关闭后端检修阀门后，如果前端阀组有内漏情况，从节流截止阀至后端检修阀门间的管线将会发生超压爆管。

处理方案：集注站部分放空三阀组（球阀+节流截止放空阀+球阀）最后一道球阀压力等级为1.6MPa。正常情况下前两道阀门为关闭状态，可实现完全隔断；如果由于采购阀门的质量缺陷导致其存在内漏风险，将放空三阀组的最后一道球阀的状态由“常开”改为“锁定开”，避免误操作，消除超压风险。

12. 经常校验设备，拆除后，若引起天然气泄漏，无法进行判断（如流量计、调节阀）

问题描述：流量计阀组如图10-1所示，在进行流量计拆检时，设备拆走后设上一片盲板。若上下游球阀存在内漏，流量计安装时存在一定的风险。

处理方案：建议流量计拆卸后，用盲法兰封堵，并且在盲法兰上加装压力表。

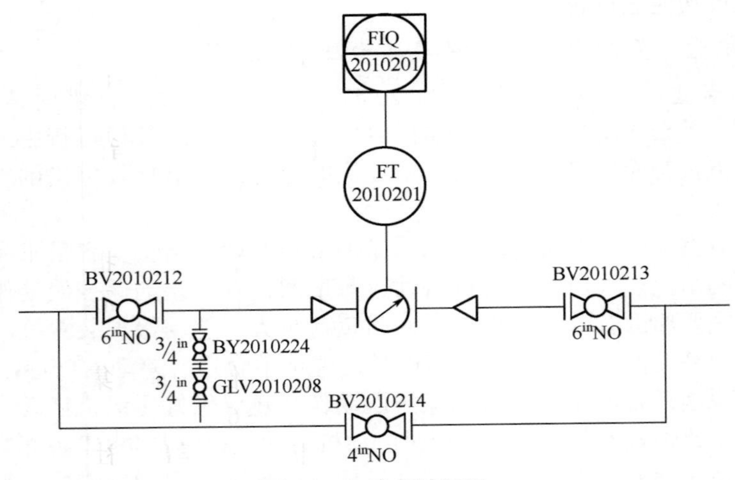

图 10-1　流量计阀组

13. 阀门发生内漏的位置：脱硫塔出口阀门内漏；A 井场计量、生产管线切换球阀内漏；分离器液相调节阀前端球阀内漏

处理方案：引起阀门内漏的主要原因是输送介质中含油固体杂质，在阀门选型时应选用软硬双密封的阀门，软密封材料为增强 PTFE。

14. 分离器液位调节阀故障开

问题描述：一旦出现液位调节阀故障开，若不能及时发现，将引起下游系统超压。站场内所有三相分离器油腔、水腔内，两相分离器均设置就地与远传的检测仪表，当出现液位调节阀故障开，远传仪表提示低低报警时，可通过就地仪表进行校验，加强巡检；也可通过下游分离器或入口管线上设置压力高高连锁 ESDV 关断。

处理方案：在两相分离器、三相分离器缓冲腔中还设有独立的液位变送器，建议在该液位变送器上增设低液位报警，增加一保险措施，减少由于调节阀故障开所带来的风险。

15. 低压脱硫装置前后差压指示并高报警

问题描述：当脱硫装置压差出现增大，不仅对脱硫塔底部支撑有破坏，还有可能导致脱硫剂板结严重。

处理方案：建议在 DCS 系统中利用低压气脱硫装置进出口压力指示，增设低压气脱硫橇前后差压指示及高报警，高差压报警设定值为 100kPa，在 DCS 系统实现该功能。

参考文献

[1] 《动力手册》编写组. 空气压缩机设备手册 [M]. 北京：国防工业出版社，1972.

[2] 《海洋石油工程设计指南》编委会. 海洋石油工程设计指南　第十册　海洋石油工程陆上终端与 LNG 接收终端 [M]. 北京：石油工业出版社，2007.

[3] 《海洋石油工程设计指南》编委会. 海洋石油工程设计指南　第一册海洋石油工程设计概念与工艺设计 [M]. 北京：石油工业出版社，2007.

[4] 《油气集输和油气处理工艺设计》编委会. 郭佳春. 油气集输和油气处理工艺设计 [M]. 北京：石油工业出版社，2016.

[5] R. A. 科比特. 环境工程标准手册 [M]. 北京：科学出版社，2003.

[6] 陈英南，刘玉兰. 常用化工单元设备的设计 [M]. 上海：华东理工大学出版社，2005.

[7] 丁国生，王皆明，郑得文. 含水层地下储气库 [M]. 北京：石油工业出版社，2014.

[8] 丁国生，张昱文. 盐穴地下储气库 [M]. 北京：石油工业出版社，2010.

[9] 冯叔初，郭揆常. 油气集输与矿场加工 [M]. 青岛：中国石油大学出版社，2006.

[10] 傅敬强. 天然气净化工艺技术手册 [M]. 北京：石油工业出版社，2013.

[11] 郭博云，格兰伯. 天然气工程手册 [M]. 北京：石油工业出版社，2012.

[12] 胡建华. 油品储运技术 [M]. 北京：中国石化出版社，2000.

[13] 胡玉涛，宋彬. 天然气处理厂投产技术手册 [M]. 北京：石油工业出版社，2014.

[14] 黄春芳. 天然气管道输送技术 [M]. 北京：中国石化出版社，2009.

[15] 黄俊英. 油气水处理工艺与化学 [M]. 青岛：石油大学出版社，1993.

[16] 焦玉清. 天然气净化装置工艺技术 [M]. 北京：中国石化出版社，2014.

[17] 坎贝尔，J. M. 天然气预处理和加工. 第一卷 [M]. 北京：石油工业出版社，1989.

[18] 李本高. 现代工业水处理技术与应用 [M]. 北京：中国石化出版社，2004.

[19] 李延平，孟萍. 天然气处理工艺理论基础 [M]. 北京：石油工业出版社，1990.

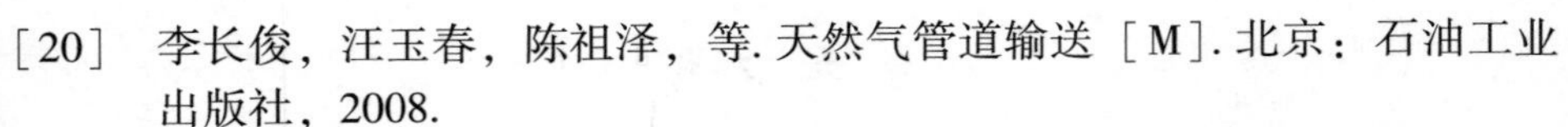

[20] 李长俊，汪玉春，陈祖泽，等. 天然气管道输送［M］. 北京：石油工业出版社，2008.

[21] 中国石化集团上海工程有限公司. 化工工艺设计手册［M］. 北京：化学工业出版社，2009.

[22] 刘莱娥. 膜分离技术［M］. 北京：化学工业出版社，1998.

[23] 刘巍. 冷换设备工艺计算手册［M］. 北京：中国石化出版社，2003.

[24] 马道克斯，R. N. 天然气预处理和加工. 第四卷，气体与液体脱硫［M］. 北京：石油工业出版社，1990.

[25] 马小明，赵平起. 地下储气库设计实用技术［M］. 北京：石油工业出版社，2011.

[26] 美国气体加工和供应者联合会，潘光坦. 气体加工工程数据手册［M］. 北京：石油工业出版社，2004.

[27] 苗承武，江氏昂，程祖亮，等. 油田油气集输设计技术手册［M］. 北京：石油工业出版社，1994.

[28] 石油化学工业部. 冷换设备工艺计算［M］. 北京：石油工业出版社，1979.

[29] 宋世昌，李光，杜丽民. 天然气地面工程设计. 上卷［M］. 北京：中国石化出版社，2014.

[30] 宋世昌，李光，杜丽民. 天然气地面工程设计. 下卷［M］. 北京：中国石化出版社，2014.

[31] 宋世昌，李光，杜丽民，等. 天然气地面工程设计（上）［M］. 北京：中国石化出版社，2014.

[32] 宋业林，宋襄翎. 水处理设备实用手册［M］. 北京：中国石化出版社，2004.

[33] 苏建华，许可方，宋德琦，等. 天然气矿场集输与处理［M］. 北京：石油工业出版社，2004.

[34] 唐受印. 水处理工程师手册［M］. 北京：化学工业出版社，2000.

[35] 王开岳. 天然气净化工艺：脱硫脱碳、脱水、硫黄回收及尾气处理［M］. 北京：石油工业出版社，2005.

[36] 王遇东，天然气处理与加工工艺［M］. 北京：石油工业出版社，2012.

[37] 严大凡，张劲军. 油气储运工程［M］. 北京：中国石化出版社，2003.

[38] 严铭卿，廉乐明. 天然气输配工程［M］. 北京：中国建筑工业出版社，2005.

[39] 杨光，王登海. 天然气工程概论［M］. 北京：中国石化出版社，2013.

[40] 张建杰. 压缩机与驱动机选用手册［M］. 北京：石油工业出版社，1992.

[41] 郑竹村，刘克让，张有渝，等. 石油地面工程设计手册 第三册 气田地面工程设计［M］. 青岛：石油大学出版社，1995.
[42] 郑竹村，刘克让，张有渝，等. 油田地面工程设计手册 第三册 气田地面工程设计［M］. 青岛：石油大学出版社，1995.